面向 21 世纪课程教材
"十二五"普通高等教育本科国家级规划教材
住房和城乡建设部"十四五"规划教材

高等学校土木工程专业指导委员会规划推荐教材
（经典精品系列教材）

土木工程材料

（第三版）

湖南大学　天津大学
同济大学　东南大学　合编

中国建筑工业出版社

图书在版编目(CIP)数据

土木工程材料 / 湖南大学等合编. -- 3 版. -- 北京：中国建筑工业出版社，2024.11. -- (面向 21 世纪课程教材"十二五"普通高等教育本科国家级规划教材)(住房和城乡建设部"十四五"规划教材)(高等学校土木工程专业指导委员会规划推荐教材) 等. -- ISBN 978-7-112-30437-0

Ⅰ．TU5

中国国家版本馆 CIP 数据核字第 202412J4W7 号

本书根据土木工程专业本科培养要求，以继承传统、加强基础、注重实用、推陈出新为原则，参照最新的国家和行业标准、规范和规程，在第二版的基础上修订而成。

本书共分为 11 章及附录，内容包括绪论、土木工程材料的基本性质、建筑钢材、无机胶凝材料、水泥混凝土、砂浆、砌筑材料、沥青及沥青混合料、合成高分子材料、木材、建筑功能材料、装饰材料及建筑材料常用试验简介。

本书适用于土木工程专业，也可用于土木建筑类其他专业，并可供土木、建筑工程设计、施工、管理、监理和科研等相关人员学习和参考。

为支持教学，本书作者制作了多媒体教学课件，选用此教材的教师可通过以下方式获取：1. 邮箱：jckj@cabp.com.cn；2. 电话：(010) 58337285。

责任编辑：赵　莉　吉万旺
责任校对：姜小莲

面　向　21　世　纪　课　程　教　材
"十二五"普通高等教育本科国家级规划教材
住房和城乡建设部"十四五"规划教材
高等学校土木工程专业指导委员会规划推荐教材
（经典精品系列教材）

土木工程材料
（第三版）

湖南大学　天津大学
同济大学　东南大学　合编

＊

中国建筑工业出版社出版、发行（北京海淀三里河路 9 号）
各地新华书店、建筑书店经销
北京红光制版公司制版
北京同文印刷有限责任公司印刷

＊

开本：787 毫米×1092 毫米　1/16　印张：22¼　字数：481 千字
2024 年 12 月第三版　　2024 年 12 月第一次印刷
定价：60.00 元（赠教师课件）
ISBN 978-7-112-30437-0
(43770)

版权所有　翻印必究
如有内容及印装质量问题，请与本社读者服务中心联系
电话：(010) 58337283　QQ：2885381756
（地址：北京海淀三里河路 9 号中国建筑工业出版社 604 室　邮政编码：100037）

出版说明

党和国家高度重视教材建设。2016年,中办国办印发了《关于加强和改进新形势下大中小学教材建设的意见》,提出要健全国家教材制度。2019年12月,教育部牵头制定了《普通高等学校教材管理办法》和《职业院校教材管理办法》,旨在全面加强党的领导,切实提高教材建设的科学化水平,打造精品教材。住房和城乡建设部历来重视土建类学科专业教材建设,从"九五"开始组织部级规划教材立项工作,经过近30年的不断建设,规划教材提升了住房和城乡建设行业教材质量和认可度,出版了一系列精品教材,有效促进了行业部门引导专业教育,推动了行业高质量发展。

为进一步加强高等教育、职业教育住房和城乡建设领域学科专业教材建设工作,提高住房和城乡建设行业人才培养质量,2020年12月,住房和城乡建设部办公厅印发《关于申报高等教育职业教育住房和城乡建设领域学科专业"十四五"规划教材的通知》(建办人函〔2020〕656号),开展了住房和城乡建设部"十四五"规划教材选题的申报工作。经过专家评审和部人事司审核,512项选题列入住房和城乡建设领域学科专业"十四五"规划教材(简称规划教材)。2021年9月,住房和城乡建设部印发了《高等教育职业教育住房和城乡建设领域学科专业"十四五"规划教材选题的通知》(建人函〔2021〕36号)。为做好"十四五"规划教材的编写、审核、出版等工作,《通知》要求:(1)规划教材的编著者应依据《住房和城乡建设领域学科专业"十四五"规划教材申请书》(简称《申请书》)中的立项目标、申报依据、工作安排及进度,按时编写出高质量的教材;(2)规划教材编著者所在单位应履行《申请书》中的学校保证计划实施的主要条件,支持编著者按计划完成书稿编写工作;(3)高等学校土建类专业课程教材与教学资源专家委员会、全国住房和城乡建设职业教育教学指导委员会、住房和城乡建设部中等职业教育专业指导委员会应做好规划教材的指导、协调和审稿等工作,保证编写质量;(4)规划教材出版单位应积极配合,做好编辑、出版、发行等工作;(5)规划教材封面和书脊应标注"住房和城乡建设部'十四五'规划教材"字样和统一标识;(6)规划教材应在"十四五"期间完成出版,逾期不能完成的,不再作为《住房和城乡建设领域学科专业"十四五"规划教材》。

住房和城乡建设领域学科专业"十四五"规划教材的特点:一是重点以修订教育部、住房和城乡建设部"十二五""十三五"规划教材为主;二是严格按照专业标准规范要求编写,体现新发展理念;三是系列教材具有明显特点,满足不同层次和类型的学校专业教学要求;四是配备了数字资源,适应现代化教学的要求。规划教材的出版凝聚了作者、主审及编辑的心血,得到了有关院校、出版单位的大力支持，教材建设管理过程有严格保障。希望广大院校及各专业师生在选用、使用过程中，对规划教材的编写、出版质量进行反馈，以促进规划教材建设质量不断提高。

住房和城乡建设部"十四五"规划教材办公室

2021年11月

修订说明

为规范我国土木工程专业教学，指导各学校土木工程专业人才培养，高等学校土木工程学科专业指导委员会组织我国土木工程专业教育领域的优秀专家编写了《高等学校土木工程专业指导委员会规划推荐教材》。本系列教材自 2002 年起陆续出版，共 40 余册，十余年来多次修订，在土木工程专业教学中起到了积极的指导作用。

本系列教材从宽口径、大土木的概念出发，根据教育部有关高等教育土木工程专业课程设置的教学要求编写，经过多年的建设和发展，逐步形成了自己的特色。本系列教材曾被教育部评为面向 21 世纪课程教材，其中大多数曾被评为普通高等教育"十一五"国家级规划教材和普通高等教育土建学科专业"十五""十一五""十二五""十三五"规划教材，并有 11 种入选教育部普通高等教育精品教材。2012 年，本系列教材全部入选第一批"十二五"普通高等教育本科国家级规划教材。

2011 年，高等学校土木工程学科专业指导委员会根据国家教育行政主管部门的要求以及我国土木工程专业教学现状，编制了《高等学校土木工程本科指导性专业规范》。在此基础上，高等学校土木工程学科专业指导委员会及时规划出版了高等学校土木工程本科指导性专业规范配套教材。为区分两套教材，特在原系列教材丛书名《高等学校土木工程专业指导委员会规划推荐教材》后加上经典精品系列教材。2021 年，本套教材整体被评为《住房和城乡建设部"十四五"规划教材》。2023 年 7 月，为适应土木工程专业人才培养需求不断更新的要求，由教育部高等学校土木工程专业教学指导分委员会修订的专业规范正式出版，并更名为《高等学校土木工程本科专业指南》(以下简称《专业指南》)。请各位主编及有关单位根据《高等教育 职业教育住房和城乡建设领域学科专业"十四五"规划教材选题的通知》和《专业指南》要求，高度重视土建类学科专业教材建设工作，做好规划教材的编写、出版和使用，为提高土建类高等教育教学质量和人才培养质量做出贡献。

高等学校土木工程学科专业指导委员会
中国建筑工业出版社

第三版前言

《土木工程材料》（第二版）自 2011 年出版以来，较好地适应了我国高等教育拓宽专业口径的要求，经历十多年的使用，得到许多高校土木工程专业师生的欢迎。然而，随着我国国民经济的迅速发展，基本建设规模的扩大，人们对土木工程的安全、舒适、美观、耐久的要求不断提高，工程建设相关的科学研究进步显著，各领域的新技术不断涌现，促使土木工程材料不仅性能和质量不断改善，而且品种不断增加，相应的国家标准、规范和规程也大量更新，需要更新教材的部分内容，以适应教学的要求。

本书在保持注重土木工程材料的基本知识和基本理论特点的基础上，按侧重土木工程材料新成果和新规范、淘汰过时旧材料的原则进行修订，介绍最新的标准规范。其中，本次着重修订了土木工程材料的基本性质、建筑钢材、无机胶凝材料、水泥混凝土、砂浆、砌筑材料和附录的内容。全书由湖南大学黄政宇、李凯主编，同济大学张雄主审。各章、节修订编写人员为：绪论——张雄、杨晓杰、吴凯（同济大学），第 1 章第 1、2、3、4 节、第 4 章第 1、2 节——李志国（天津大学），第 2 章——李凯（湖南大学），第 1 章第 5 节、第 3、7 章——黄政宇（湖南大学），第 4 章第 3、4、5 节——阎春霞（天津大学），第 5 章——张雄、吴凯、何新东（同济大学），第 6 章——高建明（东南大学），第 8 章——於孝牛（东南大学），第 9 章——陈春（东南大学），第 10 章——张雄、周思豪、杨晓杰（同济大学），第 11 章——吴凯、孙子璇、徐玲琳，附录——苏捷（湖南大学）。

本书修订过程中得到中国建筑工业出版社、湖南大学、天津大学、同济大学和东南大学的有关部门的大力支持，部分高校的同行提出了宝贵意见，湖南大学黄兆珑协助组织了修订工作，在此一并致谢。鉴于土木工程材料涉及的范围广，相关的标准众多，加上编者的水平所限，书中不足、不妥，甚至错误在所难免，敬请广大师生及读者批评指正。

第二版前言

《土木工程材料》自2002年7月出版以来，较好地适应了我国高等教育拓宽专业口径的要求，得到许多高校土木工程专业师生的欢迎。然而，随着我国国民经济的迅速发展，基本建设规模日益扩大，工程建设相关的科学研究进步显著，促使土木工程材料不仅性能和质量不断改善，而且品种不断增加，相应的国家标准、规范和规程也大量更新，需要更新教材的部分内容，以适应教学的要求。

本书在保持注重土木工程材料的基本知识和基本理论特点的基础上，按侧重土木工程材料新成果和新规范的原则进行修订，尽可能介绍最新的标准规范，并根据教学情况，对部分章节进行了调整。全书由湖南大学黄政宇教授主编，同济大学张雄教授主审。参加各章修订的编写人员为：绪论——张雄(同济大学)；第1章、第4章第1、2节——李志国(天津大学)；第2章——戴炜(湖南大学)；第3、7章——黄政宇(湖南大学)；第4章第3、4、5节——亢景付(天津大学)；第5、11章——张永娟、张雄(同济大学)；第6章——高建明(东南大学)；第8章——钱春香(东南大学)；第9章——陈春(东南大学)；第10章——马一平(同济大学)；附录——彭勃(湖南大学)。

本书修订过程中得到中国建筑工业出版社、湖南大学、天津大学、同济大学和东南大学的有关部门的大力支持，部分高校的同行提出了宝贵意见，在此一并致谢。鉴于土木工程材料涉及的范围广，相关的标准众多，加上编者的水平所限，书中不足、不妥、甚至错误在所难免，敬请广大教师及读者批评指正。

第一版前言

由湖南大学、天津大学、同济大学、东南大学联合编写的《建筑材料》自 1979 年出版以来，已连续出版了四版。由于国家本科专业目录的调整，现有的土木工程专业涵盖原有的建筑工程、交通土建工程、桥梁工程、地下工程、矿井工程等专业，原有教材难以满足国家拓宽专业口径的要求。为了适应土木工程专业课程教学的要求，本书以高等学校土木工程专业指导委员会制定的《土木工程材料》教学大纲为基本依据，在原有《建筑材料》(第四版)的基础上，删去或缩减了已过时的或不常用的部分传统材料，更新和补充了部分新型材料；对部分章节的编排作了调整，并更名为《土木工程材料》。全书尽可能地按照国家的最新标准、规范和规程编写，并在内容上注意推陈出新，部分章节介绍了当代土木工程材料研究的前沿，希望对学生有所启发，并能提高学生的创新意识。

本书由湖南大学黄政宇、吴慧敏教授主编，同济大学吴科如教授主审。各章编写人员为：绪论——吴科如(同济大学)，第一章、第四章第六节——李志国(天津大学)，第二章——吴慧敏(湖南大学)，第三章、第六章——黄政宇(湖南大学)，第四章第一、二、三、四节——刘蕙兰(天津大学)，第四章第五节——张雄、吴科如(同济大学)，第五章——高建明(东南大学)，第七章——钱春香(东南大学)，第八章——陈春(东南大学)，第九章第一、二、四节——叶枝荣(同济大学)，第九章第三节、第十章——马一平(同济大学)，附录——彭勃(湖南大学)。

本书主要适用于土木工程专业，也可用于土木建筑类其他专业，并可供土木工程设计、施工、科研、管理和监理人员学习参考。

由于土木工程材料的发展很快，新材料、新品种不断涌现，且各行业的技术标准不统一。加上我们的水平所限，书中的疏漏、不妥、甚至错误之处恐难避免，欢迎广大教师及读者批评指正。

目 录

绪论   001

第1章 土木工程材料的基本性质   005

1.1 材料科学的基本理论   005
1.2 材料的基本物理性质   010
1.3 材料的基本力学性质   014
1.4 材料的耐久性   018
1.5 材料的安全性   019
思考题   020

第2章 建筑钢材   021

2.1 金属的微观结构及钢材的化学组成   021
2.2 建筑钢材的主要力学性能   027
2.3 钢材的冷加工强化及时效强化、热处理和焊接   033
2.4 钢材的防火和防腐蚀   036
2.5 建筑钢材的品种与选用   038
思考题   045

第3章 无机胶凝材料   046

3.1 气硬性胶凝材料   046
3.2 硅酸盐水泥   054
3.3 掺混合材料的硅酸盐水泥   065
3.4 其他水泥   072
思考题   076

第4章 水泥混凝土   078

4.1 混凝土的组成材料   079

4.2 普通混凝土的主要技术性质　　　　　　　　　　101
4.3 普通混凝土的质量控制　　　　　　　　　　　　128
4.4 普通混凝土的配合比设计　　　　　　　　　　　133
4.5 其他品种混凝土　　　　　　　　　　　　　　　141
思考题　　　　　　　　　　　　　　　　　　　　　155

第 5 章　砂浆　　　　　　　　　　　　　　　　　　158

5.1 建筑砂浆的基本组成和性能　　　　　　　　　　158
5.2 建筑砂浆　　　　　　　　　　　　　　　　　　162
5.3 预拌砂浆　　　　　　　　　　　　　　　　　　170
思考题　　　　　　　　　　　　　　　　　　　　　173

第 6 章　砌筑材料　　　　　　　　　　　　　　　　174

6.1 砌墙砖　　　　　　　　　　　　　　　　　　　174
6.2 砌块　　　　　　　　　　　　　　　　　　　　180
6.3 砌筑用石材　　　　　　　　　　　　　　　　　182
思考题　　　　　　　　　　　　　　　　　　　　　186

第 7 章　沥青及沥青混合料　　　　　　　　　　　　187

7.1 沥青材料　　　　　　　　　　　　　　　　　　187
7.2 沥青混合料的组成与性质　　　　　　　　　　　198
7.3 沥青混合料的配合比设计　　　　　　　　　　　201
思考题　　　　　　　　　　　　　　　　　　　　　206

第 8 章　合成高分子材料　　　　　　　　　　　　　207

8.1 高分子化合物的基本知识　　　　　　　　　　　207
8.2 合成高分子材料在土木工程中的应用　　　　　　214
思考题　　　　　　　　　　　　　　　　　　　　　223

第 9 章　木材　　　　　　　　　　　　　　　　　　224

9.1 木材的分类与构造　　　　　　　　　　　　　　224
9.2 木材的主要性能　　　　　　　　　　　　　　　227
9.3 木材的干燥、防腐和防火　　　　　　　　　　　233
思考题　　　　　　　　　　　　　　　　　　　　　235

第 10 章　建筑功能材料　　236

10.1　防水材料　　236
10.2　灌浆材料　　253
10.3　绝热材料　　257
10.4　吸声隔声材料　　264
思考题　　269

第 11 章　装饰材料　　271

11.1　概述　　271
11.2　装饰石材　　274
11.3　建筑陶瓷装饰制品　　277
11.4　建筑装饰玻璃　　280
11.5　金属装饰材料　　285
11.6　建筑塑料装饰制品　　288
11.7　建筑装饰木材　　290
11.8　建筑装饰涂料　　291
思考题　　294

附录　建筑材料常用试验简介　　295

试验一　建筑材料基本物理性质试验　　295
试验二　水泥试验　　298
试验三　骨料试验　　308
试验四　普通混凝土试验　　315
试验五　钢筋试验　　323
试验六　沥青试验　　327
试验七　沥青混合料试验　　332

参考文献　　341

绪　　论

　　土木工程材料指土木工程中使用的各种材料及制品，它是一切土木工程的物质基础。在我国现代化建设中，土木工程占有极为重要的地位。各项建设的开始，无一例外地首先都是土木工程基本建设。而土木工程材料则是一切土建工程中必不可少的物质基础。由于组分、结构和构造不同，土木工程材料门类和品种繁多、性能各不相同、价格相差悬殊，同时在土木工程中用量巨大，因此，正确选择和合理使用土木工程材料，对整个土木工程材料的安全、实用、美观、耐久及造价有着重大的意义。一般来说，优良的土木工程材料必须具备足够的强度，能够安全地承受设计荷载；自身的重量（表观密度）以轻为宜，以减少下部结构和地基的负荷；具有与使用环境相适应的耐久性，以便减少维修费用；用于装饰的材料，应能美化房屋并产生一定的艺术效果；用于特殊部位的材料，应具有相应的特殊功能，例如屋面材料要能隔热、防水，楼板和内墙材料要能隔声等。除此之外，土木工程材料在生产过程中还应尽可能保证低能耗、低物耗及环境友好。

　　土木工程材料可按不同原则进行分类。根据材料来源，可分为天然材料及人造材料；根据使用部位，可分为承重材料、屋面材料、墙体材料和地面材料等；根据其功能，可分为结构材料、装饰材料、防水材料、绝热材料等。目前，通常根据组成物质的种类及化学成分，将土木工程材料分为无机材料、有机材料和复合材料三大类，各大类中又可进行更细的分类，如图0-1所示。

　　土木工程材料是随着人类社会生产力和科学技术水平的提高而逐步发展起来的。人类最早穴居巢处，随着社会生产力的发展，人类进入能制造简单工具的石器、铁器时代，才开始挖土、凿石为洞，伐木、搭竹为棚，利用天然材料建造非常简陋的房屋等土木工程。到了人类能够用黏土烧制砖、瓦，用岩石烧制石灰、石膏之后，土木工程材料才由天然材料进入人工生产阶段，为较大规模建造土木工程创造了基本条件。人类建筑活动的历史相当久远，今天，世界各地还保存了许多蔚为壮观的古代建筑和建筑遗迹，从中可以看出古代劳动人民使用土木工程材料的技术成就。譬如埃及的金字塔、希腊的雅典卫城、古罗马的斗兽场、欧洲各地的中世纪教堂，至今仍令人惊叹不已。在我国，公元508~520年用砖建造的高达40m的河南登封嵩岳寺塔以及公元856年山西五台山佛光寺的唐代木结构大殿，直到现在仍保存

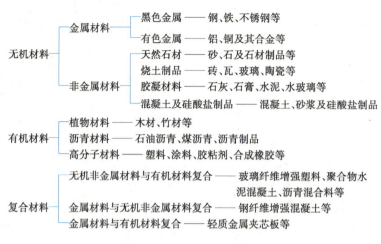

图 0-1　土木工程材料的分类

得相当完好。更使人惊异的是公元 1056 年建造的山西应县木塔，总高 67m，至今还巍然屹立在祖国大地上。

但无论中外，在漫长的奴隶社会和封建社会中，建筑技术和土木工程材料的进步都是相当缓慢的。直到 19 世纪资本主义兴起，资本主义各国先后发生工业革命，土木工程材料领域才出现突飞猛进的进步。19 世纪后期重工业的发展，促进了工商业及交通运输业的蓬勃发展，原有的土木工程材料已不能与此相适应，在其他科学技术进步的推动下，土木工程材料进入了一个新的发展阶段，钢材、水泥、混凝土及其他材料相继问世，为现代土木工程建筑奠定了基础。进入 20 世纪后，由于社会生产力突飞猛进，以及材料科学与工程学的形成和发展，土木工程材料不仅性能和质量不断改善，而且品种不断增加，以有机材料为主的化学建材异军突起，一些具有特殊功能的新型土木工程材料，如绝热材料、吸声隔声材料、各种装饰材料、耐热防火材料、防水抗渗材料，以及耐磨、耐腐蚀、防爆和防辐射材料等应运而生。

土木工程材料是土木工程的物质基础，土木工程材料的发展与土木工程技术的进步有着不可分割的联系，它们相互制约、相互依赖和相互推动。新型土木工程材料的诞生推动了土木工程设计方法和施工工艺的变化，而新的土木工程设计方法和施工工艺对土木工程材料品种和质量提出更高和多样化的要求。随着人类的进步和社会的发展，更有效地利用地球有限的资源，全面改善及迅速扩大人类工作与生存空间势在必行，未来的土木工程必将需要在各种苛刻的环境条件下，实现多功能化，甚至智能化，满足越来越高的安全、舒适、美观、耐久的要求，土木工程材料在原材料、生产工艺、性能及产品形式诸方面均将面临可持续发展和人类文明进步的严酷挑战。

随着我国社会经济建设的迅速发展，人民生活水平的稳步提高，我国城镇住房、基础设施及新农村建设任务巨大，节能省地、节水省材和环保的建筑技术的发展，是我国土木建筑工程实现可持续发展的必经之路；各种高性能建筑材料、节能利废的新型材料和安全环保的材料也应运而生，今后，在原材料方面要最大限度地节约有限的资源，充分利用再生资源及工农业废料；在生产工艺方面要大力引进现代技术，改造或淘汰陈旧设备，降低原材料及能源消耗，减少环境污染；在性能方面要力求轻质、高强、耐久、多功能及结构—功能（智能）一体化；在产品型式方面要积极发展预制技术，逐步提高构件化、单元化的水平。当前具有自感知、自调节、自修复能力的土木工程材料的开发研制以及各种机敏或智能材料在土木工程中应用的研究正在蓬勃开展。

各种土木工程材料，在原材料、生产工艺、结构及构造、性能及应用、检验及验收、运输及储存等方面既有共性，也有各自的特点，全面掌握土木工程材料的知识，需要学习和研究的内容范围很广，涉及众多学科。对于从事土木工程设计、施工、科研和管理的专业人员，掌握各种土木工程材料的性能及其适用范围，以便在种类繁多的土木工程材料中选择最合适的加以应用，最为重要。除了那些在施工现场直接配制或加工的材料（如砂浆、混凝土、金属焊接等）需要深入学习其原材料、生产工艺以及它们与材料的结构和性能的关系外，对于以产品形式直接在施工现场使用的材料，也需要了解其原材料、生产工艺及结构、构造的一般知识，以明了这些因素是如何影响材料的性能的。此外，作为有关生产、设计应用、管理和研究等部门应共同遵循的依据，对于绝大多数常用的土木工程材料，均由专门的机构制定并发布了相应的"技术标准"，对其质量、规格和验收方法等作了详尽而明确的规定。在我国，技术标准分为四级：国家标准、行业标准、地方标准和团体标准、企业标准。国家标准是由国家质量监督检验检疫总局发布的全国性的指导技术文件，其代号为 GB；分为强制性标准和推荐性标准（以/T 表示），强制性标准必须执行。行业标准也是全国性的指导技术文件，但它由主管生产部（或总局）发布，其代号按部名而定，如建材行业标准的代号为 JC，建工行业标准的代号为 JG，交通行业标准代号为 JT；地方标准是地方主管部门发布的地方性指导技术文件其代号为 DB；团体标准是由社会团体协调相关市场主体共同制定满足市场和创新需要的指导技术文件，代号 T；行业标准、团体标准和地方标准均为推荐性标准。企业标准则仅适用于本企业，其代号为 QB。凡没有制定国家标准、行业标准的产品，均应制定企业标准。随着我国对外开放和倡导的人类命运共同体及"一带一路"的建设，常常还涉及一些与土木工程材料关系密切的国际或外国标准，其中主要有：国际标准，代号为 ISO；美国材料试验学会标准，代号为 ASTM；日本工业标准，代号为 JIS；德国工业标准，代号为 DIN；英国标准，代号为 BS；法国标准，代号为 NF 等。熟悉有关的技术标准，并了解制定标准的科学依据，也是十分必要的。

本课程作为土木工程类各专业的基础课，将通过课堂教学，结合现行的技术标准和相关的试验，以土木工程材料的性能及合理使用为中心，进行系统讲述。教学目的在于配合专业课程，为专业设计和施工提供合理地选择和正确使用土木工程材料的基本知识。同时，也为今后从事土木工程材料科学技术的专门研究打下必要的基础。

在本课程的学习过程中，要注意了解事物的本质和内在联系。例如学习某一种材料的性质时，不能只满足于知道该材料具有哪些性质，有哪些表象，更重要的是应当知道形成这些性质的内在原因和这些性质之间的相互关系。对于同一类属的不同品种的材料，不但要学习它们的共性，更重要的是要了解它们各自的特性和具备这些特性的原因。例如学习各种水泥时，不仅要知道它们都能在水中硬化等共同性质，更要注意它们的各自性质的区别，因而反映在性能上的差异。一切材料的性质都不是固定不变的，在使用过程中，甚至在运输和储存过程中，它们的性质都在或多或少、或快或慢、或显或隐地不断起着变化。为了保证工程的耐久性和控制材料在使用前的变质问题，我们还必须了解引起变化的外界条件和材料本身的内在原因，从而了解变化的规律。

除了课堂教学外，土木工程材料的学习还应进行必要的实验。实验课是本课程必不可少的重要教学环节，其任务是验证基本理论，学习试验方法和技术，培养科学研究能力和严谨的科学态度。进行实验时，要严肃认真，一丝不苟。即使对一些操作简单的实验，也不应例外。特别应注意了解实验条件对实验结果的影响，并对实验结果做出正确的分析和判断。

第1章
土木工程材料的基本性质

在土木工程各类建筑物中，材料要受到各种物理、化学、力学等因素单独及综合作用。例如用于各种受力结构中的材料，要受到各种外力的作用；而用于其他不同部位的材料，又会受到风霜雨雪的作用；作为工业或基础设施的建筑物之中的材料，由于长期暴露于大气环境中或与酸性、碱性等侵蚀性介质相接触，除受到冲刷磨损、机械震动之外，还会受到化学侵蚀、生物作用、干湿循环、冻融循环等破坏作用。可见土木工程材料在实际工程中所受的作用是复杂的。因此，对土木工程材料性质的要求是严格的和多方面的。

1.1 材料科学的基本理论

1.1.1 材料科学与工程

土木工程材料学是材料科学与工程的一个组成部分。材料科学与工程是研究材料的组成、结构、生产制造工艺与其性能及使用关系的科学和实践。

工程上把能用于结构、机器、器件或其他产品的具有某些性能的物质，称为材料。如金属、陶瓷、超导体、塑料、玻璃、木材、纤维、砂子、石材等。关于这些材料组成的基本理论及不同结构层次的构造理论，各种材料的组成、结构对其物理力学性能的影响，以及利用其组成、结构、性能相互的内在关系来设计、加工、生产和控制材料的使用等相关的理论方法和技术原理，是材料科学与工程的主要研究内容。

随着工业化和城市化的迅速发展，人类消耗的自然资源越来越多，自然资源受到破坏，有些资源面临枯竭，如何更有效地利用自然资源，更科学合理地利用材料，适应环境保护及可持续发展，是材料科学与工程面临的新课题。

1.1.2 材料科学的基本原理及基本属性

1. 材料科学的基本原理

材料的组成、结构和构造，决定了材料的性能，这是材料科学最基本的原理之一。不仅学习掌握材料的性能要遵循这一原理，而且在材料设计、生产及应用时更应重视之。

材料的性能除决定于材料自身的组成、结构和构造外，还与所处的环境密切相关，材料的使用环境也是决定其性能的重要因素。因此，在学习掌握材料的性能时，还应关注使用环境对材料性能的影响。

2. 材料科学的基本属性

材料科学虽然在研究材料组成、结构、构造和性能时，能应用基本原理对材料性能进行分析，能应用相应的数学公式对材料的性能进行设计、计算或评定，能应用大量的解析方法对材料的行为进行表征和估计，但由于材料的性能受形成或生产过程众多因素的影响，最终要准确把握真实材料的组成、结构和性能，必须要对其进行测试和试验。所以说，材料科学是实验科学。

材料科学的一切理论基础，都是建立在实验基础之上的，这是材料科学也是土木工程材料最基本的学科属性。土木工程材料的研究、生产、应用各环节，也都离不开实验。

1.1.3 材料的组成、结构和构造

1. 材料的组成

材料的组成包括材料的化学组成、矿物组成和相组成。

（1）化学组成

化学组成是指构成材料的化学元素及化合物的种类和数量。当材料与环境及各类物质相接触时，它们之间必然要按化学规律发生相互作用。例如，材料受到酸、碱、盐类物质的侵蚀作用；材料遇火时的可燃性、耐火性；钢材及其他金属材料的锈蚀和腐蚀等，都是由其化学组成所决定的。

（2）矿物组成

材料科学中常将具有特定的晶体结构、特定的物理力学性能的组织结构称为矿物。矿物组成是指构成材料的矿物种类和数量。如天然石材、无机胶凝材料等，其矿物组成是在其化学组成确定的条件下，决定材料性质的主要因素。

（3）相组成

材料中结构相近、性质相同的均匀部分称为相。自然界中的物质可分为气相、液相、固相三种形态。材料中，同种化学物质由于加工工艺的不同，温度、压力等环境条件的不同，可形成不同的相。例如，在铁碳合金中就有铁素体、渗碳体、珠光体。同种物质在不同的温

度、压力等环境条件下,也常常会转变其存在状态,如由气相转变为液相或固相。土木工程材料大多是多相固体材料,这种由两相或两相以上的物质组成的材料,称为复合材料。例如,混凝土可认为是由骨料颗粒(骨料相)分散在水泥浆体(基相)中所组成的两相复合材料。

复合材料的性质与其构成材料的相组成和界面特性有密切关系。所谓界面是指多相材料中相与相之间的分界面。在实际材料中,界面可能是一个较强或较薄弱区域,它的成分和结构与相内的部分是不一样的,可作为"界面相"来处理。因此,对于土木工程材料,可通过改变和控制其相组成和界面特性,来改善和提高材料的技术性能。

2. 材料的结构和构造

材料的结构和构造也是决定材料性能的极其重要的因素。

(1) 材料的结构

材料的结构可分为宏观结构、细观结构和微观结构。

1) 宏观结构

材料的宏观结构是指用肉眼或放大镜能够分辨的粗大组织。土木工程材料的宏观结构,按其孔隙特征分为:

A. 致密结构:指具有无可吸水、透气的孔隙的结构。例如金属材料、致密的石材、玻璃、塑料、橡胶等。

B. 多孔结构:指具有粗大孔隙的结构。例如加气混凝土、泡沫混凝土、泡沫塑料及人造轻质多孔材料等。

C. 微孔结构:指具有微细孔隙的结构。例如石膏制品、低温烧结黏土制品等。

按其组织构造特征分为:

a. 堆聚结构:指由骨料与具有胶凝性或粘结性物质胶结而成的结构。例如水泥混凝土、砂浆、沥青混合料等。

b. 纤维结构:指由天然或人工合成纤维物质构成的结构。例如木材、玻璃钢、岩棉、GRC制品等。

c. 层状结构:指由天然形成或人工粘结等方法而将材料叠合而成的双层或多层结构。例如胶合板、蜂窝板、纸面石膏板、各种新型节能复合墙板等。

d. 散粒结构:指由松散粒状物质所形成的结构。例如混凝土骨料、粉煤灰、细砂、膨胀珍珠岩等。

2) 细观结构

细观结构(又称介观结构)是指用光学显微镜和一般扫描透射电子显微镜所能观察到的结构,是介于宏观和微观之间的结构。其尺度范围在 $10^{-10} \sim 10^{-4}$ m。材料的细观结构根据其尺度范围,还可分为显微结构和纳米结构。

A. 显微结构

指用光学显微镜所能观察到的结构,其尺度范围在 $10^{-7}\sim10^{-4}$ m。土木工程材料的显微结构,应根据具体材料分类研究。对于水泥混凝土,通常是研究水泥石的孔隙结构及界面特性等结构特征;对于金属材料,通常是研究其金相组织、晶界及晶粒尺寸等。对于木材,通常是研究木纤维、管胞、髓线等组织的结构。材料在显微结构层次上的差异对材料的性能有显著的影响。例如,钢材的晶粒尺寸越小,钢材的强度越高。又如混凝土中毛细孔的数量减少、孔径减小,将使混凝土的强度和抗渗性等提高。因此,对于土木工程材料而言,从显微结构层次上研究并改善材料的性能十分重要。

B. 纳米结构

指一般扫描透射电子显微镜所能观察到的结构。其尺度范围在 $10^{-10}\sim10^{-7}$ m。材料的纳米结构是 20 世纪 80 年代末期引起人们广泛关注的一个尺度。其基本结构单元有团簇、纳米微粒、人造原子等。由于纳米微粒和纳米固体有小尺寸效应、表面界面效应等基本特性,使由纳米微粒组成的纳米材料具有许多奇异的物理和化学性能,在土木工程中也得到了应用,例如,磁性液体、纳米涂料等。

胶体为以胶粒(粒径为 10^{-10} m~10^{-7} m 的固体颗粒)作为分散相,分散在连续相介质(如水、气、溶剂)中,形成的分散体系。胶体的结构也是典型的纳米结构。在胶体结构中,若胶粒较少,则胶粒悬浮、分散在液体连续相之中。此时液体性质对胶体的性质影响较大,称这种结构为溶胶结构。若胶粒较多,则胶粒在表面能作用下发生凝聚,彼此相连形成空间网络结构,而使胶体强度增大,变形减小,形成固体或半固体状态,称此胶体结构为凝胶结构。在特定的条件下,胶体亦可形成溶胶—凝胶结构。

3)微观结构

微观结构是指原子、分子层次的结构。可用电子显微镜或 X 射线来进行分析研究。

按微观结构材料可分为金属、非金属、晶体和玻璃体等。

A. 晶体

质点(离子、原子、分子)在空间上按特定的规则,呈周期性排列时所形成的结构称晶体结构,如图 1-2(a)所示。晶体按质点和化学键的不同可分为:

a. 原子晶体:中性原子以共价键结合而成的晶体,如石英。

b. 离子晶体:正负离子以离子键结合而成的晶体,如 $CaCl_2$。

c. 分子晶体:以分子间的范德华力即分子键结合而成的晶体,如有机化合物。

d. 金属晶体:以金属阳离子为晶格,由自由电子与金属阳离子间的金属键结合而成的晶体,如钢铁材料。

土木工程材料中占有重要地位的硅酸盐,其最基本的结构单元为硅氧四面体 SiO_4,如图 1-1 所示。硅氧四面体与其他金属离子相结合,形成一系列硅酸盐矿物。硅氧四面体相互连接时，可形成不同结构类型的矿物；当硅氧四面体在一维方向上，以链状结构相连时，形成纤维状矿物；当硅氧四面体在二维方向上相互连成片状结构，再由片状结构相叠合，形成层状结构矿物；当硅氧四面体在三维空间形成立体

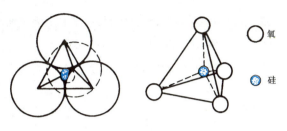

图 1-1 硅氧四面体示意图

空间网架结构时，可形成立体岛状结构矿物。含纤维状矿物的材料中，纤维与纤维之间的键合力要比纤维内链状结构方向上的共价键力弱得多，所以这类材料容易分散成纤维，如石棉、硅灰石；层状结构材料的层与层之间是由范德华力结合而成，故其键合力亦较弱，该类材料容易剥成薄片，如黏土、云母、滑石等；而岛状结构材料在三维空间上均以共价键相连，故其结构强度较大，具有坚硬的质地，如石英。

B. 玻璃体

玻璃体亦称为无定形体或非晶体。玻璃体的结构特征为质点在空间上呈非周期性排列。如图 1-2（b）所示。

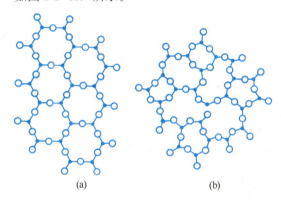

图 1-2 晶体与非晶体的原子排列示意图
(a) 晶体；(b) 非晶体
"●"代表硅原子，"○"代表氧原子

事实上，具有一定化学成分的熔融物质，在急冷时，若质点来不及或因某些原因不能按一定的规则排列，而凝固成固体，则得玻璃体结构的物质。玻璃体是化学不稳定的结构，容易与其他物质起化学反应，故玻璃体类物质的化学活性较高。例如火山灰、炉渣、粒化高炉矿渣等能与石灰或水泥在有水的条件下起水化、硬化作用，而被用作为土木工程材料。在烧成制品或天然岩石中，玻璃体还起胶结的作用。

(2) 材料的构造

材料的构造是指具有特定性质的材料结构单元的相互搭配情况。构造这一概念与结构相比，进一步强调了相同材料或不同材料间的搭配与组合关系。如木材的宏观构造、微观构造就是指具有相同的结构单元——木纤维管胞，按不同的形态和方式在宏观和微观层次上的搭配和组合情况。它决定了木材的各向异性等一系列物理力学性质。又如具有特定构造的节能墙板，就是由具有不同性质的材料，经一定组合搭配而成的一种复合材料。它的构造赋予了墙板良好的隔热保温、隔声、防火抗震、坚固耐久等功能和性质。

随着材料科学与工程的理论与技术的不断发展，深入研究材料的组成、结构、构造和材料性能之间的关系，不仅有利于为包括土木工程在内的各种工程正确选用材料，而且会加速人类自由设计生产工程所需的特殊性能新材料的进程。

1.2 材料的基本物理性质

1.2.1 材料的密度、表观密度与堆积密度

1. 密度

密度是指材料在绝对密实状态下，单位体积的质量。按下式计算：

$$\rho = \frac{m}{V}$$

式中　ρ——密度，g/cm^3；

　　　m——材料的质量，g；

　　　V——材料在绝对密实状态下的体积，cm^3。

绝对密实状态下的体积是指不包括孔隙在内的体积。除了钢材、玻璃等少数材料外，绝大多数材料都有一些孔隙。测定有孔隙材料的密度时，应将材料磨成细粉，干燥后，用李氏瓶测定其体积。砖、石材等都用这种方法测定其密度。

土木工程中，砂、石等材料内部有些与外部不连通的孔隙，使用时既无法排除，又没有物质进入，在密度测定时，直接以块状材料为试样，以排液置换法测量其体积，近似作为其绝对密实状态的体积，并按上述公式计算，这时所求得的密度称为近似密度（ρ_a）。

2. 表观密度

表观密度是指材料在自然状态下，单位体积的质量。按下式计算：

$$\rho_0 = \frac{m}{V_0}$$

式中　ρ_0——表观密度，g/cm^3 或 kg/m^3；

　　　m——材料的质量，g 或 kg；

　　　V_0——材料在自然状态下的体积，或称表观体积，cm^3 或 m^3。

材料的表观体积是指包含内部全部孔隙的体积。当材料内部孔隙含水时，其质量和体积均将变化，故测定材料的表观密度时，应注意其含水情况。一般情况下，表观密度是指气干状态下的表观密度；而在烘干状态下的表观密度，称为干表观密度。

3. 堆积密度

堆积密度是指粉状或粒状材料，在堆积状态下，单位体积的质量。按下式计算：

$$\rho_0' = \frac{m}{V_0'}$$

式中 ρ_0'——堆积密度，kg/m³；

m——材料的质量，kg；

V_0'——材料的堆积体积，m³。

测定散粒材料的堆积密度时，材料的质量是指填充在一定容器内的材料质量，其堆积体积是指所用容器的体积，因此，材料的堆积体积包含了颗粒之间的空隙。

在土木工程中，计算材料的用量、构件的自重、配料计算以及确定材料的堆放空间时，经常需用到密度、表观密度和堆积密度等数据。常用的土木工程材料的有关数据见表1-1。

常用土木工程材料的密度、表观密度及堆积密度　　　　　　　表1-1

材料	密度 ρ（g/cm³）	表观密度 ρ_0（kg/m³）	堆积密度 ρ_0'（kg/m³）
石灰岩	2.60	1800～2600	—
花岗岩	2.80	2500～2800	—
碎石（石灰岩）	2.60	—	1400～1700
砂	2.60	—	1450～1650
实心黏土砖	2.50	1600～1800	—
空心黏土砖	2.50	1000～1400	—
水 泥	3.20	—	1200～1300
普通混凝土	—	2100～2600	—
轻骨料混凝土	—	800～1900	—
木 材	1.55	400～800	—
钢 材	7.85	7850	—
泡沫塑料	—	20～50	—

1.2.2 材料的密实度与孔隙率

1. 密实度

密实度是指材料的体积内被固体物质充实的程度。按下式计算：

$$D = \frac{V}{V_0} \times 100\% \quad 或 \quad D = \frac{\rho_0}{\rho} \times 100\%$$

2. 孔隙率

孔隙率是指材料的体积内，孔隙体积所占的比例。按下式计算：

$$P = \frac{V_0 - V}{V_0} = 1 - \frac{V}{V_0} = \left(1 - \frac{\rho_0}{\rho}\right) \times 100\%$$

由以上二式可知： $D + P = 1$ 或 密实度 + 孔隙率 = 1

密实度或孔隙率的大小都反映了材料的致密程度。

3. 孔结构

材料孔隙的大小、形态、分布和连通性等空间构造关系，称为孔结构。孔隙率仅反映了孔隙体积总量的多少，而孔结构进一步反映了孔的几何形态和相互关系。

材料内部孔隙的构造，可分为连通与封闭两种。连通孔隙不仅彼此连通而且与外界连通，而封闭孔不仅彼此封闭且与外界相隔绝。孔隙可按其孔径尺寸的大小分为极微细孔隙、细小孔隙和粗大孔隙。在孔隙率一定的前提下，孔隙结构和孔径尺寸及其分布对材料的性能影响较大。

材料的吸水性、导热性能、强度等都与材料的孔隙率及孔结构有关。

1.2.3 材料的填充率与空隙率

1. 填充率

填充率是指在某堆积体积中，被散粒材料的颗粒所填充的程度。按下式计算：

$$填充率 \quad D' = \frac{V_0}{V_0'} \times 100\% \quad 或 \quad D' = \frac{\rho_0'}{\rho_0} \times 100\%$$

2. 空隙率

空隙率是指在某堆积体积中，散粒材料颗粒之间的空隙体积所占的比例。按下式计算：

$$空隙率 \quad P' = \frac{V_0' - V_0}{V_0'} = 1 - \frac{V_0}{V_0'} = \left(1 - \frac{\rho_0'}{\rho_0}\right) \times 100\%$$

由以上二式可知： $D' + P' = 1$ 或 填充率 + 空隙率 = 1

空隙率的大小反映了散粒材料的颗粒之间互相填充的程度。空隙率可作为控制混凝土骨料的级配及计算砂率的依据。

1.2.4 材料与水相关的性质

1. 材料的亲水性与憎水性

土木工程中的建、构筑物常与水或大气中的水汽相接触。水与不同的材料表面接触时，其相互作用的结果是不同的。如图 1-3 所示，在材料、水和空气的交点处，沿水滴表面的切线与水和固体接触面所成的夹角（θ）称为润湿边角。润湿边角 θ 越小，浸润性越好。如果润湿边角 θ 为零，则表示该材料完全被水所浸润。一般认为，当 $\theta \leqslant 90°$ 时，水分子之间的内聚力小于水分子与材料表面分子之间的相互吸引力，此种材料称为亲水性材料，如

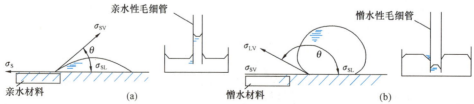

图 1-3 材料润湿边角

(a) 亲水性材料；(b) 憎水性材料

图 1-3（a）所示。当 $\theta>90°$ 时，水分子之间的内聚力大于水分子与材料表面分子之间的吸引力，材料表面不会被水浸润，此种材料称为憎水性材料，如图 1-3（b）所示。含有毛细孔的材料，当孔壁表面具有亲水性时，由于毛细作用，会自动将水吸入孔隙内，如图 1-3（a）所示。当孔壁表面为憎水性时，则需施加一定压力才能使水进入孔隙内，如图 1-3（b）所示。这一概念也可用于其他液体对固体材料表面的浸润情况，相应地称为亲液材料或憎液材料。

2. 材料的吸水性与吸湿性

（1）含水率

材料中所含水的质量与干燥状态下材料的质量之比，称为材料的含水率。可按下式计算：

$$W = \frac{m_1 - m}{m} \times 100\%$$

式中　W——材料的含水率，%；

　　　m——材料在干燥状态下的质量，g；

　　　m_1——材料在含水状态下的质量，g。

（2）吸水性

材料与水接触吸收水分的性质，称为材料的吸水性。当材料吸水饱和时，其含水率称为吸水率。

在土木工程材料中，多数情况下是按质量计算吸水率，但也有按体积计算吸水率的（吸入水的体积占材料表观体积的百分率）。如果材料具有细微且连通的孔隙，则吸水率较大。若是封闭孔隙，则水分不易渗入；粗大的孔隙水分虽然容易渗入，但仅能润湿孔隙表面而不易在孔中留存。所以，含封闭或粗大孔隙的材料，吸水率较低。

由于孔隙结构的不同，各种材料的吸水率相差很大。如钢铁、玻璃的吸水率一般为 0；花岗岩等致密岩石的吸水率仅为 0.5%～0.7%；普通混凝土的吸水率为 2%～3%；黏土砖的吸水率为 8%～20%；而木材或其他轻质材料的吸水率则常大于 100%，此时吸水率一般用体积吸水率计算。

（3）吸湿性

材料在潮湿空气中吸收水分的性质称为吸湿性。吸湿作用一般是可逆的，也就是说材料既可吸收空气中的水分，又可向空气中释放水分。

材料与空气湿度达到平衡时的含水率称为平衡含水率。吸湿对材料性能亦有显著的影响。例如，木制门窗在潮湿环境中往往不易开关，就是由于木材吸湿膨胀而引起的。而保温材料吸湿含水后，导热系数将增大，保温隔热性能会降低。

3. 材料的耐水性

材料抵抗水的破坏作用的能力称为材料的耐水性。材料的耐水性应包括水对材料的力学性质、光学性质、装饰性质等多方面性质的劣化作用。但习惯上将水对材料的力学性质的劣化作用称为耐水性，亦可称为狭义耐水性。

　　水分子进入材料后，由于材料表面力的作用，会在材料表面定向吸附，产生劈裂破坏作用，导致材料强度有不同程度的降低；同时，水分子进入材料内部后，也可能使某些材料发生吸水膨胀，或结晶接触点的溶解及软化，导致材料开裂破坏。此外，材料内部某些可溶性物质发生溶解，也将导致材料孔隙率增加，进而降低强度。因此，一般材料遇水后，强度都有不同程度的降低。即使致密的岩石也不能避免这种影响。例如，花岗岩长期在水中浸泡，强度将下降3%以上。普通黏土砖、木材等与水接触后，所受影响则更大。材料的耐水性可用软化系数来表示：

$$软化系数 = \frac{材料在吸水饱和状态下的抗压强度}{材料在干燥状态下的抗压强度}$$

　　软化系数的范围在 0~1 之间。软化系数的大小，是选择耐水材料的重要依据。长期受水浸泡或处于潮湿环境中的重要建筑物，应选择软化系数在 0.85 以上的材料来建造。

　　4. 材料的抗渗性

　　材料抵抗压力水渗透的性质称为抗渗性。材料的抗渗性可用渗透系数来表示：

$$K = \frac{Qd}{AtH}$$

式中　K——渗透系数，cm/h；

　　　Q——透水量，cm^3；

　　　d——试件厚度，cm；

　　　A——透水面积，cm^2；

　　　t——时间，h；

　　　H——静水压力水头，cm。

　　渗透系数越小，抗渗性也越好。

　　土木工程中，对混凝土、砂浆，常用抗渗等级来评价其抗渗性。抗渗等级是以规定的试件、在标准试验方法下所能承受的最大水压力来确定。

1.3　材料的基本力学性质

1.3.1　材料的理论强度

　　材料的理论强度是指材料在理想状态下应具有的强度。材料的理论强度取决于其质点间的作用力。以共价键、离子键形成的结构，化学键能高，材料的理论强度和弹性模量值也高。而以分子键形成的结构，化学键能较低，材料的理论强度和弹性模量值均较低。

材料在理想状态下，受力破坏的原因是由拉力造成的结合键的断裂，或者因剪力造成的质点间的滑移。其他受力形式导致的材料破坏，实际上都是外力在材料内部产生的拉应力和剪应力而造成的。

材料的理论抗拉强度，可用下式表示：

$$f_\mathrm{t} = \sqrt{\frac{E\gamma}{d}}$$

式中　f_t——材料的理论抗拉强度；

　　　E——材料的弹性模量；

　　　γ——单位表面能；

　　　d——原子间的距离。

实际材料与理想材料的差别在于实际材料中存在许多缺陷，例如微裂纹、微孔隙等。当材料受外力作用时，在微裂纹的尖端部位会产生应力集中现象，使得其局部应力大大超过材料的理论强度，而引起裂纹不断扩展、延伸；以至相互连通，最后导致材料的破坏。故材料的理论强度远远大于其实际强度。而消除工程材料内部的缺陷，则会大大提高材料的实际强度。

1.3.2　材料的强度

材料在外力（荷载）作用下，抵抗破坏的能力称为强度。当材料受外力作用时，其内部将产生应力，外力逐渐增大，内部应力也相应地加大。直到材料结构不再能够承受时，材料即破坏。此时材料所承受的极限应力值，就是材料的强度。

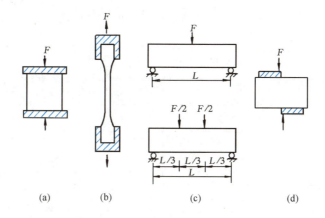

图 1-4　材料受力示意图

根据外力作用方式的不同，材料强度分为抗压强度（图 1-4a）、抗拉强度（图 1-4b）、抗弯强度（图 1-4c）及抗剪强度（图 1-4d）等。

材料的抗压强度、抗拉强度、抗剪强度的计算公式如下：

$$f = \frac{F_{\max}}{A}$$

式中　f——材料的强度，N/mm² 或 MPa；

　　　$F_{\max}$——材料破坏时的最大荷载，N；

　　　A——受力截面的面积，mm²。

材料的抗弯强度与加荷方式有关，单点集中加荷和三分点加荷的计算公式如下：

$$f = \frac{3F_{\max}L}{2bh^2}（单点集中加荷）$$

$$f = \frac{F_{\max}L}{bh^2}（三分点加荷）$$

式中　f——材料的抗弯强度，N/mm² 或 MPa；

　　　$F_{\max}$——破坏时的最大荷载，N；

　　　L——两支点的间距，mm；

　　　b、h——试件横截面的宽与高，mm。

相同种类的材料，随着其孔隙率及构造特征的不同，各种强度也有显著差异。一般地说孔隙率越大的材料，强度越低，其强度与孔隙率有近似直线的关系，如图1-5所示。不同种类的材料，强度差异很大。砖、石材、混凝土和铸铁等材料的抗压强度较高，而抗拉强度及抗弯强度较低。木材的顺纹抗拉强度高于抗压强度。钢材的抗拉、抗压强度都很高。因此，砖、石材、混凝土等材料多用于结构的承压部位，如墙、柱、基础等；钢材则适用于承受各种外力的结构，尤其是适用于受拉构件。常用材料的强度值列于表1-2。

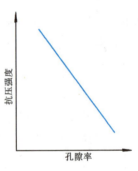

图1-5　材料的强度与孔隙率的关系

常用材料的强度（N/mm² 或 MPa）　　　　表1-2

材料	抗压强度	抗拉强度	抗弯强度
花岗岩	100～250	5～8	10～14
普通黏土砖	10～30	—	2.6～5.0
混凝土	10～200	1～12	3.0～40
松木（顺纹）	30～50	80～120	60～100
建筑钢材	240～1500	240～1500	—

土木工程材料常根据其强度划分为若干不同的等级。将土木工程材料划分若干等级，对掌握材料性质，合理选用材料，正确进行设计和控制工程质量都非常重要。

1.3.3 弹性与塑性

对于理想材料，材料在外力作用下产生变形，当外力除去后变形随即消失，完全恢复原来形状的性质称为弹性。这种可完全恢复的变形称为弹性变形，如图1-6（a）所示。

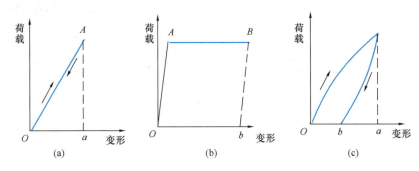

图1-6 材料的变形曲线

（a）弹性材料；（b）塑性材料；（c）弹塑性材料

对于理想材料，在外力作用下，当应力超过一定限值时产生显著变形，且不产生裂缝或发生断裂，外力取消后，仍保持变形后的形状和尺寸的性质称为塑性。这种不能恢复的变形称为塑性变形，如图1-6（b）所示。

实际上，在真实材料中，完全的弹性材料或完全的塑性材料是不存在的。有的材料在低应力作用下，主要发生弹性变形；而在应力接近或高于其屈服强度时，则产生塑性变形。建筑钢材就是如此。有的材料在受力时，弹性变形和塑性变形同时发生如图1-6（c）所示，这种弹塑性变形（oa）在取消外力后，弹性变形（ba）可以恢复，而塑性变形（ob）则不能恢复。混凝土材料的受力变形就属于这种类型。

1.3.4 脆性与韧性

当外力达到一定限度后，材料突然破坏，且破坏时无明显的塑性变形，材料的这种性质称为脆性。脆性材料的变形曲线如图1-7所示。其特点是材料在外力作用下，达到破坏荷载时的变形很小。脆性材料不利于抵抗振动和冲击荷载，会使结构发生突然性破坏，是工程中应避免的。陶瓷、玻璃、石材、砖瓦、混凝土、铸铁等都属于脆性较大的材料。

在冲击、振动荷载作用下，材料能够吸收较大的能量，不发生破坏的性质，称为韧性（亦称冲击韧性）。材料的韧性常用冲击试验来检验。建筑钢材（软钢）、木材等属于韧性材料。在桥梁、吊车梁及有抗震要求的土木工程结构中，应考虑材料的韧性。

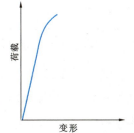

图1-7 脆性材料的变形曲线

1.4 材料的耐久性

材料的耐久性是材料在使用中,抵抗其自身和环境的长期破坏作用,保持其原有性能而不破坏、不变质的能力。

由具有良好耐久性的土木工程材料修筑的工程结构,会具有较长的使用寿命。因此,提高材料耐久性可延长工程结构的使用寿命,节约能源和材料等自然资源。

土木工程所处的环境复杂多变,其材料所受到的破坏因素亦千变万化。这些破坏因素单独或交互作用于材料,可形成化学的、物理的和生物的破坏作用。由于各种破坏因素的复杂性和多样性,使得耐久性是材料的一项综合性质。因此,在考虑材料的耐久性时,既要考虑耐久性的综合性,又要注意其具体的特殊性。土木工程中材料的耐久性与破坏因素的关系见表 1-3。

土木工程材料耐久性与破坏因素的关系   表 1-3

名称	破坏因素分类	破坏因素	评定指标
抗渗性	物理	压力水、静水	渗透系数、抗渗等级
抗冻性	物理、化学	水、冻融作用	抗冻等级、耐久性系数
冲磨气蚀	物理	流水、泥砂	磨蚀率
碳化	化学	CO_2、H_2O	碳化深度
化学侵蚀	化学	酸、碱、盐及其溶液	*
老化	化学、物理	阳光、空气、水、温度交替	*
钢筋锈蚀	物理、化学	H_2O、O_2、氯离子、电流、电位	电位、锈蚀率、锈蚀面积
碱集料反应	物理、化学	R_2O、H_2O、活性集料	膨胀率
霉变腐蚀	生物	H_2O、O_2、菌	*
虫蛀	生物	昆虫	*
耐热	物理、化学	冷热交替、晶型转变	*
耐火	物理	高温、火焰	*

注: *表示可参考强度变化率、开裂情况、变形情况、破坏情况等进行评定。

实际工程中,由于各种原因,土木工程结构常常会因耐久性不足而过早破坏。因此,耐久性是土木工程材料的一项重要的技术性质。各国工程技术人员都已认识到,土木工程结构根据耐久性进行设计,更具有科学性和实用性。只有深入了解并掌握土木工程材料耐久性的本质,从材料、设计、施工、使用各方面共同努力,才能保证工程材料和结构的耐久性,延长工程结构的使用寿命。

1.5 材料的安全性

材料的安全性是指材料在生产和使用过程中是否对人类或环境造成危害的性能。土木工程材料的安全性包括材料的灾害安全性、卫生安全性和环境安全性。

材料的灾害安全性是指在土木工程发生灾害时，材料是否对人或结构造成危害的性能。例如，材料的防火性、抗爆性、抗冲击性等。

材料的卫生安全性是指材料在生产、使用过程中和工程应用后，是否对人的健康造成危害的性能。例如，材料的放射性、材料释放的气体或溶出物对人健康的危害性、材料的致癌性等。

材料的环境安全性是指材料在生产、使用过程中和工程应用后，是否对环境造成危害的性能。例如，材料的可再生性、材料的碳足迹和材料的绿色度等。

随着社会的进步和人民生活水平的提高，人类对生存、从事生产、进行各种社会活动所在的环境即人居环境的要求越来越高。材料的性能和质量直接影响人居环境，因此，在土木工程材料的选择和使用中，不但要考虑材料使用性能方面的技术要求，还应考虑材料的安全性，以保证人居环境的质量。例如，室内装饰材料的选择，不但要考虑材料的颜色、质感、花纹图案和形状尺寸等装饰性能，还应考虑材料的防火性、材料的放射性、有害气体的挥发性等安全性。

随着世界工业经济的发展、人口的剧增、人类欲望的无限上升和生产生活方式的无节制，地球上部分地区的环境由于工业生产活动受到严重污染，世界气候面临越来越严重的问题，二氧化碳排放量越来越大，全球灾难性气候变化屡屡出现，已经严重危害到人类的生存环境和健康安全。因此，为了保护地球环境，保证人类在地球上长期舒适安逸地生活和发展，应尽量发展和使用采用清洁生产技术、少用天然资源和能源、无毒害、无污染、无放射性、有利于环境保护和人体健康的绿色建材及低碳材料。又如，住宅建筑的砌筑材料中，烧结普通砖是应用历史较长，各项技术性能较好的材料，但是，烧结普通砖的生产要毁掉大量农田，并消耗大量能源，对于人均耕地面积很少的我国来说，环境安全性差，因此，我国政府在部分大中城市禁止使用烧结普通砖。

思考题

1.1 当某一建筑材料的孔隙率增大时,表 1-4 内的其他性质将如何变化(用符号填写:↑增大,↓下降,—不变,?不定)?

表 1-4

孔隙率	密度	表观密度	强度	吸水率	抗冻性	导热性
↑						

1.2 烧结普通砖进行抗压试验,测得浸水饱和后的破坏荷载为 185kN,干燥状态的破坏荷载为 207kN(受压面积为 115mm×120mm),问此砖的饱水抗压强度和干燥抗压强度各为多少?是否适宜用于常与水接触的工程结构物?

1.3 块体石料的孔隙率和碎石的孔隙率各是如何测试的?了解它们各有何工程意义?

1.4 某岩石的密度为 $2.75g/cm^3$,孔隙率为 1.5%;今将该岩石破碎为碎石,测得碎石的堆积密度为 $1560kg/m^3$。试求此岩石的表观密度和碎石的孔隙率。

1.5 亲水材料与憎水材料是如何区分的?举例说明怎样改变材料的亲水性和憎水性。

1.6 什么叫材料的耐久性?在工程结构设计时应如何考虑材料的耐久性?

第 2 章

建 筑 钢 材

在土木工程中，金属材料有着广泛的用途。金属材料可分为黑色金属和有色金属两大类。黑色金属是指以铁元素为主要成分的金属及其合金，如生铁、碳素钢、合金钢等；有色金属则是以其他金属元素为主要成分的金属及其合金，如铝合金、铜合金等。在各种金属材料中，钢材是最重要的建筑材料之一，主要应用于钢筋混凝土结构和钢结构。近年来随着金属建筑体系的兴起，一些厂房、大型商场、仓库、体育设施、机场乃至别墅、多层及高层住宅相继采用钢结构体系，可以预计，建筑钢材的用量将会越来越大。

所谓建筑钢材是指用于钢筋混凝土结构的钢筋、钢丝和用于钢结构的各种型钢，以及用于围护结构和装修工程的各种深加工钢板和复合板等。由于建筑钢材主要用作结构材料，钢材的性能往往对结构的安全起着决定性作用，因此，我们应对各种钢材的性能有充分的了解，以便在设计和施工中合理地选择和使用。本章将对钢材的内部结构、性能及应用进行讨论。

2.1　金属的微观结构及钢材的化学组成

任何材料的宏观性能都取决于该材料的组成物质及其结构。所以，在详细论述钢材的各种宏观性能之前，有必要先了解一点钢材的微观结构及其化学组成。

2.1.1　金属的微观结构概述

1. 金属的晶体结构

固体金属是晶体或晶粒的聚集体。在金属晶体中，各原子或离子之间以金属键的方式结合，即晶格结点上排列的原子把外层的价电子提供出来，弥散于整个晶体的空隙中，形成所谓自由电子"气"，通过自由电子把晶格结点上的原子或离子结合在一起，这种结合力称为金属键。

金属键没有方向性和饱和性。当金属晶体受外力作用时，其中的原子或离子可在一定的条件下产生滑移,虽然它们改变了位置,但仍由自由电子联系着,即金属键并未断裂。所以,金属键的存在是金属材料具有强度和延展性的根本原因。

在金属晶体中,金属原子按等径球体最紧密堆积的规律排列,按这种规律排列所形成的空间格子称为晶格,而晶格中反映排列规律的基本几何单元称为晶胞。金属晶体的晶格通常有三种类型:面心立方晶格(FCC)、体心立方晶格(BCC)和密集六方晶格(HCP)。图 2-1 为这三种类型晶格的示意图。例如,910~1400℃的纯铁(γ-Fe)及铜、银、铝等为面心立方晶格;在 900℃以下的纯铁(α-Fe)及锌、镍、镁等为体心立方晶格。γ-Fe 和 α-Fe 是铁在不同温度下形成的同素异晶体。图 2-2 为体心立方晶体中铁原子的排列示意图。

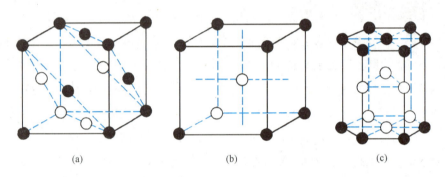

图 2-1 金属晶格的三种类型
(a)(FCC)面心立方晶体;(b)(BCC)体心立方晶体;(c)(HCP)密集六方晶体

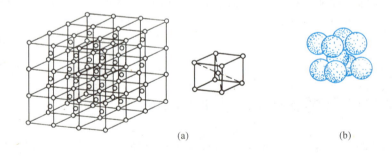

图 2-2 体心立方晶体铁原子排列示意图
(a)体心立方晶格;(b)晶胞

从原子排列的形式可见,晶格中的不同平面上原子密度是不同的,因此,在晶格上的不同取向会有不同的力学性质,即金属晶体是各向异性体。但在实际金属中,在高温液态时,原子处于无序状态,当逐渐冷却至凝固点后,部分呈有序排列的小单元起着晶核的作用,使其他原子与之结合,逐渐生长成晶粒,直至晶粒与晶粒接触为止,显然这时各晶粒的取向是不一致的。所以,虽然各晶粒属各向异性体,而其总体则具有各向同性的性质。从上述晶粒的形成规律可知,晶粒的大小和形状取决于熔融金属中结晶晶核的多少。在冶金实践中常利用这一现象,通过加入某种合金元素,使形成更多的结晶核心,从而达到细化晶粒的目的。

在固体金属中，晶粒的形态和大小可通过金属试样经抛光和腐蚀后，用金相显微镜直接观察。图2-3为金相显微镜下的晶粒形态示意图。

2. 金属晶体结构中的缺陷

在金属晶体中，原子的排列并非完整无缺，而是存在着许多不同形式的缺陷，这些缺陷对金属的强度、塑性和其他性能具有明显影响。金属晶体中的缺陷有3种类型：点缺陷、面缺陷和线缺陷。

（1）点缺陷

由于热振动等原因，晶体中个别能量较高的原子克服了邻近原子的束缚，离开了原来的平衡位置，形成"空位"，跑到另一个结点或结点间的不平衡位置上，导致晶格畸变。某些杂质原子的嵌入，形成间隙原子，也会导致晶格畸变（图2-4）。这类缺陷称为点缺陷。

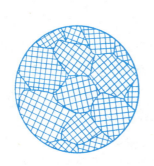 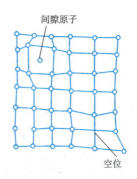

图 2-3　晶粒形态示意图　　图 2-4　晶格中的点缺陷示意图

（2）线缺陷

在金属晶体中某晶面间原子排列数目不相等，在晶格中形成缺列，这种晶体缺陷称为"位错"。位错有刃型位错和螺形位错。

在存在位错的金属晶体中，当施加切应力时，金属并非在受力的晶面上克服所有键力而使所有原子同时移动，而是在切应力的持续作用下，位错逐渐向前推移。当位错运动到晶体表面时，位错消失而形成一个原子间距的滑移台阶（图2-5）。

正因为在外力作用下位错的这种运动方式，使金属的实际屈服强度远低于在无缺陷理想状态下沿晶面克服所有键力整体滑移的理论强度。理论屈服强度往往超过实际屈服强度的100～1000倍，甚至更多。

在金属晶体中，位错及其他类型的缺陷是大量存在的，当位错在应力作用下产生运动时，其阻力来自于晶格阻力以及与其他缺陷之间的交互作用，因此，缺陷增多又会使位错运动阻力增大。所以金属晶体中缺陷增加会使强度增加，同时又会使塑性下降。

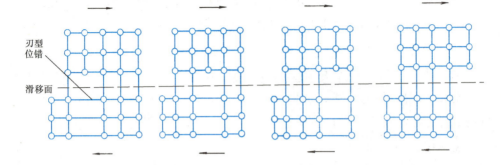

图 2-5 在切应力作用下刃型位错的运动示意图

(3) 面缺陷

多晶体金属由许多不同晶格取向的晶粒所组成，这些晶粒之间的边界称为晶界，在晶界处原子的排列规律受到严重干扰，使晶格发生畸变（图 2-6），畸变区形成一个面，这些面又交织成三维网状结构，这类缺陷称为面缺陷。

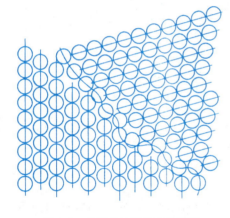

当晶粒中的位错运动达到晶界时，受到面缺陷的阻抑。所以在金属中晶界的多少影响着金属的力学性能，而晶界的多少又取决于晶粒的粗细。

3. 金属强化的微观机理

为了提高金属材料的屈服强度和其他力学性能。可采用改变微观晶体缺陷的数量和分布状态的方法，例如，引入更多位错或加入其他合金元素等，以使位错运动受到的阻力增加，具体措施有以下几种：

(1) 细晶强化

图 2-6 晶界上的面缺陷示意图

对多晶体而言，位错运动必须克服晶界阻力，由于晶界两侧的晶格取向不同及晶界处晶格的畸变，其中一个晶粒晶格所产生的滑移不能直接进入第二晶粒，位错会在晶界处集结，并激发相邻晶粒中的位错运动，晶格的滑移才能传入第二晶粒，因而增大了位错运动阻力，使宏观屈服强度提高。

晶粒越细，单位体积中的晶界越多，因而阻力越大。这种以增加单位体积中晶界面积来提高金属屈服强度的方法，称为细晶强化。某些合金元素的加入，使金属凝固时结晶核心增多，可达到细晶的目的。

(2) 固溶强化

在某种金属中加入另一种物质（例如铁中加入碳）而形成固溶体。当固溶体中溶质原子和溶剂原子的直径有一定差异时，会形成众多的缺陷，从而使位错运动阻力增大，使屈服强度提高，称为固溶强化。

(3) 弥散强化

在金属材料中，散入第二相质点，构成对位错运动的阻力，因而提高了屈服强度。在采用弥散强化时，散入的质点的强度越高、越细、越分散、数量越多，则位错运动阻力越大，强化作用越明显。

(4) 变形强化

当金属材料受力变形时，晶体内部的缺陷密度将明显增大，导致屈服强度提高，称为变形强化。这种强化作用只能在低于熔点温度40%的条件下产生，因此也叫冷加工强化。

2.1.2 钢材的化学组成

钢的基本成分是铁与碳，此外还有某些合金元素和杂质元素。

按化学成分钢材可分为碳素钢和合金钢两大类。

碳素钢根据含碳量可分为：低碳钢（含碳量小于0.25%）、中碳钢（含碳量0.25%～0.6%）和高碳钢（含碳量大于0.6%）。

合金钢按合金元素的总含量可分为：低合金钢（合金元素含量小于5%）、中合金钢（合金元素含量为5%～10%）和高合金钢（合金元素含量大于10%）。

钢材中主要元素的存在形态及其对钢材性能的影响分述如下：

碳 在钢材中碳原子与铁原子之间的结合有三种基本方式，即固溶体、化合物和机械混合物。由于铁与碳结合方式的不同，碳素钢在常温下形成的基本组织有铁素体、渗碳体和珠光体三种。

铁素体是碳溶于α-Fe晶格中的固溶体，铁素体晶格原子间的间隙较小，其溶碳能力很低，室温下仅能溶入小于0.005%的碳。由于溶碳少而且晶格中滑移面较多，故其强度低，塑性较好。

渗碳体是铁与碳的化合物，分子式为Fe_3C，含碳量为6.67%，其晶体结构复杂，性质硬脆，是钢中的主要强化组分。

珠光体是铁素体和渗碳体相间形成的机械混合物。其层状构造可认为是铁素体基体上分布着硬脆的渗碳体片。珠光体的性能介于铁素体和渗碳体之间。

碳素钢中上述基本组织相对含量与含碳量的关系可简示为图2-7。

建筑钢材的含碳量一般不大于0.8%，从图2-7中可见，由于建筑钢材的含碳量一般不大于0.8%，所以其常温下的基本组织为铁素体和珠光体，含碳量增大时，珠光体的相对含量随之增大，铁素体则相应减小，因而，强度随之提高，而塑性

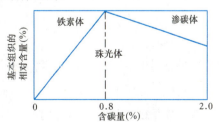

图2-7 碳素钢基本组织相对含量与含碳量的关系

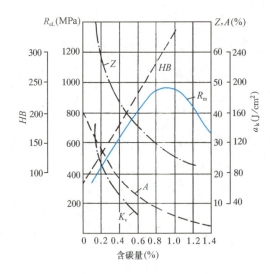

图 2-8 含碳量对热轧碳素钢性质的影响
R_m—抗拉强度；K_v—冲击吸收能量；HB—硬度；
A—伸长率；Z—面积缩减率

和韧性则相应下降。

图 2-8 为含碳量对热轧碳素钢性质的影响。图中钢的抗拉强度 R_m 随含碳量的增大而提高，但当含碳量超过 1% 时，由于单独存在的渗碳体成网状分布于珠光体晶界上，并连成整体，使钢变脆，因而 R_m 开始下降。碳还是降低钢材可焊性的元素之一，含碳量超过 0.3% 时，钢的可焊性显著降低，碳还会降低钢的塑性，增加钢的冷脆性和时效敏感性，降低抗大气锈蚀性。

硅 硅在钢材中除少量呈非金属夹杂物外，大部分溶于铁素体中，当含量低于 1% 时，可提高强度，而且对塑性和韧性的影响不明显。所以，硅是我国低合金钢的主加合金元素，其作用主要是提高钢材的强度。

锰 锰溶于铁素体中。其作用是消减硫和氧所引起的热脆性，使钢材的热加工性质改善。溶入铁素体的锰，可提高钢材的强度。

锰是我国低合金钢的主加合金元素，含锰量一般在 1%～2% 范围内，它的作用主要是溶于铁素体中使其强化，并起到细化珠光体的作用，使强度提高。

钛 钛是强脱氧剂，而且能细化晶粒。钛能显著提高钢的强度，但稍降低塑性；由于晶粒细化，故可改善韧性。钛还能减少时效倾向，改善可焊性，是常用的合金元素。

钒 钒是强碳化物和氮化物形成元素。钒能细化晶粒，提高钢的强度，并能减少时效倾向，但会增加焊接时的淬硬倾向。

铌 铌是强碳化物和氮化物形成元素，能细化晶粒。

磷 磷是碳钢中的有害物质。主要溶于铁素体中起强化作用。其含量提高，钢材的强度提高，塑性和韧性显著下降。特别是温度愈低，对塑性和韧性的影响愈大。磷在钢中的偏析倾向强烈，一般认为，磷的偏析富集，使铁素体晶格严重畸变，是钢材冷脆性显著增大的原因。磷使钢材变脆的作用，使它显著影响钢材的可焊性。

一般来说磷是有害杂质，但磷可提高钢的耐磨性和耐蚀性，在低合金钢中可配合其他元素作为合金元素使用。

硫 硫是很有害的元素。呈非金属的硫化物夹杂物存在于钢中，降低各种力学性能。硫化物所造成的低熔点，使钢在焊接时易产生热裂纹，显著降低可焊性。硫也有强烈的偏析作用，增加了危害性。

氧　氧是钢中的有害杂质。主要存在于非金属夹杂物中，少量溶于铁素体中。非金属夹杂物会降低钢的力学性能，特别是韧性。氧还有促进时效倾向的作用，某些氧化物的低熔点也使钢的可焊性变坏。

由于钢的冶炼过程中必须供给足够的氧，以保证杂质元素氧化，排入渣中，故精炼后的钢液中还留有一定量的氧化铁，为了消除它的影响，在精炼结束后应加入脱氧剂，以去除钢液中的氧，这个工序称为"脱氧"。常用的脱氧剂有锰铁、硅铁和铝锭等。根据脱氧程度的不同，钢可分为沸腾钢、镇静钢和介于二者之间的半镇静钢。沸腾钢因脱氧不充分，浇铸后有大量一氧化碳气体外逸，引起钢液激烈沸腾，故称沸腾钢。镇静钢则在浇铸时钢液平静。沸腾钢与镇静钢比较，沸腾钢中碳和有害物质磷、硫等的偏析较严重，钢的致密程度差，故冲击韧性和可焊性较差，特别是低温冲击韧性降低更为显著。

氮　氮主要嵌溶于铁素体中，也可呈化合物形式存在。氮对钢材力学性质的影响与碳、磷相似，能使钢材强度提高，使塑性和韧性显著下降。溶于铁素体中的氮，有向晶格缺陷处富集的倾向，故可加剧钢材的时效敏感性和冷脆性、降低可焊性。在用铝或钛补充脱氧的镇静钢中，氮以氮化铝 AlN 或氮化钛 TiN 等形式存在，可减少氮的不利影响，并能细化晶粒，改善性能。

在上述元素中，硫、磷、氧、氮是有害元素，其含量应予限制。

2.2　建筑钢材的主要力学性能

建筑钢材的力学性能主要有抗拉、冷弯、冲击韧性、硬度和耐疲劳性等。

2.2.1　抗拉性能

抗拉性能是建筑钢材最重要的性能之一。由拉力试验测定的屈服点、抗拉强度和伸长率是钢材抗拉性能的主要技术指标。

钢材的抗拉性能，可通过低碳钢（软钢）受拉时的应力-延伸率（应变）曲线阐明(图2-9)。

图2-9为低碳钢在常温和静载条件下的受拉应力-延伸率（应变）曲线。从图中可见，就变形性质而言，曲线可划分为四个阶段，即弹性阶段（$0 \to A$）、弹塑性阶段（$A \to B$）、塑性阶段（$B \to C$）、应变强化阶段（$C \to D$），超过 D 点后试件产生颈缩和断裂。各阶段的特征应力值主要有屈服极限（R_{eL}）和抗拉强度（R_m）。

在曲线的 $0A$ 范围内，如卸去拉力，试件能恢复原状，这种性质称为弹性。与 A 点对应的应力称为弹性极限。当应力稍低于 A 点对应的应力时，应力与应变的比值为常数，称为

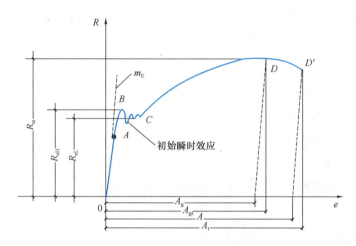

图 2-9　低碳钢受拉时的应力-延伸率（应变）曲线

弹性模量，用 E 表示，即 $\dfrac{\sigma}{\varepsilon}=E$。弹性模量反映钢材的刚度，它是钢材在受力时计算结构变形的重要指标。

在曲线的 AB 范围内，当应力超过弹性极限以后，如果卸去拉力，变形不能立刻恢复，表明已经出现塑性变形。在这一阶段中，应力和应变不再成正比。当应力达到 B 点时，试件进入塑性变形阶段。在该阶段中，力不增大，而试件继续伸长。这时相应的应力称为屈服极限或屈服强度。如果达到屈服点后应力值发生下降，则应区分上屈服点（R_{eH}）和下屈服点（R_{eL}）。上屈服点是指试样发生屈服而力首次下降前的最大应力（图 2-9）。下屈服点是指不计初始瞬时效应（图2-9）时屈服阶段中的最小应力。由于下屈服点的测定值对试验条件较不敏感，并形成稳定的屈服平台，所以在结构计算时，以下屈服点作为材料的屈服强度的标准值。

在屈服阶段以后，在曲线的 CD 段，钢材抵抗变形的能力又重新提高，故称为变形强化阶段。当曲线达到最高点 D 以后，试件薄弱处产生局部横向收缩变形（颈缩），直至破坏。试样拉断过程中的最大力所对应的应力（即 D 点）称为抗拉强度（R_m）。拉力达到最大力时原始标距的伸长与原始标距（L_0）之比的百分率称为最大力延伸率，有最大力总延伸率（A_{gt}）和最大力塑性延伸率（A_g）。

抗拉强度与屈服强度之比，称为强屈比（R_m/R_{eL}）。强屈比越大，反映钢材受力超过屈服点工作时的可靠性越大，因而结构的安全性越高。但强屈比太大，反映钢材性能不能被充分利用。钢材的强屈比一般应大于 1.2。

预应力钢筋混凝土用的高强度钢筋和钢丝具有硬钢的特点，其抗拉强度高，无明显屈服平台（图 2-10）。这类钢材的屈服点以产生残余变形达到原始标距长度 L_0 的 0.2% 时所对应的应力作为规定的屈服极限，用 $R_{r0.2}$ 表示。

试件断裂时刻的总延伸（弹性延伸加上塑性延伸）与引伸计标距之比称为断裂总延伸率 A_t；试件拉断后，标距的残余伸长与原始标距的百分比，称为断后伸长率（A）。测定时将拉断的两部分在断裂处对接在一起，使其轴线位于同一直线上时，量出断后标距的长度 L_u (mm)（图 2-11），即可按下式计算伸长率：

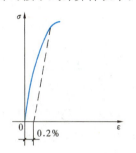

图 2-10 硬钢的屈服点 $R_{r0.2}$

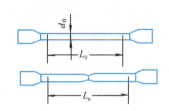

图 2-11 伸长率的测量

$$A = \frac{L_u - L_0}{L_0} \times 100\%$$

式中　L_0——试件的原始标距长度，mm；

　　　L_u——试件拉断后的标距长度，mm。

伸长率表明钢材的塑性变形能力，是钢材的重要技术指标。尽管结构通常是在弹性范围内工作，但在应力集中处应力可能超过屈服强度（R_{eL}）而产生一定的塑性变形，使应力重分布，从而避免结构破坏。

通过抗拉试验，还可测定另一表明钢材塑性的指标——断面收缩率 Z。它是试件拉断后、颈缩处横截面积的最大缩减量与原始横截面积的百分比，即：

$$Z = \frac{S_0 - S_u}{S_0} \times 100\%$$

式中　S_0——原始横截面积；

　　　S_u——断裂后颈缩处的横截面积。

2.2.2 冷弯性能

冷弯性能是指钢材在常温下承受弯曲变形的能力，是建筑钢材的重要工艺性能。

钢材的冷弯性能指标用试件在常温下所能承受的弯曲程度表示。弯曲程度则通过试件被弯曲的角度和弯心直径对试件厚度（或直径）的比值来区分。试验时采用的弯曲角度越大，弯心直径对试件厚度（或直径）的比值越小，表示对冷弯性能的要求越高。按规定的弯曲角和弯心直径进行试验时，试件的弯曲处不发生裂缝、裂断或起层，即认为冷弯性能合格。图 2-12 为冷弯试验示意图。

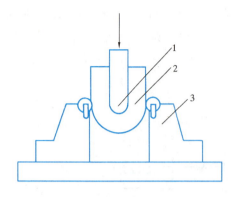

图 2-12 冷弯试验示意图（$d=a$，180°）
1—弯心；2—试件；3—支座

冷弯试验试件的弯曲处会产生不均匀塑性变形，能在一定程度上揭示钢材是否存在内部组织的不均匀、内应力、夹杂物、未熔合和微裂纹等缺陷。因此，冷弯性能也能反映钢材的冶炼质量和焊接质量。

2.2.3 冲击韧性

冲击韧性是指钢材抵抗冲击荷载的能力。冲击韧性指标是通过标准试件的弯曲冲击韧性试验（图 2-13）确定的。试验以摆锤打击刻槽的试件，于刻槽处将其打断。以试件打断时所吸收的能量作为钢材的冲击韧性值，以 K_v 表示：

$$K_v = GH_1 - GH_2$$

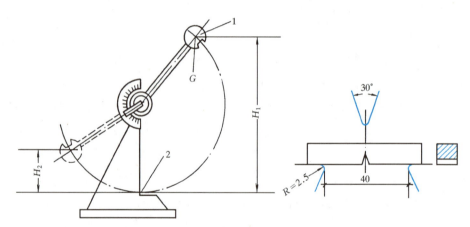

图 2-13 钢材的冲击试验
1—摆锤；2—试件

钢材的冲击韧性对钢的化学成分、内部组织状态，以及冶炼、轧制质量都较敏感。例如，钢中磷、硫含量较高，存在偏析或非金属夹杂物，以及焊接中形成的微裂纹等，都会使 K_v 值显著降低。

试验表明，冲击韧性随温度的降低而下降，其规律是开始时下降平缓，当达到某一温度范围时，突然下降很多而呈脆性（图 2-14），这种现象称为钢材的冷脆性，这时的温度称为脆性临界温度。它的数值愈低，钢材的低温冲击性能愈好。所以在负温下使用的结构，应选用脆性临界温度较使用温度为低的钢材。

钢材随时间的延长而表现出强度提高，塑性和冲击韧性下降的现象称为时效。完成时效变化的过程可达数十年。钢材如经受冷加工变形，或使用中经受振动和反复荷载的影响，时效可迅速发展。

因时效而导致性能改变的程度称为时效敏感性。时效敏感性愈大的钢材，经过时效以后，其冲击韧性和塑性的降低愈显著，对于承受动荷载的结构物，如桥梁等，应选用时效敏感性较小的钢材。

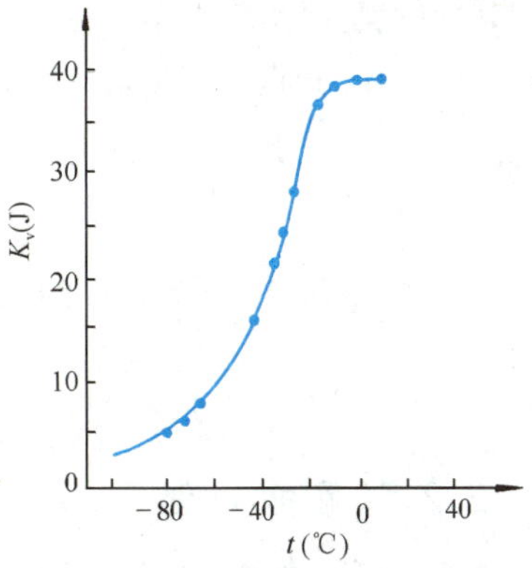

2.2.4 硬度

钢材的硬度是指其表面局部体积内抵抗外物压入产生塑性变形的能力。

测定钢材硬度的方法有布氏法、洛氏法和维氏法，较常用的为布氏法和洛氏法。

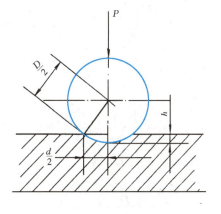

图 2-14 含锰低碳钢 K_v 值与温度的关系

布氏法的测定原理是用一直径为 D 的淬火钢球，以荷载 P 将其压入试件表面，经规定的持续时间后卸除荷载，即得直径为 d 的压痕(图 2-15)。以压痕表面积 F 除荷载 P，所得的商即为该试件的布氏硬度值，以 HB 表示，即

$$HB = \frac{P}{F} = \frac{P}{\pi Dh}$$

从图 2-15 中可见：

$$h = \frac{D}{2} - \frac{1}{2}\sqrt{D^2 - d^2}$$

所以

$$HB = \frac{2P}{\pi D(D - \sqrt{D^2 - d^2})}$$

式中　D——钢球直径，mm；
　　　d——压痕直径，mm；
　　　P——压入荷载，N。

图 2-15 布氏硬度试验示意图

试验时，D 和 P 应按规定选取。一般硬度较大的钢材应选用较大的 P/D^2。例如 HB>140 的钢材，P/D^2 应采用 30，而 HB<140 的钢材，P/D^2 则应采用10。由于压痕附近的金属将产生塑性变形，其影响深度可达压痕深度的 8～10 倍以上，所以试件厚度一般应大于压痕深度的 10 倍。荷载保持时间以 10～15s 为宜。

材料的硬度值实际上是材料弹性、塑性、变形强化率、强度和韧性等一系列性能的综合反映。因此，硬度值往往与其他性能有一定的相关性。例如，钢材的 HB 值与抗拉强度 R_m

之间就有较好的相关关系。对于碳素钢，当 HB<175 时，$R_m=3.6HB$；当 HB>175 时，$R_m=3.5HB$。根据这些关系，我们可以在钢结构的原位上测出钢材的 HB 值，并按现行国家标准《黑色金属硬度及强度换算值》GB/T 1172 估算出该钢材的 R_m，而不破坏钢结构本身。

洛氏法根据压头压入试件的深度的大小表示材料的硬度值。洛氏法的压痕很小，一般用于判断机械零件的热处理效果。

2.2.5 耐疲劳性

在交变应力作用下的结构构件，钢材往往在应力远低于抗拉强度时发生断裂，这种现象称为钢材的疲劳破坏。疲劳破坏的危险应力用疲劳极限（σ_r）来表示，它是指疲劳试验中，试件在交变应力作用下，于规定的周期基数内不发生断裂所能承受的最大应力。设计承受反复荷载且须进行疲劳验算的结构时，应测定所用钢材的疲劳极限。

测定疲劳极限时，应根据结构的使用条件确定所采用的应力循环类型和循环基数。应力循环可分为等幅应力循环和变幅应力循环两类。等幅应力循环的特性可用应力比值、应力幅及平均应力来表示。

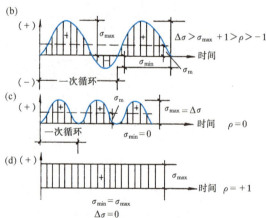

图 2-16 疲劳试验时的等幅应力循环

应力比值 ρ 为循环应力中最小应力 σ_{min} 与最大应力 σ_{max} 之比（即 $\rho=\sigma_{min}/\sigma_{max}$），以拉应力为正值。当 $\rho=-1$ 时，称为完全对称循环（图 2-16a）；当 $\rho=0$ 时，为脉冲应力循环（图 2-16c）；当 $+1>\rho>-1$ 时，为以正应力为主的应力循环（图 2-16b）；当 $\rho=+1$ 时，相当于恒载状态（图 2-16d）。

应力幅 $\Delta\sigma$ 为应力变化的幅度（$\Delta\sigma=\sigma_{max}-\sigma_{min}$），应力幅总为正值。

平均应力 σ_m 表示某种循环下平均受力的大小，即 $\sigma_m=(\sigma_{max}+\sigma_{min})/2$，其值可正可负。

任何一种循环应力都可看成是平均应力 σ_m 与应力幅 $\Delta\sigma$ 的完全对称循环应力的叠加。

变幅应力循环的应力幅值是一随机变量，在工程中变幅应力循环更为常见。通常将其变换成等效应力幅，然后按等幅应力循环进行试验和验算。

根据试验数据可以画出试件的应力幅 $\Delta\sigma$ 与致损循环次数 n 的关系曲线（图 2-17）。在曲线中可看出在一定应力幅下疲劳应力所对应的极限循环次数，即疲劳寿命（n_r）。

测定钢筋的疲劳极限时，通常采用拉应力循环，非预应力筋的应力比一般取 0.1～0.8，预应力筋取 0.7～0.85，周期基数取 200 万次或 400 万次以上。

钢材的疲劳破坏先从局部形成细小裂纹，由于裂纹端部的应力集中而逐渐扩大，直到破坏。其破坏特点是断裂突然发生，断口可明显看到疲劳裂纹扩展区和残留部分的瞬时断裂区。疲劳极限不仅与钢材内部组织有关，也和表面质量有关。例如，钢筋焊接接头的卷边和表面微小的腐蚀缺陷，都可使疲劳极限显著降低。

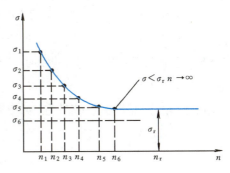

图 2-17 疲劳曲线示意图

2.3 钢材的冷加工强化及时效强化、热处理和焊接

2.3.1 钢材的冷加工强化及时效强化

将钢材于常温下进行冷拉、冷拔或冷轧，使产生塑性变形，从而提高屈服强度，称为冷加工强化。

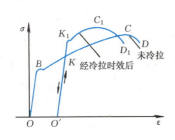

图 2-18 钢筋冷拉与时效前后应力-应变图的变化

钢材经冷拉后的性能变化规律，可从图 2-18 中反映。图中 $OBCD$ 为未经冷拉试件的应力-应变曲线。将试件拉至超过屈服极限的某一点 K，然后卸去荷载，由于试件已产生塑性变形，故曲线沿 KO' 下降，KO' 大致与 BO 平行。如重新拉伸，则新的屈服点将高于原来可达到的 K 点。可见钢材经冷拉以后屈服点将会提高。

目前常用的冷轧带肋钢筋、冷拉钢筋及预应力高强冷拔钢丝等，都是利用这一原理进行加工的产品。由于屈服强度提高，从而达到节约钢材的目的。

产生冷加工强化的原因是：钢材在冷加工时晶格缺陷增多，晶格畸变，对位错运动的阻力增大，因而屈服强度提高，塑性和韧性降低。由于冷加工时产生的内应力，故冷加工钢材的弹性模量有所下降。

将经过冷加工后的钢材于常温下存放 15～20d，或加热到 100～200℃并保持一定时间，这一过程称时效处理，前者称自然时效，后者称人工时效。

冷加工以后再经时效处理的钢筋，屈服点进一步提高，抗拉强度稍见增长，塑性和韧性继续有所降低。由于时效过程中内应力的消减，故弹性模量可基本恢复。

一般认为，产生应变时效的原因，主要是α-Fe晶格中的碳、氮原子有向缺陷移动、集中甚至呈碳化物或氮化物析出的倾向。当钢材经冷加工产生塑性变形以后，或在使用中受到反复振动，则碳、氮原子的迁移和富集可大为加快，由于缺陷处碳、氮原子富集，晶格畸变加剧，因而屈服强度提高，而塑性韧性下降。

钢材时效敏感性可用应变时效敏感系数 C 表示，C 越大则时效敏感性越大。

$$C = \frac{K_V - K_{VS}}{K_V} \times 100\%$$

式中　K_V——钢材时效处理前的冲击吸收能量，J；

　　　K_{VS}——钢材时效处理后的冲击吸收能量，J。

当对冷加工钢筋进行处理时，一般强度较低的钢筋可采用自然时效，而强度较高的钢筋则应采用人工时效处理。

2.3.2　钢材的热处理

热处理是指将钢材按一定规则加热、保温和冷却，以改变其组织，从而获得所需要性能的一种工艺措施。热处理的方法有退火、正火、淬火和回火。建筑钢材一般只在生产厂完成热处理工艺。在施工现场，有时须对焊接件进行热处理。

常用的热处理工艺有退火、正火、淬火、回火以及离子注入等方法。

在钢材进行冷加工以后，为减少冷加工中所产生的各种缺陷，消除内应力，常采用退火工艺。退火工艺可分为低温退火和完全退火等。低温退火即退火加热温度在铁素体等基本组织转变温度以下，它将使少量位错重新排列。如果退火加热温度高于钢材基本组织的转变温度，通常可加温至800～850℃，再经适当保温后缓慢冷却，将使钢材再结晶，即为完全退火。

冷加工及退火对力学性能的影响如图2-19所示。图的左侧为冷加工程度对力学性能的影响示意图，右侧为不同热处理加热温度时力学性能的变化示意图。

淬火和回火　通常是两道相连的处理过程。淬火的加热温度在基本组织转变温度以上，保温使组织完全转变，即投入选定的冷却介质（如水或矿物油等）中急冷，使转变为不稳定组织，淬火即完成。随后进行回火，加热温度在转变温度以下（150～650℃内选定）。保温后按一定速度冷却至室温。其目的是：促进淬火后的不稳定组织转变为所需要的组织，消除淬火产生的内应力。我国生产的热处理钢筋，即系采用中碳低合金钢经油浴淬火和铅浴高温（500～650℃）回火制得的。它的组织为铁素体和均匀分布的细颗粒渗碳体。

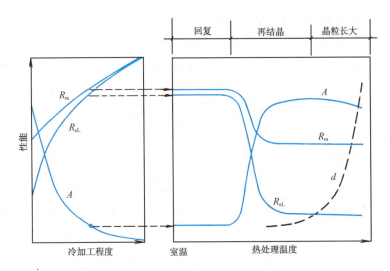

图 2-19　冷加工及退火对钢材性能的影响示意图
R_m—拉伸强度；R_{eL}—屈服强度；A—伸长率；d—晶粒尺寸

2.3.3　钢材的焊接

焊接连结是钢结构的主要连结方式，在工业与民用建筑的钢结构中，焊接结构占 90% 以上。在钢筋混凝土结构中，焊接大量应用于钢筋接头、钢筋网、钢筋骨架和预埋件之间的连结，以及装配式构件的安装。

建筑钢材的焊接方法最主要的是钢结构焊接用的电弧焊和钢筋连接用的电渣压力焊。焊件的质量主要取决于选择正确的焊接工艺和适当的焊接材料，以及钢材本身的可焊性。

电弧焊的焊接接头是由基体金属和焊缝金属熔合而成。焊缝金属是在焊接时电弧的高温作用下，由焊条金属熔化而成，同时基体金属的边缘也在高温下部分熔化，两者通过扩散作用均匀地熔合在一起。电渣压力焊则不用焊条，而是通过电流所形成的高温使钢筋接头处局部熔化，并在机械压力下使接头熔合。

焊接时由于在很短的时间内达到很高的温度，基体金属局部熔化的体积很小，故冷却速度很快，因此在焊接处必然产生剧烈的膨胀和收缩，易产生变形、内应力和内部组织的变化，因而形成焊接缺陷。焊缝金属的缺陷主要有裂纹、气孔、夹杂物等。基体金属热影响区的缺陷主要有裂纹、晶粒粗大和析出脆化（碳、氮等原子在焊接过程中形成碳化物和氮化物，于缺陷处析出，使晶格畸变加剧所引起的脆化）。由于焊接件在使用过程中所要求的主要力学性能是强度、塑性、韧性和耐疲劳性，因此，对性能最有影响的缺陷是裂纹、缺口、塑性和韧性的下降。

钢材的可焊性是指钢材在一定的焊接工艺条件下，焊缝及热影响区的材料性质是否与母体相近的性能。与钢材的化学成分、晶粒度、硬度、热影响区、氢脆以及焊接工艺等因素有关。钢材的化学成分对可焊性有重要影响，如果硫、磷等元素含量过高，容易产生气孔、裂纹等缺陷，可焊性降低。由于细小的晶粒有利于保证焊接接头的强度和韧性，通常晶粒度较小的钢材可焊性更好；过高的硬度会导致焊接接头发生脆性断裂，同样会降低可焊性。焊接在热影响区会引起组织和性能的变化，如硬化、退火等，从而影响焊接接头的性能。氢脆是指在焊接过程中因进入过多氢气而导致焊接接头变脆的现象，适当的预热处理、合理选择钢材品种和焊接方法可以减少氢脆，提高钢材的可焊性，确保焊接接头具有优异性能。

　　焊接质量的检验方法主要有取样试件试验和原位非破损检测两类。取样试件试验是指在结构焊接部位切取试样，然后在试验室进行各种力学性能的对比试验，以观察焊接的影响。非破损检测则是在不损及结构物使用性能的前提下，直接在结构原位，采用超声、射线、磁力、荧光等物理方法，对焊缝进行缺陷探伤，从而间接推定力学性能的变化。

2.4 钢材的防火和防腐蚀

2.4.1 钢材的防火

　　在一般建筑结构中，钢材均在常温条件下工作，但对于长期处于高温条件下的结构物，在遇到火灾等特殊情况时，则必须考虑温度对钢材性能的影响。而且高温对性能的影响还不能简单地用应力-应变关系来评定，而必须加上温度与高温持续时间两个因素。通常钢材的蠕变现象会随温度的升高而愈益显著，蠕变则导致应力松弛，此外，由于在高温下晶界强度比晶粒强度低，晶界的滑动对微裂纹的影响起了重要作用，此裂纹在拉应力的作用下不断扩展而导致断裂。因此，随着温度的升高，其持久强度将显著下降。

　　因此，在钢结构或钢筋混凝土结构遇到火灾时，应考虑高温透过保护层后对钢筋或型钢金相组织及力学性能的影响。尤其是在预应力结构中，还必须考虑钢筋在高温条件下的预应力损失所造成的整个结构物应力体系的变化。

　　鉴于以上原因，在钢结构中应采取预防包覆措施，高层建筑更应如此，其中包括设置防火板或涂刷防火涂料等。在钢筋混凝土结构中，钢筋应有一定厚度的保护层。

　　表2-1为钢筋或型钢保护层对构件耐火极限的影响示例，由表中列举的典型构件可见，钢材进行防火保护的必要性。

钢材防火保护层对构件耐火极限的影响　　　　　　　　表 2-1

构件名称	规格	保护层厚度（mm）	耐火极限（h）
钢筋混凝土圆孔空心板	3300×600×180	10	0.9
	3300×600×200	30	1.5
预应力钢筋混凝土圆孔板	3300×600×90	10	0.4
	3300×600×110	30	0.85
无保护层钢柱		0	0.25
砂浆保护层钢柱		50	1.35
防火涂料保护层钢柱		25	2
无保护层钢梁		0	0.25
防火涂料保护层的钢梁		15	1.5

2.4.2 钢材的锈蚀与防止

1. 钢材被腐蚀的主要原因

（1）化学腐蚀

钢材与周围介质直接发生化学反应而引起的腐蚀，称为化学腐蚀。通常是由于氧化作用，使钢材中的铁形成疏松的氧化铁而被腐蚀。在干燥环境中，化学腐蚀进行缓慢，但在潮湿环境和温度较高时，腐蚀速度加快，这种腐蚀亦可由空气中的二氧化碳或二氧化硫作用，以及其他腐蚀性物质的作用而产生。

（2）电化学腐蚀

金属在潮湿气体以及导电液体（电解质）中，由于电子流动而引起的腐蚀，称为电化学腐蚀。这是由于两种不同电化学势的金属之间的电势差，使负极金属发生溶解的结果。就钢材而言，当凝聚在钢铁表面的水分中溶入二氧化碳或硫化物气体时，即形成一层电解质水膜，钢铁本身是铁和铁碳化合物，以及其他杂质化合物的混合物。它们之间形成以铁为负极，以碳化铁为正极的原电池，由于电化学反应生成铁锈。

在钢铁表面，微电池的两极反应如下：

$$\text{阳极反应} \quad Fe - 2e^- = Fe^{2+}$$

$$\text{阴极反应} \quad 2H^+ + 2e^- = H_2$$

从电极反应中所逸出的离子在水膜中的反应

$$Fe + 2H^+ = Fe^{2+} + H_2 \uparrow$$

$$Fe^{2+} + 2OH^- = Fe(OH)_2$$

$Fe(OH)_2$ 又与水中溶解的氧发生下列反应

$$4Fe(OH)_2 + O_2 + 2H_2O = 4Fe(OH)_3$$

所以 $Fe(OH)_2$、$Fe(OH)_3$ 及 Fe^{2+}、Fe^{3+} 与 CO_3^{2-} 生成的 $FeCO_3$、$Fe_2(CO_3)_3$ 等是铁锈的主要成分，为了方便，通常以 $Fe(OH)_3$ 表示铁锈。

钢铁在酸碱盐溶液及海水中发生的腐蚀，地下管线的土壤腐蚀，在大气中的腐蚀，与其他金属接触处的腐蚀，均属于电化学腐蚀，可见电化学腐蚀是钢材腐蚀的主要形式。

（3）应力腐蚀

钢材在应力状态下腐蚀加快的现象，称为应力腐蚀。所以，钢筋冷弯处、预应力钢筋等都会因应力存在而加速腐蚀。

2. 防止钢材腐蚀的措施

混凝土中的钢筋处于碱性介质条件下，而氧化保护膜为碱性，故不致锈蚀。但应注意，若在混凝土中大量掺入掺合料，或因碳化反应会使混凝土内部环境中性化，或由于在混凝土外加剂中带入一些卤素离子，特别是氯离子，会使锈蚀迅速发展。混凝土配筋的防腐蚀措施主要有提高混凝土密实度、确保保护层厚度、限制氯盐外加剂及加入阻锈剂等方法。对于预应力钢筋，一般含碳量较高，又经过冷加工强化或热处理，较易发生腐蚀，应特别予以重视。

钢结构中型钢的防锈，主要采用表面涂覆的方法。例如表面刷漆，常用底漆有红丹、环氧富锌漆、铁红环氧底漆等。面漆有灰铅漆、醇酸磁漆、酚醛磁漆等。薄壁型钢及薄钢板制品可采用热浸镀锌或镀锌后加涂塑料复合层。

防止钢材腐蚀的措施，除使钢材的周围介质能保证不发生腐蚀外，还可通过加入合金元素，制造耐腐蚀性较好的耐大气腐蚀钢和不锈钢等钢材。不锈钢是铬含量在 10.5% 以上，碳含量不超过 1.2% 的钢材；以不锈、耐腐蚀为主要特性，不锈钢表面能够形成一层稳定、致密、牢固的钝化膜（主要成分是 Cr_2O_3），阻止腐蚀的发生。不锈钢可以进行抛光、喷砂、酸洗等表面处理，不仅能够美化外观，还可以提高耐腐蚀性能。耐大气腐蚀钢（又称耐候钢）是指在钢中加入一定量的 Cu、P、C 或 Ni、Mo、Nb、Ti 等合金元素，制成的一种耐大气腐蚀性能良好的低合金钢。因为在大气环境下，耐候钢表面会形成一层致密稳定的氧化保护膜，阻碍腐蚀介质进入，从而具有优异的抗大气腐蚀性能。

2.5 建筑钢材的品种与选用

土木工程中常用的钢材可分为钢筋混凝土结构用的钢筋、钢丝和钢结构用的型钢两大类。各种型钢和钢筋的性能，主要取决于所用的钢种及其加工方式。本节将简要说明土木工程中常用的钢种及其加工的钢材的力学性能和选用原则。

2.5.1 建筑钢材的主要钢种

在土木工程中，常用的钢筋、钢丝、型钢及预应力锚具等，基本上都是碳素结构钢和低合金高强度结构钢等钢种，经热轧或再进行冷加工强化及热处理等工艺加工而成的。现将主要常用钢种分述如下：

1. 碳素结构钢

根据我国现行国家标准《碳素结构钢》GB/T 700 的规定，碳素结构钢可分为 4 个牌号（即 Q195、Q215、Q235 和 Q275），其含碳量在 0.06％～0.24％之间。每个牌号又根据其硫、磷等有害杂质的含量分成若干等级。碳素结构钢的牌号由下列 4 个要素标示：

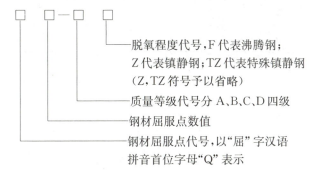

例如 Q235-BZ，表示这种碳素结构钢的屈服点 $R_{eL} \geqslant 235\text{MPa}$（当钢材厚度或直径小于或等于 16mm 时）；质量等级为 B，即硫、磷均控制在 0.045％以下；脱氧程度为镇静钢。

各牌号碳素结构钢的力学性能及工艺性能示于表 2-2 及表 2-3 中。

碳素结构钢的力学性能（GB/T 700—2006） 表 2-2

牌号	等级	屈服强度[a] R_{eh}（N/mm²），不小于						抗拉强度[b] R_m（N/mm²）	断后伸长率 A（%），不小于					冲击试验（V型缺口）	
		厚度（或直径）(mm)							厚度（或直径）(mm)					温度（℃）	冲击吸收功（纵向）(J) 不小于
		≤16	16～40	40～60	60～100	100～150	150～200		≤40	40～60	60～100	100～150	150～200		
Q195	—	195	185	—	—	—	—	315～430	33	—	—	—	—	—	—
Q215	A	215	205	195	185	175	165	335～450	31	30	29	27	26	—	—
	B													+20	27
Q235	A	235	225	215	215	195	185	370～500	26	25	24	22	21	—	—
	B													+20	27[c]
	C													0	
	D													−20	
Q275	A	275	265	255	245	225	215	410～540	22	21	20	18	17	—	—
	B													+20	27
	C													0	
	D													−20	

a　Q195 的屈服强度值仅供参考，不作交货条件。
b　厚度大于 100mm 的钢材，抗拉强度下限允许降低 20N/mm²，宽带钢（包括剪切钢板）抗拉强度上限不作交货条件。
c　厚度小于 25mm 的 Q235B 级钢材，如供方能保证冲击吸收功值合格，经需方同意，可不做检验。

碳素结构钢冷弯试验指标(GB/T 700—2006) 表 2-3

牌号	试样方向	冷弯试验 180° $B=2a$[a]	
		钢材厚度(或直径)[b](mm)	
		≤60	>60~100
		弯心直径 d	
Q195	纵	0	—
	横	0.5a	—
Q215	纵	0.5a	1.5a
	横	a	2a
Q235	纵	a	2a
	横	1.5a	2.5a
Q275	纵	1.5a	2.5a
	横	2a	3a

[a] B 为试样宽度,a 为试样厚度(或直径)。
[b] 钢材厚度(或直径)大于100mm时,弯曲试验由双方协商确定。

碳素钢的屈服强度和抗拉强度随含碳量的增加而增高,伸长率则随含碳量的增加而下降。其中Q235的强度和伸长率均居中等,两者得以兼顾,所以是结构钢常用的牌号。

一般而言,碳素结构钢的塑性较好,适宜于各种加工,在焊接、冲击及适当超载的情况下也不会突然破坏,它的化学性能稳定,对轧制、加热或骤冷的敏感性较小,因而常用于热轧钢筋。

2. 低合金高强结构钢

根据我国现行国家标准《低合金高强度结构钢》GB/T 1591 的规定,低合金高强度结构钢可分为 8 个牌号(即 Q355、Q390、Q420、Q460、Q500、Q550、Q620、Q690),每个牌号又根据其所含硫、磷等有害物质的含量,分为 B、C、D、E、F 五个等级。低合金钢的合金元素总含量一般不超过 5%,所加元素主要有锰、硅、钒、钛、铌、铬、镍及稀土元素。

低合金高强度结构钢的牌号由下列四个要素标示:

交货状态为热轧时，交货状态代号 AR 或 WAR 可省略；交货状态为正火或正火轧制状态时，交货状态代号均用 N 表示。

以 Q355ND 为例，该低合金高强结构钢的最小上屈服强度为 355MPa，质量等级为 D 级，交货状态为正火或正火轧制。

由于低合金钢中的合金元素起了细晶强化和固溶强化等作用，使低合金钢不但具有较高的强度，而且也具有较好的塑性、韧性和可焊性。因此，它是综合性能较好的建筑钢材，尤其是大跨度、承受动荷载和冲击荷载的结构物中更为适用。低合金高强度结构钢的上屈服强度、抗拉强度、断后伸长率、冲击吸收能量和 180°弯曲试验的性能，应符合现行国家标准《低合金高强度结构钢》GB/T 1591 的规定。

2.5.2 常用建筑钢材

1. 钢筋

钢筋主要用于钢筋混凝土和预应力钢筋混凝土的配筋，是土木工程中用量最大的钢材之一。主要品种有以下几种：

（1）热轧光圆钢筋

建筑用热轧光圆钢筋由碳素结构钢或低合金结构钢经热轧而成。其主要力学性能见表 2-4。

建筑用热轧光圆钢筋力学性能及工艺性能（GB 1499.1—2017） 表 2-4

牌号	力学性能				冷弯试验 180° d＝弯心直径 a＝试样直径
	下屈服强度 R_{eL}（MPa）	抗拉强度 R_m（MPa）	断后伸长率 A（％）	最大力总延伸率 A_{gt}（％）	
	≥				
HPB300	300	420	25	10.0	$d=a$

从表中可见低碳钢热轧圆盘条的强度较低，但具有塑性好，伸长率高，便于弯折成形、容易焊接等特点，可用作中、小型钢筋混凝土结构的受力钢筋或箍筋，以及作为冷加工（冷拉、冷拔、冷轧）的原料。

（2）钢筋混凝土用热轧带肋钢筋

钢筋混凝土用热轧带肋钢筋采用低合金钢热轧而成，横截面通常为圆形，且表面带有两条纵肋和沿长度方向均匀分布的横肋。其含碳量为 0.17％～0.25％，主要合金元素有硅、锰、钒、铌、钛等，有害元素硫和磷的含量应控制在 0.040％或 0.045％以下。其牌号及主要力学性能见表 2-5。

钢筋混凝土用热轧带肋钢筋的力学性能及工艺性能（GB 1499.2—2018）　　表 2-5

牌号	力学性能						冷弯试验	
	下屈服强度 R_{eL}（MPa）	抗拉强度 R_m（MPa）	断后伸长率 A（%）	最大力总延伸率 A_{gt}（%）	实测抗拉强度/实测下屈服强度	实测下屈服强度/下屈服强度	公称直径 d	弯曲压头直径
	≥				≤			
HRB400 HRBF400	400	540	16	7.5	—	—	6～25	4d
							28～40	5d
							>40～50	6d
HRB400E HRBF400E			—	9.0	1.25	1.30	6～25	4d
							28～40	5d
							>40～50	6d
HRB500 HRBF500	500	630	15	7.5	—	—	6～25	6d
							28～40	7d
							>40～50	8d
HRB500E HRBF500E			—	9.0	1.25	1.30	6～25	6d
							28～40	7d
							>40～50	8d
HRB600	600	730	14	7.5	—	—	6～25	6d
							28～40	7d
							>40～50	8d

混凝土中采用热轧带肋钢筋，可以增加钢筋与混凝土之间的附着力和粘结作用，能有效阻碍混凝土受力裂缝的开展和扩大，提高混凝土的承载能力和结构的耐久性。热轧带肋钢筋的弯曲和扭转性能，也能够在混凝土结构中得到发挥，起到较好地吸收和分散应力的作用，从而提高混凝土结构的韧性和抗震性能。在混凝土结构的抗震设计中，梁、柱、支撑以及剪力墙边缘构件的受力钢筋宜采用热轧带肋钢筋；当采用现行国家标准《钢筋混凝土用钢 第2部分：热轧带肋钢筋》GB 1499.2 中牌号带"E"的热轧带肋钢筋时，其强度和弹性模量应符合现行国家标准《混凝土结构设计标准》GB/T 50010 中 4.2 节有关热轧带肋钢筋的规定。

（3）冷轧带肋钢筋

冷轧带肋钢筋采用热轧圆盘条经冷轧而成，表面带有沿长度方向均匀分布的二面或三面的月牙肋。

冷轧带肋钢筋牌号、各等级的力学性能和工艺性能要求见表 2-6。

冷轧带肋钢筋的性能　　　　表 2-6

分类	牌号	规定塑性延伸强度 $R_{p0.2}$ (MPa)	抗拉强度 R_m (MPa)	$R_m/R_{p0.2}$	断后伸长率 (%)		最大力总延伸率 (%)	弯曲试验[a]	反复弯曲次数	应力松弛初始应力应相当于公称抗拉强度的 70% 1000h (%)
					A	A_{100}	A_{gt}			
		≥								≤
普通钢筋混凝土用	CRB550	500	550	1.05	11.0	—	2.5	$D=3d$	—	—
	CRB600H	540	600	1.05	14.0	—	5.0	$D=3d$	—	—
	CRB680H[b]	600	680	1.05	14.0	—	5.0	$D=3d$	4	5
预应力混凝土用	CRB650	585	650	1.05	—	4.0	2.5		3	8
	CRB800	720	800	1.05	—	4.0	2.5		3	8
	CRB800H	720	800	1.05	—	7.0	4.0		4	5

[a] D 为弯心直径，d 为钢筋公称直径。
[b] 当该牌号钢筋作为普通钢筋混凝土用钢筋使用时，对反复弯曲和应力松弛不作要求；当该牌号钢筋作为预应力混凝土用钢筋使用时应进行反复弯曲试验代替 180°弯曲试验，并检测松弛率。

冷轧带肋钢筋是采用冷加工方法强化的典型产品，冷轧后强度明显提高，但塑性也随之降低，使强屈比变小，但其强屈比 $R_m/R_{p0.2}$ 不得小于 1.05。这种钢筋适用于中、小预应力混凝土结构构件和普通钢筋混凝土结构构件。

（4）预应力混凝土用钢棒

预应力混凝土用钢棒是指用低合金钢热轧圆盘条经淬火、回火调质处理的钢棒。通常有光圆、螺旋槽、螺旋肋和带肋四种表面形状和公称直径为 6～16mm 多种规格，抗拉强度 R_m≥1080MPa，屈服点 $R_{p0.2}$≥930MPa，根据延性级别伸长率 A≥5% 或 7%。为增加与混凝土的粘结力，钢筋表面常轧有通长的纵肋和均布的横肋。一般卷成直径为不小于 2.0m 的弹性盘条供应，开盘后可自行伸直。使用时应按所需长度切割，不能用电焊或氧气切割，也不能焊接，以免引起强度下降或脆断。热处理钢筋的设计强度取标准强度的 0.8，先张法和后张法预应力的张拉控制应力分别为标准强度的 0.7 和 0.65。

（5）预应力混凝土用钢丝与钢绞线

预应力混凝土用钢丝是采用优质碳素钢或其他性能相应的钢种，经冷加工及时效处理或热处理而制得的高强度钢丝，可分为冷拉钢丝及消除应力钢丝两种，按外形又可分为光面钢丝、螺旋肋和刻痕钢丝三种《预应力混凝土用钢丝》GB/T 5223—2014。

消除应力钢丝中的光面钢丝和螺旋肋钢丝的公称直径有 4mm、4.8mm、5mm、6mm、6.25mm、7mm、7.5mm、8mm、9mm、9.5mm、10mm、11mm、12mm 等 13 个规格，最大力的特征值和最大力的最大值随公称直径的不同而不同；0.2% 屈服力应不小于最大力特征值的 88%；最大力总伸长率应不小于 3.5%。应力松弛分为两级，允许使用推算法确定 1000h 松弛值，应进行初始力为实际最大力 70% 的 1000h 松弛试验，如需方要求，也可以做初始力为实际最大力80%的1000h松弛试验；初始力相当于实际最大力70%的1000h应力松弛率应不大于2.5%；初始力相当于实际最大力80%的1000h应力松弛率应不大于4.5%。

压力管道用冷拉钢丝的公称直径有4mm、5mm、6mm、7mm、8mm五种规格，最大力特征值F_m在18.48~83.93kN范围内，最大力最大值$F_{m,max}$在20.99~93.99kN范围内；0.2%屈服力应不小于最大力特征值的75%；公称直径为4mm、5mm的冷拉钢丝，断面收缩率应不小于35%，公称直径为6mm、7mm、8mm的冷拉钢丝，断面收缩率应不小于30%。

将预应力钢丝经辊压出规律性凹痕，以增强与混凝土的粘结力，降低预应力损失，则为刻痕钢丝。其公称直径通常有5mm、7mm两种规格。其力学性能与光面钢丝和螺旋肋钢丝相同。

若将两根、三根或七根圆形断面的钢丝捻成一束，则制成预应力混凝土用钢绞线《预应力混凝土用钢绞线》GB/T 5224—2023。钢绞线的最大力随钢丝的根数不同而不同，七根捻制结构的钢绞线，整根钢绞线的最大力可达530kN，0.2%屈服力可达466kN，最大力总延伸率为≥3.5%。1000h应力松弛率≤2.5%~4.5%。

从上述介绍中可知，预应力钢丝、钢绞线等均属于冷加工强化及热处理钢材，拉伸试验时没有屈服点，但抗拉强度远远超过热轧钢筋和冷轧钢筋，并具有较好的柔韧性，应力松弛率低。盘条状供应，松卷后可自行弹直，可按要求长度切割。适用于大荷载、大跨度及需曲线配筋的预应力混凝土结构。

2. 型钢

钢结构构件一般应直接选用各种型钢。型钢之间可直接连接或附加连接钢板进行连接。连接方式可铆接、螺栓连接或焊接。所以钢结构所用钢材主要是型钢和钢板。型钢有热轧及冷成型两种，钢板也有热轧和冷轧两种。

（1）热轧型钢。

常用的热轧型钢有角钢（等边和不等边）、工字形钢、槽钢、T形钢、H形钢、Z形钢等。

钢结构用钢的钢种和钢号，主要根据结构与构件的重要性、荷载的性质（静载或动载）、连接方法（焊接、铆接或螺栓连接）、工作条件（环境温度及介质）等因素予以选择。对于承受动荷载的结构，处于低温环境的结构，应选择韧性好、脆性临界温度低，疲劳极限较高的钢材。对于焊接结构，应选择可焊性较好的钢材。

我国建筑用热轧型钢主要采用碳素结构钢和低合金钢。在碳素结构钢中主要采用Q235-A（含碳量约为0.14%~0.22%），其强度较适中，塑性和可焊性较好，而且冶炼容易、成本低廉，适合土木工程使用。在低合金钢中主要采用Q355、Q390及Q420，可用于大跨度、承受动荷载的钢结构中。

(2) 冷弯薄壁型钢。

冷弯薄壁型钢通常用 2～6mm 薄钢板冷弯或模压而成，有角钢、槽钢等开口薄壁型钢及方形、矩形等空心薄壁型钢。可用于轻型钢结构。

(3) 钢板和压型钢板。

用光面轧辊轧制而成的扁平钢材称为钢板。按轧制温度的不同，钢板又可分热轧和冷轧两类。土木工程用钢板的钢种主要是碳素结构钢，某些重型结构、大跨度桥梁等也采用低合金钢。

按厚度来分，热轧钢板可分为厚板（厚度大于 4mm）和薄板（厚度为 0.35～4mm）两种；冷轧钢板只有薄板（厚度 0.2～4mm）。厚板可用于型钢的连接与焊接，组成钢结构承力构件，薄板可用作屋面或墙面等围护结构，或作为薄壁型钢的原料。

薄钢板经辊压或冷弯可制成截面呈 V 形、U 形、梯形或类似形状的波纹，并可采用有机涂层、镀锌等表面保护层的钢板，称压型钢板，在建筑上常用作屋面板、楼板、墙板及装饰板等。还可将其与保温材料等复合，制成复合墙板等，用途十分广泛。

思考题

2.1 金属晶体结构中的微观缺陷有哪几种？它们对金属的力学性能会有何影响？
2.2 金属材料有哪些强化方法？并说明其强化机理。
2.3 试述钢的主要化学成分，并说明钢中主要元素对性能的影响。
2.4 钢材中碳原子与铁原子之间的结合的基本方式有哪三种？碳素钢在常温下的铁—碳基本组织有哪三种？它们各自的性质特点如何？
2.5 钢中的主要有害元素有哪些？它们造成危害的原因是什么？
2.6 钢材有哪些主要力学性能？试述它们的定义及测定方法。
2.7 什么是钢材的强屈比？其大小对使用性能有何影响？
2.8 钢材的伸长率与试件标距有何关系？为什么？
2.9 钢材的冲击韧性与哪些因素有关？何谓冷脆临界温度和时效敏感性？
2.10 钢的脱氧程度对钢的性能有何影响？
2.11 钢材的冷加工对力学性能有何影响？
2.12 试述钢材锈蚀的原因与防锈蚀的措施。
2.13 什么是低合金结构钢？与碳素结构钢相比，低合金结构钢有何特点？
2.14 什么是钢材的热处理？热处理的方法主要有哪些？

第3章
无机胶凝材料

土木工程材料中，凡是经过一系列物理、化学作用，能将散粒状或块状材料胶结成整体的材料，统称为胶凝材料。

根据胶凝材料的化学组成，一般可分为无机胶凝材料和有机胶凝材料两大类。有机胶凝材料以天然的或合成的有机高分子化合物为基本成分，常用的有沥青、各种合成树脂等。无机胶凝材料则以无机化合物为基本成分，常用的有石膏、石灰、各种水泥等。根据无机胶凝材料凝结硬化条件的不同，又可分为气硬性胶凝材料和水硬性胶凝材料两类。

在土木工程材料中，胶凝材料是基本材料之一，通过它的胶结作用可制备出各种混凝土及建筑制品，并衍生出许多新型材料，这些材料及制品的性质，与所使用胶凝材料的性质密切相关。

3.1 气硬性胶凝材料

在无机胶凝材料中，气硬性胶凝材料是指只能在空气中硬化，也只能在空气中保持或继续发展其强度的胶凝材料。常用的有石膏、石灰和水玻璃。

3.1.1 石膏

石膏胶凝材料是以硫酸钙为主要成分的气硬性胶凝材料。由于石膏胶凝材料及其制品具有许多优良的性质，原料来源丰富，生产能耗低，因而在建筑工程中得到广泛应用。目前，常用的石膏胶凝材料有：建筑石膏、高强石膏、无水石膏水泥等。

1. 石膏胶凝材料的生产

生产石膏胶凝材料的原料主要是天然二水石膏（$CaSO_4 \cdot 2H_2O$）矿石，也可用含有二水石膏的化工副产品和废渣（称为化工石膏）。天然无水石膏（$CaSO_4$）又称天然硬石膏，只可用于生产无水石膏水泥。石膏胶凝材料生产的主要工序是破碎、加热煅烧与磨细。根据加热方式和煅烧温度的不同，可生产出不同性质的石膏胶凝材料产品。

将主要成分为二水石膏的天然二水石膏或化工石膏加热时，随着温度的升高，将发生如下变化：

当加热温度为 65～75℃时，$CaSO_4 \cdot 2H_2O$ 开始脱水，至 107～170℃时，生成半水石膏 $\left(CaSO_4 \cdot \frac{1}{2}H_2O\right)$，其反应式为：

$$CaSO_4 \cdot 2H_2O \xrightarrow{107\sim170℃} CaSO_4 \cdot \frac{1}{2}H_2O + 1\frac{1}{2}H_2O$$

在该加热阶段中，因加热条件不同，所获得的半水石膏有 α 型和 β 型两种形态。若将二水石膏在非密闭的窑炉中加热脱水，得到的是 β 型半水石膏，称为建筑石膏。建筑石膏的晶粒较细，调制成一定稠度的浆体时，需水量较大，因而硬化后强度较低。若将二水石膏置于 0.13MPa、124℃的过饱和蒸汽条件下蒸炼脱水，或置于某些盐溶液中沸煮，可得到 α 型半水石膏，称为高强石膏。高强石膏的晶粒较粗，调制成一定稠度的浆体时，需水量较小，因而硬化后强度较高。

当加热温度为 170～200℃时，半水石膏继续脱水，成为可溶性硬石膏，与水调和后仍能很快凝结硬化；当加热温度为 200～250℃时，石膏中残留很少的水，凝结硬化非常缓慢；当加热温度至 400～750℃时，石膏完全失去水分，成为不溶性硬石膏，失去凝结硬化能力，成为死烧石膏；当温度高于 800℃时，部分石膏分解成的氧化钙起催化作用，所得产品又重新具有凝结硬化性能，这就是高温煅烧石膏。

在土木建筑工程中，应用的石膏胶凝材料主要是建筑石膏。

2. 建筑石膏的凝结硬化

建筑石膏与适量的水拌合后，最初成为可塑的浆体，但很快就失去塑性和产生强度，并逐渐发展成为坚硬的固体。这种现象称为凝结硬化，它是由于浆体内部发生了一系列的物理化学变化。

建筑石膏与水拌合后，半水石膏与水反应生成二水石膏：

$$CaSO_4 \cdot \frac{1}{2}H_2O + 1\frac{1}{2}H_2O = CaSO_4 \cdot 2H_2O$$

由于二水石膏在水中的溶解度仅为半水石膏溶解度的 1/5 左右，半水石膏的饱和溶液对于二水石膏就成了过饱和溶液。所以二水石膏以胶体微粒自溶液中析出，从而破坏了半水石膏溶解的平衡，使半水石膏又继续溶解和水化。如此循环进行，直到半水石膏全部耗尽。在这一过程中，浆体中的自由水分因水化和蒸发而逐渐减少，二水石膏胶体微粒数量不断增加，浆体的稠度逐渐增大，可塑性逐渐减小，表现为石膏的"凝结"。其后，浆体继续变稠，胶体微粒逐渐凝聚成为晶体，晶体逐渐长大、共生和相互交错，使浆体产生强度，并不断增长，这就是石膏的"硬化"（图 3-1）。

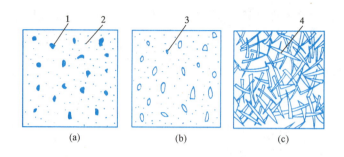

图 3-1 建筑石膏凝结硬化示意

(a) 胶化；(b) 结晶开始；(c) 结晶长大与交错

1—半水石膏；2—二水石膏胶体微粒；3—二水石膏晶体；4—交错的晶体

3. 建筑石膏的技术性质与应用

建筑石膏为白色粉末，密度约为 2.60～2.75g/cm³，堆积密度约为 800～1000kg/m³。建筑石膏按原材料分为天然建筑石膏、脱硫建筑石膏和磷建筑石膏三种，对于建筑石膏有组成、物理力学性能、放射性核素限量、限制成分含量和 pH 值等技术要求，其物理力学性能的要求见表 3-1。

建筑石膏物理力学性能要求（GB/T 9776—2022）　　表 3-1

等级	凝结时间（min）		强度（MPa）			
			2h 湿强度		干强度	
	初凝	终凝	抗折	抗压	抗折	抗压
4.0	≥3	≤30	≥4.0	≥8.0	≥7.0	≥15.0
3.0			≥3.0	≥6.0	≥5.0	≥12.0
2.0			≥2.0	≥4.0	≥4.0	≥8.0

建筑石膏初凝和终凝时间都很短，为便于使用，需降低其凝结速度，可加入缓凝剂。常用的缓凝剂有硼砂、酒石酸钾钠、柠檬酸、聚乙烯醇、石灰活化骨胶或皮胶等。缓凝剂的作用在于降低半水石膏的溶解度和溶解速度。

建筑石膏水化反应的理论需水量只占半水石膏重量的 18.6%，在使用中为使浆体具有足够的流动性，通常加水量需达 60%～80%，因而，硬化后，由于多余水分的蒸发，在内部形成大量孔隙，孔隙率可达 50%～60%，导致与水泥相比强度较低，表观密度小。

由于石膏制品的孔隙率大，因而导热系数小，吸声性强，吸湿性大，可调节室内的温度和湿度。同时石膏制品质地洁白细腻，凝固时不像石灰和水泥那样出现体积收缩，反而略有膨胀（膨胀量约1%）可浇注出纹理细致的浮雕花饰，所以是一种较好的室内饰面材料。

建筑石膏硬化后有很强的吸湿性，在潮湿条件下，晶粒间的结合力减弱，导致强度下降。若长期浸泡在水中，水化生成物二水石膏晶体将逐渐溶解，而导致破坏。若石膏制品吸水后受冻，会因孔隙中水分结冰膨胀而破坏。所以，石膏制品的耐水性和抗冻性较差，不宜用于潮湿部位。为提高其耐水性，可加入适量的水泥、矿渣等水硬性材料，也可加入氨基、密胺、聚乙烯醇等水溶性树脂，或沥青、石蜡等有机乳液，以改善石膏制品的孔隙状态和孔壁的憎水性。

建筑石膏制品在遇火灾时，二水石膏中的结晶水蒸发，吸收热量，并在表面形成蒸汽幕和脱水物隔热层，而且无有害气体产生，所以具有较好的抗火性能。但建筑石膏制品不宜长期用于靠近65℃以上高温的部位，以免二水石膏在此温度作用下脱水分解而失去强度。

建筑石膏在运输及贮存时应注意防潮，一般贮存3个月后，强度将降低30%左右。所以贮存期超过3个月应重新进行质量检验，以确定其等级。

根据建筑石膏的上述性能特点，它在建筑上的主要用途有：制成石膏抹灰材料、各种墙体材料（如纸面石膏板、石膏空心条板、石膏砌块等），各种装饰石膏板、石膏浮雕花饰、雕塑制品等。

3.1.2 石灰

石灰是在土木工程中使用较早的矿物胶凝材料之一。石灰的原料分布很广，生产工艺简单，成本低廉，在土木工程中应用很广。目前，工程中常用的石灰产品有：生石灰粉、消石灰粉和石灰膏。

1. 石灰的生产

生产石灰的原料有石灰石、白云石、白垩、贝壳等。它们的主要成分是碳酸钙，经煅烧后，碳酸钙分解成为氧化钙，得到块状生石灰：

$$CaCO_3 \xrightarrow{900℃} CaO + CO_2 \uparrow$$

为加速分解过程，煅烧温度常提高至1000~1100℃左右。在生产石灰的原料中，常含有碳酸镁，经煅烧后，分解成氧化镁；按氧化镁含量的多少，石灰分为钙质石灰和镁质石灰两类。《建筑生石灰》JC/T 479—2013规定，生石灰中氧化镁含量不大于5%时，称为钙质石灰，氧化镁含量大于5%时，称为镁质石灰。

将煅烧成的块状生石灰经过不同的加工，可得到工程中常用的生石灰粉、消石灰粉和石灰膏。其中，生石灰粉是将块状生石灰磨细而成，消石灰粉和石灰膏则是生石灰加水消解而成。

在使用石灰时，将生石灰加水，使之消解为消石灰的过程，称为石灰的"消化"，又称"熟化"：

$$CaO + H_2O \longrightarrow Ca(OH)_2 + 64.9 \times 10^3 J$$

石灰的熟化为放热反应，熟化时体积增大1~2.5倍。

按用途，石灰熟化的方法有两种：

（1）用于拌制石灰砌筑砂浆或抹灰砂浆时，需将生石灰熟化成石灰膏。生石灰在化灰池中熟化成石灰浆后，通过筛网流入储灰坑，石灰浆在储灰坑中沉淀并除去上层水分后称为石灰膏。

生石灰中常含有欠火石灰和过火石灰。欠火石灰降低石灰的利用率；过火石灰颜色较深，密度较大，表面常被黏土杂质融化形成的玻璃釉状物包覆，熟化很慢。当石灰已经硬化后，其中过火颗粒才开始熟化，体积膨胀，引起隆起和开裂。为了消除过火石灰的危害，石灰浆应在储灰坑中"陈伏"两星期以上。"陈伏"期间，石灰浆表面应保有一层水分，与空气隔绝，以免碳化。

（2）用于拌制石灰土（石灰、黏土）、三合土（石灰、黏土、砂石或炉渣等）时，将生石灰熟化成消石灰粉。生石灰熟化成消石灰粉时，理论上需水32.1%，由于一部分水分需消耗于蒸发，实际加水量常为生石灰重量的60%～80%，应以能充分消解而又不过湿成团为度。工地可采用分层浇水法，每层生石灰块厚约50cm。或在生石灰块堆中插入有孔的水管，缓慢地向内灌水。

消石灰粉在使用以前，也应有类似石灰浆的"陈伏"时间。

2. 石灰的硬化

石灰浆体在空气中逐渐硬化，是由下面两个同时进行的过程来完成的：

（1）结晶作用——游离水分蒸发，氢氧化钙逐渐从饱和溶液中结晶。

（2）碳化作用——氢氧化钙与空气中的二氧化碳化合生成碳酸钙结晶体，释出水分并被蒸发；

$$Ca(OH)_2 + CO_2 + nH_2O = CaCO_3 + (n+1)H_2O$$

碳化作用实际是二氧化碳与水形成碳酸，然后与氢氧化钙反应生成碳酸钙。所以这个作用不能在没有水分的全干状态下进行。而且，碳化作用在长时间内只限于表层，氢氧化钙的结晶作用则主要在内部发生。所以，石灰浆体硬化后，是由表里两种不同的晶体组成的。随着时间延长，表层碳酸钙的厚度逐渐增加。

3. 石灰的技术性质和要求

生石灰熟化为石灰浆时，能自动形成颗粒极细（直径约为$1\mu m$）的呈胶体分散状态的氢氧化钙，表面吸附一层厚的水膜。因此，用石灰调成的石灰砂浆突出的优点是具有良好的可塑性，在水泥砂浆中掺入石灰膏，可使可塑性显著提高。

从石灰浆体的硬化过程可以看出，由于空气中二氧化碳稀薄，碳化甚为缓慢。而且表面碳化后，形成紧密外壳，不利于碳化作用的深入，也不利于内部水分的蒸发，因此，石灰是硬化缓慢的材料。同时，石灰的硬化只能在空气中进行。硬化后的强度也不高，1:3的石灰砂浆28d抗压强度通常只有0.2～0.5MPa，受潮后石灰溶解，强度更低，在水中还会溃散。所以，石灰不宜在潮湿的环境下使用，也不宜单独用于建筑物基础。

石灰在硬化过程中，蒸发大量的游离水而引起显著的收缩，所以除调成石灰乳作薄层涂刷外，不宜单独使用。常在其中掺入砂、纸筋等以减少收缩和节约石灰。

块状生石灰放置太久，会吸收空气中的水分而自动熟化成消石灰粉，再与空气中二氧化碳作用而还原为碳酸钙，失去胶结能力。所以贮存生石灰，不但要防止受潮，而且不宜贮存过久。最好运到后即熟化成石灰浆，将贮存期变为陈伏期。由于生石灰受潮熟化时放出大量的热，而且体积膨胀，所以，储存和运输生石灰时，还要注意安全。

根据我国现行行业标准《建筑生石灰》JC/T 479，生石灰根据加工情况分为建筑生石灰和建筑生石灰粉；按石灰的氧化镁含量，生石灰分为钙质石灰（MgO 含量≤5%）和镁质石灰（MgO 含量大于5%）两类；根据化学成分，钙质石灰分为钙质石灰90（CL 90）、钙质石灰85（CL 85）和钙质石灰75（CL 75）三个等级，镁质石灰分为镁质石灰85（ML 85）和镁质石灰80（ML 80）两个等级。建筑生石灰及建筑生石灰粉化学成分和物理性质要求见表3-2。根据现行行业标准《建筑消石灰》JC/T 481 的规定，建筑消石灰粉分为钙质消石灰粉（MgO 含量≤5%）和镁质消石灰粉（MgO 含量>5%）两类，并根据化学成分，建筑消石灰粉分为钙质消石灰90（HCL 90）、钙质消石灰85（HCL 85）、钙质消石灰75（HCL 75）、镁质消石灰85（HML 85）和镁质消石灰80（HML 80）；建筑消石灰粉化学成分和物理性质要求见表3-3。

建筑生石灰和建筑生石灰粉化学成分和物理性质要求（JC/T 479—2013） 表3-2

项目			钙质石灰			镁质石灰	
			CL 90	CL 85	CL 75	ML 85	ML 80
化学成分	（氧化钙+氧化镁）（CaO+MgO）含量（%）		≥90	≥85	≥75	≥85	≥80
	氧化镁（MgO）含量（%）		≤5			>5	
	二氧化碳（CO_2）含量（%）		≤4	≤7	≤12	≤7	≤7
	三氧化硫（SO_3）含量（%）		≤2				
物理性质	生石灰	产浆量（$dm^3/10kg$）	≥26			—	
	生石灰粉	细度	0.2mm 筛余量（%）		≤2		
			90μm 筛余量（%）		≤7		

建筑消石灰粉化学成分和物理性质要求（JC/T 481—2013） 表3-3

项目			钙质石灰			镁质石灰	
			HCL 90	HCL 85	HCL 75	HML 85	HML 80
化学成分	（氧化钙+氧化镁）（CaO+MgO）含量（%）		≥90	≥85	≥75	≥85	≥80
	氧化镁（MgO）含量（%）		≤5			>5	
	三氧化硫（SO_3）含量（%）		≤2				
物理性质	游离水（%）		≤2				
	安定性		合格				
	细度	0.2mm 筛余量（%）	≤2				
		90μm 筛余量（%）	≤7				

4. 石灰在土木工程中的应用

石灰在土木工程中的用途很广，分述如下：

（1）石灰乳和砂浆

将消石灰粉或石灰膏加入多量的水搅拌稀释，成为石灰乳，主要用于内墙和顶棚刷白，我国农村也用于外墙。石灰乳中，调入少量磨细粒化高炉矿渣或粉煤灰，可提高其耐水性；调入聚乙烯醇、干酪素、氯化钙或明矾，可减少涂层粉化现象。掺入各种色彩的耐碱颜料，可获得更好的装饰效果。

（2）石灰土和三合土

消石灰粉或生石灰粉与黏土拌合，称为石灰土（灰土），若加入砂石或炉渣、碎砖等即成三合土。石灰土和三合土在夯实或压实后，可用作墙体、建筑物基础、路面和地面的垫层或简易地面。石灰土和三合土的强度形成机理尚待继续研究，可能是由于石灰改善了黏土的和易性，在强力夯打之下，大大提高了紧密度。而且，黏土颗粒表面的少量活性氧化硅和氧化铝与氢氧化钙起化学反应，生成了不溶性水化硅酸钙和水化铝酸钙，将黏土颗粒粘结起来，因而提高了黏土的强度和耐水性。石灰土中石灰用量增大，则强度和耐水性相应提高，但超过某一用量（视石灰质量和黏土性质而定）后，就不再提高了。一般石灰用量约为石灰土总重的6%～12%或更低。为了方便石灰与黏土等的拌合，宜用生石灰粉或消石灰粉，生石灰粉还可使灰土和三合土有较高的紧密度，因而有较高的强度和耐水性。

（3）生产硅酸盐制品

以磨细生石灰（或消石灰粉）与硅质材料（如粉煤灰、粒化高炉矿渣、浮石、砂等）加水拌合，必要时加入少量石膏，经成型、蒸养或蒸压养护等工序而成的建筑材料，统称为硅酸盐制品。

硅酸盐制品的主要水化产物是水化硅酸钙，其水化反应如下：

$$Ca(OH)_2 + SiO_2 + H_2O \longrightarrow CaO \cdot SiO_2 \cdot 2H_2O$$

硅酸盐制品按其密实程度可分为密实（有骨料）和多孔（加气）两类，前者可生产墙板、砌块及砌墙砖（如灰砂砖），后者用于生产加气混凝土制品，如轻质墙板、砌块、各种隔热保温制品。

石灰在土木工程中除以上用途外，还可用来生产无熟料水泥（如石灰粉煤灰水泥等）、制造碳化石灰板、加固含水软土地基（如石灰桩）、制造静态破碎剂和膨胀剂等。

3.1.3 水玻璃

水玻璃俗称泡花碱，是一种能溶于水的硅酸盐，由不同比例的碱金属和二氧化硅所组成。最常用的是硅酸钠水玻璃 $Na_2O \cdot nSiO_2$，还有硅酸钾水玻璃 $K_2O \cdot nSiO_2$、硅酸锂水玻璃（$Li_2O \cdot nSiO_2$）等。

1. 水玻璃的生产

生产水玻璃的方法有湿法和干法两种。湿法生产硅酸钠水玻璃时，将石英砂和苛性钠溶液在压蒸锅（2~3个大气压）内用蒸汽加热，并加搅拌，使直接反应而成液体水玻璃。干法（碳酸盐法）是将石英砂和碳酸钠磨细拌匀，在熔炉内于1300~1400℃温度下熔化，按下式反应生成固体水玻璃，然后在水中加热溶解而成液体水玻璃：

$$Na_2CO_3 + nSiO_2 \longrightarrow Na_2O \cdot nSiO_2 + CO_2 \uparrow$$

氧化硅和氧化钠的分子比n称为水玻璃的模数，一般在1.5~3.5之间。固体水玻璃在水中溶解的难易随模数而定。n为1时能溶解于常温的水中，n加大，则只能在热水中溶解；当n大于3时，要在4个大气压以上的蒸汽中才能溶解。低模数水玻璃的晶体组分较多，粘结能力较差，模数提高时，胶体组分相对增多，粘结能力随之增大。

除了液体水玻璃外，尚有不同形状的固体水玻璃。如未经溶解的块状或粒状水玻璃、溶液除去水分后呈粉状的水玻璃等。

液体水玻璃因所含杂质不同，而呈青灰色、绿色或微黄色，以无色透明的液体水玻璃为最好。液体水玻璃可以与水按任意比例混合成不同浓度（或密度）的溶液。同一模数的液体水玻璃，其浓度愈稠，则密度越大，粘结力越强。在液体水玻璃中加入尿素，在不改变其黏度的情况下可提高粘结力25%左右。

2. 水玻璃的硬化

液体水玻璃在空气中吸收二氧化碳，形成无定形硅酸，并逐渐干燥而硬化：

$$Na_2O \cdot nSiO_2 + CO_2 + mH_2O = Na_2CO_3 + nSiO_2 \cdot mH_2O$$

这个过程进行很慢，为了加速硬化，可将水玻璃加热或加入硅氟酸钠Na_2SiF_6作为促硬剂。水玻璃中加入硅氟酸钠后发生下面反应，促使硅酸凝胶加速析出：

$$2[Na_2O \cdot nSiO_2] + Na_2SiF_6 + mH_2O = 6NaF + (2n+1)SiO_2 \cdot mH_2O$$

硅氟酸钠的适宜用量为水玻璃质量的12%~15%，如果用量太少，不但硬化速度缓慢，强度降低，而且未经反应的水玻璃易溶于水，因而耐水性差。但如用量过多，又会引起凝结过速，使施工困难，而且渗透性大，强度也低。

3. 水玻璃的性质与应用

水玻璃有良好的粘结能力，硬化时析出的硅酸凝胶有堵塞毛细孔隙而防止水渗透的作用。水玻璃不燃烧，在高温下硅酸凝胶干燥得更加强烈，强度并不降低，甚至有所增加。水玻璃具有高度的耐酸性能，能抵抗大多数无机酸和有机酸的作用。

水玻璃由于具有以上性能，在土木工程中可有多种用途，扼要列举如下：

（1）涂刷建筑材料表面可提高抗风化能力。

用浸渍法处理多孔材料时，可使其密实度和强度提高。常用水将液体水玻璃稀释至相对密度为1.35左右的溶液，多次涂刷或浸渍，对黏土砖、硅酸盐制品、水泥混凝土和石灰石等，均有良好的效果。但不能用以涂刷或浸渍石膏制品，因为硅酸钠与硫酸钙会起化学反应生成硫酸钠，在制品孔隙中结晶，体积显著膨胀，从而导致制品的破坏。调制液体水玻璃时，可加入耐碱颜料和填料，兼有饰面效果。

用液体水玻璃涂刷或浸渍含有石灰的材料如水泥混凝土和硅酸盐制品等时，水玻璃与石灰之间起如下反应：

$$Na_2O \cdot nSiO_2 + Ca(OH)_2 = Na_2O \cdot (n-1)SiO_2 + CaO \cdot SiO_2 + H_2O$$

生成的硅酸钙胶体填实制品孔隙，使制品的密实度有所提高。

(2) 配制快凝堵漏防水剂。

以水玻璃为基料，加入两种、三种或四种矾配制而成，称为两矾、三矾或四矾防水剂。四矾防水剂是以蓝矾（硫酸铜）、明矾（钾铝矾）、红矾（重铬酸钾）和紫矾（铬矾）各1份，溶于60份100℃的水中，降温至50℃，投入400份水玻璃溶液中，搅拌均匀而成。这种防水剂凝结迅速，一般不超过1分钟，适用于与水泥浆调和，堵塞漏洞、缝隙等局部抢修。

(3) 用于土壤加固。

将模数为2.5~3的液体水玻璃和氯化钙溶液通过金属管轮流向地层压入，两种溶液发生化学反应，析出硅酸胶体，将土壤颗粒包裹并填实其空隙。硅酸胶体为一种吸水膨胀的冻状凝胶，因吸收地下水而经常处于膨胀状态，阻止水分的渗透和使土壤固结。水玻璃与氯化钙的反应式为：

$$Na_2O \cdot nSiO_2 + CaCl_2 + xH_2O \longrightarrow 2NaCl + nSiO_2 \cdot (x-1)H_2O + Ca(OH)_2$$

由这种方法加固的砂土，抗压强度可达3~6MPa。

水玻璃还可用于配制耐酸砂浆和混凝土及耐热砂浆和混凝土。水玻璃也可用作多种建筑涂料的原料。将液体水玻璃与耐火填料等调成糊状的防火漆，涂于木材表面，可抵抗瞬间火焰。

3.2 硅酸盐水泥

水泥呈粉末状，与水混合后，经过物理化学反应过程能由可塑性浆体变成坚硬的石状体，并能将散粒状材料胶结成为整体，所以水泥是一种良好的矿物胶凝材料。就硬化条件而言，水泥浆体不但能在空气中硬化，还能更好地在水中硬化，保持并继续增长其强度，故水泥属于水硬性胶凝材料。

水泥品种很多，按组成分为硅酸盐水泥、铝酸盐水泥和硫铝酸盐水泥；按性能和用途分为通用水泥、专用水泥和特性水泥。工程中最常用的是通用硅酸盐水泥，其中，硅酸盐水泥是最基本的。本节将较详细介绍硅酸盐水泥，其他几种常用水泥将在以后各节介绍。

3.2.1 硅酸盐水泥的生产及矿物组成

由硅酸盐水泥熟料、0~5%石灰石或粒化高炉矿渣、适量石膏磨细制成的水硬性胶凝材料，称为硅酸盐水泥（波特兰水泥）。硅酸盐水泥分两种类型，不掺加混合材料的称Ⅰ型硅酸盐水泥，其代号为P·Ⅰ。在硅酸盐水泥熟料粉磨时掺加不超过水泥质量5%的石灰石或粒化高炉矿渣混合材料的称Ⅱ型硅酸盐水泥，其代号为P·Ⅱ。

1. 硅酸盐水泥生产

硅酸盐水泥的原料主要是石灰质原料和黏土质原料两类。石灰质原料主要提供CaO，它可以采用石灰石、白垩、石灰质凝灰岩等。黏土质原料主要提供SiO_2、Al_2O_3及少量Fe_2O_3，它可以采用黏土、黄土等。如果所选用的石灰质原料和黏土质原料按一定比例配合不能满足化学组成要求时，则要掺加相应的校正原料。校正原料有铁质校正原料和硅质校正原料。铁质校正原料主要补充Fe_2O_3，它可采用铁矿粉、黄铁矿渣等；硅质校正原料主要补充SiO_2，它可采用砂岩、粉砂岩等。此外，为了改善煅烧条件，常常加入少量的矿化剂、晶种等。

硅酸盐水泥生产的大体步骤是：先把几种原材料按适当比例配合后在磨机中磨成生料；然后将制得的生料入窑进行煅烧；再把烧好的熟料配以适当的石膏（和混合材料）在磨机中磨成细粉，即得到水泥。

水泥生料在窑内的煅烧过程，虽方法各异，但都要经历干燥、预热、分解、熟料烧成及冷却等几个阶段。其中，熟料烧成是水泥生产的关键，必须有足够的温度和时间，以保证水泥熟料的质量。

2. 水泥熟料矿物组成

硅酸盐水泥的主要熟料矿物名称和含量范围如下：

硅酸三钙 $3CaO·SiO_2$，简写为C_3S，含量37%~60%；

硅酸二钙 $2CaO·SiO_2$，简写为C_2S，含量15%~37%；

铝酸三钙 $3CaO·Al_2O_3$，简写为C_3A，含量7%~15%；

铁铝酸四钙 $4CaO·Al_2O_3·Fe_2O_3$，简写为C_4AF，含量10%~18%。

在以上的主要熟料矿物中，硅酸三钙和硅酸二钙的总含量在66%以上，铝酸三钙与铁铝酸四钙的含量在25%左右，故称为硅酸盐水泥。除主要熟料矿物外，水泥中还含有少量游离氧化钙、游离氧化镁和碱，但其总含量一般不超过水泥质量的10%。

3.2.2 硅酸盐水泥的水化及凝结硬化

1. 硅酸盐水泥的水化

硅酸盐水泥的性能是由其组成矿物的性能决定的，水泥具有许多优良的技术性能，主要是水泥熟料中几种主要矿物水化作用的结果。

熟料矿物与水发生的水解或水化作用统称为水化，熟料矿物与水发生水化反应，生成水化产物，并放出一定的热量。水泥单矿物水化的反应式如下：

$$2(3CaO \cdot SiO_2) + 6H_2O = 3CaO \cdot 2SiO_2 \cdot 3H_2O + 3Ca(OH)_2$$
硅酸三钙　　　　　　　　　水化硅酸钙　　　　氢氧化钙

$$2(2CaO \cdot SiO_2) + 4H_2O = 3CaO \cdot 2SiO_2 \cdot 3H_2O + Ca(OH)_2$$
硅酸二钙

$$3CaO \cdot Al_2O_3 + 6H_2O = 3CaO \cdot Al_2O_3 \cdot 6H_2O$$
铝酸三钙　　　　　　　　水化铝酸三钙

$$4CaO \cdot Al_2O_3 \cdot Fe_2O_3 + 7H_2O = 3CaO \cdot Al_2O_3 \cdot 6H_2O + CaO \cdot Fe_2O_3 \cdot H_2O$$
铁铝酸四钙　　　　　　　　　　　　　　　　水化铁酸一钙

硅酸三钙和硅酸二钙水化生成的水化硅酸钙不溶于水，以胶体微粒析出，并逐渐凝聚成凝胶体（C-S-H凝胶）；生成的氢氧化钙在溶液中的浓度很快达到饱和，呈六方晶体析出。铝酸三钙和铁铝酸四钙水化生成的水化铝酸钙为立方晶体，在氢氧化钙饱和溶液中，还能与

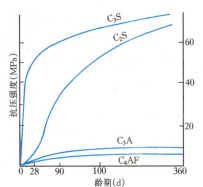

图3-2　各种熟料矿物的强度增长

氢氧化钙进一步反应，生成六方晶体的水化铝酸四钙。在有石膏存在时，水化铝酸钙会与石膏反应，生成高硫型水化硫铝酸钙（$3CaO \cdot Al_2O_3 \cdot 3CaSO_4 \cdot 31H_2O$）针状晶体，也称钙矾石。当石膏消耗完后，部分钙矾石将转变为单硫型水化硫铝酸钙（$3CaO \cdot Al_2O_3 \cdot CaSO_4 \cdot 12H_2O$）晶体。

四种熟料矿物的水化特性各不相同，对水泥的强度、凝结硬化速度及水化放热等的影响也不相同；各种水泥熟料矿物水化所表现的特性如表3-4和图3-2所示。水泥是几种熟料矿物的混合物，改变熟料矿物成分间的比例时，水泥的性质即发生相应的变化，例如提高硅酸三钙的含量，可以制得高强度水泥；又如降低铝酸三钙和硅酸三钙含量，提高硅酸二钙含量，可制得水化热低的水泥，如大坝水泥。

各种熟料矿物单独与水作用时表现出的特性　　　　　　　　　表3-4

名称	硅酸三钙	硅酸二钙	铝酸三钙	铁铝酸四钙
凝结硬化速度	快	慢	最快	快
28d水化放热量	多	少	最多	中
强度	高	早期低、后期高	低	低

硅酸盐水泥是多矿物、多组分的物质，它与水拌合后，就立即发生化学反应。根据目前的认识，硅酸盐水泥加水后，铝酸三钙立即发生反应，硅酸三钙和铁铝酸四钙也很快水化，而硅酸二钙则水化较慢。如果忽略一些次要的和少量的成分，则硅酸盐水泥与水作用后，生

成的主要水化物有：水化硅酸钙和水化铁酸钙凝胶、氢氧化钙、水化铝酸钙和水化硫铝酸钙晶体。在充分水化的水泥石中，C-S-H 凝胶约占 70%，$Ca(OH)_2$ 约占 20%，钙矾石和单硫型水化硫铝酸钙约占 7%。

2. 硅酸盐水泥的凝结硬化

水泥加水拌合后，成为可塑的水泥浆，水泥浆逐渐变稠失去塑性，但尚不具有强度的过程，称为水泥的"凝结"。随后产生明显的强度并逐渐发展而成为坚强的人造石——水泥石，这一过程称为水泥的"硬化"。凝结和硬化是人为地划分的。实际上是一个连续的复杂物理化学变化过程。

硅酸盐水泥的凝结硬化过程自从 1882 年雷·查特理（Le Chatelier）首先提出水泥凝结硬化理论以来，至今仍在继续研究。下面按照当前一般的看法作简要介绍。

水泥加水拌合，未水化的水泥颗粒分散在水中，成为水泥浆体 [图 3-3 (a)]。

水泥颗粒的水化从其表面开始。水和水泥一接触，水泥颗粒表面的水泥熟料先溶解于水，然后与水反应，或水泥熟料在固态直接与水反应，形成相应的水化物，水化物溶解于水。由于各种水化物的溶解度很小，水化物的生成速度大于水化物向溶液中扩散的速度，一般在几分钟内，水泥颗粒周围的溶液成为水化物的过饱和溶液，先后析出水化硅酸钙凝胶、水化硫铝酸钙、氢氧化钙和水化铝酸钙晶体等水化产物，包在水泥颗粒表

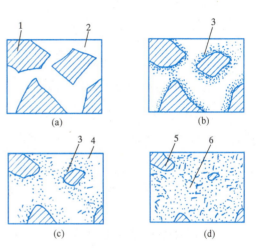

图 3-3 水泥凝结硬化过程示意
(a) 分散在水中未水化的水泥颗粒；(b) 在水泥颗粒表面形成水化物膜层；(c) 膜层长大并互相连接（凝结）；(d) 水化物进一步发展，填充毛细孔（硬化）
1—水泥颗粒；2—水分；3—凝胶；4—晶体；
5—水泥颗粒的未水化内核；6—毛细孔

面。在水化初期，水化物不多，包有水化物膜层的水泥颗粒之间还是分离着的，水泥浆具有可塑性 [图 3-3 (b)]。

水泥颗粒不断水化，随着时间的推移，新生水化物增多，使包在水泥颗粒表面的水化物膜层增厚，颗粒间的空隙逐渐缩小，而包有凝胶体的水泥颗粒则逐渐接近，以至相互接触，在接触点借助于范德华力，凝结成多孔的空间网络，形成凝聚结构 [图 3-3 (c)]。这种结构在振动的作用下可以破坏。凝聚结构的形成，使水泥浆开始失去可塑性，也就是水泥的初凝，但这时还不具有强度。

随着以上过程的不断进行，固态的水化物不断增多，颗粒间的接触点数目增加，结晶体和凝胶体互相贯穿，形成的凝聚——结晶网状结构不断加强。而固相颗粒之间的空隙（毛细

孔）不断减小，结构逐渐紧密。使水泥浆体完全失去可塑性，达到能担负一定荷载的强度。水泥表现为终凝，并开始进入硬化阶段［图 3-3（d）］。水泥进入硬化期后，水化速度逐渐减慢，水化物随时间的增长而逐渐增加，扩展到毛细孔中，使结构更趋致密，强度相应提高。

根据水化反应速度和物理化学的主要变化，可将水泥的凝结硬化分为表 3-5 所列的几个阶段。

水泥凝结硬化时的几个划分阶段　　　　表 3-5

凝结硬化阶段	一般的放热反应速度	一般的持续时间	主要的物理化学变化
初始反应期	168J/g·h	5～10min	初始溶解和水化
潜伏期	4.2J/g·h	1h	凝胶体膜层围绕水泥颗粒成长
凝结期	在 6h 内逐渐增加到 21J/g·h	6h	膜层增厚，水泥颗粒进一步水化
硬化期	在 24h 内逐渐降低到 4.2J/g·h	6h 至若干年	凝胶体填充毛细孔

注：初始反应期和潜伏期也可合称为诱导期。

水泥的水化和凝结硬化是从水泥颗粒表面开始，逐渐往水泥颗粒的内核深入进行。开始时水化速度较快，水泥的强度增长快；但由于水化不断进行，堆积在水泥颗粒周围的水化物不断增多，阻碍水和水泥未水化部分的接触，水化减慢，强度增长也逐渐减慢，但无论时间多久，水泥颗粒的内核很难完全水化。因此，在硬化水泥石中，同时包含有水泥熟料矿物水化的凝胶体和结晶体、未水化的水泥颗粒、水（自由水和吸附水）和孔隙（毛细孔和凝胶孔），它们在不同时期相对数量的变化，使水泥石的性质随之改变。

3. 影响水泥凝结硬化的因素

水泥的凝结硬化过程，也就是水泥强度发展的过程。为了正确使用水泥，并能在生产中采取有效措施，调节水泥的性能，必须了解水泥水化硬化的影响因素。

影响水泥凝结硬化的因素，除矿物成分、细度、用水量外，还有养护时间、环境的温湿度以及石膏掺量等。

（1）养护时间

水泥的水化是从表面开始向内部逐渐深入进行的，随着时间的延续，水泥的水化程度在不断增大，水化产物也不断地增加并填充毛细孔，使毛细孔孔隙率减少，凝胶孔孔隙率相应增大（图 3-4）。水泥加水拌合后的前 4 周水化速度较快，强度发展也快，4 周之后显著减慢。但是，只要维持适当的温度与湿度，水泥的水化将不断进行，其强度在几个月、几年、甚至几十年后还会继续增长。

（2）温度和湿度

温度对水泥的凝结硬化有明显影响。当温度升高时，水化反应加快，水泥强度增加也较快；而当温度降低时，水化作用则减缓，强度增加缓慢。当温度低于 5℃时，水化硬化大大减慢，当温度低于 0℃时，水化反应基本停止。同时，由于温度低于 0℃，当水结冰时，还

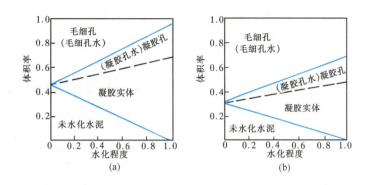

图 3-4 不同水化程度水泥石的组成

(a) 水化程度（水灰比 0.4）；(b) 水化程度（水灰比 0.7）

会破坏水泥石结构。

潮湿环境下的水泥石，能保持有足够的水分进行水化和凝结硬化，生成的水化物进一步填充毛细孔，促进水泥石的强度发展。

保持环境的温度和湿度，使水泥石强度不断增长的措施，称为养护。在测定水泥强度时，必须在规定的标准温度与湿度环境中养护至规定的龄期。

(3) 石膏掺量

水泥中掺入适量石膏，可调节水泥的凝结硬化速度。在水泥粉磨时，若不掺石膏或石膏掺量不足时，水泥会发生瞬凝现象❶；这是由于铝酸三钙在溶液中电离出三价离子（Al^{3+}），它与硅酸钙凝胶的电荷相反，促使胶体凝聚。加入石膏后，石膏与水化铝酸钙作用，生成钙矾石，难溶于水，沉淀在水泥颗粒表面上形成保护膜，降低了溶液中 Al^{3+} 的浓度，并阻碍了铝酸三钙的水化，延缓了水泥的凝结。但如果石膏掺量过多，则会促使水泥凝结加快。同时，还会在后期引起水泥石的膨胀而开裂破坏。

3.2.3 硅酸盐水泥的技术性质

现行国家标准《通用硅酸盐水泥》GB 175 对硅酸盐水泥技术要求有细度、凝结时间、安定性、强度、氯离子含量、水溶性铬（Ⅵ）限量等。

1. 细度

水泥颗粒的粗细对水泥的性质有很大影响。水泥颗粒粒径一般在 7~100μm（0.007~0.1mm）范围内，颗粒越细，与水起反应的表面积就越大，因而水泥颗粒细、水化较快而且较完全，早期强度和后期强度都较高，但在空气中的硬化收缩性较大，易开裂，成本也较

---

❶ 瞬凝俗称急凝，是不正常的凝结现象。其特征是：水泥和水后，水泥浆很快凝结成为一种很粗糙、非塑性的混合物，并放出大量的热量。它主要是由于熟料中 C_3A 含量高，水泥中未掺石膏或石膏掺量不足引起的。

高。如水泥颗粒过粗则不利于水泥活性的发挥。一般认为水泥颗粒小于 $40\mu m$（0.04mm）时，才具有较高的活性，大于 $100\mu m$（0.1mm）活性就很小了。在国家标准中规定水泥的细度可用筛析法和比表面积法检验。

筛析法是采用边长为 $45\mu m$ 的方孔筛对水泥试样进行筛析试验，用筛余百分数表示水泥的细度。

比表面积法是根据一定量空气通过一定空隙率和厚度的水泥层时，所受阻力不同而引起流速的变化来测定水泥的比表面积（单位质量的粉末所具有的总表面积），以 m^2/kg 表示。

按照现行国家标准《通用硅酸盐水泥》GB 175 规定，硅酸盐水泥比表面积应不小于 $300m^2/kg$，且不大于 $400m^2/kg$；买方有特殊要求时，由买卖双方协商确定。

2. 凝结时间

凝结时间分初凝和终凝。初凝为水泥加水拌合起至标准稠度净浆开始失去可塑性所需的时间；终凝为水泥加水拌合起至标准稠度净浆完全失去可塑性并开始产生强度所需的时间。为使混凝土和砂浆有充分的时间进行搅拌、运输、浇捣和砌筑，水泥初凝时间不能过短。当施工完毕后，则要求尽快硬化，具有强度，故终凝时间不能太长。

国家标准规定，水泥的凝结时间是以标准稠度的水泥净浆，在规定温度及湿度环境下用水泥净浆凝结时间测定仪测定。硅酸盐水泥标准规定，初凝时间不得早于 45min，终凝时间不得迟于 6.5h（390min）。

水泥凝结时间的影响因素很多：①熟料中铝酸三钙含量高，石膏掺量不足，使水泥快凝；②水泥的细度越细，水化作用越快，凝结越快；③水灰比越小，凝结时的温度越高，凝结越快；④混合材料掺量大，水泥过粗等都会使水泥凝结缓慢。

3. 体积安定性

如果在水泥已经硬化后，产生不均匀的体积变化，即所谓体积安定性不良，就会使构件产生膨胀性裂缝，降低建筑物质量，甚至引起严重事故。

体积安定性不良的原因，一般是由于熟料中所含的游离氧化钙过多。也可能是由于熟料中所含的游离氧化镁过多或掺入的石膏过多。熟料中所含的游离氧化钙或氧化镁都是过烧的，熟化很慢，在水泥已经硬化后才进行熟化：

$$CaO + H_2O = Ca(OH)_2$$

$$MgO + H_2O = Mg(OH)_2$$

这时体积膨胀，引起不均匀的体积变化，使水泥石开裂。当石膏掺量过多时，在水泥硬化后，它还会继续与固态的水化铝酸钙反应生成高硫型水化硫铝酸钙，体积约增大 1.5 倍，也会引起水泥石开裂。

国家标准规定，用沸煮法和压蒸法检验水泥的体积安定性。沸煮法可以用饼法也可用雷氏法。有争议时以雷氏法为准。饼法是观察水泥净浆试饼沸煮（3h）后的外形变化来检验水泥的体积安定性，雷氏法是测定水泥净浆在雷氏夹中沸煮（3h）后的膨胀值。沸煮起加速氧化钙熟化的作用，所以只能检查游离氧化钙所起的水泥体积安定性不良。压蒸法是观察和测定水泥净浆试件经压蒸（压力为2.0MPa，温度215.7℃饱和水蒸气）处理3h后的外形变化和膨胀值。由于在压蒸条件下，游离氧化镁加速熟化，压蒸法检验的是游离氧化镁引起的水泥体积安定性不良。石膏的危害则需长期在常温水中才能发现。检验游离氧化镁和掺入石膏过多引起体积安定性不良的物理方法均不便于快速检验。所以，国家标准规定硅酸盐在压蒸安定性型式检验合格的条件下，水泥中游离氧化镁含量不得超过5.0%；水泥中三氧化硫含量则不得超过3.5%，以控制水泥的体积安定性。

体积安定性不良的水泥，不应在工程中使用。

4. 强度及强度等级

水泥的强度是水泥的重要技术指标。根据现行国家标准《通用硅酸盐水泥》GB 175 和《水泥胶砂强度检验方法（ISO法）》GB/T 17671 的规定，水泥和标准砂按 1∶3 混合，用0.5 的水灰比，按规定的方法制成试件，在标准温度（20±1℃）的水中养护，测定 3d 和28d 的强度。根据测定结果，将硅酸盐水泥分为 42.5、42.5R、52.5、52.5R、62.5 和62.5R 等六个强度等级。其中代号 R 表示早强型水泥。各强度等级、各类型硅酸盐水泥的各龄期强度不得低于表 3-6 中的数值。

硅酸盐水泥各龄期的强度要求（GB 175—2023）　　　　表 3-6

强度等级	抗压强度(MPa)		抗折强度(MPa)	
	3d	28d	3d	28d
42.5	≥17.0	≥42.5	≥4.0	≥6.5
42.5R	≥22.0		≥4.5	
52.5	≥22.0	≥52.5	≥4.5	≥7.0
52.5R	≥27.0		≥5.0	
62.5	≥27.0	≥62.5	≥5.0	≥8.0
62.5R	≥32.0		≥5.5	

5. 碱含量和氯离子含量

水泥中的碱含量按 $Na_2O+0.658K_2O$ 计算值来表示；若使用活性骨料，碱含量过高将引起碱骨料反应；如用户要求提供低碱水泥时，水泥中碱含量由买卖双方商定。

由于氯离子会引起和促进混凝土结构中的钢筋锈蚀，因此，应限制水泥中的氯离子含量，水泥中的氯离子含量不得大于0.06%，当买方有更低要求时，由买卖双方协商确定。

6. 水化热

水泥在水化过程中放出的热称为水泥的水化热。水化放热量和放热速度不仅取决于水泥的矿物成分，而且还与水泥细度、水泥中掺混合材料及外加剂的品种、数量等有关。水泥矿物进行水化时，铝酸三钙放热量最大，速度也快，硅酸三钙放热量稍低，硅酸二钙放热量最低，速度也慢。水泥细度越细，水化反应比较容易进行，因此，水化放热量越大，放热速度也越快。

大型基础、水坝、桥墩等大体积混凝土构筑物，由于水化热积聚在内部不易散失，内部温度常上升到 50～60℃以上，内外温度差所引起的应力，可使混凝土产生裂缝，因此水化热对大体积混凝土是有害因素。

7. 水溶性铬（Ⅵ）和放射性核素限量

水溶性铬（Ⅵ）是对人类健康和环境危害较大的重金属，放射性也对人和生物有较大危害。因此，水泥中水溶性铬（Ⅵ）含量应不大于 10.0mg/kg；内照指数 I_{Ra} 应不大于 1.0，外照指数 I_r 应不大于 1.0。

在进行混凝土配合比计算和储运水泥时，需要知道水泥的密度和堆积密度，硅酸盐水泥的密度为 3.0～3.15g/cm^3。平均可取为 3.10g/cm^3。其堆积密度按松紧程度在 1000～1600kg/m^3 之间。

3.2.4 水泥石的腐蚀与防止

硅酸盐水泥在硬化后，在通常使用条件下，有较好的耐久性。但在某些腐蚀性液体或气体介质中，会逐渐受到腐蚀。

引起水泥石腐蚀的原因很多，作用亦甚为复杂，下面介绍几种典型介质的腐蚀作用。

1. 软水的侵蚀（溶出性侵蚀）

雨水、雪水、蒸馏水、工厂冷凝水及含重碳酸盐甚少的河水与湖水等都属于软水。当水泥石长期与这些水分相接触时，最先溶出的是氢氧化钙（每升水中能溶氢氧化钙 1.3g 以上）。在静水及无水压的情况下，由于周围的水易为溶出的氢氧化钙所饱和，使溶解作用中止，所以溶出仅限于表层，影响不大。但在流水及压力水作用下，氢氧化钙会不断溶解流失，而且，由于石灰浓度的继续降低，还会引起其他水化物的分解溶蚀。使水泥石结构遭受进一步的破坏，这种现象称为溶析。

2. 盐类腐蚀

（1）硫酸盐的腐蚀

在海水、湖水、盐沼水、地下水、某些工业污水及流经高炉矿渣或煤渣的水中常含钠、钾、铵等硫酸盐，它们与水泥石中的氢氧化钙起置换作用，生成硫酸钙。

硫酸钙与水泥石中的固态水化铝酸钙作用生成高硫型水化硫铝酸钙：

$$4CaO \cdot Al_2O_3 \cdot 12H_2O + 3CaSO_4 + 20H_2O$$
$$= 3CaO \cdot Al_2O_3 \cdot 3CaSO_4 \cdot 31H_2O + Ca(OH)_2$$

生成的高硫型水化硫铝酸钙含有大量结晶水，比原有体积增加1.5倍以上，由于是在已经固化的水泥石中产生上述反应，因此对水泥石起极大的破坏作用。高硫型水化硫铝酸钙呈针状晶体，通常称为"水泥杆菌"，如图3-5所示。

当水中硫酸盐浓度较高时，硫酸钙将在孔隙中直接结晶成二水石膏，使体积膨胀，从而导致水泥石破坏。

图3-5 水泥石中的针状晶体

当水泥石内部含碳酸盐或外部与碳酸盐接触时，在潮湿、低温（通常低于15℃）环境下，硫酸盐将会与碳酸盐和水泥石中的水化硅酸钙凝胶反应生成碳硫硅钙石，碳硫硅钙石是无胶结性的晶体，导致水泥石中的水化硅酸钙凝胶转变成糊状无胶结性、无强度的物质，这种腐蚀称为碳硫硅钙石型硫酸盐腐蚀。碳硫硅钙石型硫酸盐腐蚀没有明显的膨胀和开裂现象，但受侵蚀处的水泥石强度迅速降低，最终完全丧失强度。

(2) 镁盐的腐蚀

在海水及地下水中，常含大量的镁盐，主要是硫酸镁和氯化镁。它们与水泥石中的氢氧化钙起复分解反应：

$$MgSO_4 + Ca(OH)_2 + 2H_2O = CaSO_4 \cdot 2H_2O + Mg(OH)_2$$

$$MgCl_2 + Ca(OH)_2 = CaCl_2 + Mg(OH)_2$$

生成的氢氧化镁松软而无胶凝能力，氯化钙易溶于水，二水石膏则引起硫酸盐的破坏作用。因此，硫酸镁对水泥石起镁盐和硫酸盐的双重腐蚀作用。

3. 酸类腐蚀

(1) 碳酸腐蚀

在工业污水、地下水中常溶解有较多的二氧化碳，这种水对水泥石的腐蚀作用是通过下面方式进行的：

开始时二氧化碳与水泥石中的氢氧化钙作用生成碳酸钙：

$$Ca(OH)_2 + CO_2 + H_2O = CaCO_3 + 2H_2O$$

生成的碳酸钙再与含碳酸的水作用转变成重碳酸钙，是可逆反应：

$$CaCO_3 + CO_2 + H_2O \rightleftharpoons Ca(HCO_3)_2$$

生成的重碳酸钙易溶于水。当水中含有较多的碳酸，并超过平衡浓度，则上式反应向右进行。因此水泥石中的氢氧化钙，通过转变为易溶的重碳酸钙而溶失。氢氧化钙浓度降低，还会导致水泥石中其他水化物的分解，使腐蚀作用进一步加剧。

(2) 一般酸的腐蚀

在工业废水、地下水、沼泽水中常含无机酸和有机酸，工业窑炉中的烟气常含有氧化硫，遇水后即生成亚硫酸。各种酸类对水泥石都有不同程度的腐蚀作用。它们与水泥石中的氢氧化钙作用后生成的化合物，或者易溶于水，或者体积膨胀，在水泥石内造成内应力而导致破坏。腐蚀作用最快的是无机酸中的盐酸、氢氟酸、硝酸、硫酸和有机酸中的醋酸、蚁酸和乳酸。

例如，盐酸与水泥石中的氢氧化钙作用：

$$2HCl+Ca(OH)_2 =\!\!= CaCl_2+2H_2O$$

生成的氯化钙易溶于水。

硫酸与水泥石中的氢氧化钙作用：

$$H_2SO_4+Ca(OH)_2 =\!\!= CaSO_4 \cdot 2H_2O$$

生成的二水石膏或者直接在水泥石孔隙中结晶产生膨胀，或者再与水泥石中的水化铝酸钙作用，生成高硫型水化硫铝酸钙，其破坏性更大。

4. 强碱的腐蚀

碱类溶液如浓度不大时一般是无害的。但铝酸盐含量较高的硅酸盐水泥遇到强碱（如氢氧化钠）作用后也会破坏。氢氧化钠与水泥熟料中未水化的铝酸盐作用，生成易溶的铝酸钠：

$$3CaO \cdot Al_2O_3+6NaOH =\!\!= 3Na_2O \cdot Al_2O_3+3Ca(OH)_2$$

当水泥石被氢氧化钠浸透后又在空气中干燥，与空气中的二氧化碳作用而生成碳酸钠：

$$2NaOH+CO_2 =\!\!= Na_2CO_3+H_2O$$

碳酸钠在水泥石毛细孔中结晶沉积，而使水泥石胀裂。

除上述腐蚀类型外，对水泥石有腐蚀作用的还有一些其他物质，如糖、氨盐、动物脂肪、含环烷酸的石油产品等。

实际上水泥石的腐蚀是一个极为复杂的物理化学作用过程，它在遭受腐蚀时，很少仅有单一的侵蚀作用，往往是几种同时存在，互相影响。但产生水泥腐蚀的基本原因是：①水泥石中存在有引起腐蚀的组成成分氢氧化钙和水化铝酸钙；②水泥石本身不密实，有很多毛细孔通道，侵蚀性介质易于进入其内部；③腐蚀与通道的相互作用。

干的固体化合物对水泥石不起侵蚀作用，腐蚀性化合物必须呈溶液状态，而且浓度须在某一最小值以上。促进化学腐蚀的因素是较高的温度、较快的流速、干湿交替和出现钢筋的锈蚀。

5. 腐蚀的防止

根据以上腐蚀原因的分析，使用水泥时，可采用下列防止措施：

（1）根据侵蚀环境特点，合理选用水泥品种。例如采用水化产物中氢氧化钙含量较少的水泥，可提高对软水等侵蚀作用的抵抗能力；为抵抗硫酸盐的腐蚀，采用铝酸三钙含量低于

5%的抗硫酸盐水泥。

掺入活性混合材料，可提高硅酸盐水泥对多种介质的抗腐蚀性。这将在以后讨论。

（2）提高水泥石的密实度。硅酸盐水泥水化只需水（化学结合水）23%左右（占水泥质量的百分数），而实际用水量较大（约占水泥质量的40%～70%），多余的水蒸发后形成连通的孔隙，腐蚀介质就容易透入水泥石内部，从而加速了水泥石的腐蚀。在实际工程中，提高混凝土或砂浆密实度的各种措施如合理设计混凝土配合比，降低水灰比，仔细选择骨料，掺外加剂，以及改善施工方法等，均能提高其抗腐蚀能力。另外在混凝土或砂浆表面进行碳化或氟硅酸处理，生成难溶的碳酸钙外壳，或氟化钙及硅胶薄膜，提高表面密实度，也可减少侵蚀性介质渗入内部。

（3）加做保护层。当侵蚀作用较强时，可在混凝土及砂浆表面加上耐腐蚀性高而且不透水的保护层，一般可用耐酸石料、耐酸陶瓷、玻璃、塑料、沥青等。

3.2.5 硅酸盐水泥的应用与存放

硅酸盐水泥强度较高，主要用于重要结构的高强度混凝土和预应力混凝土工程。

硅酸盐水泥凝结硬化较快、耐冻性好，适用于要求凝结快、早期强度高，冬期施工及严寒地区遭受反复冻融的工程。

水泥石中有较多的氢氧化钙，耐软水侵蚀和耐化学腐蚀性差，故硅酸盐水泥不适用于经常与流动的淡水接触及有水压作用的工程，也不适用于受海水、矿物水等作用的工程。

硅酸盐水泥在水化过程中，水化热的热量大，不宜用于大体积混凝土工程。

运输和贮存水泥要按不同品种、强度等级及出厂日期存放，并加以标志。散装水泥应分库存放；袋装水泥一般堆放高度不应超过10袋，平均每平方米堆放1t。并应考虑先存先用。即使在良好的贮存条件下，也不可贮存过久，因为水泥会吸收空气中的水分和二氧化碳，使颗粒表面水化甚至碳化，丧失胶凝能力，强度大为降低。在一般贮存条件下，经3个月后，水泥强度约降低10%～20%；经6个月后，约降低15%～30%；1年后，约降低25%～40%。

3.3 掺混合材料的硅酸盐水泥

3.3.1 水泥混合材料

在生产水泥时，为改善水泥性能，调节水泥强度等级，而加到水泥中去的人工的和天然的矿物材料，称为水泥混合材料。水泥混合材料通常分为活性混合材料和非活性混合材料两大类。

1. 水泥混合材料的类别

（1）活性混合材料

混合材料磨成细粉，与石灰或与石膏拌合在一起，并加水后，在常温下，能生成具有胶凝性的水化产物，既能在水中，又能在空气中硬化的，称为活性混合材料。属于这类性质的有粒化高炉矿渣、火山灰质混合材料和粉煤灰。

1）粒化高炉矿渣　粒化高炉矿渣是将炼铁高炉的熔融矿渣，经急速冷却而成的松软颗粒，颗粒直径一般为0.5～5mm。急冷一般用水淬方法进行，故又称水淬高炉矿渣。急冷成粒的目的在于阻止结晶，使其绝大部分成为不稳定的玻璃体，储有较高的潜在化学能，从而有较高的潜在活性。

粒化高炉矿渣中的活性成分，一般认为是活性氧化铝和活性氧化硅，即使在常温下也可与氢氧化钙起作用而产生强度。在含氧化钙较高的碱性矿渣中，因其中还含有硅酸二钙等成分，故本身具有弱的水硬性。

2）火山灰质混合材料　火山喷发时，随同熔岩一起喷发的大量碎屑沉积在地面或水中成为松软物质，称为火山灰。由于喷出后即遭急冷，因此含有一定量的玻璃体，这些玻璃体是火山灰活性的主要来源，它的成分主要是活性氧化硅和活性氧化铝。火山灰质混合材料是泛指火山灰一类物质，按其化学成分与矿物结构可分为：含水硅酸质、铝硅玻璃质、烧黏土质等。

含水硅酸质混合材料有：硅藻土、硅藻石、蛋白石和硅质渣等。其活性成分以氧化硅为主。

铝硅玻璃质混合材料有：火山灰、凝灰岩、浮石和某些工业废渣。其活性成分为氧化硅和氧化铝。

烧黏土质混合材料有：烧黏土、煤渣、煅烧的煤矸石等。其活性成分以氧化铝为主。

3）粉煤灰　它是发电厂锅炉以煤粉作燃料，从煤粉炉烟气中收集下来的粉体材料。它的颗粒直径一般为0.001～0.05mm，呈玻璃态实心或空心的球状颗粒，表面致密者较好。粉煤灰的活性主要决定于玻璃体含量，粉煤灰的活性成分主要是活性氧化硅和活性氧化铝。

（2）非活性混合材料

磨细的石英砂、石灰石、慢冷矿渣及各种废渣等属于非活性混合材料。它们与水泥成分不起化学作用（即无化学活性）或化学作用很小，非活性混合材料掺入硅酸盐水泥中仅起提高水泥产量和降低水泥强度等级、减少水化热等作用。

2. 活性混合材料的作用

粒化高炉矿渣、火山灰质混合材料和粉煤灰都属于活性混合材料，它们与水调和后，本身不会硬化或硬化极为缓慢，强度很低。但在氢氧化钙溶液中，就会发生显著的水化，而在饱和的氢氧化钙溶液中水化更快。其水化反应一般认为是：

$$x\text{Ca(OH)}_2 + \text{SiO}_2 + m\text{H}_2\text{O} \longrightarrow x\text{CaO} \cdot \text{SiO}_2 \cdot n\text{H}_2\text{O}$$

式中 x 值决定于混合材料的种类、氢氧化钙和活性氧化硅的比例、环境温度以及作用所延续的时间等，一般为 1 或稍大。n 值一般为 1～2.5。

Ca(OH)_2 和 SiO_2 相互作用的过程，是无定形的硅酸吸收了钙离子，开始形成不定成分的吸附系统，然后形成无定形的水化硅酸钙，再经过较长一段时间后慢慢地转变成微晶体或结晶不完善的凝胶。

Ca(OH)_2 与活性氧化铝相互作用形成水化铝酸钙。

当液相中有石膏存在时，将与水化铝酸钙反应生成水化硫铝酸钙。这些水化物能在空气中凝结硬化，并能在水中继续硬化，具有相当高的强度。可以看出，氢氧化钙和石膏的存在使活性混合材料的潜在活性得以发挥，即氢氧化钙和石膏起着激发水化，促进凝结硬化的作用，故称为激发剂。常用的激发剂有碱性激发剂和硫酸盐激发剂两类。一般用作碱性激发剂的是石灰和能在水化时析出氢氧化钙的硅酸盐水泥熟料。硫酸盐激发剂有二水石膏或半水石膏，并包括各种化学石膏。硫酸盐激发剂的激发作用必须在有碱性激发剂的条件下，才能充分发挥。

3.3.2 普通硅酸盐水泥

由硅酸盐水泥熟料、6%～20%混合材料、适量石膏磨细制成的水硬性胶凝材料，称为普通硅酸盐水泥（简称普通水泥），代号 P·O。掺入的混合材料为符合现行国家标准《通用硅酸盐水泥》GB 175 要求的粒化高炉矿渣、粉煤灰和火山灰质混合材料，掺入的总量（按质量分数计，%）不得超过 20%，其中，允许用不超过 5% 的石灰石替代。

按照现行国家标准《通用硅酸盐水泥》GB 175 的规定，普通水泥的细度用筛析法检验，要求 $45\mu m$ 方孔筛筛余不低于 5%；初凝时间不早于 45min，终凝时间不迟于 10h；普通水泥的强度等级划分和要求、体积安定性等其他技术性能要求与硅酸盐水泥相同。

普通硅酸盐水泥中绝大部分仍为硅酸盐水泥熟料，其性能与硅酸盐水泥相近。但由于掺入了少量混合材料，与硅酸盐水泥相比，早期硬化速度稍慢，抗冻性与耐磨性能也略差。在应用范围方面，与硅酸盐水泥也相同，广泛用于各种混凝土或钢筋混凝土工程，是我国的主要水泥品种之一。

3.3.3 矿渣硅酸盐水泥

由硅酸盐水泥熟料和粒化高炉矿渣、适量石膏磨细制成的水硬性胶凝材料称为矿渣硅酸盐水泥（简称矿渣水泥）。矿渣水泥中粒化高炉矿渣掺量（按质量分数计，%）为 21%～70%。矿渣硅酸盐水泥根据矿渣掺量分为两种类型，矿渣掺量为 21%～50% 的称为 A 型矿渣硅酸盐水泥，代号 P·S·A；矿渣掺量为 51%～70% 的称为 B 型矿渣硅酸盐水泥，代号 P·S·B。矿渣水泥中允许用粉煤灰或火山灰、石灰石替代部分矿渣，替代数量不得超过水泥质量的 8%；替代后 P·S·A 矿渣水泥中粒化高炉矿渣不得少于 21%，P·S·B 矿渣水泥中粒化高炉矿渣不得少于 51%。

按照现行国家标准《通用硅酸盐水泥》GB 175，P·S·A 矿渣水泥中氧化镁的含量不得超过 6.0%。如氧化镁含量大于 6.0%，则水泥需经压蒸安定性试验合格。水泥中三氧化硫的含量不得超过 4.0%。

矿渣硅酸盐水泥分为 32.5、32.5R、42.5、42.5R、52.5 和 52.5R 六个强度等级。各强度等级水泥的各龄期强度不得低于表 3-7 中的数值。矿渣硅酸盐水泥对细度、凝结时间及体积安定性等技术性能的要求均与普通硅酸盐水泥相同。矿渣硅酸盐水泥的密度通常为 2.8～3.1g/cm³。堆积密度为 1000～1500kg/m³。

矿渣水泥、火山灰水泥及粉煤灰水泥各龄期的强度要求（GB 175—2023）　　表 3-7

强度等级	抗压强度（MPa）		抗折强度（MPa）	
	3d	28d	3d	28d
32.5	≥12	≥32.5	≥3.0	≥5.5
32.5R	≥17		≥4.0	
42.5	≥17	≥42.5	≥4.0	≥6.5
42.5R	≥22		≥4.5	
52.5	≥22	≥52.5	≥4.5	≥7.0
52.5R	≥27		≥5.0	

矿渣水泥的凝结硬化和性能，相对于硅酸盐水泥来说有如下主要特点：

(1) 矿渣硅酸盐水泥中熟料矿物较少而活性混合材料（粒化高炉矿渣、火山灰和粉煤灰）较多，就局部而言，其水化反应是分两步进行的。首先是熟料矿物水化，此时所生成的水化产物与硅酸盐水泥基本相同。随后是熟料矿物水化析出的氢氧化钙和掺入水泥中的石膏分别作为矿渣的碱性激发剂和硫酸盐激发剂，与矿渣中的活性氧化硅、活性氧化铝发生二次水化反应，生成水化硅酸钙、水化铝酸钙、水化硫铝酸钙或水化硫铁酸钙，有时还可能形成水化铝硅酸钙等水化产物。而凝结硬化过程基本上与硅酸盐水泥相同。水泥熟料矿物水化后的产物又与活性氧化物进行反应，生成新的水化产物，称二次水化反应或二次反应。

(2) 因为矿渣水泥中熟料矿物含量比硅酸盐水泥的少得多，而且混合材料中的活性氧化硅、活性氧化铝与氢氧化钙、石膏的作用在常温下进行缓慢，故凝结硬化稍慢，早期（3d、7d）强度较低。但在硬化后期（28d 以后），由于水化硅酸钙凝胶数量增多，使水泥石强度不断增长，最后甚至超过同强度等级普通硅酸盐水泥，如图 3-6 所示。

还应注意，矿渣水泥二次反应对环境的温湿度条件较为敏感，为保证矿渣水泥强度的稳步增长，需要较长时间的养护。若采用蒸汽养护或压蒸养护等湿热处理方法，则能显著加快硬化速度，并且在处理完毕后不影响其后期的强度增长。

（3）矿渣水泥水化所析出的氢氧化钙较少，而且在与活性混合材料作用时，又消耗掉大量的氢氧化钙，水泥石中剩余的氢氧化钙就更少了。因此这种水泥抵抗软水、海水和硫酸盐腐蚀能力较强，宜用于水工和海港工程。

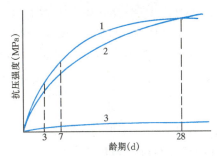

图 3-6 矿渣水泥与普通水泥强度增长情况的比较
1—普通水泥；2—矿渣水泥；3—粒化高炉矿渣

（4）这种水泥还具有一定的耐热性，因此可用于耐热混凝土工程，如制作冶炼车间、锅炉房等高温车间的受热构件和窑炉外壳等。但这种水泥硬化后碱度较低，故抗碳化能力较差。

（5）矿渣水泥中混合材料掺量较多，且磨细粒化高炉矿渣有尖锐棱角，所以矿渣水泥的标准稠度需水量较大，但保持水分的能力较差，泌水性较大，故矿渣水泥的干缩性较大。如养护不当，就易产生裂纹。使用这种水泥，容易析出多余水分，形成毛细管通路或粗大孔隙，降低水泥石的匀质性，因此矿渣水泥的抗冻性、抗渗性和抵抗干湿交替循环的性能均不及普通水泥。

矿渣水泥应用较广泛，也是我国水泥产量最大的品种之一。

3.3.4 火山灰质硅酸盐水泥

由硅酸盐水泥熟料和火山灰质混合材料、适量石膏磨细制成的水硬性胶凝材料称为火山灰质硅酸盐水泥（简称火山灰水泥），代号 P·P。火山灰水泥中火山灰质混合材料掺量（按质量分数计，%）为 21%~40%，其中，允许用不超过 5% 的石灰石替代；替代后火山灰水泥中火山灰质混合材料不得少于 21%。

按照现行国家标准《通用硅酸盐水泥》GB 175 规定，火山灰水泥中氧化镁的含量不得超过 6.0%，如果水泥中氧化镁的含量大于 6.0%，则水泥需经压蒸安定性试验合格，火山灰水泥中三氧化硫的含量不得超过 3.5%。

火山灰质硅酸盐水泥的细度、凝结时间、沸煮安定性和强度的要求与矿渣硅酸盐水泥相同。火山灰质硅酸盐水泥的密度通常为 $2.8 \sim 3.1 \text{g/cm}^3$，堆积密度约为 $900 \sim 1450 \text{kg/m}^3$。

火山灰质硅酸盐水泥的凝结硬化与矿渣水泥大致相同。首先是水泥熟料矿物水化，所生成的氢氧化钙再与混合材料中的活性氧化物进行二次水化反应，形成以水化硅酸钙为主的水化产物，其他还有水化硫铝酸钙和水化铝酸钙。特别要指出的是，火山灰质硅酸盐水泥的水化产物和水化速度常常由于具体的混合材料、熟料矿物以及硬化环境的不同而有所变化。

火山灰质硅酸盐水泥的凝结硬化特性、水化放热、强度发展、碳化等性能，都与矿渣硅酸盐水泥基本相同。但火山灰水泥的抗冻性和耐磨性比矿渣水泥差，干燥收缩较大，在干热条件下会产生起粉现象。因此，火山灰水泥不宜用于有抗冻、耐磨要求和干热环境使用的工程。

此外，火山灰质混合材料在潮湿环境下，会吸收石灰而产生膨胀胶化作用，使水泥石结构致密，因而有较高的密实度和抗渗性，适宜用于抗渗要求较高的工程。

3.3.5 粉煤灰硅酸盐水泥

由硅酸盐水泥熟料和粉煤灰、适量石膏磨细制成的水硬性胶凝材料称为粉煤灰硅酸盐水泥（简称粉煤灰水泥），代号 P·F。粉煤灰水泥中粉煤灰掺量（按质量分数计，%）为 21%~40%，其中，允许用不超过 5% 的石灰石替代；替代后粉煤灰水泥中粉煤灰不得少于 21%。

按照国家标准，粉煤灰硅酸盐水泥的细度、凝结时间、体积安定性和强度的要求与火山灰质硅酸盐相同。

粉煤灰硅酸盐水泥的凝结硬化与火山灰质硅酸盐水泥很相近，主要是水泥熟料矿物水化，所生成的氢氧化钙通过液相扩散到粉煤灰球形玻璃体的表面，与活性氧化物发生作用（或称为吸附和侵蚀），生成水化硅酸钙和水化铝酸钙；当有石膏存在时，随即生成水化硫铝酸钙晶体。

粉煤灰硅酸盐水泥的主要技术性能与矿渣水泥和火山灰水泥相似。由于粉煤灰的颗粒多呈球形微粒，内比表面积较小，吸附水的能力较小，因而粉煤灰水泥的干燥收缩小，抗裂性较好。同时，拌制的混凝土和易性较好。

3.3.6 复合硅酸盐水泥

由硅酸盐水泥熟料、三种或三种以上规定的混合材料、适量石膏磨细制成的水硬性胶凝材料，称为复合硅酸盐水泥（简称复合水泥）。掺入的混合材料为符合现行国家标准《通用硅酸盐水泥》GB 175 要求的粒化高炉矿渣/矿渣粉、粉煤灰、火山灰质混合材料、石灰石和砂岩，总掺量（按质量分数计，%）为 21%~50%，其中，石灰石含量（质量分数）不大于水泥质量的 15%。

按照现行国家标准《通用硅酸盐水泥》GB 175 的规定，复合硅酸盐水泥中氧化镁的含量不得超过 6.0%。如水泥中氧化镁的含量大于 6.0%，则水泥需经压蒸安定性试验合格。水泥中三氧化硫的含量不得超过 3.5%。

复合硅酸盐水泥分为 42.5、42.5R、52.5 和 52.5R 四个强度等级。对细度、凝结时间、强度及体积安定性的要求与矿渣硅酸盐水泥相同。

复合硅酸盐水泥的特性取决于所掺三种混合材的种类、掺量及相对比例，与矿渣硅酸盐水泥、火山灰硅酸盐水泥、粉煤灰硅酸盐水泥有不同程度的相似，其使用应根据所掺入的混合材料种类，参照其他掺混合材料水泥的适用范围和工程实践经验选用。

目前，硅酸盐水泥、普通硅酸盐水泥、矿渣硅酸盐水泥、火山灰质硅酸盐水泥、粉煤灰硅酸盐水泥和复合硅酸盐水泥是我国广泛使用的六种水泥（通用水泥），在混凝土结构工程中，这些水泥的使用可参照表3-8选择。

常用水泥的选用 表3-8

混凝土工程特点或所处环境条件		优先选用	可以使用	不宜使用
普通混凝土	1. 在普通气候环境中的混凝土	普通硅酸盐水泥	矿渣硅酸盐水泥、火山灰质硅酸盐水泥、粉煤灰硅酸盐水泥、复合硅酸盐水泥	
	2. 在干燥环境中的混凝土	普通硅酸盐水泥	矿渣硅酸盐水泥	火山灰质硅酸盐水泥、粉煤灰硅酸盐水泥
	3. 在高湿度环境中或永远处在水下的混凝土	矿渣硅酸盐水泥	普通硅酸盐水泥、火山灰质硅酸盐水泥、粉煤灰硅酸盐水泥、复合硅酸盐水泥	
	4. 厚大体积的混凝土	粉煤灰硅酸盐水泥 矿渣硅酸盐水泥 火山灰质硅酸盐水泥 复合硅酸盐水泥	普通硅酸盐水泥	硅酸盐水泥、快硬硅酸盐水泥
有特殊要求的混凝土	1. 要求快硬的混凝土	快硬硅酸盐水泥 硅酸盐水泥	普通硅酸盐水泥	矿渣硅酸盐水泥、火山灰质硅酸盐水泥、粉煤灰硅酸盐水泥、复合硅酸盐水泥
	2. 高强（大于C60）的混凝土	硅酸盐水泥	普通硅酸盐水泥、矿渣硅酸盐水泥	火山灰质硅酸盐水泥、粉煤灰硅酸盐水泥
	3. 严寒地区的露天混凝土，寒冷地区的处在水位升降范围内的混凝土	普通硅酸盐水泥	矿渣硅酸盐水泥	火山灰质硅酸盐水泥、粉煤灰硅酸盐水泥
	4. 严寒地区处在水位升降范围内的混凝土	普通硅酸盐水泥		火山灰质硅酸盐水泥、矿渣硅酸盐水泥、粉煤灰硅酸盐水泥、复合硅酸盐水泥

续表

混凝土工程特点或所处环境条件		优先选用	可以使用	不宜使用
有特殊要求的混凝土	5. 有抗渗性要求的混凝土	普通硅酸盐水泥、火山灰质硅酸盐水泥		矿渣硅酸盐水泥
	6. 有耐磨性要求的混凝土	硅酸盐水泥、普通硅酸盐水泥	矿渣硅酸盐水泥	火山灰质硅酸盐水泥、粉煤灰硅酸盐水泥

注：蒸汽养护时用的水泥品种，宜根据具体条件通过试验确定。

3.4 其他水泥

在土木工程中，除了前两节介绍的通用水泥外，还需使用一些特性水泥和专用水泥。本节将介绍铝酸盐水泥、硫铝酸盐水泥、快硬硅酸盐水泥、白色和彩色硅酸盐水泥、膨胀水泥和道路水泥等。

3.4.1 白色和彩色硅酸盐水泥

以适当成分的生料烧至部分熔融，得到以硅酸钙为主要成分、氧化铁含量小的白色硅酸盐水泥熟料，加入适量石膏和标准规定的混合材料，共同磨细制成的水硬性胶凝材料称为白色硅酸盐水泥，简称白水泥，代号 P·W。

白色硅酸盐水泥熟料是采用含极少量着色物质（氧化铁、氧化锰、氧化钛、氧化铬等）的原料，如纯净的高岭土、纯石英砂、纯石灰石或白垩等，在较高温度（1500～1600℃）烧成的。其熟料矿物成分主要还是硅酸盐。为了保持白水泥的白度，在煅烧、粉磨和运输时均应防止着色物质混入，常采用天然气、煤气或重油作燃料，在磨机中用硅质石材或坚硬的白色陶瓷作为衬板及研磨体，不能用铸钢板和钢球。在磨细生产水泥时可加入 30% 以内的石灰岩、白云质石灰岩和石英砂等天然矿物。

白色硅酸盐水泥的性质与普通硅酸盐水泥相同，按照现行国家标准《白色硅酸盐水泥》GB/T 2015 规定，白色硅酸盐水泥分 32.5、42.5 和 52.5 三个强度等级。白色硅酸盐水泥的白度值应不低于 87%，按白度分为 1 级和 2 级。白水泥的初凝时间不得早于 45min，终凝不得迟于 10h。细度要求 $45\mu m$ 方孔筛筛余不大于 30%。对沸煮安定性、三氧化硫含量、氯离子含量、水溶性铬（Ⅵ）限量、碱含量等要求与普通硅酸盐水泥相同。熟料中氧化镁的含量不宜超过 5.0%。

白色硅酸盐水泥熟料、石膏和耐碱矿物颜料共同磨细，可制成彩色硅酸盐水泥。耐碱矿物颜料应对水泥不起有害作用，常用的有：氧化铁（红、黄、褐、黑色）、氧化锰（褐、黑色）、氧化铬（绿色）、赭石（赭色）、群青（蓝色）以及普鲁士红等，但制造红色、黑色或棕色水泥时，可在普通硅酸盐水泥中加入耐碱矿物颜料，而不一定用白色硅酸盐水泥。

白色和彩色硅酸盐水泥，主要用于建筑物内外的表面装饰工程，如地面、楼面、楼梯、墙、柱及台阶等。可做成水泥拉毛、彩色砂浆、水磨石、水刷石、斩假石等饰面，也可用于雕塑及装饰部件或制品。使用白色或彩色硅酸盐水泥时，应以彩色大理石、石灰石、白云石等彩色石子或石屑和石英砂作粗细骨料。制作方法可以在工地现场浇制，也可在工厂预制。

3.4.2 快硬水泥

1. 铝酸盐水泥

铝酸盐水泥是以钙质和铝质材料为主要原料，按适当比例配制成生料，煅烧至完全或部分熔融，并经冷却所得以铝酸钙为主要矿物组成的熟料，磨制的水硬性胶凝材料，代号CA。它是一种快硬、高强、耐腐蚀、耐热的水泥。铝酸盐水泥又称高铝水泥。

铝酸盐水泥的主要矿物成分为铝酸一钙（$CaO \cdot Al_2O_3$ 简写 CA）及其他的铝酸盐，如 $CaO \cdot 2Al_2O_3$（简写 CA_2）、$2CaO \cdot Al_2O_3 \cdot SiO_2$（简写 C_2AS）、$12CaO \cdot 7Al_2O_3$（简写 $C_{12}A_7$）等，有时还含有很少量 $2CaO \cdot SiO$ 等。

铝酸盐水泥的水化和硬化，主要就是铝酸一钙的水化及其水化物的结晶情况。一般认为其水化反应随温度的不同而水化产物不相同。

当温度小于20℃时，其反应：

$$CaO \cdot Al_2O_3 + 10H_2O \longrightarrow CaO \cdot Al_2O_3 \cdot 10H_2O$$
铝酸一钙 　　　　　　　　　水化铝酸钙(CAH_{10})

当温度在20~30℃时，其反应：

$$2(CaO \cdot Al_2O_3) + 11H_2O \longrightarrow 2CaO \cdot Al_2O_3 \cdot 8H_2O + Al_2O_3 \cdot 3H_2O$$
　　　　　　　　　　　　　水化铝酸二钙(C_2AH_8)　　铝胶

当温度大于30℃时，其反应：

$$3(CaO \cdot Al_2O_3) + 12H_2O \longrightarrow 3CaO \cdot Al_2O_3 \cdot 6H_2O + 2(Al_2O_3 \cdot 3H_2O)$$

在一般条件下，CAH_{10} 和 C_2AH_8 同时形成，一起共存，其相对比例则随温度的提高而减少。但在较高温度（30℃以上）下，水化产物主要为 C_3AH_6。

水化物 CAH_{10} 或 C_2AH_8 都属六方晶系，具有细长的针状和板状结构，能互相结成坚固的结晶连生体，形成晶体骨架。析出的氢氧化铝凝胶难溶于水，填充于晶体骨架的空隙中，形成较密实的水泥石结构。同时水化5~7d后，水化铝酸盐结晶连生体的大小很少改变，故铝酸盐水泥初期强度增长很快，而以后强度增长不显著。

铝酸盐水泥常为黄褐色，也有呈灰色或灰白色的。铝酸盐水泥的密度和堆积密度与普通硅酸盐水泥相近。按现行国家标准《铝酸盐水泥》GB/T 201，铝酸盐水泥根据 Al_2O_3 含量（质量分数,%）分为 CA50、CA60、CA70 和 CA80 四类；其中，CA50 根据强度分为 CA50-Ⅰ、CA50-Ⅱ、CA50-Ⅲ和 CA50-Ⅳ，CA60 根据主要矿物组成分为 CA60-Ⅰ（以铝酸一钙为主）、CA60-Ⅱ（以铝酸二钙为主）。铝酸盐水泥的主要物理性能要求为：

细度：比表面积不小于 300m²/kg 或 0.045mm 筛余不大于 20%。

凝结时间：CA50、CA70、CA80 的胶砂初凝时间不得早于 30min，终凝时间不得迟于 6h；CA60 的胶砂初凝时间不得早于 60min，终凝时间不得迟于 18h。

强度：各类型水泥各龄期的强度值应符合表 3-9 的要求。

铝酸盐水泥的 Al₂O₃ 含量和各龄期强度要求 表 3-9

水泥类型		Al_2O_3 含量（%）	抗压强度（MPa）				抗折强度（MPa）			
			6h	1d	3d	28d	6h	1d	3d	28d
CA50	CA50-Ⅰ	≥50，<60	≥20	≥40	≥50	—	≥3.0	≥5.5	≥6.5	—
	CA50-Ⅱ			≥50	≥60	—		≥6.5	≥7.5	—
	CA50-Ⅲ			≥60	≥70	—		≥7.5	≥8.5	—
	CA50-Ⅳ			≥70	≥80	—		≥8.5	≥9.5	—
CA60	CA60-Ⅰ	≥60，<68	—	≥65	≥85	—		≥7.0	≥10.0	—
	CA60-Ⅱ		—	≥20	≥45	≥85		≥2.5	≥5.0	≥10.0
CA70		≥68，<77	—	≥30	≥40	—		≥5.0	≥6.0	—
CA80		≥77	—	≥25	≥30	—		≥4.0	≥5.0	—

铝酸盐水泥具有快凝、早强、高强、低收缩、耐热性好和耐硫酸盐腐蚀性强等特点，可用于工期紧急的工程、抢修工程、冬期施工的工程，以及配制耐热混凝土及耐硫酸盐混凝土。但高铝水泥的水化热大、耐碱性差、长期强度会降低，使用时应予以注意。

2. 快硬硫铝酸盐水泥

以适当成分的生料，经煅烧所得以无水硫铝酸钙和硅酸二钙为主要矿物成分的熟料和少量石灰石，适量石膏磨细制成的早期强度高的水硬性胶凝材料，称为快硬硫铝酸盐水泥，代号 R·SAC。

快硬硫铝酸盐水泥的主要成分为无水硫铝酸钙 [3(CaO·Al₂O₃)·CaSO₄] 和 β 型硅酸二钙（β-C_2S）。无水硫铝酸钙水化很快，早期形成大量的钙矾石和氢氧化铝凝胶，使快硬硫铝酸盐水泥获得较高的早期强度。β-C_2S 是低温（1250~1350℃）烧成的，活性较高，水化较快，能较早地生成 C-S-H 凝胶，填充于钙矾石的晶体骨架中，使硬化体有致密的结构，促进强度进一步提高，并保证后期强度的增长。

根据现行国家标准《硫铝酸盐水泥》GB/T 20472，快硬硫铝酸盐水泥以 3d 抗压强度划分为 42.5、52.5、62.5 和 72.5 四个强度等级。各龄期强度均不得低于表 3-10 的数值、水泥中不允许出现游离氧化钙。比表面积不得低于 380m²/kg。初凝不早于 25min，终凝不迟于 3h。

快硬硫铝酸盐水泥具有快凝、早强、不收缩的特点，宜用于配制早强、抗渗和抗硫酸盐侵蚀等混凝土，负温施工（冬期施工）、浆锚、喷锚支护、抢修、堵漏、水泥制品及一般建筑工程。但由于这种水泥碱度较低，使用时应注意钢筋的锈蚀问题。此外，钙矾石在 150℃以上会脱水，强度大幅度下降，故耐热性较差。

快硬硫铝酸盐水泥各龄期的强度要求　　　　　　　　　　　　表 3-10

标号	抗压强度（MPa）不小于			抗折强度（MPa）不小于		
	1d	3d	28d	1d	3d	28d
42.5	30.0	42.2	45.0	6.0	6.5	7.0
52.5	40.0	52.5	55.0	6.5	7.0	7.5
62.5	50.0	62.5	65.0	7.0	7.5	8.0
72.5	55.0	72.5	75.0	7.5	8.0	8.5

3.4.3 膨胀水泥及自应力水泥

前述各种水泥的共同点是在硬化过程中产生一定的收缩，可能造成裂纹、透水和不适于某些工程的使用。膨胀水泥及自应力水泥的不同之处，是在硬化过程中不但不收缩，而且有不同程度的膨胀。膨胀水泥及自应力水泥有两种配制途径：一种以硅酸盐水泥为主配制的，凝结较慢，俗称硅酸盐型；另一种以高铝水泥为主配制的，凝结较快，俗称铝酸盐型。

硅酸盐型膨胀水泥及自应力水泥，是由硅酸盐水泥、高铝水泥和石膏按一定比例共同磨细或分别粉磨再经混匀而成。铝酸盐型的，是以高铝水泥熟料和二水石膏磨细而成的。

1. 膨胀机理

硅酸盐型膨胀水泥及自应力水泥的膨胀作用是基于硬化初期，高铝水泥中的铝酸盐和石膏遇水化合，生成高硫型水化硫铝酸钙晶体（钙矾石），所生成的钙矾石，起初填充水泥石内部孔隙，强度有所增长。随着水泥不断水化，钙矾石数量增多，晶体长大，就会产生膨胀，削弱和破坏了水泥石结构，强度下降。由此可知，膨胀是削弱、破坏水化产物粒子间的联系，而强度则需强化它们之间的内部联系。因此，一般习惯称高铝水泥为膨胀组分，而硅酸盐水泥则为强度组分。但实际上硅酸盐水泥中的 C_3A 或 C_3S 等都参与了形成钙矾石的反应，同时钙矾石对强度发展也有相当影响，所以它们的作用并不能截然分开，而是相辅相成的。

如膨胀水泥中膨胀组分含量较多，膨胀值较大，在膨胀过程中又受到限制时（如受到钢筋的限制），则水泥石本身就会受到压应力。该压力是依靠水泥本身的水化而产生的，所以称为自应力，并以自应力值（MPa）表示所产生压应力的大小。自应力值大于 2MPa 的称为自应力水泥。

铝酸盐型膨胀水泥及自应力水泥的膨胀作用，同样是基于硬化初期，生成钙矾石，体积膨胀之故。而水泥强度的增长，则是由于高铝水泥本身水化增长强度之故。同样膨胀和增强两个作用，也是相辅相成的。

2. 膨胀水泥及自应力水泥的应用

膨胀水泥适用于补偿收缩混凝土，用作防渗混凝土；填灌混凝土结构或构件的接缝及管道接头，结构的加固与修补，浇注机器底座及固结地脚螺丝等。自应力水泥适用于制造自应力钢筋混凝土压力管及配件。

3.4.4 道路硅酸盐水泥

凡由道路硅酸盐水泥熟料，0～10%标准规定的活性混合材料和适量石膏磨细制成的水硬性胶凝材料，称为道路硅酸盐水泥，简称道路水泥，代号 P·R。道路硅酸盐水泥熟料是以硅酸钙为主要成分和较多量的铁铝酸钙的硅酸盐水泥熟料；其中，游离氧化钙含量应不大于 1.0%，C_3A 含量应不大于 5.0%，C_4AF 含量应不低于 15.0%。

道路水泥的技术要求，按现行国家标准《道路硅酸盐水泥》GB/T 13693 的规定：

细度：比表面积为 300～450m²/kg。

凝结时间：初凝不得早于 1.5h，终凝不得迟于 10h。

体积安定性：沸煮法必须合格；水泥中 SO_3 含量不得超过 3.5%；MgO 含量不得超过 5.0%。

干缩和耐磨性：28d 干缩率不得大于 0.10%，磨损量不得大于 3.0kg/m²。

强度：按照 28d 抗折强度分为 7.5 和 8.5 两个等级，各龄期的强度应符合表 3-11 的要求。

道路硅酸盐水泥各龄期的强度要求　　　　表 3-11

强度等级	抗折强度（MPa）		抗压强度（MPa）	
	3d	28d	3d	28d
7.5	≥4.0	≥7.5	≥21.0	≥42.5
8.5	≥5.0	≥8.5	≥26.0	≥52.5

道路水泥主要用于公路路面、机场跑道等工程结构，也可用于要求较高的工厂地面和停车场等工程。

思考题

3.1 从硬化过程及硬化产物分析石膏及石灰属于气硬性胶凝材料的原因。

3.2 用于墙面抹灰时，建筑石膏与石灰比较，具有哪些优点？何故？

3.3 石灰硬化体本身不耐水,但石灰土多年后具有一定的耐水性,你认为主要是什么原因?
3.4 试述水玻璃模数与性能的关系。
3.5 硅酸盐水泥由哪些矿物成分所组成?这些矿物成分对水泥的性质有何影响?它们的水化产物是什么?
3.6 试说明以下各条的原因:
(1)制造硅酸盐水泥时必须掺入适量石膏;(2)水泥必须具有一定细度;(3)水泥体积安定性不合格;(4)测定水泥强度等级、凝结时间和体积安定性时都必须规定加水量。
3.7 现有甲、乙两厂生产的硅酸盐水泥熟料,其矿物成分见表3-12,试估计和比较这两厂所生产的硅酸盐水泥的强度增长速度和水化热等性质有何差异?为什么?

表 3-12

生产厂	熟料矿物成分(%)			
	C_3S	C_2S	C_3A	C_4AF
甲	56	17	12	15
乙	42	35	7	16

3.8 何谓水泥混合材料?它们可使硅酸盐水泥的性质发生哪些变化?这些变化在建筑上有何意义(区分有利的和不利的)?
3.9 有下列混凝土构件和工程,请分别选用合适的水泥,并说明其理由:
(1)现浇楼板、梁、柱;(2)采用蒸汽养护的预制构件;(3)紧急抢修的工程或紧急军事工程;(4)大体积混凝土坝、大型设备基础;(5)有硫酸盐腐蚀的地下工程;(6)高炉基础;(7)海港码头工程。
3.10 在硅酸盐系列水泥中,采用不同的水泥施工时(包括冬期、夏期施工)应分别注意哪些事项?为什么?
3.11 当不得不采用普通硅酸盐水泥进行大体积混凝土施工时,可采取哪些措施来保证工程质量?

第 4 章
水 泥 混 凝 土

混凝土是由胶凝材料将骨料胶结成整体的工程复合材料的统称。按胶凝材料的组成，混凝土可分为水泥混凝土、沥青混凝土、聚合物混凝土、聚合物水泥混凝土等。水泥混凝土是以水泥、骨料和水为主要原材料，也可加入外加剂和矿物掺合料等材料，经拌合、成型、养护等工艺制作的、硬化后具有强度的工程材料。

混凝土常按照表观密度的大小分类，一般可分为：

重混凝土 干表观密度（试件在温度为 $105\pm5℃$ 的条件下干燥至恒重后测定）大于或等于 $2800kg/m^3$ 的混凝土。通常用特别密实和特别重的骨料制备，如重晶石混凝土、钢屑混凝土等，它们具有减少 X 射线和 γ 射线透过的性能。

普通混凝土 干表观密度为 $2000\sim2800kg/m^3$ 的混凝土。是用天然的砂、石作骨料配制成的。这类混凝土在土木工程中最常用，如房屋及桥梁等承重结构，道路中的路面及机场的道面等。

轻混凝土 干表观密度小于或等于 $1950kg/m^3$ 的混凝土。它可以分为三类：

（1）轻骨料混凝土，其表观密度范围是 $800\sim1950kg/m^3$，是用轻骨料如浮石、火山渣、膨胀珍珠岩、膨胀矿渣、黏土陶粒等配制而成。

（2）多孔混凝土（泡沫混凝土、加气混凝土），其表观密度范围是 $300\sim1000kg/m^3$。泡沫混凝土是由水泥浆或水泥砂浆与稳定的泡沫制成的。加气混凝土是由水泥、水与加气剂配制成的。

（3）大孔混凝土（普通大孔混凝土、轻骨料大孔混凝土），其组成中无细骨料。普通大孔混凝土的表观密度范围为 $1500\sim1900kg/m^3$，是用碎石、卵石、重矿渣作骨料配制成的。轻骨料大孔混凝土的表观密度范围为 $500\sim1500kg/m^3$，是用陶粒、浮石、碎砖、煤渣等作骨料配制成的。

此外，还有为满足不同工程的特殊要求而配制成的各种特种混凝土，如高强混凝土、自密实混凝土、防水混凝土、耐热混凝土、耐酸混凝土、纤维混凝土、聚合物混凝土和喷射混凝土等。

混凝土具有许多优点，可根据不同要求配制各种不同性质的混凝土；在凝结前具有良好的可塑性，因此，可以浇筑成各种形状和大小的构件或结构物；它与钢筋有牢固的粘结力，能制作钢筋混凝土结构和构件；经硬化后有抗压强度高与耐久性良好的特性；其组成材料中砂、石等地方材料占 80％以上，符合就地取材和经济的原则。但混凝土也存在着抗拉强度低，受拉时变形能力小，容易开裂，自重大等缺点。

由于混凝土具有上述各种优点，无论是工业与民用建筑、给水与排水工程、道路工程、桥梁工程、水利工程以及地下工程、国防建设等都广泛地应用混凝土。因此，它是一种主要的土木工程材料，在国家基本建设中占有重要地位。

一般工程采用混凝土结构应具有经济性，并符合环保和可持续发展的要求。对混凝土质量的基本要求是：具有符合设计要求的强度；具有与施工条件相适应的施工和易性；具有与工程环境相适应的耐久性。

4.1 混凝土的组成材料

普通混凝土（简称混凝土）是由水泥、砂、石和水所组成；为改善混凝土的某些性能还常加入适量的外加剂和矿物掺合料。

4.1.1 混凝土中各组成材料的作用

在混凝土中，砂、石除起充填作用外，还起限制水泥石变形、提高强度、增加刚度和抗裂性等骨架作用，称为骨料；水泥与水形成水泥浆，水泥浆包裹在骨料表面并填充其空隙。在硬化前，水泥浆起润滑作用，赋予拌合物一定的和易性，便于施工。水泥浆硬化后，则将骨料胶结成一个坚实的整体。混凝土的结构如图 4-1 所示。加入适宜的外加剂和掺合料，在硬化前能改善拌合物的和易性，而且现代化施工工艺对拌合物的高和易性要求，只有加入适宜的外加剂才能满足。硬化后，能改善混凝土的物理力学性能和耐久性等，尤其是在配制高强度混凝土、高性能混凝土时，外加剂和掺合料是必不可少的。

图 4-1 混凝土结构

4.1.2 混凝土组成材料的技术要求

混凝土的技术性质在很大程度上是由原材料的性质及其相对含量决定的。同时也与施工工艺（搅拌、输送方式、成型、养护）有关。因此，必须了解其原材料的性质、作用及其质量要求，合理选择原材料，才能保证混凝土的质量。

1. 水泥

(1) 水泥品种选择

配制混凝土一般可采用硅酸盐水泥、普通硅酸盐水泥、矿渣硅酸盐水泥、火山灰质硅酸盐水泥、粉煤灰硅酸盐水泥和复合硅酸盐水泥。必要时也可采用快硬硅酸盐水泥或其他水泥。水泥的性能指标必须符合现行国家有关标准的规定。

采用何种水泥，应根据混凝土工程特点和所处的环境条件，参照表3-8选用。

用混凝土泵和管道输送的混凝土，称为泵送混凝土。泵送混凝土应选用硅酸盐水泥、普通硅酸盐水泥、矿渣硅酸盐水泥和粉煤灰硅酸盐水泥，不宜采用火山灰质硅酸盐水泥。

道路工程中，由于道路路面要经受高速行驶车辆轮胎的摩擦，载重车辆的强烈冲击，路面与路基因温差产生的胀缩应力及冻融等影响，要求路面混凝土抗折强度高、收缩变形小、耐磨性能好、抗冻性能好，并具有较好的弹性。因此，一般应采用强度高、收缩性小、耐磨性强、抗冻性好的水泥。公路、城市道路、厂矿道路应采用硅酸盐水泥或普通硅酸盐水泥，当条件受限制时，可采用矿渣水泥。民航机场道面和高速公路，必须采用硅酸盐水泥。桥梁工程中的桥面混凝土对水泥品种的选择应与道路工程的要求类似。

(2) 水泥强度等级选择

水泥强度等级的选择应与混凝土的设计强度等级相适应。原则上是配制高强度等级的混凝土，选用高强度等级水泥；配制低强度等级的混凝土，选用低强度等级水泥。

如必须用高强度等级水泥配制低强度等级混凝土时，会使水泥用量偏少，影响和易性及密实度，所以应掺入一定数量的掺合料。如必须用低强度等级水泥配制高强度等级混凝土时，会使水泥用量过多，不经济，而且要影响混凝土其他技术性质。

2. 细骨料

公称粒径小于等于5mm的骨料为细骨料（砂）。按产源分为天然砂、机制砂和混合砂，天然砂是岩石风化后所形成的大小不等、由不同矿物颗粒组成的混合物，一般有河砂、净化处理的海砂、山砂。机制砂是以岩石、卵石、矿山废石等为原料，经除土处理，由机械破碎、整形、筛分、粉控等工艺制成的、级配、粒形和石粉含量满足要求的颗粒。混合砂是由机制砂和天然砂按一定比例混合而成的砂。配制混凝土时所采用的细骨料的质量要求有以下几个方面：

(1) 有害杂质　配制混凝土的细骨料要求清洁不含杂质，以保证混凝土的质量。而砂中常含有的一些有害杂质，如云母、黏土、淤泥、粉砂等，粘附在砂的表面，妨碍水泥与砂的粘结，降低混凝土强度；同时还增加混凝土的用水量，从而加大混凝土的收缩，降低抗冻性和抗渗性。一些有机杂质、硫化物及硫酸盐，它们都对水泥有腐蚀作用。砂中杂质的含量一般应符合表4-4中规定。长期处于潮湿环境的重要工程使用的砂，应进行碱活性检验，经检验判断为有潜在危害时，在配制混凝土时，应使用含碱量小于0.6%的水泥或采用能抑制碱-

骨料反应的掺合料，如粉煤灰等；当使用含钾、钠离子的外加剂时，必须进行专门试验。砂中的氯离子对钢筋有锈蚀作用，采用受氯盐侵蚀和污染的砂石，对钢筋混凝土砂中氯离子含量（以干砂重的百分率计）不应大于 0.03%，对预应力混凝土氯离子含量不应大于 0.01%。在一般情况下，海砂必须经过净化处理，才可以配制混凝土和钢筋混凝土。海砂中贝壳的最大尺寸不应超过 4.75mm，贝壳含量应符合表 4-4 的要求。由于天然优质砂资源日渐枯竭，部分地区采用机制砂；机制砂中石粉含量较大，与泥土相比，石粉对混凝土和易性和强度的影响较小，用于混凝土时可适当放宽含量限制，应按石粉的亚甲蓝指标和石粉的流动比指标控制石粉含量，一般应符合表 4-4 的要求。当用较高强度等级水泥配制低强度混凝土时，由于水灰比（水与水泥的质量比）大，水泥用量少，拌合物的和易性不好。这时，如果砂中泥土和细粉稍多，只要适当延长搅拌时间，就可改善拌合物的和易性。

（2）颗粒形状及表面特征　细骨料的颗粒形状及表面特征会影响其与水泥的粘结及混凝土拌合物的流动性。机制砂和山砂的颗粒多具有棱角，表面粗糙，与水泥粘结较好，用它拌制的混凝土强度较高，但拌合物的流动性较差；河砂、净化处理的海砂，其颗粒多呈圆形，表面光滑，与水泥的粘结较差，用来拌制混凝土，混凝土的强度则较低，但拌合物的流动性较好。

（3）颗粒级配及粗细程度　颗粒级配指骨料中大小颗粒的搭配情况。在混凝土中骨料之间的空隙由水泥浆所填充，为达到节约水泥和提高强度的目的，就应尽量减小骨料之间的空隙。从图 4-2 可以看到：如果是颗粒大小相同的骨料，空隙最大（图 4-2a）；两种粒径的骨料搭配起来，空隙就减小了（图 4-2b）；三种粒径的骨料搭配，空隙就更小了（图 4-2c）。由此可见，要想减小骨料间的空隙，就必须有大小不同的颗粒搭配，见图 4-2(d)。因此，砂也必须有良好的颗粒级配。

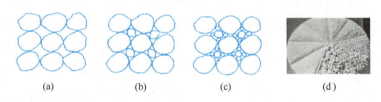

图 4-2　骨料颗粒级配示意图

砂的粗细程度，是指不同粒径的砂粒混合在一起后的总体的粗细程度，通常有粗砂、中砂与细砂之分。在相同质量条件下，细砂的总表面积较大，而粗砂的总表面积较小。在混凝土中，砂子的表面需要由水泥浆包裹，砂子的总表面积越大，则需要包裹砂粒表面的水泥浆就越多。因此，一般说用粗砂拌制混凝土比用细砂所需的水泥浆少。

因此，在拌制混凝土时，砂的颗粒级配和粗细程度应同时考虑。当砂中含有较多的粗粒径颗粒，并以适当的中粒径及少量细粒径填充其空隙，则可达到空隙率及总表面积均较小，这样的砂比较理想，不仅水泥浆用量较少，而且还可提高混凝土的密实性与强度。可见控制砂的颗粒级配和粗细程度有很大的技术经济意义，因而它们是评定砂质量的重要指标。仅用颗粒级配或粗细程度单一指标进行评价，是不合理的。

砂的颗粒级配和粗细程度，常用筛分析的方法进行测定。用级配区表示砂的颗粒级配，用细度模数表示砂的粗细。筛分析的方法，是用一套公称直径为 5mm、2.50mm、1.25mm、630μm、315μm 及 160μm 的标准筛，将 500g（m_0）干试样由粗到细依次过筛，称得各个筛上颗粒的质量 m_i，并计算出各筛上的分计筛余 a_1、a_2、a_3、a_4、a_5 和 a_6（m_i/m_0）及累计筛余 A_1、A_2、A_3、A_4、A_5 和 A_6（$\sum a_i$）。累计筛余与分计筛余的关系见表 4-1。

累计筛余与分计筛余的关系　　表 4-1

公称直径	方孔筛尺寸	筛余量 m（g）	分计筛余（%）	累计筛余（%）
5mm	4.75mm	m_1	$a_1=m_1/m_0$	$A_1=a_1$
2.5mm	2.36mm	m_2	$a_2=m_2/m_0$	$A_2=a_1+a_2$
1.25mm	1.18mm	m_3	$a_3=m_3/m_0$	$A_3=a_1+a_2+a_3$
630μm	600μm	m_4	$a_4=m_4/m_0$	$A_4=a_1+a_2+a_3+a_4$
315μm	300μm	m_5	$a_5=m_5/m_0$	$A_5=a_1+a_2+a_3+a_4+a_5$
160μm	150μm	m_6	$a_6=m_6/m_0$	$A_6=a_1+a_2+a_3+a_4+a_5+a_6$

细度模数 μ_f 的公式：

$$\mu_f = \frac{(A_2+A_3+A_4+A_5+A_6)-5A_1}{100-A_1}$$

细度模数越大，表示砂越粗。砂的粗细程度可按细度模数分为粗、中、细三级，其细度模数范围：μ_f 在 3.7～3.1 为粗砂；3.0～2.3 为中砂；2.2～1.6 为细砂；1.5～0.7 为特细砂。

根据 630μm 筛孔的累计筛余量分成三个级配区（表 4-2），混凝土用砂的颗粒级配，可处于表 4-2 中的任何一个级配区以内。实际颗粒级配与表中所列的累计筛余百分率相比，除 5mm 和 630μm 筛号外，允许有超出分区界线，但其总量百分率不应大于 5%。以累计筛余百分率为纵坐标，以筛孔尺寸为横坐标，根据表 4-2 规定画出砂的Ⅰ、Ⅱ、Ⅲ级配区的筛分曲线，如图 4-3 所示。

细骨料过粗（$\mu_f \geqslant 3.7$）配成的混凝土，其和易性不易控制，且内摩擦大，不易振捣成型；细骨料过细（$\mu_f \leqslant 0.7$）配成的混凝土，既要增加较多的水泥用量，而且强度显著降低。所以这两种砂未包括在级配区内。

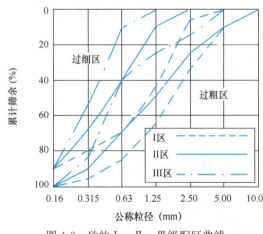

图 4-3　砂的Ⅰ、Ⅱ、Ⅲ级配区曲线

细骨料颗粒级配区　　　　　　　　　表 4-2

公称粒径 (mm)	累计筛余%		
	Ⅰ区	Ⅱ区	Ⅲ区
5.00	10～0	10～0	10～0
2.50	35～5	25～0	15～0
1.25	65～35	50～10	25～0
0.630	85～71	70～41	40～16
0.315	95～80	92～70	85～55
0.160	100～90	100～90	100～90

注：1. 允许超出≤5%的总量，是指几个粒级累计筛余百分率超出的和或只是某一粒级的超出百分率。
　　2. 摘自现行行业标准《普通混凝土用砂、石质量及检验方法标准》JGJ 52。

从筛分曲线也可看出细骨料的粗细，筛分曲线超过第Ⅰ区往右下偏时，表示砂过粗。筛分曲线超过第Ⅲ区往左上偏时则表示砂过细。如果砂的自然级配不合适，不符合级配区的要求，这时就要采用人工级配的方法来改善。最简单的措施是将粗、细砂按适当比例进行试配，掺合使用。

为调整级配，在不得已时，也可将砂加以过筛，筛除过粗或过细的颗粒。

配制混凝土时宜优先选用Ⅱ区砂；当采用Ⅰ区砂时，应提高砂率，并保持足够的水泥用量，以满足混凝土的和易性要求；当采用Ⅲ区砂时，宜适当降低砂率，以保证混凝土的强度。

对于泵送混凝土，细骨料对混凝土拌合物的可泵性有很大影响（图 4-4）。混凝土拌合物之所以能在输送管中顺利流动，主要是由于粗骨料被包裹在砂浆中，且粗骨料是悬浮于砂浆中的，由砂浆直接与管壁接触起到润滑作用。故细骨料宜采用中砂、细度模数为 2.5～3.0、通过 315μm 筛孔的砂应不少于 15%，通过 160μm 筛孔的含量应不少于 5%。如含量过低，输送管容易阻塞，使混凝土难以泵送，但细砂过多以及黏土、粉尘含量太大也是有害的，因为细砂含量过大则需要较多水，并形成黏稠的拌合物，这种黏稠的拌合物沿管道的运动阻力大大增加，因此需要较高的泵送压力。为使拌合物能保持给定的流动性，就必须提高水泥的含量。细骨料应有良好的级配，其常用级配可按图 4-4 选用。图中粗实线为最佳级配线；两条虚线之间为适宜泵送区；最佳级配区宜尽可能接近两条虚线之间范围的中间区域。

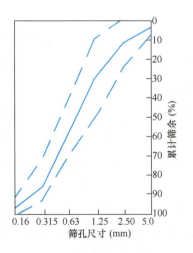

图 4-4 泵送混凝土细骨料最佳级配图

用于水泥混凝土路面混凝土板，应采用符合规定级配，细度模数在 2.5 以上的粗、中砂,当无法取得粗、中砂时,经配合比试验可行,可采用泥土杂物含量小于3%的细砂。

机制砂是由机械破碎、整形而成,与天然砂的颗粒形状和表面特征有差异,使用时应予重视。

(4) 砂的坚固性　砂的坚固性是指砂在气候、环境变化或其他物理因素作用下抵抗破裂的能力。按标准现行行业标准《普通混凝土用砂、石质量及检验方法标准》JGJ 52规定,砂的坚固性用硫酸钠溶液检验,试样经5次循环后其质量损失应符合表4-3规定。有抗疲劳、耐磨、抗冲击要求的混凝土用砂或有腐蚀介质作用或经常处于水位变化区的地下结构混凝土用砂,其坚固性质量损失率应小于8%。

粗细骨料的坚固性指标　　表 4-3

混凝土所处的环境条件		循环后的质量损失（%）
严寒及寒冷地区室外使用并经常处于潮湿或干湿交替状态下的混凝土 对于有抗疲劳、耐磨、抗冲击要求的混凝土 有腐蚀介质作用或经常处于水位变化区的地下结构混凝土	砂、碎石或卵石	≤8
其他条件下使用的混凝土	砂	≤10
	碎石或卵石	≤12

3. 粗骨料

普通混凝土常用的粗骨料有碎石和卵石。由天然岩石或卵石经破碎、筛分得到的公称粒径大于5mm的岩石颗粒称为碎石或碎卵石。由自然条件作用而形成表面较光滑的经筛分后公称粒径大于5mm的岩石颗粒称为卵石。配制混凝土的粗骨料应满足以下质量要求:

(1) 有害杂质　粗骨料中常含有一些有害杂质,如黏土、淤泥、细屑、硫酸盐、硫化物和有机杂质。它们的危害作用与在细骨料中的相同。它们的含量一般应符合表4-4中规定。

(2) 颗粒形状及表面特征　粗骨料的颗粒形状及表面特征同样会影响其与水泥的粘结及混凝土拌合物的流动性。碎石具有棱角,表面粗糙,与水泥粘结较好,而卵石多为圆形,表面光滑,与水泥的粘结较差,在水泥用量和水用量相同的情况下,碎石拌制的混凝土流动性较差,但强度较高,而卵石拌制的混凝土则流动性较好,但强度较低。如要求流动性相同,用卵石时可减少用水量,降低水灰比,弥补卵石混凝土强度偏低之不足。

粗骨料的颗粒形状还有属于针状（长度大于该颗粒所属粒级的平均粒径的2.4倍,平均粒径指该粒级上、下限粒径的平均值）和片状（厚度小于平均粒径的0.4倍）的,这种针、片状颗粒过多,会使混凝土强度降低。针、片状颗粒含量一般应符合表4-4中规定。用于水泥混凝土路面混凝土板的粗骨料,其针、片状颗粒含量也应符合表4-4中规定。针、片状颗粒过多,对泵送混凝土,会使其泵送性能变差,因此针、片状颗粒含量不宜大于10%。

粗骨料的有害杂质含量　　　　　　　　　　表 4-4

项目		质量标准		
		≥C60	C30~C55	≤C25
含泥量，按质量计，≤（%）	碎石/卵石	0.5	1.0	2.0
	砂	2.0	3.0	5.0
泥块含量，按质量计，≤（%）	碎石/卵石	0.2	0.5	0.7
	砂	0.5	1.0	2.0
硫化物和硫酸盐含量（折算为 SO_3），按质量计，≤（%）	碎石/卵石/砂	1.0		
有机质含量（用比色法试验）	碎石/卵石/砂	颜色不得深于标准色，如深于标准色，则应配制成混凝土/水泥胶砂试件，进行强度对比试验，抗压强度比应不低于 0.95		
云母含量，按质量计，≤（%）	砂	2.0		
轻物质含量，按质量计，≤（%）	砂	1.0		
针、片状颗粒含量，按质量计，≤（%）	碎石/卵石	8	15	25
人工砂石粉含量，≤（%）	MB<1.4（合格）	5.0	7.0	10.0
	MB≥1.4（不合格）	2.0	3.0	5.0
海砂贝壳含量，≤（%）		3	5（C40~C55） 8（C30~C35）	10

1. 摘自现行行业标准《普通混凝土用砂、石质量及检验方法标准》JGJ 52。
2. 对有抗冻、抗渗或其他特殊要求的混凝土用砂，其含泥量不应大于 3%，泥块含量不应大于 1%。
3. 对有抗冻、抗渗要求的混凝土，砂中云母含量不应大于 1%。
4. 对有抗冻、抗渗或其他特殊要求的混凝土，其所用碎石或卵石的含泥量不应大于 1%，泥块含量应不大于 0.50%。
5. 砂、碎石或卵石中如含有颗粒状硫酸盐或硫化物，则要求经专门检验，确认能满足混凝土耐久性要求时方能采用。
6. 碎石或卵石中如含泥基本上是非黏土质的石粉时，其总含量可由 1.0% 及 2.0% 分别提高到 1.5% 和 3.0%。

(3) 最大粒径及颗粒级配

1) 最大粒径　粗骨料中公称粒级的上限称为该粒级的最大粒径。当骨料粒径增大时，其比表面积随之减小。因此，保证一定厚度润滑层所需的水泥浆或砂浆的数量也相应减少，所以粗骨料的最大粒径应在条件许可下，尽量选用得大些。由试验研究证明，最佳的最大粒径取决于混凝土的水泥用量。在水泥用量少的混凝土中（每 $1m^3$ 混凝土的水泥用量不大于 170kg），采用大骨料是有利的。在普通配合比的结构混凝土中，骨料粒径大于 40mm 并没有好处。骨料最大粒径还受结构型式、配筋疏密、保护层厚度等的限制。根据现行国家标准《混凝土结构工程施工规范》GB 50666 规定，混凝土粗骨料的最大粒径不得超过结构截面最小尺寸的 1/4，同时不得大于钢筋间最小净距的 3/4。对于混凝土实心板，可允许采用最大粒径达 1/3 板厚的骨料，但最大粒径不得超过 40mm。对有耐久性设计要求的混凝土结构还应符合现行国家标准《混凝土结构耐久性设计标准》GB/T 50476 附录 B3 的规定。石子粒径过大，对运输和搅拌都不方便。为减少水泥用量、降低混凝土的温度和收缩应力，在大体积混凝土内，也常用毛石来填充。毛石（片石）是爆破石灰岩、白云岩及砂岩所得到的形状不规则的大石块，一般尺寸在一个方向达300～400mm，质量约20～30kg。这种混凝土也常称为毛石混凝土。

对于泵送混凝土，为防止混凝土泵送时管道堵塞，保证泵送顺利进行，粗骨料的最大粒径 D_{max} 与泵送管径之比应符合表4-5中的要求。

D_{max} 与泵送管径之比　　　　　　　　　　表4-5

粗骨料品种	泵送高度（m）	D_{max} 与泵管径之比
碎石	<50	1∶3
	50～100	1∶4
	>100	1∶5
卵石	<50	1∶2.5
	50～100	1∶3
	>100	1∶4

水泥混凝土路面混凝土板用粗骨料，其最大粒径不应超过40mm。

2）颗粒级配　粗骨料级配对节约水泥和保证混凝土的和易性有很大关系。特别是拌制高强度混凝土，粗骨料级配更为重要。

粗骨料的级配也通过筛析法试验确定。其标准筛公称直径为（mm）：2.5、5、10、16、20、25、31.5、40、50、63、80 及 100；对应的方孔筛筛孔边长为（mm）：2.36、4.75、9.5、16、19、26.5、31.5、37.5、53、63、75、90。普通混凝土用碎石或卵石的颗粒级配应符合表4-6的规定。

泵送混凝土的粗骨料应采用连续级配，粗骨料的级配影响空隙率和砂浆用量，对混凝土可泵性有较大影响，常用的粗骨料级配曲线可按图4-5（粗骨料最佳级配）选用。图中粗实线为最佳级配线；两条虚线之间区域为适宜泵送区；最佳级配区宜尽可能接近两条虚线之间范围的中间区域。

水泥混凝土路面混凝土板用粗骨料，应采用连续粒级5～40mm，级配要求应符合表4-6的规定。

碎石或卵石的颗粒级配范围　　　　　　　　　　表4-6

级配情况	公称粒级（mm）	累计筛余，按质量，（%）									
		方孔筛筛孔边长尺寸（mm）									
		2.36	4.75	9.5	16.0	19.0	26.5	31.5	37.5	53	63	75	90
连续粒级	5～10	95～100	80～100	0～15	0	—	—	—	—	—	—	—	—
	5～16	95～100	85～100	30～60	0～10	0	—	—	—	—	—	—	—
	5～20	95～100	90～100	40～80	—	0～10	0	—	—	—	—	—	—
	5～25	95～100	90～100	—	30～70	—	0～5	0	—	—	—	—	—
	5～31.5	95～100	90～100	70～90	—	15～45	—	0～5	0	—	—	—	—
	5～40	—	95～100	70～90	—	30～65	—	—	0～5	0	—	—	—

续表

级配情况	公称粒级 (mm)	累计筛余，按质量，(%)											
		方孔筛筛孔边长尺寸 (mm)											
		2.36	4.75	9.5	16.0	19.0	26.5	31.5	37.5	53	63	75	90
单粒级	10~20	—	95~100	85~100	—	0~15	0	—	—	—	—	—	—
	16~31.5	—	95~100	—	85~100	—	0~10	0	—	—	—	—	—
	20~40	—	—	95~100	—	80~100	—	—	0~10	0	—	—	—
	31.5~63	—	—	—	95~100	—	—	75~100	45~75	—	0~10	0	—
	40~80	—	—	—	—	95~100	—	—	70~100	30~60	0~10	—	0

注：1. 摘自现行行业标准《普通混凝土用砂、石质量及检验方法标准》JGJ 52。
2. 公称粒级的上限为该粒级的最大粒径。单粒级一般用于组合成具有要求级配的连续粒级，它也可与连续粒级的碎石或卵石混合使用，以改善它们的级配或配成较大粒度的连续粒级。
3. 根据混凝土工程和资源的具体情况，进行综合技术经济分析后，在特殊情况下，允许直接采用单粒级，但必须避免混凝土发生离析。

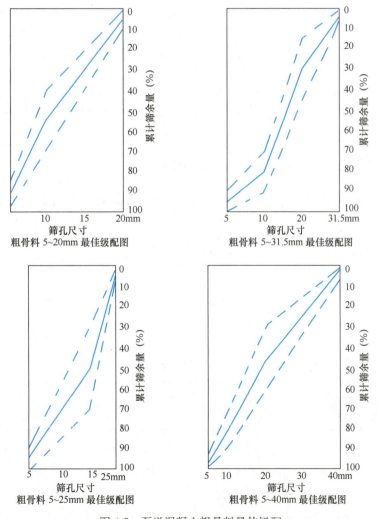

图 4-5 泵送混凝土粗骨料最佳级配

(4) **强度** 为保证混凝土的强度,粗骨料应质地致密且具有足够的强度。碎石或卵石的强度可用岩石立方体强度和压碎指标两种方法表示。当混凝土强度等级为 C60 及以上时,应进行岩石抗压强度检验。在选择采石场或对粗骨料强度有严格要求或对质量有争议时,也宜用岩石立方体强度做检验。对经常性的生产质量控制则可用压碎指标值检验。用岩石立方体强度表示粗骨料强度,是将岩石制成 50mm×50mm×50mm 的立方体(或直径与高均为 50mm 的圆柱体)试件,在水饱和状态下,其抗压强度(MPa)与设计要求的混凝土强度等级之比,作为碎石或碎卵石的强度指标,根据现行行业标准《普通混凝土用砂、石质量及检验方法标准》GJ 52 规定不应小于 1.2。但对路面混凝土不应小于 2.0。在一般情况下,火成岩试件的强度不宜低于 80MPa,变质岩不宜低于 60MPa,水成岩不宜低于 30MPa。

用压碎指标表示粗骨料的强度时,是将一定质量气干状态下 10~20mm 的石子装入一定规格的圆筒内,在压力机上施加荷载至 200kN,卸荷后称取试样质量(m_0),用孔径为 2.5mm 的筛筛除被压碎的细粒,称取试样的筛余量(m_1)。

$$压碎指标(\delta_a) = (m_0 - m_1) / m_0 \times 100\%$$

式中 m_0——试样的质量,g;

m_1——压碎试验后筛余的试样质量,g。

压碎指标表示石子抵抗压碎的能力,可间接地反映其相应的强度。压碎指标应符合表 4-7 和表 4-8 的规定。

碎石的压碎指标 表 4-7

岩石品种	混凝土强度等级	碎石压碎指标(%)
沉积岩	C40~C60	≤10
	≤C35	≤16
变质岩或深成的火成岩	C40~C60	≤12
	≤C35	≤20
喷出的火成岩	C40~C60	≤13
	≤C35	≤30

卵石的压碎指标 表 4-8

混凝土强度等级	C40~C60	≤C35
压碎指标(%)	≤12	≤16

(5) **坚固性** 有抗冻等耐久性要求的混凝土所用的粗骨料,要求测定其坚固性。其质量损失应不超过表 4-3 规定(试验原理与细骨料基本相同)。碎石或卵石的坚固性指标见表 4-3。

(6) **碱活性** 当粗骨料中夹杂着活性氧化硅(活性氧化硅的矿物形式有蛋白石、玉髓和鳞石英等，含有活性氧化硅的岩石有流纹岩、安山岩和凝灰岩等）时，如果混凝土中所用的水泥又含有较多的碱，就可能发生碱—硅酸盐反应，引起混凝土开裂破坏。长期处于潮湿环境中重要工程的混凝土所使用的碎石或卵石应进行碱活性检验。经检验判定骨料有潜在危害时，应采取能抑制碱骨料反应的有效措施。若怀疑骨料中含有引起碱—碳酸盐反应的物质，应用岩石柱法进行检验，经检验判定骨料有潜在危害时，不宜用作混凝土骨料。

另外，混凝土中若含有煅烧过的白云石或石灰石块将引起混凝土开裂破坏，因此粗骨料中严禁混入煅烧过的白云石或石灰石块。慢冷钢渣通常含有过烧的游离氧化钙、游离氧化镁和金属铁，也会引起混凝土开裂破坏，混凝土中不应采用慢冷钢渣制成的粗、细骨料。

4. 骨料的含水状态及饱和面干吸水率

骨料一般有干燥状态、气干状态、饱和面干状态和湿润状态等四种含水状态，如图 4-6 所示。骨料含水率等于或接近于零时称干燥状态；含水率与大气湿度相平衡时称气干状态；骨料表面干燥而内部孔隙含水达饱和时称饱和面干状态；骨料不仅内部孔隙充满水，而且表面还附有一层表面水时称湿润状态。

图 4-6　骨料的含水状态

（a）干燥状态；（b）气干状态；（c）饱和面干状态；（d）湿润状态

在拌制混凝土时，由于骨料含水状态的不同，将影响混凝土的用水量和骨料用量。骨料在饱和面干状态时的含水率，称为饱和面干吸水率。在计算混凝土中各项材料的配合比时，如以饱和面干骨料为基准，则不会影响混凝土的用水量和骨料用量，因为饱和面干骨料既不从混凝土中吸取水分，也不向混凝土拌合物中释放水分。因此一些大型水利工程、道路工程常以饱和面干状态骨料为基准，这样混凝土的用水量和骨料用量的控制就较准确。而在一般工业与民用建筑工程中混凝土配合比设计，常以干燥状态骨料为基准。这是因为坚固的骨料其饱和面干吸水率一般不超过 2%，而且在工程施工中，必须经常测定骨料的含水率，以及时调整混凝土组成材料实际用量的比例，从而保证混凝土的质量。当细骨料被水湿润有表面水膜时，常会出现砂的堆积体积增大的现象。砂的这种性质在验收材料和配制混凝土按体积定量配料时具有重要意义。

5. 混凝土拌合及养护用水

混凝土拌合用水按水源可分为饮用水、地表水、地下水、海水以及经适当处理或处置后的工业废水（简称中水）。

对混凝土拌合及养护用水的质量要求是：不得影响混凝土的和易性及凝结；不得有损于混凝土强度发展；不得降低混凝土的耐久性、加快钢筋腐蚀及导致预应力钢筋脆断；不得污染混凝土表面。当使用混凝土生产厂及商品混凝土厂设备的洗刷水时，水中物质含量限值应符合表4-9要求。在对水质有怀疑时，应将该水与蒸馏水或饮用水进行水泥凝结时间、砂浆或混凝土强度对比试验。测得的初凝时间差及终凝时间差均不得大于30min，其初凝和终凝时间还应符合水泥国家标准的规定。用该水制成的砂浆或混凝土28d抗压强度应不低于蒸馏水或饮用水制成的砂浆或混凝土抗压强度的90%。海水中含有硫酸盐、镁盐和氯化物，对水泥石有侵蚀作用，对钢筋也会造成锈蚀，因此不得用于拌制钢筋混凝土和预应力混凝土。为节约水资源，国家鼓励利用经检验合格的中水拌制混凝土。

混凝土拌合用水水质要求　　　　　　表4-9

项目	预应力混凝土	钢筋混凝土	素混凝土
pH值	≥5.0	≥4.5	≥4.5
不溶物(mg/L)	≤2000	≤2000	≤5000
可溶物(mg/L)	≤2000	≤5000	≤10000
Cl^- (mg/L)	≤500	≤1200	≤3500
SO_4^{2-} (mg/L)	≤600	≤2700	≤2700
碱含量(mg/L)	≤1500	≤1500	≤1500

注：1. 碱含量按$Na_2O+0.658K_2O$计算值来表示。采用非碱活性骨料时，可不检验碱含量。

2. 本表摘自现行行业标准《混凝土用水标准》JGJ 63。

6. 混凝土外加剂

混凝土外加剂是混凝土中除胶凝材料、骨料、水和纤维组分以外，在混凝土拌制之前或拌制过程中加入的，用以改善新拌混凝土和（或）硬化混凝土性能，对人、生物及环境安全无有害影响的材料，简称外加剂。在混凝土中应用外加剂，具有投资少、见效快、技术经济效益显著的特点。为适应混凝土工程的现代化施工工艺的要求，混凝土外加剂已成为除水泥、砂、石和水以外混凝土的第五种必不可少的组分。

（1）混凝土外加剂的分类

按化学成分可分为三类：

无机化合物，多为电解质盐类；

有机化合物，多为表面活性剂；

有机和无机的复合物。

按功能分为四类：

改善混凝土拌合物流变性能的外加剂，如各种减水剂和泵送剂等；

调节混凝土凝结时间、硬化过程的外加剂，如缓凝剂、促凝剂和速凝剂等；

改善混凝土耐久性的外加剂，如引气剂、防水剂和阻锈剂等；

改善混凝土其他性能的外加剂，如膨胀剂、防冻剂和着色剂等。

（2）常用混凝土外加剂

1）减水剂　减水剂是指在混凝土坍落度基本相同的条件下，能减少拌合用水量的外加剂。减水剂一般为表面活性剂，有离子型表面活性剂和非离子型表面活性剂，按其减水率和性能分为：普通减水剂、高效减水剂和高性能减水剂。并按其次要功能进一步分为标准型、早强型、缓凝型、引气型、减缩型等类型。

A. 减水剂的作用机理及使用效果　表面活性剂是指具有显著降低液体表面能力或两相间界面能的物质。其分子带有亲水基团和憎水基团。表面活性剂加入水溶液中后，可溶解于水溶液，并从溶液中向界面富集，作定向排列，其亲水基团指向溶液，憎水基团指向空气，形成定向吸附膜，从而降低水的表面张力和两相间的界面能，这种现象称为表面活性。表面活性物质，具有润湿、乳化、分散、润滑、起泡和洗涤等作用。

减水剂的作用机理：当水泥加水拌合后，由于水泥颗粒的水化作用，水泥颗粒表面产生双电层结构，使之形成溶剂化水膜，且水泥颗粒表面带有异性电荷使水泥颗粒间产生缔合作用，而形成絮凝结构（图4-7）。絮凝结构中包裹了许多游离水，使水泥颗粒不能充分被水润湿，浆体显得较干稠，流动性较小。当在水泥浆体中加入减水剂后，由于减水剂的表面活性作用，其憎水基团定向吸附于水泥颗粒表面，亲水基团指向水溶液，在水泥颗粒表面形成一层吸附膜，离子型表面活性剂使水泥颗粒表面带有相同电荷，在电性斥力作用下，使水泥颗粒互相分开；而非离子型表面活性剂，则因空间位阻作用使水泥颗粒分开，水泥浆体中的絮凝结构解体。一方面游离水被释放出来，水泥颗粒间流动性增强，从而增大了混凝土的流动性；另一方面由于水泥颗粒带有相同的电荷，增加了电斥力的分散作用，增加了水泥颗粒间的相对滑动能力。这就是减水剂的吸附分散、润湿、润滑作用的机理（图4-8a、图4-8b）。

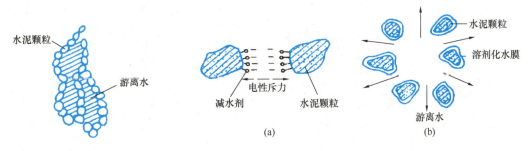

图4-7　水泥浆的絮凝结构　　　　　　　图4-8　减水剂作用简图

减水剂的使用效果：a. 维持用水量和水灰比不变的条件下，可增大混凝土的流动性；b. 在维持流动性和水泥用量不变的条件下，可减少用水量，从而降低了水灰比，可提高混凝土强度；c. 显著改善了混凝土的孔结构，提高了密实度，从而可提高混凝土的耐久性；d. 保持流动性及水灰比不变的条件下，在减少用水量的同时，相应减少了水泥用量，即节约了水泥。此外，减水剂的加入还能减少新拌混凝土泌水、离析现象，延缓拌合物的凝结时间和降低水化放热速度。

B. 减水剂的掺入方法　外加剂的掺入方法对其作用效果有时影响很大，因此应根据外加剂的种类和形态及具体情况选用掺入方法。混凝土掺入减水剂的方法有先掺法、同掺法、后掺法和滞水法。

先掺法：将减水剂与水泥混合后再与骨料和水一起搅拌。实际上，是在生产水泥时加入减水剂。其优点是使用方便，缺点是减水剂中有粗粒子时，在混凝土中不易分散，影响质量且搅拌时间要长，因此不常采用。

同掺法：是将减水剂先溶于水形成溶液后再与混凝土原材料一起搅拌。优点是计量准且易搅拌均匀，使用方便。缺点是增加了溶解和储存工序。此法常用。

后掺法：指在新拌混凝土运输至邻近浇筑地点前，再加入减水剂后搅拌。优点是可避免混凝土在运输过程中的分层、离析和坍落度损失，提高减水剂使用效果，提高减水剂对工程的适应性。缺点是需二次或多次搅拌。此法适用于预拌混凝土，且混凝土运输搅拌车便于二次搅拌。

滞水法：在加水搅拌后 1～3min 加入减水剂。优点是能提高减水剂使用效果。缺点是搅拌时间长，生产效率低。一般不常用。

C. 常用减水剂见表 4-10。

常用减水剂　　　　　　表 4-10

类别		普通减水剂		高效减水剂		高性能减水剂
		木质素系	糖蜜系	多环芳香族磺酸盐系（萘系）	水溶性树脂系	聚羧酸盐系
主要成分		木质素磺酸钙 木质素磺酸钠 木质素磺酸镁	制糖废液经石灰中和处理而成	芳香族磺酸盐甲醛缩合物	三聚氢胺树脂磺酸钠（SM） 古玛隆—茚树脂磺酸钠（CRS）	聚羧酸盐共聚物
适宜掺量（%）		0.2～0.3	0.2～0.3	0.2～1.0	0.5～2.0	0.2～0.5
效果	减水率(%)	10 左右	6～10	15～25	18～30	25～35
	早强			明显	显著	显著
	缓凝	1～3h	3h 以上			
	引气(%)	1～2		非引气,或<2	<2	<3

2) 早强剂　能加速混凝土早期强度发展的外加剂称早强剂。早强剂主要有氯盐类、硫酸盐类、有机胺三类以及它们组成的复合早强剂。

A. 常用早强剂见表 4-11。

常用早强剂　　　　　　　　　　　　　表 4-11

类别	氯盐类	硫酸盐类	有机胺类	复合类
常用品种	氯化钙	硫酸钠（元明粉）	三乙醇胺	①三乙醇胺(A)＋氯化钠(B) ②三乙醇胺(A)＋亚硝酸钠(B)＋氯化钠(C) ③三乙醇胺(A)＋亚硝酸钠(B)＋二水石膏(C) ④硫酸盐复合早强剂(NC)
掺量（占水泥质量，%）	0.5～1.0	0.5～2.0	0.02～0.05 常与其他早强剂复合用	①(A)＋0.05＋(B)0.5 ②(A)0.05＋(B)0.5＋(C)0.5 ③(A)0.05＋(B)1.0＋(C)2.0 ④(NC)2.0～4.0
早强效果	3d 强度可提高 50%～100%；7d 强度可提高 20%～40%	掺 1.5% 时达到混凝土设计强度 70% 的时间可缩短一半	早期强度可提高 50%，28d 强度不变或稍有提高	2d 强度可提高 70% 28d 强度可提高 20%

B. 常用早强剂的作用机理

氯化钙早强作用机理：$CaCl_2$ 能与水泥中 C_3A 作用，生成几乎不溶于水和 $CaCl_2$ 溶液的水化氯铝酸钙（$3CaO \cdot Al_2O_3 \cdot 3CaCl_2 \cdot 32H_2O$），又能与水化产物 $Ca(OH)_2$ 反应，生成溶解度极小的氧氯化钙（$CaCl_2 \cdot 3Ca(OH)_2 \cdot 12H_2O$）。水化氯铝酸钙和氧氯化钙固相早期析出，形成骨架，加速水泥浆体结构的形成，同时也由于水泥浆中 $Ca(OH)_2$ 浓度的降低，有利于 C_3S 水化反应的进行，因此早期强度获得提高。

硫酸钠早强作用机理：Na_2SO_4 掺入混凝土中能与水泥水化生成的 $Ca(OH)_2$ 发生如下反应：

$$Na_2SO_4 + Ca(OH)_2 + 2H_2O = CaSO_4 \cdot 2H_2O + 2NaOH$$

生成的 $CaSO_4$ 均匀分布在混凝土中，并且与 C_3A 反应，迅速生成水化硫铝酸钙，此反应的发生还能加速 C_3S 的水化，使早期强度提高。

三乙醇胺早强作用机理：三乙醇胺是一种络合剂，在水泥水化的碱性溶液中，能与 Fe^{3+} 和 Al^{3+} 等离子形成较稳定的络离子，这种络离子与水泥的水化物作用生成溶解度很小的络盐并析出，有利于早期骨架的形成，从而使混凝土早期强度提高，但会显著增加早期的干缩。

C. 早强剂的掺入方法　含有硫酸钠的粉状早强剂使用时，应加入水泥中，不能先与潮湿的砂石混合。含有粉煤灰等不溶物及溶解度较小的早强剂、早强减水剂应以粉剂掺入，并要适当延长搅拌时间。

3）引气剂　在搅拌混凝土过程中能引入大量均匀分布的、闭合而稳定的微小气泡（直径在 $10\sim100\mu m$）的外加剂，称为引气剂。主要品种有松香热聚物、松脂皂和烷基苯磺酸盐等。其中，以松香热聚物的效果较好，最常使用。松香热聚物是由松香与硫酸、苯酚经聚合反应，再经氢氧化钠中和而得到的憎水性表面活性剂。

A. 引气作用机理　混凝土在搅拌过程中必然会裹挟、混入一些空气。在未掺引气剂时，这样的空气多以大气泡的形式存在。掺引气剂后，水溶液中的引气剂分子极易吸附在水-气界面上，显著降低水的表面张力和界面能。由于引气剂分子作用，混凝土在搅拌中混入的空气，便会形成相对微小球型气泡。引气剂分子定向排列在泡膜界面上，阻碍泡膜内水分子的移动，增加了泡膜的厚度及强度，使气泡不易破灭；水泥浆中的氢氧化钙与引气剂作用生成的钙皂会沉积在泡膜壁上，也提高了泡膜的稳定性。

B. 引气剂的使用方法　最常用的引气剂是松香热聚物，它不能直接溶解于水，使用时需将其溶解于加热的氢氧化钠溶液中，再加水配成一定浓度的溶液后加入混凝土中。当引气剂与减水剂、早强剂、缓凝剂等复合使用时，配制溶液时应注意其共溶性。

C. 引气剂的作用

改善混凝土拌合物的和易性：混凝土拌合物中引入的大量微小气泡，相对增加了水泥浆体积，气泡本身又起到如同滚珠轴承的作用，使颗粒间摩擦力减小，从而可提高混凝土的流动性。由于水分被均匀分布在气泡表面，又显著改善了混凝土的保水性和黏聚性；

提高混凝土的耐久性：由于气泡能隔断混凝土中毛细管通道以及气泡对水泥石内水分结冰时能作为"卸压空间"，对所产生的水压力起到缓卸作用，故能显著提高混凝土的抗渗性和抗冻性；

对强度、耐磨性和变形的影响：由于引入大量的气泡，减小了混凝土受压有效面积，使混凝土强度和耐磨性有所降低，当保持水灰比不变时，含气量增加 1%，混凝土强度约下降 $3\%\sim5\%$，故应用引气剂改善混凝土抗冻性时，应注意控制混凝土的含气量，避免大量引气，导致混凝土强度大幅降低。大量气泡的存在，可使混凝土弹性模量有所降低，从而对提高混凝土的抗裂性有利。

D. 引气剂的掺量。引气剂的掺量应根据混凝土的含气量确定。一般松香热聚物引气剂的适宜掺量约为 $0.006\%\sim0.012\%$（占水泥质量）。

4）缓凝剂　延长混凝土凝结时间的外加剂，称为缓凝剂。主要种类有羟基羧酸及其盐类、含糖碳水化合物、无机盐类和木质素磺酸盐类等。最常用的是糖蜜、葡萄糖酸盐和木质素磺酸钙，糖蜜的效果较好。

A. 常用缓凝剂，见表 4-12。

常用缓凝剂　　　　　　　　　　　　　　　　　　　　表 4-12

类别	品种	掺量（占水泥质量,%）	延缓凝结时间（h）
糖类	糖蜜等	0.2~0.5（水剂）0.1~0.3（粉剂）	2~4
木质素磺酸盐类	木质素磺酸钙（钠）等	0.2~0.3	2~3
羟基羧酸盐类	柠檬酸、酒石酸钾（钠）等	0.03~0.1	4~10
无机盐类	锌盐、硼酸盐、磷酸盐等	0.1~0.2	

B. 缓凝剂的作用机理　　有机类缓凝剂多为表面活性剂，掺入混凝土中，能吸附在水泥颗粒表面，形成同种电荷的亲水膜，使水泥颗粒相互排斥，阻碍水泥水化产物凝聚，起到缓凝作用；无机类缓凝剂，往往是在水泥颗粒表面形成一层难溶的薄膜，对水泥颗粒的正常水化起阻碍作用，从而导致缓凝。

C. 缓凝剂的掺入方法　　缓凝剂及缓凝减水剂应配制成适当浓度的溶液加入拌合水中使用。糖蜜减水剂中常有少量难溶和不溶物，静置时会有沉淀现象，使用时应搅拌成悬浮液。当缓凝剂与其他外加剂复合使用时，必须是共溶的才能事先混合，否则应分别掺入。

5）速凝剂　　能使混凝土迅速凝结硬化的外加剂，称速凝剂。按形态分为液体速凝剂和粉状速凝剂，其中，液体速凝剂分为溶液型和悬浮液型。按碱含量分为无碱速凝剂和有碱速凝剂。

A. 常用速凝剂　　见表 4-13。

常用速凝剂　　　　　　　　　　　　　　　　　　　　表 4-13

种类		无碱速凝剂	有碱速凝剂
主要成分		硫酸铝	铝氧熟料
适宜掺量（%）		2.5~4.0	5.0~7.0
初凝（min）		≤5	
终凝（min）		≤12	
砂浆强度	1d 抗压强度（MPa）	≥7.0	
	28d 抗压强度比（%）	≥100	≥70
	90d 抗压强度保留率（%）	≥100	≥70

B. 速凝剂的作用机理　　粉状速凝剂加入混凝土后，其主要成分中的铝酸钠、碳酸钠在碱性溶液中迅速与水泥中的石膏反应生成硫酸钠，使石膏丧失其原有的缓凝作用，从而导致铝酸钙矿物 C_3A 迅速水化，并在溶液中析出其水化产物晶体，致使水泥混凝土迅速凝结。液体速凝剂则是硫酸铝迅速与水泥水化生成的氢氧化钙反应，生成钙矾石晶体，使混凝土迅速凝结。

C. 速凝剂的使用方法　　喷射混凝土施工工艺分干、湿两种工艺。采用干法喷射时，是将速凝剂（一般为细粉状）按一定比例与水泥、砂、石一起干拌均匀后，用压缩空气通过胶管将材料送到喷射机的喷嘴中,在喷嘴里,引入高压水,与干拌料拌成混凝土,喷射到建筑物或构筑物上,这种方法施工简便,但施工作业环境差,混凝土回弹,损耗较大;采用湿法喷射时,是在搅拌机中按水泥、砂、石和水拌成混凝土后,再由喷射机通过胶管从喷嘴加入速凝剂并喷出。湿法喷射的施工作业环境比干法喷射有较大改善,混凝土回弹损耗较小,硬化混凝土的强度较高,耐久性较好,目前使用普遍。

6) 防冻剂 能使混凝土在负温下硬化,并在规定时间内达到足够防冻强度的外加剂。

A. 常用防冻剂 常用防冻剂是由多组分复合而成,其主要组分有防冻组分、减水组分、引气组分、早强组分、阻锈组分等。防冻组分可分为三类:氯盐类(如氯化钙、氯化钠);氯盐阻锈类(氯盐与阻锈剂复合,阻锈剂有亚硝酸盐、铬酸盐、磷酸盐等);无氯盐类(硝酸盐、亚硝酸盐、碳酸盐、尿素、乙酸盐等)。减水、引气、早强组分则分别采用前面所述的各类减水剂、引气剂和早强剂。

B. 防冻剂的作用机理 防冻剂中各组分对混凝土所起作用:防冻组分可改变混凝土液相浓度,降低冰点,保证了混凝土在负温下有液相存在,使水泥仍能继续水化;减水组分可减少混凝土拌合用水量,从而减少了混凝土中的成冰量,并使冰晶粒度细小且均匀分散,减小对混凝土的破坏应力;引气组分是引入一定量的微小封闭气泡,减缓冻胀应力;早强组分是能提高混凝土早期强度,增强混凝土抵抗冰冻的破坏能力。亚硝酸盐一类的阻锈剂,可以在一定程度上防止氯盐的钢筋锈蚀作用,同时兼具防冻和早强作用。因此,防冻剂的综合效果是能显著提高冬期施工中混凝土的早期抗冻性。

C. 防冻剂的应用 防冻剂应用时应注意,掺加防冻剂的混凝土,还应根据意外寒冷天气情况,注意采取适宜的养护措施;对于房屋建筑结构,严禁使用含有尿素的防冻剂。尿素在混凝土中受到碱性物质作用时,会释放氨气,产生刺激性气味,并会引起头晕、头疼、恶心、胸闷,导致肝脏、眼角膜、鼻口腔黏膜的损害。

7) 膨胀剂。膨胀剂是能使混凝土产生一定体积膨胀的外加剂。混凝土工程中采用的膨胀剂种类有硫铝酸钙类、硫铝酸钙-氧化钙类、氧化钙类等。

A. 常用膨胀剂:硫铝酸钙类有明矾石膨胀剂(主要成分是明矾石与无水石膏或二水石膏);CSA膨胀剂(主要成分是无水硫铝酸钙);U型膨胀剂(主要成分是无水硫铝酸钙、明矾石、石膏)等。氧化钙类有多种制备方法。其主要成分为石灰,再加入石膏与水淬矿渣或硬脂酸或石膏与黏土,经一定的煅烧或混磨而成。硫铝酸钙-氧化钙类为复合膨胀剂。

B. 膨胀剂的作用机理。硫铝酸钙类膨胀剂加入混凝土中后,自身中无水硫铝酸钙水化或参与水泥矿物的水化或与水泥水化产物反应,生成三硫型水化硫铝酸钙(钙矾石),使固相体积大为增加,而导致体积膨胀。氧化钙类膨胀剂的膨胀作用主要由氧化钙晶体水化生成氢氧化钙晶体,体积增大而导致的。

C. 膨胀剂掺量的确定方法。应根据设计和施工要求,膨胀剂的推荐掺量见表4-14。膨胀剂掺量以胶凝材料（水泥＋膨胀剂、或水泥＋膨胀剂＋掺合料）总量（B）为基数，按表 4-14 替代胶凝材料，即膨胀剂（E）％＝E/B。膨胀剂的掺量与水泥及掺合料的活性有关，应通过试验确定。考虑混凝土的强度，在有掺合料的情况下，膨胀剂的掺量应分别取代水泥和掺合料。

膨胀剂推荐掺量范围　　　　　　　　　　　　　　　　　　　　　　　表 4-14

膨胀混凝土种类	推荐掺量（内掺法）（％）	膨胀混凝土种类	推荐掺量（内掺法）（％）
补偿收缩混凝土	8～12	自应力混凝土	15～25
填充用混凝土	12～15		

D. 膨胀剂的使用　　粉状膨胀剂应与混凝土其他原材料一起投入搅拌机，拌合时间应比普通混凝土延长 30s。膨胀剂可与其他外加剂复合使用，但必须有良好的适应性。掺膨胀剂的混凝土不得采用硫铝酸盐水泥、铁铝酸盐水泥和高铝水泥。

8）泵送剂　　泵送剂是指能改善混凝土拌合物泵送性能的外加剂。

泵送剂一般分为非引气剂型（主要组分为木质素磺酸钙、高效减水剂等）和引气剂型（主要组分为减水剂、引气剂等）两类。个别情况下，如对大体积混凝土，为防止收缩裂缝，掺入适量的膨胀剂。木钙减水剂除可使拌合物的流动性显著增大外，还能减少泌水，延缓水泥的凝结，使水泥水化热的释放速度明显延缓，这对泵送的大体积混凝土十分重要。引气剂能使拌合物的流动性显著增加，而且也能降低拌合物的泌水性及水泥浆的离析现象，这对泵送混凝土的和易性和可泵性很有利。

泵送混凝土所掺外加剂的品种和掺量宜由试验确定，不得任意使用，这主要是考虑外加剂对水泥的适宜性问题。

（3）外加剂的质量要求与检验　　混凝土外加剂的质量，应符合现行国家标准《混凝土外加剂》GB 8076、《混凝土外加剂应用技术规范》GB 50119 及相关的外加剂行业标准的有关规定。为了检验外加剂质量，应对基准混凝土与所用外加剂配制的混凝土拌合物进行坍落度、含气量、泌水率及凝结时间试验；对硬化混凝土检验其抗压强度、耐久性、收缩性等。

（4）常用混凝土外加剂的适用范围见表 4-15。

常用混凝土外加剂的适用范围　　　　　　　　　　　　　　　　　　　表 4-15

外加剂类别		使用目的或要求	适宜的混凝土工程	备注
减水剂	木质素磺酸盐	改善混凝土流变性能	一般混凝土、大模板、大体积浇筑、滑模施工、泵送混凝土、夏季施工	不宜单独用于冬期施工、蒸汽养护、预应力混凝土
	萘系	显著改善混凝土流变性能	早强、高强、流态、防水、蒸养、泵送混凝土	
	水溶性树脂系	显著改善混凝土流变性能	早强、高强、蒸养、流态混凝土	

续表

外加剂类别		使用目的或要求	适宜的混凝土工程	备注
减水剂	聚羧酸盐系	显著改善混凝土流变性能	早强、高强、蒸养、流态、高性能和自密实混凝土	
	糖类	改善混凝土流变性能	大体积、夏季施工等有缓凝要求的混凝土	不宜单独用于有早强要求、蒸养混凝土
早强剂	氯盐类	要求显著提高混凝土早期强度；冬期施工时为防止混凝土早期受冻破坏	冬期施工、紧急抢修工程、有早强或防冻要求的混凝土；硫酸盐类适用于不允许掺氯盐的混凝土	氯盐类的掺量应符合有关标准的规定；规定不允许掺氯盐的结构物，均不能使用氯盐类；有机胺类应严格控制掺量，掺量过多会造成严重缓凝和强度下降
	硫酸盐类			
	有机胺类			
引气剂	松香热聚物	改善混凝土拌合物和易性；提高混凝土抗冻、抗渗等耐久性	抗冻、防渗、抗硫酸盐的混凝土、水工大体积混凝土、泵送混凝土	不宜用于蒸养混凝土、预应力混凝土
缓凝剂	木质素磺酸盐	要求缓凝的混凝土、降低水化热、分层浇筑的混凝土过程中为防止出现裂缝等	夏季施工、大体积混凝土、泵送及滑模施工、远距离运输的混凝土	掺量过大，会使混凝土长期不硬化、强度严重下降；不宜单独用于蒸养混凝土；不宜用于低于5℃下施工的混凝土
	糖类			
速凝剂	无碱速凝剂	施工中要求快凝、快硬的混凝土，迅速提高早期强度	井巷、隧道、涵洞、地下及喷锚支护时的喷射混凝土或喷射砂浆；抢修、堵漏工程	常与减水剂复合使用，以防混凝土后期强度降低
	有碱速凝剂			
泵送剂	非引气型	混凝土泵送施工中为保证混凝土拌合物的可泵性，防止堵塞管道	泵送施工的混凝土	掺引气型外加剂的，泵送混凝土的含气量不宜大于4%
	引气型			
防冻剂	氯盐类	要求混凝土在负温下能继续水化、硬化、增长强度，防止冰冻破坏	负温下施工的无筋混凝土	如含强电解质早强剂的，应符合现行国家标准《混凝土外加剂应用技术规范》GB 50119中的有关规定
	氯盐阻锈类		负温下施工中钢筋混凝土	
	无氯盐类		负温下施工的钢筋混凝土和预应力钢筋混凝土	硝酸盐、亚硝酸盐、磺酸盐不得用于预应力混凝土；六价铬盐、亚硝酸盐等有毒防冻剂，严禁用于饮水工程及与食品接触部位
膨胀剂	①硫铝酸钙类	减少混凝土干缩裂缝，提高抗裂性和抗渗性，提高机械设备和构件的安装质量	补偿收缩混凝土；填充用膨胀混凝土；自应力混凝土（仅用于常温下使用的自应力钢筋混凝土压力管）	①、③不得用于长期处于80℃以上的工程中，②不得用于海水和有侵蚀性水的工程；掺膨胀剂的混凝土只适用于有约束条件的钢筋混凝土工程和填充性混凝土工程；不得使用硫铝酸盐水泥、铁铝酸盐水泥和高铝水泥
	②氧化钙类			
	③硫铝酸钙-氧化钙类			

7. 矿物掺合料

是以硅、铝、钙等的一种或多种氧化物为主要成分，具有规定细度，掺入混凝土中能改善混凝土性能的粉体材料。常用的矿物掺合料有粉煤灰、硅粉、磨细矿渣粉、天然火山灰质材料（如凝灰岩粉、沸石岩粉等）及磨细自燃煤矸石，其中粉煤灰的应用最为普遍。

（1）粉煤灰　粉煤灰是从煤粉炉烟道气体中收集的粉体材料。按其排放方式的不同，分为干排灰与湿排灰两种。湿排灰含水量大，活性降低较多，质量不如干排灰。按收集方法的不同，分静电收尘灰和机械收尘灰两种。静电收尘灰颗粒细、质量好。机械收尘灰颗粒较粗、质量较差。经磨细处理的称为磨细灰，未经加工的称为原状灰。

1）粉煤灰的质量要求　粉煤灰按煤种分为 F 类和 C 类。由烟煤和无烟煤燃烧形成的粉煤灰为 F 类，呈灰色或深灰色，一般 CaO＜10％，为低钙灰，具有火山灰活性；由褐煤燃烧形成的粉煤灰为 C 类，呈褐黄色，一般 CaO＞10％，为高钙灰，具有一定的水硬性。细度是评定粉煤灰品质的重要指标之一。粉煤灰中空心玻璃微珠颗粒最细、表面光滑，是粉煤灰中需水量最小、活性最高的成分，如果粉煤灰中空心微珠含量较多、未燃尽碳及不规则的粗粒含量较少时，粉煤灰就较细，品质较好。未燃尽的碳粒，颗粒粗，孔隙大，可降低粉煤灰的活性，增大需水性，是有害成分，可用烧失量来评定。多孔玻璃体等非球形颗粒，表面粗糙，粒径较大，可增大需水量，当其含量较多时，使粉煤灰品质下降。SO_3 是有害成分，应限制其含量。根据现行国家标准《用于水泥和混凝土中的粉煤灰》GB/T 1596 规定，粉煤灰分 Ⅰ、Ⅱ、Ⅲ 三个等级，其质量指标见表 4-16。

粉煤灰等级与质量指标　　　　　　表 4-16

质量指标		粉煤灰等级		
		Ⅰ	Ⅱ	Ⅲ
细度（0.045mm 方孔筛筛余％）≤	F 类	12.0	30.0	45.0
	C 类			
烧失量（％）≤	F 类	5.0	8.0	10.0
	C 类			
需水量比（％）≤	F 类	95	105	115
	C 类			
三氧化硫（％）≤	F 类	3.0		
	C 类			
含水量（％）≤	F 类	1.0		
	C 类			
游离氧化钙（％）≤	F 类	1.0		
	C 类	4.0		
安定性 雷氏夹沸煮后增加距离（mm）≤	C 类	5.0		

注：代替细骨料或主要用以改善和易性的粉煤灰不受此限制。

按现行国家标准《粉煤灰混凝土应用技术规范》GB/T 50146 规定：预应力混凝土宜掺用Ⅰ级F类粉煤灰，掺用Ⅱ级F类粉煤灰时，应经过试验论证；其他混凝土宜掺用Ⅰ级、Ⅱ级粉煤灰，掺用Ⅲ级粉煤灰时，应经过试验论证。

2) 粉煤灰掺入混凝土中的作用与效果　粉煤灰在混凝土中，具有火山灰活性作用，它的活性成分 SiO_2 和 Al_2O_3 与水泥水化产物 $Ca(OH)_2$ 产生二次反应，生成水化硅酸钙和水化铝酸钙，增加了起胶凝作用的水化产物的数量。空心玻璃微珠颗粒，具有增大混凝土（砂浆）的流动性、减少泌水、改善和易性的作用；若保持流动性不变，则可起到减水作用；其微细颗粒均匀分布在水泥浆中，填充孔隙，改善混凝土孔结构，提高混凝土的密实度，从而使混凝土的耐久性得到提高。同时还可降低水化热、抑制碱-骨料反应。

混凝土中掺入粉煤灰的效果，与粉煤灰的掺入方法有关。常用的方法有：等量取代法、超量取代法和外加法。①等量取代法：指以等质量粉煤灰取代混凝土中的水泥。可节约水泥并减少混凝土发热量，改善混凝土和易性，提高混凝土抗渗性。适用于掺Ⅰ级粉煤灰的混凝土及大体积混凝土。②超量取代法：指掺入的粉煤灰量超过取代的水泥量，超出的粉煤灰取代同体积的砂，其超量系数按规定选用。目的是保持混凝土 28d 强度及和易性不变。③外加法：指在保持混凝土中水泥用量不变情况下，外掺一定数量的粉煤灰。其目的只是为了改善混凝土拌合物的和易性。有时也有用粉煤灰代砂。由于粉煤灰具有火山灰活性，故使混凝土强度有所提高，而且混凝土和易性及抗渗性等也有显著改善。

混凝土中掺入粉煤灰时，常与减水剂或引气剂等外加剂同时掺用，称为双掺技术。减水剂的掺入可以克服某些粉煤灰增大混凝土需水量的缺点；引气剂的掺用，可以解决粉煤灰混凝土抗冻性较差的问题；在低温条件下施工时，宜掺入早强剂或防冻剂。混凝土中掺入粉煤灰后，会使混凝土抗碳化性能降低，不利于防止钢筋锈蚀。为改善混凝土抗碳化性能，也应采取双掺措施，或在混凝土中掺入阻锈剂。

(2) 硅粉　又称硅灰，是在冶炼硅铁合金或工业硅时，通过烟道排出的粉尘，经收集得到的以无定形二氧化硅为主要成分的粉体材料。硅粉的颗粒是微细的玻璃球体，粒径为 $0.1\sim1.0\mu m$，是水泥颗粒的 $1/50\sim1/100$，比表面积为 $18.5\sim20m^2/g$。密度为 $2.1\sim2.2g/m^3$，堆积密度为 $250\sim300kg/m^3$。硅粉中无定形二氧化硅含量一般为 $85\%\sim96\%$，具有很高的活性。由于硅粉具有高比表面积，因而其需水量很大，将其作为矿物掺合料需配以高效减水剂才能保证混凝土的和易性。

硅粉掺入混凝土中，可取得以下几方面效果：

1) 改善拌合物的黏聚性和保水性：在混凝土中掺入硅粉的同时又掺入了高效减水剂，保证混凝土拌合物必须具有的流动性的情况下，由于硅粉的掺入，会显著改善混凝土拌合物的黏聚性和保水性。故适宜配制高流态混凝土、泵送混凝土及水下灌注混凝土。

2) 提高混凝土强度：当硅粉与高效减水剂配合使用时，硅粉与水泥水化产物 $Ca(OH)_2$

反应生成水化硅酸钙凝胶,填充水泥颗粒间的空隙,改善界面结构及粘结力,形成密实结构,从而显著提高混凝土强度。一般硅粉掺量为 5%～10%,便可配出抗压强度达 100MPa 的超高强混凝土。

3) 改善混凝土的孔结构:提高耐久性,掺入硅粉的混凝土,虽然其总孔隙率与不掺时基本相同,但其大毛细孔减少,超细孔隙增加,改善了水泥石的孔结构。因此混凝土的抗渗性、抗冻性、抗溶出性及抗硫酸盐腐蚀性等耐久性显著提高。此外,混凝土的抗冲磨性随硅粉掺量的增加而提高,故适用于水工建筑物的抗冲刷部位及高速公路路面。硅粉还有抑制碱-骨料反应的作用。

(3) 粒化高炉矿渣粉　是指从炼铁高炉中排出的,以硅酸盐和铝酸盐为主要成分的熔融物,经淬冷成粒后粉磨所得的粉体材料,细度大于 $350m^2/kg$,一般为 $400\sim600m^2/kg$。其活性比粉煤灰高,根据现行国家标准《用于水泥、砂浆和混凝土中的粒化高炉矿渣粉》GB/T 18046,按 7d 和 28d 的活性指数,分为 S105、S95 和 S75 三个级别,作为混凝土掺合料,可等量取代水泥,其掺量也可较大。

(4) 沸石粉　沸石粉是天然的沸石岩经磨细而成,颜色为白色。沸石岩是一种天然的火山灰质铝硅酸盐矿物,含有一定量的活性二氧化硅和三氧化二铝,能与水泥的水化产物 $Ca(OH)_2$ 作用,生成胶凝物质。沸石粉具有很大的内表面积和开放性孔结构,细度为 $80\mu m$ 筛筛余量小于 5%,平均粒径为 $5.0\sim6.5\mu m$。

沸石粉掺入混凝土后有以下几方面效果:①改善新拌混凝土的和易性。沸石粉与其他矿物掺合料一样,具有改善混凝土和易性及可泵性的功能。因此适宜于配制流态混凝土和泵送混凝土。②提高混凝土强度:沸石粉与高效减水剂配合使用,可显著提高混凝土强度。因而适用于配制高强混凝土。

4.2　普通混凝土的主要技术性质

混凝土在未凝结硬化以前,称为混凝土拌合物。它必须具有良好的和易性,便于施工,以保证能获得良好的浇灌质量,混凝土拌合物凝结硬化以后,应具有足够的强度,以保证建筑物能安全地承受设计荷载;并应具有必要的耐久性。

4.2.1　混凝土拌合物的和易性

1. 和易性的概念

和易性是指混凝土拌合物易于施工操作(拌合、运输、浇灌、捣实)并能获致质量均匀、成型密实的性能，也称工作性。和易性是一项与施工工艺密切相关，且具有综合性的技术性质，包括有流动性、黏聚性和保水性等三方面的含义。

流动性是指混凝土拌合物在本身自重或施工机械振捣的作用下，能产生流动，并均匀密实地填满模板的性能。

黏聚性是指混凝土拌合物在施工过程中其组成材料之间有一定的黏聚力，不致产生分层和离析的现象。

保水性是指混凝土拌合物在施工过程中，具有一定的保水能力，不致产生严重的泌水现象。发生泌水现象的混凝土拌合物，由于水分分泌出来会形成容易透水的孔隙，而影响混凝土的密实性，降低质量。

由此可见，混凝土拌合物的流动性、黏聚性和保水性有其各自的内容，而它们之间是互相联系的，但常存在矛盾。因此，所谓和易性就是这三方面性质在某种具体条件下矛盾统一的概念。

当混凝土采用泵送施工时，混凝土拌合物的和易性常称为可泵性，可泵性包括流动性、稳定性（包括黏聚性、保水性）及管道摩阻力三方面内容。一般要求泵送性能要好，否则在输送和浇灌过程中拌合物容易发生离析造成堵塞。

2. 和易性测定方法及指标

（1）坍落度测定

目前，尚没有能够全面反映混凝土拌合物和易性的测定方法。在工地和实验室，通常是做坍落度试验测定拌合物的流动性，并辅以直观经验评定黏聚性和保水性。

测定坍落度的方法是：将混凝土拌合物按规定方法装入标准圆锥坍落度筒（无底）内，装满刮平后，垂直向上将筒提起，移到一旁，混凝土拌合物由于自重将会产生坍落现象。然后量出向下坍落的尺寸（mm）就叫作坍落度，作为流动性指标。坍落度越大表示流动性越大。图4-9所示为坍落度试验。

在做坍落度试验的同时，应观察混凝土拌合物的黏聚性、保水性及含砂等情况，以更全面地评定混凝土拌合物的和易性。

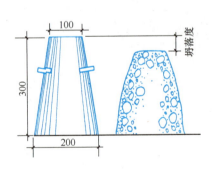

图4-9 混凝土拌合物坍落度的测定

根据坍落度的不同，可将混凝土拌合物分为5级，见表4-17。坍落度试验只适用骨料最大粒径不大于40mm，坍落度值不小于10mm的混凝土拌合物。

（2）扩展度测定

对于大流动性混凝土、流态混凝土和自密实混凝土，通常也采用扩展度试验测定拌合物的稠度。

混凝土按坍落度的分级　　　　　　　　　　表 4-17

级别	名称	坍落度（mm）
S₁	低塑性混凝土	10～40
S₂	塑性混凝土	50～90
S₃	流动性混凝土	100～150
S₄	大流动性混凝土	160～210
S₅	流态混凝土	≥220

注：1. 坍落度检测结果，在分级评定时，其表达取舍至临近的 10mm。
　　2. 摘自现行国家标准《混凝土质量控制标准》GB 50164。

扩展度测定方法是：将混凝土拌合物按规定方法装入标准圆锥坍落度筒（无底）内，装满刮平、清除底部上的混凝土后，垂直向上将筒提起，混凝土拌合物由于自重将会呈圆形向四周扩散，当拌合物不再扩散或扩散持续了 50s 后，扩展面的直径称为扩展度；用钢尺测量混凝土拌合物展开扩展面的最大直径以及与最大直径呈垂直方向的直径，两者相差小于 50mm 时，两者的算术平均值作为测得的扩展度。该法适用于最大粒径不超过 40mm、坍落度不小于 160mm 的混凝土。

（3）维勃稠度测定

对于干硬性的混凝土拌合物（坍落度值小于 10mm）通常采用维勃稠度仪（图 4-10）测定其稠度（维勃稠度）。

维勃稠度测试方法是：开始在坍落度筒中按规定方法装满拌合物，提起坍落度筒，在拌合物试体顶面放一透明圆盘，开启振动台，同时用秒表计时，到透明圆盘的底面完全为水泥浆所布满时，停止秒表，关闭振动台。此时可认为混凝土拌合物已密实。所读秒数，称为维勃稠度。该法适用于骨料最大粒径不超过 40mm，维勃稠度在 5～30s 之间的混凝土拌合物稠度测定。

图 4-10　维勃稠度仪

（4）泵送混凝土的稳定性测定

稳定性常用相对压力泌水率（S_{10}）来评定。试验仪器采用普通混凝土压力泌水仪。

相对压力泌水率（$S_０$）的测定方法是：将混凝土拌合物按规定方法装入试料筒内，称取混凝土质量 G_0，尽快给混凝土加压至 3.5MPa，立即打开泌水管阀门，同时开始计时，并保持恒压，泌出的水接入 1000ml 量筒内，加压 10s 后读取泌水量 V_{10}，加压 140s 后读取泌水量 V_{140}。混凝土加压至 10s 时的相对泌水率 $S_{10} = \dfrac{V_{10}}{V_{140}}$（%）。

经研究表明，混凝土拌合物在泵送过程中的摩阻力是拌合物的流动性（坍落度）与稳定性（压力泌水值）的综合反映。而且流动性与稳定性又有一定的关系。因此，拌合物的可泵性一般可用坍落度值和相对压力泌水率两个指标来评定。

3. 流动性（坍落度）的选择

低塑性和塑性混凝土拌合物坍落度的选择，要根据构件截面大小、钢筋疏密和捣实方法来确定。当构件截面尺寸较小或钢筋较密，或采用人工插捣时，坍落度可选择大些。反之，如构件截面尺寸较大，或钢筋较疏，或采用振动器振捣时，坍落度可选择小些。混凝土灌筑时的坍落度宜按表 4-18 选用。

混凝土灌筑时的坍落度　　　　　　　　　　　表 4-18

项次	结构种类	坍落度（mm）
1	基础或地面等的垫层	
	无配筋的大体积结构（挡土墙、基础等）或配筋稀疏的结构	10～30
2	板、梁和大型及中型截面的柱子等	35～50
3	配筋密集的结构（薄壁、斗仓、筒仓、细柱等）	55～70
4	配筋特密的结构	75～90

表 4-18 系指采用机械振捣的坍落度，采用人工捣实时可适当增大。

泵送混凝土选择坍落度除考虑振捣方式外，还要考虑其可泵性。拌合物坍落度过小，泵送时吸入混凝土缸较困难，即活塞后退吸混凝土时，进入缸内的数量少，也就使充盈系数小，影响泵送效率。这种拌合物进行泵送时的摩阻力也大，要求用较高的泵送压力，使混凝土泵机件的磨损增加，甚至会产生阻塞，造成施工困难；如坍落度过大，拌合物在管道中滞留时间长，则泌水就多，容易产生离析而形成阻塞。泵送混凝土的坍落度，可按国家现行标准《混凝土结构工程施工规范》GB 50666 和《混凝土泵送施工技术规程》JGJ/T 10 的规定选用。对不同泵送高度，入泵时混凝土的坍落度，可按表 4-19 选用。

不同泵送高度入泵时混凝土坍落度选用值　　　　表 4-19

泵送高度（m）	30 以下	30～60	60～100	100 以上
坍落度（mm）	100～140	140～160	160～180	180～200

4. 影响和易性的主要因素

混凝土拌合物在自重或外力作用下产生流动的大小，与水泥浆的流变性能以及骨料颗粒间的内摩擦力有关。骨料间的内摩擦力除了取决于骨料的颗粒形状和表面特征外，还与骨料颗粒表面水泥浆层厚度有关；水泥浆的流变性能则又与水泥浆的稠度密切相关。因此，影响混凝土拌合物和易性的主要因素有以下几方面：

（1）水泥浆的数量

混凝土拌合物中的水泥浆，赋予混凝土拌合物以一定的流动性。在水灰比不变的情况下，单位体积拌合物内，如果水泥浆越多，则拌合物的流动性越大。但若水泥浆过多，将会出现流浆现象，使拌合物的黏聚性变差，同时对混凝土的强度与耐久性也会产生一定影响，且水泥用量也大。水泥浆过少，致使其不能填满骨料空隙或不能很好包裹骨料表面时，就会产生崩坍现象，黏聚性变差。因此，混凝土拌合物中水泥浆的含量应以满足流动性要求为度，不宜过量。

对于泵送混凝土而言，水泥浆体既是其获得强度的来源，又是混凝土具有可泵性的必要条件。因为它能使混凝土拌合物稠化，提高石子在混凝土拌合物中均匀分散的稳定性。它在泵送过程中形成润滑层，与输送管内壁起着润滑作用，当混凝土拌合物所受的压力超过输送管内壁与砂浆之间存在的摩擦阻力时，混凝土即向前流动。为了能够形成一个很好的润滑层，以保证混凝土泵送能够顺利进行，混凝土拌合物中必须有足够的水泥浆量，它除了能够填充骨料间所有空隙并能将石子相互分开，尚有富余量使混凝土在输送管内壁形成薄浆层。混凝土在泵送过程中，水泥浆（其中包括一部分细砂）具有承受和传递压力的作用，如果浆量不够，石子相互分开得不够，则泵的压力将会经过石质骨架进行传递，造成石子被卡住和被挤碎，阻力急剧增加并形成堵塞；如果浆量不足，粘聚性差，在泵送管道内就会出现离析现象，不能形成一个很好的润滑层，也要发生堵管现象。

(2) 水泥浆的稠度

水泥浆的稠度是由水灰比所决定的。在水泥用量不变的情况下，水灰比越小，水泥浆就越稠，混凝土拌合物的流动性越小。当水灰比过小时，水泥浆干稠，混凝土拌合物的流动性过低，会使施工困难，不能保证混凝土的密实性。增加水灰比会使流动性加大。如果水灰比过大，又会造成混凝土拌合物的黏聚性和保水性不良，而产生流浆、离析现象，并严重影响混凝土的强度。所以水灰比不能过大或过小。一般应根据混凝土强度和耐久性要求合理地选用。

在泵送混凝土贴近输送管内壁的浆层内应含有较多的水，在输送管内壁处形成一层水膜，泵送时起到润滑作用，但水灰比不能过大，否则泌水率大，也会出现离析现象，一旦泵送中断，拌合水浮到表面，再泵送时，表面泌水先流动，则混凝土各组分分离，造成不均匀和失去连续性，堵塞管道，不能泵送。

无论是水泥浆的多少，还是水泥浆的稀稠。实际上对混凝土拌合物流动性起决定作用的是用水量的多少。因为无论是提高水灰比或增加水泥浆用量最终都表现为混凝土用水量的增加。当使用确定的材料拌制混凝土时，水泥用量在一定范围内，为达到一定流动性，所需加水量为一常值。所谓一定范围是指每 $1m^3$ 混凝土水泥用量增减不超过 50~100kg。一般是根据选定的坍落度，参考表 4 20 选用 $1m^3$ 混凝土的用水量。但应指出，在试拌混凝土时，却不能用单纯改变用水量的办法来调整混凝土拌合物的流动性。因单纯加大用水量会降低混凝土的强度和耐久性。因此，应该在保持水灰比不变的条件下用调整水泥浆量的办法来调整混凝土拌合物的流动性。

干硬性和塑性混凝土的用水量（kg/m³）　　　　表 4-20

拌合物稠度		卵石最大粒径（mm）				碎石最大粒径（mm）			
项目	指标	10	20	31.5	40	16	20	31.5	40
维勃稠度（s）	16~20	175	160		145	180	170		155
	11~15	180	165		150	185	175		160
	5~10	185	170		155	190	180		165
坍落度（mm）	10~30	190	170	160	150	200	185	175	165
	35~50	200	180	170	160	210	195	185	175
	55~70	210	190	180	170	220	205	195	185
	75~90	215	195	185	175	230	215	205	195

注：1. 本表用水量系采用中砂时的平均取值，采用细砂时，每立方米混凝土用水量可增加 5~10kg，采用粗砂则可减少 5~10kg。
　　2. 掺用各种外加剂或掺合料时，用水量应相应调整。
　　3. 水灰比小于 0.4 以及采用特殊成型工艺的混凝土用水量应通过试验确定。
　　4. 本表摘自现行行业标准《普通混凝土配合比设计规程》JGJ 55。

流动性、大流动性混凝土的用水量按下列步骤计算：以表 4-20 中坍落度 90mm 的用水量为基础，按坍落度每增大 20mm 用水量增加 5kg，计算出来混凝土的用水量。当坍落度增大到 180mm 以上时，随坍落度相应增加的用水量可减少。掺外加剂时，再根据减水率计算实际用水量。

水泥混凝土路面的混凝土的用水量，应按骨料的种类、最大粒径、级配、施工温度和掺用外加剂等通过试验确定。粗骨料最大粒径为 40mm，粗骨料干燥时，混凝土的单位用水量，应按下列经验数值采用：当用碎石时为 150~170kg/m³；当用卵石时为 140~160kg/m³；掺用外加剂或掺合料时，应相应增减用水量。

（3）砂率

砂率是指混凝土中砂的质量占砂、石总质量的百分率（砂质量/砂、石总质量）。砂率的变动会使骨料的空隙率和骨料的总表面积有显著改变，因而对混凝土拌合物的和易性产生显著影响。

砂率过大时，骨料的总表面积及空隙率都会增大，在水泥浆含量不变的情况下，相对地水泥浆显得少了，减弱了水泥浆的润滑作用，而使混凝土拌合物的流动性减小。如砂率过小，又不能保证在粗骨料之间有足够的砂浆层，也会降低混凝土拌合物的流动性，而且会严重影响其黏聚性和保水性，容易造成离析、流浆等现象。因此，砂率有一个合理值。当采用合理砂率时，在用水量及水泥用量一定的情况下，能使混凝土拌合物获得最大的流动性且能保持良好的黏聚性和保水性，如图 4-11 所示。或者，当采用合理砂率时，能使混凝土拌合物获得所要求的流动性及良好的黏聚性与保水性，对泵送混凝土则为获得良好的可泵性，而水泥用量为最少，如图 4-12 所示。

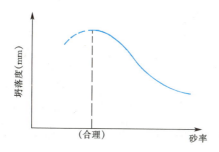

图 4-11　砂率与坍落度的关系
（水与水泥用量为一定）

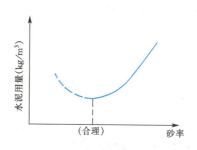

图 4-12　砂率与水泥用量的关系
（达到相同的坍落度）

影响合理砂率大小的因素很多，可概括为：

石子最大粒径较大、级配较好、表面较光滑时，由于粗骨料的空隙率较小，可采用较小的砂率；

砂的细度模数较小时，由于砂中细颗粒多，混凝土的黏聚性容易得到保证，而且砂在粗骨料中的拨开作用较小，故可采用较小的砂率；

水灰比较小、水泥浆较稠时，由于混凝土的黏聚性较易得到保证，故可采用较小的砂率；

施工要求的流动性较大时，粗骨料常易出现离析，所以为了保证混凝土的黏聚性，需采用较大的砂率；

当掺用引气剂或减水剂等外加剂时，可适当减小砂率。

由于影响合理砂率的因素很多，因此不可能用计算的方法得出准确的合理砂率，一般，在保证拌合物不离析，又能很好地浇灌、捣实的条件下，应尽量选用较小的砂率。这样可节约水泥。对于大工地或混凝土量大的工程应通过试验找出合理砂率，如无使用经验可按骨料的品种、规格及混凝土的水灰比值参照表4-21选用合理的数值。此表适用于坍落度小于或等于60mm，且等于或大于10mm的混凝土。

混凝土的砂率（%）　　表 4-21

水灰比 (W/C)	卵石最大粒径（mm）			碎石最大粒径（mm）		
	10	20	40	10	20	40
0.40	26～32	25～31	24～30	30～35	29～34	27～32
0.50	30～35	29～34	28～33	33～38	32～37	30～35
0.60	33～38	32～37	31～36	36～41	35～40	33～38
0.70	36～41	35～40	34～39	39～44	38～43	36～41

注：1. 本表数值系中砂的选用砂率，对细砂或粗砂，可相应地减少或增大砂率。
　　2. 只用一个单粒级粗骨料配制混凝土时，砂率应适当增大。
　　3. 采用人工砂（机制砂）配制混凝土时，砂率可适当增大。
　　4. 对薄壁构件砂率取偏大值。

坍落度大于60mm的混凝土砂率，应经试验确定，也可在表4-21的基础上，按坍落度每增大20mm，砂率增大1%的幅度予以调整；坍落度小于10mm的混凝土，其砂率应经试验确定。

砂率对于泵送混凝土的泵送性能很重要，主要影响拌合物的稳定性，且泵送混凝土的管道除直管外，尚有弯管、锥形管和软管，当混凝土通过这些管道时要发生形状变化，砂率低的混凝土和易性差，变形困难，不易通过，易产生阻塞。因此泵送混凝土的砂率比非泵送混凝土的砂率要高约2%～5%。泵送混凝土的砂率宜为35%～45%，石子粒径偏小，取下限值；石子粒径偏大，取上限值。

水泥混凝土路面混凝土的砂率，应按碎（卵）石和砂的用量、种类、规格及混凝土的水灰比确定，并应按表4-21规定选用。

（4）水泥品种和骨料的性质

用矿渣水泥和某些火山灰水泥时，拌合物的坍落度一般较用普通水泥时为小，而且矿渣水泥将使拌合物的泌水性显著增加。

从前面对骨料的分析可知，一般卵石拌制的混凝土拌合物比碎石拌制的流动性好。河砂拌制的混凝土拌合物比机制砂拌制的流动性好。骨料级配好的混凝土拌合物的流动性也好。

（5）外加剂和矿物掺合料

在拌制混凝土时，加入很少量的减水剂能使混凝土拌合物在不增加水泥用量的条件下，获得很好的和易性，增大流动性；掺入适量的矿物掺合料，可改善黏聚性、降低泌水性。并且由于改变了混凝土的细观结构，尚能提高混凝土的耐久性。因此这种方法也是常用的。通常配制坍落度很大的流态混凝土，是依靠掺入高效减水剂和矿物掺合料，这样单位用水量较少，可保证混凝土硬化后具有良好的性能。

（6）时间和温度

拌合物拌制后，随时间的延长而逐渐变得干稠，流动性减小，原因是有一部分水供水泥水化，一部分水被骨料吸收，一部分水蒸发以及凝聚结构的逐渐形成，致使混凝土拌合物的流动性变差。加入外加剂（如高效减水剂等）的混凝土，会随时间的延长，由于外加剂在溶液中的浓度逐渐下降，导致坍落度损失的增加。泵送混凝土的坍落度随时间变化较大，其坍落度损失比非泵送混凝土要大。图4-13是坍落度随时间变化的一个实例。由于拌合物流动性的这种变化，在施工中测定和易性的时间，推迟至搅拌完后约15min为宜。

拌合物的和易性也受温度的影响，如图4-14所示。因为环境温度的升高，水分蒸发及水泥水化反应加快，拌合物的流动性变差，而且坍落度损失也变快。泵送混凝土在泵送过程中，由于拌合物与管壁摩擦，温度升高，平均上升0.4℃，最高不高于1℃，这与泵送时间长短有关。一般拌合物温度升高1℃，其坍落度下降4mm，因此在盛夏施工时，要充分考虑由于温度的升高而引起的坍落度降低。施工中为保证一定的和易性，必须注意环境温度的变化，采取相应的措施。

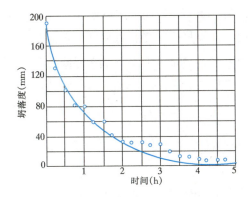
图 4-13 坍落度和拌合后时间之间的关系
（拌合物配比 1∶2∶4，$W/C=0.775$）

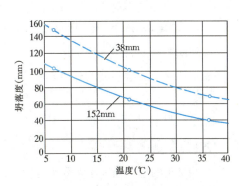
图 4-14 温度对拌合物坍落度的影响
（曲线上的数字为骨料最大粒径）

5. 改善和易性的措施

以上讨论的混凝土拌合物和易性的变化规律，目的是为了能运用这些规律去能动地调整混凝土拌合物的和易性，以适应具体的结构与施工条件。当决定采取某项措施来调整和易性时，还必须同时考虑对混凝土其他性质（如强度、耐久性）的影响。在实际工作中调整拌合物的和易性，可采取如下措施：

（1）尽可能降低砂率。通过试验，采用合理砂率。有利于提高混凝土的质量和节约水泥。

（2）改善砂、石（特别是石子）的级配，好处同上，但要增加备料工作。

（3）尽量采用较粗的砂、石。

（4）当混凝土拌合物坍落度太小时，维持水灰比不变，适当增加水泥和水的用量，或者加入外加剂等；当拌合物坍落度太大，但黏聚性良好时，可保持砂率不变，适当增加砂、石；如黏聚性和保水性不好时，可适当增加砂率，或者掺入矿物掺合料等。

6. 新拌混凝土的凝结时间

水泥的水化反应是混凝土产生凝结的主要原因，但是混凝土的凝结时间与配制该混凝土所用水泥的凝结时间并不一致，因为水泥浆体的凝结和硬化过程要受到水化产物在空间填充情况的影响。因此水灰比的大小会明显影响其凝结时间，水灰比越大，凝结时间越长。一般配制混凝土所用的水灰比与测定水泥凝结时间规定的水灰比是不同的，所以这两者的凝结时间便有所不同。而且混凝土的凝结时间，还会受到其他各种因素的影响，例如环境温度的变化、混凝土中掺入某些外加剂，像缓凝剂或速凝剂等等，将会明显影响混凝土的凝结时间。一般流态混凝土在 20~30℃ 时，不会产生缓凝。但使用矿渣水泥，在 20℃ 时凝结时间为 10h，5℃ 时为 27h，缓凝很严重。

新拌混凝土的凝结时间通常是用贯入阻力法进行测定的。所使用的仪器为贯入阻力仪。先用 5mm 筛孔的筛从拌合物中筛取砂浆，按一定方法装入规定的容器中，然后每隔一定时间测定砂浆贯入到一定深度时的贯入阻力,绘制贯入阻力与时间的关系曲线,以贯入阻力 3.5MPa 及 28MPa 划两条平行于时间坐标的直线,直线与曲线交点的时间即分别为混凝土拌合物的初凝和终凝时间。这是从实用角度人为确定的,初凝时间表示施工时间的极限,终凝时间表示混凝土力学强度的开始发展。

4.2.2 混凝土的强度

1. 混凝土的脆性断裂

(1) 混凝土的理论强度与实际强度

根据格雷菲斯(Griffith)脆性断裂理论,固体材料的理论抗拉强度可近似地用下式计算:

$$\sigma_m = \sqrt{\frac{E\gamma}{a_0}}$$

式中 σ_m——材料的理论抗拉强度;

E——弹性模量;

γ——单位面积的表面能;

a_0——原子间的平衡距离。

σ_m 也可粗略估计为:

$$\sigma_m = 0.1E$$

如按上式估算,普通混凝土及其组分水泥石和骨料的理论抗拉强度,就可高达 10^3 MPa 的数量级。但实际上普通混凝土的抗拉强度远远低于这个理论值。混凝土的这种现象,用格雷菲斯(Griffith)脆性断裂理论来解释,这就是说,在一定应力状态下混凝土中裂缝到达临界宽度后,便处于不稳定状态,会自发地扩展,以至断裂。这就是材料理论强度很高,但实际强度却远低于理论强度的原因。

(2) 混凝土受力裂缝扩展过程——混凝土的受力变形与破坏过程

在研究混凝土材料的断裂力学时,我们必须了解混凝土在受力状态下的裂缝扩展机理。

硬化后的混凝土在未受外力作用之前,由于水泥水化造成的化学收缩和物理收缩引起砂浆体积的变化,在粗骨料与砂浆界面上产生了分布极不均匀的拉应力。它足以破坏粗骨料与砂浆的界面,形成许多分布很乱的界面裂缝。另外还因为混凝土成型后的泌水作用,某些上升的水分为粗骨料颗粒所阻止,因而聚积于粗骨料的下缘,混凝土硬化后就成为界面裂缝。混凝土受外力作用时,其内部产生了拉应力,这种拉应力很容易在具有几何形状为楔形的微裂缝顶部形成应力集中,随着拉应力的逐渐增大,导致微裂缝的进一步延伸、汇合、扩大,最后形成几条可见的裂缝。试件就随着这些裂缝扩展而破坏。以混凝土单轴受压为例,绘出的静力受压时的荷载-变形曲线的典型形式如图 4-15 所示。通过显微镜观察所查明的混凝土内部裂缝的发展可分为如图 4-15 所示的四个阶段。每个阶段的裂缝状态示意如图 4-16 所示。

当荷载到达"比例极限"（约为极限荷载的 30%）以前，界面裂缝无明显变化（图 4-15 第 Ⅰ 阶段，图 4-16 Ⅰ）。此时，荷载与变形比较接近直线关系（图 4-15 曲线 OA 段）。荷载超过"比例极限"以后，界面裂缝的数量、长度和宽度都不断增大，界面借摩阻力继续承担荷载，但尚无明显的砂浆裂缝（图 4-16 Ⅱ）。此时，变形增大的速度超过荷载增大的速度，荷载与变形之间不再接近直线关系（图 4-15 曲线 AB 段）。荷载超过"临界荷载"（约为极限荷载的

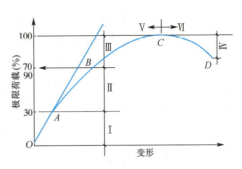

图 4-15　混凝土受压变形曲线

Ⅰ—界面裂缝无明显变化；Ⅱ—界面裂缝增长；Ⅲ—出现砂浆裂缝和连续裂缝；Ⅳ—连续裂缝迅速发展；Ⅴ—裂缝缓慢增长；Ⅵ—裂缝迅速增长

70%～90%）以后，在界面裂缝继续发展的同时，开始出现砂浆裂缝，并将邻近的界面裂缝连接起来成为连续裂缝（图 4-16 Ⅲ）。此时，变形增大的速度进一步加快，荷载-变形曲线明显地弯向变形轴方向（图 4-15 曲线 BC 段）。超过极限荷载以后，连续裂缝急速地扩展（图 4-16 Ⅳ）。此时，混凝土的承载能力下降，荷载减小而变形迅速增大，以至完全破坏，荷载-变形曲线逐渐下降而最后结束（图 4-15 曲线 CD 段）。

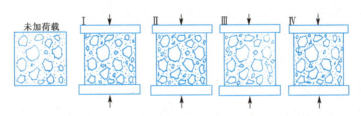

图 4-16　不同受力阶段裂缝示意

由此可见，荷载与变形的关系，是内部微裂缝扩展规律的体现。混凝土在外力作用下的变形和破坏过程，也就是内部裂缝的发生和扩展过程，它是一个从量变发展到质变的过程。只有当混凝土内部的微观破坏发展到一定量级时才使混凝土的整体遭受破坏。

（3）混凝土的强度理论

混凝土的强度理论分细观力学理论与宏观力学理论。细观力学理论，是根据混凝土细观非匀质性的特征，研究组成材料对混凝土强度所起的作用。宏观力学理论，则是假定混凝土为宏观匀质且各向同性的材料，研究混凝土在复杂应力作用下的普适化破坏条件。前者应为混凝土材料设计的主要理论依据之一，而后者对混凝土结构设计则很重要。

通常细观力学强度理论的基本概念，都把水泥石性能作为影响混凝土强度的最主要因素，并建立了一系列的水泥石孔隙率或密实度与混凝土强度之间的关系式，像鲍罗米的水灰

比（或灰水比）与混凝土强度的关系式［详见本节第7点第（1）条］，正是出于这种基本概念。长期以来，它在混凝土的配合比设计中起着理论指导作用。但按照断裂力学的观点来看，决定断裂强度的是某处存在的临界宽度的裂缝，它和孔隙的形状和尺寸有关，而不是总的孔隙率。因此，用断裂力学的基本观念来研究混凝土的强度，是一个新的方向。随着混凝土材料科学的不断进步，尤其是混凝土断裂力学理论和试验研究的进展，较以往更深刻地揭示了混凝土受力发生变形直至断裂破坏的机理。人们对混凝土的力学行为有了了解，就有可能通过合理选择组成材料、正确设计配合比以及控制内部结构配制出具有指定性能（力学行为）的混凝土，从而实现混凝土力学行为综合设计的目标。

2. 混凝土立方体抗压强度

按照现行国家标准《普通混凝土物理力学性能试验方法标准》GB/T 50081，制作边长为150mm的立方体试件，在标准条件［温度（20±2）℃，相对湿度95%以上］下，养护到28d龄期，测得的抗压强度值为混凝土立方体试件抗压强度（简称立方抗压强度），以 f_{cu} 表示。

采用标准试验方法测定其强度是为了能使混凝土的质量有对比性。在实际的混凝土工程中，其养护条件（温度、湿度）不可能与标准养护条件一样，为了能说明工程中混凝土实际达到的强度，往往把混凝土试件放在与工程相同条件下养护，再按所需的龄期进行试验测得立方体试件抗压强度值作为工地混凝土质量控制的依据。又由于标准试验方法试验周期长，不能及时预报施工中的质量状况，也不能据此及时设计和调整配合比，不利于加强质量管理和充分利用水泥活性。我国已研究制订出早期在不同温度条件下加速养护的混凝土试件强度推定标准养护28d（或其他龄期）的混凝土强度的试验方法，详见现行行业标准《早期推定混凝土强度试验方法标准》JGJ/T 15。

测定混凝土立方体试件抗压强度，也可以按粗骨料最大粒径的尺寸而选用不同的试件尺寸。但在计算其抗压强度时，应乘以换算系数，以得到相当于标准试件的试验结果（选用边长为10cm的立方体试件，换算系数为0.95；选用边长为20cm的立方体试件，换算系数为1.05。目前美、日等国采用 ϕ15cm×30cm圆柱体为标准试件，所得抗压强度值约等于15cm×15cm×15cm立方体试件抗压强度的0.8）。这是由于试块尺寸、形状不同，会影响试件的抗压强度值。试件尺寸越小，测得的抗压强度值越大。因为混凝土立方体试件在压力机上受压时，在沿加荷方向发生纵向变形的同时，也按泊松比效应产生横向变形。压力机上下两块压板（钢板）的弹性模量比混凝土大5~15倍，而泊松比则不大于混凝土的两倍。所以，在荷载下压板的横向应变小于混凝土的横向应变（指都能自由横向变形的情况），因而上下压板与试件的上下表面之间产生的摩擦力对试件的横向膨胀起着约束作用，对强度有提高的作用（图4-17）。越接近试件的端面，这种约束作用就越大。在距离端面大约 $\frac{\sqrt{3}}{2}a$（a 为试件横向尺寸）的范围以外，约束作用才消失。试件破坏以后，其上下部分各呈一个较完整的棱锥体，就是这种约束作用的结果（图 4-18）。通常称这种作用为环箍效应。如在压板和试件表面间加润滑剂，则环箍效应大大减小，试件将出现直裂破坏（图 4-19），测出的强度也较低。立方体试件尺寸较大时，环箍效应的相对作用较小，测得的立方抗压强度因而偏低。反之，试件尺寸较小时，测得的抗压强度就偏高。另一方面的原因是由于试件中的裂缝、孔隙等缺陷将减少受力面积和引起应力集中，因而降低强度。随着试件尺寸增大，存在缺陷的概率也增大，故较大尺寸的试件测得的抗压强度就偏低。

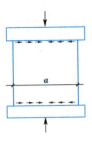

图 4-17 压力机压板对试块的约束作用

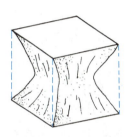

图 4-18 试块破坏后残存的棱锥体

图 4-19 不受压板约束时试块破坏情况

3. 混凝土立方体抗压标准强度与强度等级

混凝土立方体抗压标准强度（或称立方体抗压强度标准值）系指按标准方法制作和养护的边长为 150mm 的立方体试件，在 28d 龄期或设计规定龄期，用标准试验方法测得的在强度总体分布中具有 95％保证率（保证率概念将在本章第三节中进一步叙述）的抗压强度值，以 $f_{cu,k}$ 表示。

混凝土强度等级是按混凝土立方体抗压标准强度来划分的。混凝土强度等级采用符号 C 与立方体抗压强度标准值（以"MPa"计）表示。普通混凝土划分为下列强度等级：C15、C20、C25、C30、C35、C40、C45、C50、C55、C60、C65、C70、C75、C80、C85、C90、C95 及 C100 十八个等级。混凝土强度等级是混凝土结构设计时强度计算取值的依据，同时也是混凝土施工中控制工程质量和工程验收时的重要依据。

4. 混凝土的轴心抗压强度 f_{cp}

确定混凝土强度等级是采用立方体试件，但实际工程中，钢筋混凝土结构形式极少是立方体的，大部分是棱柱体型（正方形截面）或圆柱体型。为了使测得的混凝土强度接近于混凝土结构的实际情况，在钢筋混凝土结构计算中，计算轴心受压构件（例如柱子、桁架的腹杆等）时，都是采用混凝土的轴心抗压强度 f_{cp} 作为依据。

按现行标准《普通混凝土物理力学性能试验方法标准》GB/T 50081 规定，测轴心抗压强度，采用 150mm×150mm×300mm 棱柱体作为标准试件。如有必要，也可采用非标准尺寸的棱柱体试件，但其高（h）与宽（a）之比应在 2~3 的范围内。棱柱体试件是在与立方体相同的条件下制作的，测得的轴心抗压强度 f_{cp} 比同截面的立方体强度值 f_{cu} 小，棱柱体试件高宽比（即 h/a）越大，轴心抗压强度越小，但当 h/a 达到一定值后，强度就不再降低。因为这时在试件的中间区段已无环箍效应，形成了纯压状态。但是过高的试件在破坏前由于失稳产生较大的附加偏心，又会降低其抗压的试验强度值。

关于轴心抗压强度 f_{cp} 与立方抗压强度 f_{cu} 间的关系，通过许多组棱柱体和立方体试件的强度试验表明：在立方抗压强度 $f_{cu}=10~55$MPa 的范围内，轴心抗压强度 f_{cp} 与 f_{cu} 之比约为 0.70~0.80。

5. 混凝土的抗拉强度

混凝土在直接受拉时，很小的变形就要开裂，它在断裂前没有残余变形，是一种脆性破坏。

混凝土的抗拉强度只有抗压强度的 1/20~1/10，且随着混凝土强度等级的提高，比值有所降低，也就是当混凝土强度等级提高时，抗拉强度的增加不及抗压强度提高得快。因此，混凝土在工作时一般不依靠其抗拉强度。但抗拉强度对于开裂现象有重要意义，在结构设计中抗拉强度是确定混凝土抗裂度的重要指标。有时也用它来间接衡量混凝土与钢筋的粘结强度等。

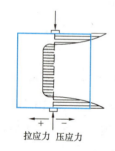

图 4-20 劈裂试验时垂直于受力面的应力分布

混凝土抗拉试验过去多用 8 字形试件或棱柱体试件直接测定轴向抗拉强度，但是这种方法由于夹具附近局部破坏很难避免，而且外力作用线与试件轴心方向不易调成一致，所以我国采用立方体（国际上多用圆柱体）的劈裂抗拉试验来测定混凝土的抗拉强度，称为劈裂抗拉强度 f_{ts}。该方法的原理是在试件的两个相对的表面素线上，作用着均匀分布的压力，这样就能够在外力作用的竖向平面内产生均布拉伸应力（图 4-20），这个拉伸应力可以根据弹性理论计算得出。这个方法大大地简化了抗拉试件的制作，并且较正确地反映了试件的抗拉强度。

混凝土劈裂抗拉强度应按下式计算：

$$f_{ts} = \frac{2P}{\pi A} = 0.637 \frac{P}{A}$$

式中　f_{ts}——混凝土劈裂抗拉强度，MPa；

　　　P——破坏荷载，N；

　　　A——试件劈裂面面积，mm²。

混凝土按劈裂试验所得的抗拉强度 f_{ts} 换算成轴拉试验所得的抗拉强度 f_t，应乘以换算系数，该系数可由试验确定。

6. 混凝土的抗折（即弯拉）强度

实际工程中常会出现混凝土的断裂破坏现象，例如水泥混凝土路面和桥面主要的破坏形态就是断裂。因此，路面结构设计以及混凝土配合比设计时，采用28d抗折（弯拉）强度。根据现行行业标准《公路水泥混凝土路面设计规范》JTG D40规定，不同交通荷载等级要求的水泥混凝土弯拉强度标准值不得低于表4-22的规定。道路水泥混凝土弯拉强度与抗压强度的近似关系见表4-23。

路面水泥混凝土计算弯拉强度　　　　　　　　　　　　表4-22

交通荷载等级	极重、特重、重	中等	轻
混凝土弯拉强度标准值 f_r（MPa）	5.0	4.5	4.0

道路水泥混凝土弯拉强度与抗压强度的关系　　　　　　表4-23

弯拉强度 f_r（MPa）	4.0	4.5	5.0	5.5
抗压强度 f_{cu}（MPa）	25.0	30.0	35.0	40.0

按现行国家标准《混凝土物理力学性能试验方法标准》GB/T 50081规定，测定混凝土的抗折强度应采用150mm×150mm×600mm（或550mm）小梁作为标准试件，在标准条件下养护28d后，按三分点加荷方式测得其抗折强度，按下式计算：

$$f_f = \frac{PL}{bh^2}$$

式中　f_f——混凝土抗折强度，MPa；

　　　P——破坏荷载，N；

　　　L——支座间距即跨度，mm；

　　　b——试件截面宽度，mm；

　　　h——试件截面高度，mm。

当采用100mm×100mm×400mm非标准试件时，取得的抗折（弯拉）强度值应乘以尺寸换算系数0.85。又如由跨中单点加荷方式得到的抗折（弯拉）强度，应乘以折算系数0.85。当混凝土强度等级不小于C60时，宜采用标准试件，当使用非标准试件时，尺寸换算系数应由试验确定。

7. 影响混凝土强度的因素

普通混凝土受力破坏一般出现在骨料和水泥石的分界面上，这就是常见的粘结面破坏的型式。另外，当水泥石强度较低时，水泥石本身破坏也是常见的破坏型式。在普通混凝土中，骨料最先破坏的可能性小，因为骨料强度经常大大超过水泥石和粘结面的强度。所以混凝土的强度主要决定于水泥石强度及其与骨料表面的粘结强度。而水泥石强度及其与骨料的粘结强度又与水泥强度等级、水灰比及骨料的性质有密切关系。此外，混凝土的强度还受施工质量，养护条件及龄期的影响。

（1）水灰（胶）比和水泥强度等级——决定混凝土强度的主要因素

水泥是混凝土中的活性组分，其强度的大小直接影响着混凝土强度的高低。在配合比相同的条件下，所用的水泥强度等级越高，制成的混凝土强度也越高。当用同一种水泥（品种及强度等级相同）时，混凝土的强度主要决定于水灰比。因为水泥水化时所需的结合水，一般只占水泥质量的23%左右，但在拌制混凝土拌合物时，为了获得必要的流动性，常需用较多的水（约占水泥质量的40%～70%），也即较大的水灰比。当混凝土硬化后，多余的水分就残留在混凝土中形成水泡或蒸发后形成气孔，大大地减少了混凝土抵抗荷载的实际有效断面，而且可能在孔隙周围产生应力集中。因此，可以认为，在水泥强度等级相同的情况下，水灰比越小，水泥石的强度越高，与骨料粘结力也越大，混凝土的强度就越高。但应说明：如果加水太少（水灰比太小），拌合物过于干硬，在一定的捣实成型条件下，无法保证浇灌质量，混凝土中将出现较多的蜂窝、孔洞，强度也将下降。试验证明，混凝土强度，随水灰比的增大而降低，呈曲线关系，而混凝土强度和灰水比的关系，则呈直线关系（图4-21）。

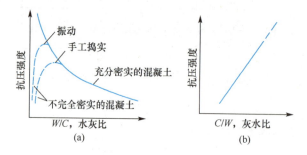

图 4-21 混凝土强度与水灰比及灰水比的关系

（a）强度与水灰比的关系；（b）强度与灰水比的关系

水泥石与骨料的粘结力还与骨料的表面状况有关，碎石表面粗糙，粘结力比较大，卵石表面光滑，粘结力比较小。因而在水泥强度等级和水灰比相同的条件下，碎石混凝土的强度往往高于卵石混凝土的强度。

根据工程实践的经验，得出关于混凝土强度与水灰比、水泥强度等因素之间保持近似恒定的关系。一般采用下面直线型的经验公式来表示：

$$f_{cu} = \alpha_a f_{ce} \left(\frac{C}{W} - \alpha_b \right)$$

式中　C——每立方米混凝土中的水泥用量，kg；

　　　W——每立方米混凝土中的用水量，kg；

　　　$\dfrac{C}{W}$——灰水比（水泥与水质量比）；

　　　f_{cu}——混凝土28d抗压强度，MPa；

f_{ce}——水泥抗压强度实测值,MPa;

α_a、α_b——回归系数,与骨料的品种、水泥品种等因素有关,其数值通过试验求得。

一般水泥厂为了保证水泥的出厂强度等级值,其实际抗压强度往往比其强度等级值要高些。当无水泥实际强度数据时,式中的 f_{ce} 值可按下式确定:

$$f_{ce} = \gamma_c \times f_{ce,k}$$

γ_c——水泥强度等级值的富余系数,可按实际统计资料确定;

$f_{ce,k}$——水泥抗压强度等级值,MPa;

f_{ce} 值也可根据已有 3d 强度或快测强度公式推断得出。

上面的经验公式,一般只适用于流动性混凝土和低流动性混凝土,对干硬性混凝土则不适用。同时对流动性混凝土来说,也只是在原材料相同、工艺措施相同的条件下 α_a、α_b 才可视作常数。如果原材料变了,或工艺条件变了,则 α_a、α_b 系数也随之改变。因此必须结合工地的具体条件,如施工方法及材料的质量等,进行不同 $\frac{W}{C}$ 的混凝土强度试验,求出符合当地实际情况的 α_a、α_b 系数来,这样既能保证混凝土的质量,又能取得较高的经济效果。若无上述试验统计资料时则可按现行行业标准《普通混凝土配合比设计规程》JGJ 55 提供的 α_a、α_b 经验系数值取用:

采用碎石:$\alpha_a = 0.53$、$\alpha_b = 0.20$

采用卵石:$\alpha_a = 0.49$、$\alpha_b = 0.13$

利用强度公式,可根据所用的水泥强度等级和水灰比来估计所制成混凝土的强度,也可根据水泥强度等级和要求的混凝土强度等级来计算应采用的水灰比。

(2) 养护的温度和湿度

混凝土所处的环境温度和湿度等,都是影响混凝土强度的重要因素,它们都是通过对水泥水化过程所产生的影响而起作用的。

混凝土的硬化,原因在于水泥的水化作用。周围环境的温度对水化作用进行的速度有显著的影响,如图4-22所示。由图可看出,养护温度高可以增大初期水化速度,混凝土初期强度也高。但急速的初期水化会导致水化物分布不均匀,水化物稠密程度低的区域将成为水泥石中的薄弱点,从而降低整体的强度;水化物稠密程度高的区域,水化物包裹在水泥粒子的周围,会妨碍水化反应的继续进行,对后期强度的发展不利。而在养护温度较低的情况下,由于水化缓慢,具有充分的

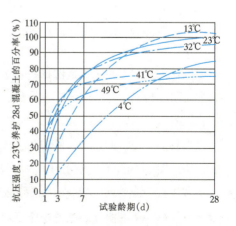

图 4-22 养护温度对混凝土强度的影响

扩散时间，从而使水化物在水泥石中均匀分布，有利于后期强度的发展。当温度降至冰点以下时，则由于混凝土中的水分大部分结冰，水泥颗粒不能和冰发生化学反应，混凝土的强度停止发展。不但混凝土的强度停止发展，而且由于孔隙内水分结冰而引起的膨胀（水结冰体积可膨胀约9%）产生相当大的压力，作用在孔隙、毛细管内壁，将使混凝土的内部结构遭受破坏，使已经获得的强度（如果在结冰前，混凝土已经不同程度地硬化的话）受到损失。但气温如再升高时，冰又开始融化。如此反复冻融，混凝土内部的微裂缝，逐渐增长、扩大，混凝土强度逐渐降低，表面开始剥落，甚至混凝土完全崩溃。混凝土早期强度低，更容易冻坏（图4-23）。所以应当特别防止混凝土早期受冻。

周围环境的湿度对水泥的水化作用能否正常进行有显著影响：湿度适当，水泥水化便能顺利进行，使混凝土强度得到充分发展。如果湿度不够，混凝土会失水干燥而影响水泥水化作用的正常进行，甚至停止水化。因为水泥水化只能在为水填充的毛细管内发生。而且混凝土中大量自由水在水泥水化过程中逐渐被产生的凝胶所吸附，内部供水化反应的水则越来越少。这不仅严重降低混凝土的强度（图4-24），而且因水化作用未能完成，使混凝土结构疏松，渗水性增大，或形成干缩裂缝，从而影响耐久性。

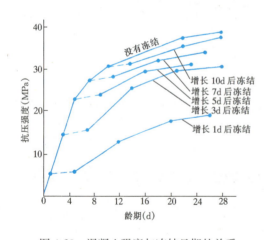

图 4-23　混凝土强度与冻结日期的关系

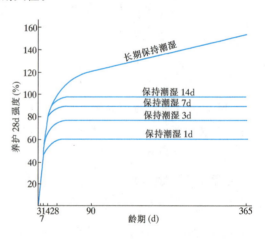

图 4-24　混凝土强度与保持潮湿日期的关系

所以，为了使混凝土正常硬化，必须在成型后一定时间内维持周围环境有一定温度和湿度。混凝土在自然条件下养护，称为自然养护。自然养护的温度随气温变化，为保持潮湿状态，在混凝土凝结以后（一般在12h以内），表面应覆盖草袋等物并不断浇水，这样也同时能防止其发生不正常的收缩。使用硅酸盐水泥、普通水泥和矿渣水泥时，浇水保湿应不少于7d；道路路面水泥混凝土宜为14～21d；使用火山灰水泥和粉煤灰水泥或在施工中掺用缓凝型外加剂或有抗渗要求时，应不少于14d；如用高铝水泥时，不得少于3d。在夏季应特别注意浇水，保持必要的湿度，在冬季应特别注意保持必要的温度。目前有的工程，也有采用塑料薄膜养护的方法，如道路混凝土便常用。

(3) 龄期

混凝土在正常养护条件下,其强度将随着龄期的增加而增长。最初 7~14d 内,强度增长较快,28d 以后增长缓慢。但龄期延续很久其强度仍有所增长。不同龄期混凝土强度的增长情况如图 4-22 所示。因此,在一定条件下养护的混凝土,可根据其早期强度大致地估计 28d 的强度。

普通水泥制成的混凝土,在标准条件养护下,混凝土强度的发展,大致与其龄期的对数成正比关系(龄期不小于 3d):

$$f_n = f_{28} \cdot \frac{\lg n}{\lg 28}$$

式中 f_n——nd 龄期混凝土的抗压强度,MPa;

f_{28}——28d 龄期混凝土的抗压强度,MPa;

n——养护龄期(d),$n \geqslant 3$。

根据上式可由一已知龄期的混凝土强度,估算另一个龄期的强度。但因为混凝土强度的影响因素很多,强度发展不可能一致,故此式也只能作为参考。

混凝土所经历的时间和温度的乘积的总和,称为混凝土的成熟度(N),单位为小时·度(h·℃)或天·度(d·℃)。混凝土的强度与成熟度之间的关系很复杂,它不仅取决于水泥的性质和混凝土的质量(强度等级),而且与养护温度和养护制度有关。当混凝土的初始温度在某一范围内,并且在所经历的时间内不发生干燥失水的情况下,混凝土的强度和成熟度的对数呈线性关系。这是比用自然龄期(n)更合理的建立混凝土强度函数的基本参数。

4.2.3 混凝土的变形性能

1. 化学收缩

由于水泥水化生成物的体积,比反应前物质的总体积小,而使混凝土收缩,这种收缩称为化学收缩。其收缩量是随混凝土硬化龄期的延长而增加的,大致与时间的对数成正比,一般在混凝土成型后 40 多天内增长较快,以后就渐趋稳定。化学收缩是不能恢复的。

2. 干湿变形

干湿变形取决于周围环境的湿度变化。混凝土在干燥过程中,首先发生气孔水和毛细水的蒸发。气孔水的蒸发并不引起混凝土的收缩。毛细孔水的蒸发,使毛细孔中形成负压,随着空气湿度的降低负压逐渐增大,产生收缩力,导致混凝土收缩。当毛细孔中的水蒸发完后,如继续干燥,则凝胶体颗粒的吸附水也发生部分蒸发,由于分子引力的作用,粒子间距离变小,使凝胶体紧缩。混凝土这种收缩在重新吸水以后大部分可以恢复。当混凝土在水中硬化时,体积不变,甚至轻微膨胀。这是由于凝胶体中胶体粒子的吸附水膜增厚,胶体粒子间的距离增大所致。

膨胀值远比收缩值小，一般没有坏作用。在一般条件下混凝土的极限收缩值为（500～900）×10⁻⁶ mm/mm 左右。收缩受到约束时往往引起混凝土开裂，故施工时应予以注意。通过试验得知：

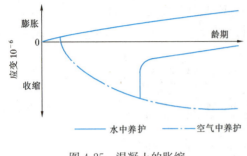

图 4-25 混凝土的胀缩

（1）混凝土的干燥收缩是不能完全恢复的。即混凝土干燥收缩后，即使长期再放在水中也仍然有残余变形保留下来（图 4-25）。通常情况，残余收缩约为收缩量的 30%～60%。

（2）混凝土的干燥收缩与水泥品种、水泥用量和用水量有关。采用矿渣水泥比采用普通水泥的收缩为大；采用高强度等级水泥，由于颗粒较细，混凝土收缩也较大；水泥用量多或水灰比大者，收缩量也较大。

（3）砂石在混凝土中形成骨架，对收缩有一定的抵抗作用。故混凝土的收缩量比水泥砂浆小得多，而水泥砂浆的收缩量又比水泥净浆小得多。在一般条件下水泥浆的收缩值高达 2850×10^{-6} mm/mm，三种收缩量之比约为 1:2:5。骨料的弹性模量越高，混凝土的收缩越小，故轻骨料混凝土的收缩一般说来比普通混凝土大得多。另外，砂、石越干净，混凝土捣固的越密实，收缩量也越小。

（4）在水中养护或在潮湿条件下养护可大大减少混凝土的收缩，采用普通蒸养可减少混凝土收缩，压蒸养护效果更显著。

因而为减少混凝土的收缩量，应该尽量减少水泥用量，砂、石骨料要洗干净，尽可能采用振捣器捣固和加强养护等。

在一般工程设计中，通常采用混凝土的线收缩值为 $(150～200)\times10^{-6}$ mm/mm，即每米收缩 0.15～0.2mm。

3. 温度变形

混凝土与其他材料一样，也具有热胀冷缩的性质。混凝土的温度膨胀系数约为 10×10^{-6}，即温度升高 1℃，每米膨胀 0.01mm。温度变形对大体积混凝土及大面积混凝土工程极为不利。

在混凝土硬化初期，水泥水化放出较多的热量，混凝土又是热的不良导体，散热较慢，因此在大体积混凝土内部的温度较外部高，有时可达 50～70℃。这将使内部混凝土的体积产生较大的膨胀，而外部混凝土却随气温降低而收缩。内部膨胀和外部收缩互相制约，在外表混凝土中将产生很大拉应力，严重时使混凝土产生裂缝。因此，对大体积混凝土工程，必须尽量设法减少混凝土发热量，如采用低热水泥，减少水泥用量，采取人工降温等措施。一般纵长的钢筋混凝土结构物，应采取每隔一段长度设置伸缩缝以及在结构物中设置温度钢筋等措施。

4. 在荷载作用下的变形

（1）在短期荷载作用下的变形

1) 混凝土的弹塑性变形。混凝土内部结构中含有砂石骨料、水泥石（水泥石中又存在着凝胶、晶体和未水化的水泥颗粒）、游离水分和气泡，这就决定了混凝土本身的不匀质性。它不是一种完全的弹性体，而是一种弹塑性体。它在受力时，既会产生可以恢复的弹性变形，又会产生不可恢复的塑性变形，其应力与应变之间的关系不是直线而是曲线，如图 4-26 所示。

在静力试验的加荷过程中，若加荷至应力为 σ、应变为 ε 的 A 点，然后将荷载逐渐卸去，则卸荷时的应力-应变曲线如图 4-26 中 $\overset{\frown}{AC}$ 所示。卸荷后能恢复的应变 $\varepsilon_{弹}$ 是由混凝土的弹性作用引起的，称为弹性应变；剩余的不能恢复的应变 $\varepsilon_{塑}$ 则是由于混凝土的塑性性质引起的，称为塑性应变。

在重复荷载作用下的应力-应变曲线，因作用力的大小而有不同的形式。当应力小于 $(0.3 \sim 0.5) f_{cp}$ 时，每次卸荷都残留一部分塑性变形（$\varepsilon_{塑}$），但随着重复次数的增加，$\varepsilon_{塑}$ 的增量逐渐减小，最后曲线稳定于 $A'C'$ 线。它与初始切线大致平行，如图 4-27 所示。若所加应力 σ 在 $(0.5 \sim 0.7) f_{cp}$ 以上重复时，随着重复次数的增加，塑性应变逐渐增加，将导致混凝土疲劳破坏。

2) 混凝土的变形模量。在应力-应变曲线上任一点的应力 σ 与其应变 ε 的比值，叫作混凝土在该应力下的变形模量。它反映混凝土所受应力与所产生应变之间的关系。在计算钢筋混凝土的变形、裂缝开展及大体积混凝土的温度应力时，均需知道混凝土的变形模量。在混凝土结构或钢筋混凝土结构设计中，常采用一种按标准方法测得的静力受压弹性模量 E_c。

在静力受压弹性模量试验中，使混凝土的应力在 $1/3 f_{cp}$ 水平下经过多次反复加荷和卸荷，最后所得应力-应变曲线与初始切线大致平行，这样测出的变形模量称为弹性模量 E_c，故 E_c 在数值上与 $\tan\alpha$ 相近（图 4-27）。

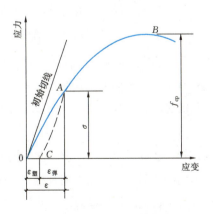

图 4-26　混凝土在压力作用下的
应力-应变曲线

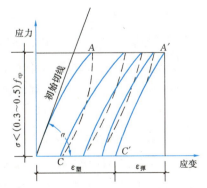

图 4-27　低应力下重复
荷载的应力-应变曲线

混凝土的强度越高，弹性模量越高，两者存在一定的相关性。当混凝土的强度等级由C15增高到C80时，其弹性模量大致是由 2.20×10^4 MPa 增至 3.80×10^4 MPa。

混凝土的弹性模量随其骨料与水泥石的弹性模量而异。由于水泥石的弹性模量一般低于骨料的弹性模量，所以混凝土的弹性模量一般略低于其骨料的弹性模量。在材料质量不变的条件下，混凝土的骨料含量较多、水灰比较小、养护较好及龄期较长时，混凝土的弹性模量就较大。蒸汽养护的弹性模量比标准养护的低。

混凝土的弹性模量与钢筋混凝土构件的刚度很有关系，一般建筑物须有足够的刚度，在受力下保持较小的变形，才能发挥其正常使用功能，因此所用混凝土须有足够高的弹性模量。

（2）徐变

混凝土在长期荷载作用下，沿着作用力方向的变形会随时间不断增长，即荷载不变而变形仍随时间增大，一般要延续2~3年才逐渐趋于稳定。这种在长期荷载作用下产生的变形，通常称为徐变。图4-28所示为混凝土徐变的一个实例。混凝土在长期荷载作用下，一方面在开始加荷时发生瞬时变形（又称瞬变，即混凝土受力后

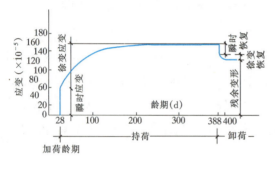

图4-28　混凝土的徐变与恢复（实例）

立刻产生的变形，以弹性变形为主）；另一方面发生缓慢增长的徐变。在荷载作用初期，徐变变形增长较快，以后逐渐变慢且稳定下来。混凝土的徐变应变一般可达$(300\sim1500)\times10^{-6}$，即 0.3~1.5mm/m。当变形稳定以后卸掉荷载，这时将产生瞬时变形，这个瞬时变形的符号与原来的弹性变形相反，而绝对值则较原来的小，称为瞬时恢复。在卸荷后的一段时间内变形还会继续恢复，称徐变恢复。

混凝土徐变，一般认为是由于水泥石凝胶体在长期荷载作用下的黏性流动，并向毛细孔中移动，同时吸附在凝胶粒子上的吸附水因荷载应力而向毛细孔迁移渗透的结果。

从水泥凝结硬化过程可知，随着水泥的逐渐水化，新的凝胶体逐渐填充毛细孔，使毛细孔的相对体积逐渐减小。在荷载初期或硬化初期，由于未填满的毛细孔较多，凝胶体的移动较易，故徐变增长较快。以后由于内部移动和水化的进展，毛细孔逐渐减小，徐变速度因而越来越慢。

混凝土徐变和许多因素有关。混凝土的水灰比较小或混凝土在水中养护时，同龄期的水泥石中未填满的孔隙较少，故徐变较小。水灰比相同的混凝土，其水泥用量越多，即水泥石相对含量越大，其徐变越大。混凝土所用骨料弹性模量较大时，徐变较小。此外，徐变与混凝土的弹性模量也有密切关系，一般弹性模量大者，徐变小。

混凝土不论是受压、受拉或受弯时，均有徐变现象。混凝土的徐变对钢筋混凝土构件来

说，能消除钢筋混凝土内的应力集中，使应力较均匀地重新分布；对大体积混凝土，能消除一部分由于温度变形所产生的破坏应力。但在预应力钢筋混凝土结构中，混凝土的徐变，将使钢筋的预加应力受到损失。

4.2.4 混凝土的耐久性

1. 耐久性概念

混凝土除应具有设计要求的强度，以保证其能安全地承受设计荷载外，还应根据其周围的自然环境以及在使用上的特殊要求，而具有各种特殊性能。例如，承受压力水作用的混凝土，需要具有一定的抗渗性能，遭受反复冰冻作用的混凝土，需要有一定的抗冻性能；遭受环境水侵蚀作用的混凝土，需要具有与之相适应的抗侵蚀性能；处于高温环境中的混凝土，则需要具有较好的耐热性能等等。而且要求混凝土在使用环境条件下性能要稳定。因而，把混凝土抵抗环境介质和内部劣化因素作用并长期保持其良好的使用性能和外观完整性，从而维持混凝土结构的安全、正常使用的能力称为耐久性。

环境对混凝土结构的物理和化学作用以及混凝土结构抵御环境作用的能力，是影响混凝土结构耐久性的因素。在通常的混凝土结构设计中，往往忽视环境对结构的作用，许多混凝土结构在达到预定的设计使用年限前，就出现了钢筋锈胀、混凝土劣化剥落等影响结构性能及外观的耐久性破坏现象，需要大量投资进行修复甚至拆除重建。在我国，混凝土结构的耐久性及耐久性设计受到高度重视，除在混凝土结构设计规范中制定了耐久性规定外，近年还专门编制了现行《混凝土结构耐久性设计标准》GB/T 50476，指导混凝土结构的耐久性设计。混凝土结构耐久性设计的目标，是使混凝土结构在规定的使用年限即设计使用寿命内，在设计确定的环境作用和维修、使用条件下，结构保持其适用性和安全性。混凝土材料的耐久是保证混凝土结构耐久的前提。

混凝土耐久性主要包括抗渗、抗冻、抗侵蚀、碳化、碱骨料反应及混凝土中的钢筋锈蚀等性能。

（1）抗渗性

抗渗性是指混凝土抵抗水、油等液体在压力作用下渗透的性能。它直接影响混凝土的抗冻性和抗侵蚀性。混凝土的抗渗性主要与其密实度及内部孔隙的大小和构造有关。混凝土内部的互相连通的孔隙和毛细管通路，以及由于在混凝土施工成型时，振捣不实产生的蜂窝、孔洞都会造成混凝土渗水。

混凝土的抗渗性我国一般采用抗渗等级表示，也有采用相对渗透系数来表示的。抗渗等级是按标准试验方法进行试验，用每组 6 个试件中 4 个试件未出现渗水时的最大水压力来表示的。如分为 P4、P6、P8、P10、P12 和 >P12 等 6 个等级，即相应表示能抵抗 0.4MPa、0.6MPa、0.8MPa、1.0MPa、1.2MPa 及 1.2MPa 以上的水压力而不渗水。抗渗等级≥P6 级的混凝土为抗渗混凝土。

影响混凝土抗渗性的因素有水灰比、水泥品种、骨料的最大粒径、养护方法、外加剂及掺合料等。

1) 水灰比　混凝土水灰比的大小，对其抗渗性能起决定性作用。水灰比越大，其抗渗性越差。在成型密实的混凝土中，水泥石的抗渗性对混凝土的抗渗性影响最大。

2) 骨料的最大粒径　在水灰比相同时，混凝土骨料的最大粒径越大，其抗渗性能越差。这是由于骨料和水泥浆的界面处易产生裂隙和较大骨料下方易形成孔穴。

3) 养护方法　蒸汽养护的混凝土，其抗渗性较潮湿养护的混凝土要差。在干燥条件下，混凝土早期失水过多，容易形成收缩裂隙，因而降低混凝土的抗渗性。

4) 水泥品种　水泥的品种、性质也影响混凝土的抗渗性能。水泥的细度越大，水泥硬化体孔隙率越小，强度就越高，则其抗渗性越好。

5) 外加剂　在混凝土中掺入某些外加剂，如减水剂等，可减小水灰比，改善混凝土的和易性，因而可改善混凝土的密实性，即提高了混凝土的抗渗性能。

6) 掺合料　在混凝土中加入掺合料，如掺入优质粉煤灰，由于优质粉煤灰能发挥其形态效应、活性效应、微骨料效应和界面效应等，可提高混凝土的密实度、细化孔隙，从而改善了孔结构和改善了骨料与水泥石界面的过渡区结构。因而提高了混凝土的抗渗性。

7) 龄期　混凝土龄期越长，其抗渗性越好。因随着水泥水化的进展，混凝土的密实性逐渐增大。

凡是受水压作用的构筑物的混凝土，就有抗渗性的要求。提高混凝土抗渗性的措施是增大混凝土的密实度和改变混凝土中的孔隙结构，减少连通孔隙。

(2) 抗冻性

混凝土的抗冻性是指混凝土在水饱和状态下，经受多次冻融循环作用，能保持强度和外观完整性的能力。在寒冷地区，特别是在接触水又受冻的环境下的混凝土，要求具有较高的抗冻性能。混凝土受冻融作用破坏的原因，是由于混凝土内部孔隙中的水在负温下结冰后体积膨胀造成的静水压力和因冰水蒸气压的差别推动未冻水向冻结区的迁移所造成的渗透压力。当这两种压力所产生的内应力超过混凝土的抗拉强度，混凝土就会产生裂缝，多次冻融使裂缝不断扩展直至破坏。

随着混凝土龄期增加，混凝土抗冻性能也得到提高。因水泥不断水化，可冻结水量减少；水中溶解盐浓度随水化深入而浓度增加，冰点也随龄期而降低，抵抗冻融破坏的能力也随之增强。所以延长冻结前的养护时间可以提高混凝土的抗冻性。一般在混凝土抗压强度尚未达到 5.0MPa 或抗折强度尚未达到 1.0MPa 时，不得遭受冰冻。在接触盐溶液的混凝土受冻时，盐溶液会增大混凝土吸水饱和度，增加混凝土毛细孔水冻结的渗透压，使毛细孔中过冷水的结冰速度加快，同时还会因毛细孔内水结冰后，盐溶液浓缩而产生的盐结晶膨胀作用,引起混凝土受冻破坏更加严重。

混凝土的密实度、孔隙构造和数量、孔隙的充水程度是决定抗冻性的重要因素。因此,当混凝土采用的原材料质量好、水灰比小、具有封闭细小孔隙(如掺入引气剂的混凝土)及掺入减水剂、防冻剂等时其抗冻性都较高。

混凝土的抗冻性能一般以加速试验方法检验,按冻融条件,有气冻水融、水冻水融和盐冻三种,分别用抗冻标号、抗冻等级和表面剥落质量等表示。

混凝土抗冻标号是用慢冻法(气冻水融)测得的最大冻融循环次数来划分的混凝土的抗冻性能等级。混凝土的抗冻标号划分为 D50、D100、D150、D200 和 >D200 等 5 个等级。

混凝土抗冻等级是用快冻法(水冻水融)测得的最大冻融循环次数来划分的抗冻性能等级。混凝土按抗冻等级划分为 F50、F100、F150、F200、F250、F300、F350、F400 和 >F400 等 9 个等级。

对于冬季撒除冰盐的路面或桥面混凝土,则应采用单面接触饱和盐水的冻融方式——单面冻融法(盐冻法),检验混凝土抵抗盐冻性能。以能够经受的冻融循环次数、表面剥落质量或超声波相对动弹性模量来表示混凝土的抗盐冻性能。

提高混凝土抗冻性的最有效方法是采用加入引气剂(如松香热聚物等)、减水剂和防冻剂的混凝土或密实混凝土。

(3) 抗侵蚀性

侵蚀水环境或侵蚀性土壤环境会使混凝土遭受侵蚀破坏。混凝土遭受的侵蚀有淡水腐蚀、硫酸盐腐蚀、镁盐腐蚀、碳酸腐蚀、一般酸腐蚀与强碱腐蚀或复合盐类腐蚀等。其侵蚀机理详见第 3 章。除上述的化学侵蚀外,侵蚀环境中的盐结晶作用、混凝土在盐溶液作用下的干湿循环作用、浪溅冲磨气蚀作用、腐蚀疲劳作用等物理作用,会和前述化学作用一起,造成混凝土更为严重的侵蚀破坏。

混凝土的抗侵蚀性与所用水泥的品种或胶凝材料的组成、混凝土的密实程度和孔结构特征有关。一般,掺用活性混合材的水泥,抗侵蚀性好。密实或孔隙封闭的混凝土,抗渗性高,环境水不易侵入,故其抗侵蚀性较强。掺加优质矿物掺合料的混凝土,其内部水化产物中 $Ca(OH)_2$ 及铝酸钙等含量低,其抗侵蚀能力较强。所以,提高混凝土抗侵蚀性的措施,主要是合理选择水泥品种或胶凝材料组成、降低水灰比、提高混凝土的密实度和改善孔结构。抗侵蚀混凝土所用水泥品种的选择可参照第 3 章表 3-8,胶凝材料组成可参照现行国家标准《混凝土耐久性设计标准》GB/T 50476 附录 B 选择。

(4) 抗氯离子渗透性

环境水、土中的氯离子因浓度差会向混凝土中扩散渗透,当氯离子扩散渗透至混凝土结构中钢筋表面并达到一定浓度后,将导致钢筋很快锈蚀,严重影响混凝土结构的耐久性。对于海洋和近海地区接触海水氯化物、降雪地区接触除冰盐的配筋混凝土结构的混凝土应有较高的抗氯离子渗透性。混凝土抗氯离子渗透性可采用快速氯离子迁移系数法（或称 RCM 法）或电通量法测定，分别用氯离子迁移系数和电通量表示。按氯离子迁移系数 D_{RCM}（$\times 10^{-12}$ m^2/s）混凝土抗氯离子渗透性能划分为 RCM-Ⅰ（$\geqslant 4.5$）、RCM-Ⅱ（$\geqslant 3.5$，< 4.5）、RCM-Ⅲ（$\geqslant 2.5$，< 3.5）、RCM-Ⅳ（$\geqslant 1.5$，< 2.5）和 RCM-Ⅴ（< 1.5）等 5 个等级。按电通量 Q(C)混凝土抗氯离子渗透性能划分为 Q-Ⅰ（$\geqslant 4000$）、Q-Ⅱ（$\geqslant 2000$，< 4000）、Q-Ⅲ（$\geqslant 1000$，< 2000）、Q-Ⅳ（$\geqslant 500$，< 1000）和 Q-Ⅴ（< 500）等 5 个等级。

在混凝土中，氯离子主要是通过水泥石中的孔隙和水泥石与骨料的界面扩散渗透，因此，提高混凝土的密实度，降低孔隙率，减小孔隙和改善界面结构，是提高混凝土抗氯离子渗透性的主要途径。提高混凝土抗氯离子渗透性最有效的方法是掺加硅灰、优质粉煤灰等矿物掺合料。

(5) 混凝土的碳化（中性化）

混凝土的碳化作用是二氧化碳与水泥石中的氢氧化钙作用，生成碳酸钙和水。碳化过程是二氧化碳由表及里向混凝土内部逐渐扩散的过程。因此，气体扩散规律决定了碳化速度的快慢。碳化引起水泥石化学组成及组织结构的变化，从而对混凝土的化学性能和物理力学性能有明显的影响，主要是对碱度、强度和收缩的影响。

碳化对混凝土性能既有有利的影响，也有不利的影响。碳化使混凝土碱度降低，减弱了对钢筋的保护作用，可能导致钢筋锈蚀。碳化将显著增加混凝土的收缩，是由于在干缩产生的压应力下的氢氧化钙晶体溶解和碳酸钙在无压力处沉淀所致，此时暂时地加大了水泥石的可压缩性。碳化使混凝土的抗压强度增大，其原因是碳化放出的水分有助于水泥的水化作用，而且碳酸钙减少了水泥石内部的孔隙。增大值随水泥品种而异（高铝水泥混凝土碳化后强度明显下降）。但是由于混凝土的碳化层产生碳化收缩，对其核心形成压力，而表面碳化层产生拉应力，可能产生微细裂缝，而使混凝土抗拉、抗折强度降低。另外，混凝土在水泥用量固定条件下，水灰比越低，碳化速度就越慢；而当水灰比固定，碳化深度随水泥用量提高而减小。混凝土所处环境条件（主要是空气中的二氧化碳浓度、空气相对湿度等因素）也会影响混凝土的碳化速度。二氧化碳浓度增大自然会加速碳化进程。例如，一般室内较室外快，二氧化碳含量较高的工业车间（如铸造车间）碳化快。混凝土在水中或在相对湿度 100%条件下，由于混凝土孔隙中的水分阻止二氧化碳向混凝土内部扩散，碳化停止。同样，处于特别干燥条件（如相对湿度在 25%以下）的混凝土，则由于缺乏使二氧化碳及氢氧化钙作用所需的水分，碳化也会停止。一般认为相对湿度 50%~75%时碳化速度最快。

(6) 碱骨料反应

有关碱骨料反应危害已在本章粗骨料中讲述。

为防止混凝土发生碱骨料反应及碱骨料反应导致的混凝土破坏，可采取如下技术措施：

1) 采用非碱活性的骨料；

2) 用碱含量（R_2O）<0.6%的水泥或采用能抑制碱骨料反应的外加剂；

3) 控制混凝土的碱含量（R_2O）≤3.0kg/m³；

4) 掺加占水泥量30%～40%的粉煤灰或6%～8%的硅灰；

5) 防止混凝土长期与水接触；避免在超过40℃的温度环境下使用。

另外，在混凝土配合比设计中，在保证质量要求的前提下，尽量降低水泥用量，从而进一步控制混凝土的含碱量。当掺入外加剂时，必须控制外加剂的含碱量，防止其对碱骨料反应的促进作用。

2. 提高混凝土耐久性的措施

混凝土在遭受压力水、冰冻或侵蚀作用时的破坏过程，虽然各不相同，但对提高混凝土的耐久性的措施来说，却有很多共同之处。除原材料的选择外，混凝土的密实度是提高混凝土耐久性的一个重要环节。一般提高混凝土耐久性的措施有以下几个方面：

（1）合理选择水泥品种或胶凝材料组成。

（2）选用较好的砂、石骨料 质量良好、技术条件合格的砂、石骨料，是保证混凝土耐久性的重要条件。

改善粗细骨料的颗粒级配，在允许的最大粒径范围内尽量选用较大粒径的粗骨料，可减小骨料的空隙率和比表面积，也有助于提高混凝土的耐久性。

（3）掺用外加剂和矿物掺合料 掺用引气剂或减水剂对提高抗渗、抗冻等有良好的作用，掺用矿物掺合料可显著改善抗渗性、抗氯离子渗透性和抗侵蚀性，并能抑制碱骨料反应，还能节约水泥。

（4）适当控制混凝土的水灰比和水泥用量 水灰比的大小是决定混凝土密实性的主要因素，它不但影响混凝土的强度，而且也严重影响其耐久性，故必须严格控制水灰比。

保证足够的水泥用量，同样可以起到提高混凝土密实性和耐久性的作用。对一般工业与民用建筑工程所用混凝土的最大水灰比及最小水泥用量可参考表4-24确定。

对于耐久性要求较高的混凝土结构，混凝土的水灰（胶）比及水泥（胶凝材料）应符合现行国家标准《混凝土耐久性设计标准》GB/T 50476的要求。

（5）加强混凝土质量的生产控制 在混凝土施工中，应保证搅拌均匀、浇灌和振捣密实及加强养护，以保证混凝土的施工质量。

混凝土的最大水胶比和最小胶凝材料用量　　　　　　表4-24

环境类别	条件	最大水胶比	最小胶凝材料用量（kg/m³）		
			素混凝土	钢筋混凝土	预应力混凝土
一	室内干燥环境； 无侵蚀性静水浸没环境	0.60	250	280	300

续表

环境类别	条件	最大水胶比	最小胶凝材料用量（kg/m³）		
			素混凝土	钢筋混凝土	预应力混凝土
二 a	室内潮湿环境； 非严寒和非寒冷地区的露天环境； 非严寒和非寒冷地区与无侵蚀性的水或土壤直接接触的环境； 严寒和寒冷地区的冰冻线以下与无侵蚀性的水或土壤直接接触的环境	0.55	280	300	300
二 b	干湿交替环境； 水位频繁变动环境； 严寒和寒冷地区的露天环境； 严寒和寒冷地区冰冻线以上与无侵蚀性的水或土壤直接接触的环境	0.50（0.55）	320		
三 a	严寒和寒冷地区冬季水位变动区环境； 受除冰盐影响环境； 海风环境	0.45（0.50）	330		
三 b	盐渍土环境； 受除冰盐作用环境； 海岸环境	0.40			

注：1. 处于严寒和寒冷地区二 b、三 a 类环境中的混凝土应使用引气剂，并可采用括号中的参数；
2. 胶凝材料组成应符合现行《普通混凝土配合比设计规程》JGJ 55 和《混凝土耐久性设计标准》GB/T 50476 的规定。

4.3　普通混凝土的质量控制

对普通混凝土进行质量控制是一项非常重要的工作。普通混凝土的质量控制包括初步控制、生产控制和合格控制。

初步控制：初步控制包括混凝土各组成材料的质量检验与控制和混凝土配合比的合理确定。通常配合比是通过设计计算和试配确定。在施工过程中，一般不得随意改变配合比，应根据混凝土质量的动态信息，及时进行调整。

生产控制：生产控制包括混凝土组成材料的计量，混凝土拌合物的搅拌、运输、浇筑和养护等工序的控制。施工（生产）单位应根据设计要求，提出混凝土质量控制目标，建立混凝土质量保证体系，制定必要的混凝土生产质量管理制度，并应根据生产过程的质量动态分析，及时采取措施和对策。

合格控制：合格控制是指混凝土质量的验收，即对混凝土强度或其他技术指标进行检验评定。

通过以上对混凝土进行质量控制的各项措施，使混凝土质量符合设计规定的要求。

混凝土的质量如何，要通过其性能检验的结果来表达。在施工中，虽然力求做到既要保证混凝土所要求的性能，又要保持其质量的稳定性。但实际上，由于原材料及施工条件以及试验条件等许多复杂因素的影响，必然会造成混凝土质量上的波动。原材料及施工方面的影响因素有：水泥、骨料及外加剂等原材料的质量和计量的波动；用水量或骨料含水量的变化所引起水灰比的波动；搅拌、运输、浇筑、振捣、养护条件的波动以及气温变化等。试验条件方面的影响因素有：取样方法、试件成型及养护条件的差异、试验机的误差和试验人员的操作熟练程度等。

在正常连续生产的情况下，可用数理统计方法来检验混凝土强度或其他技术指标是否达到质量要求。统计方法可用算术平均值、标准差、变异系数和保证率等参数综合地评定混凝土的质量。现以混凝土强度为例来说明统计方法的一些基本概念。

4.3.1 强度概率分布——正态分布

混凝土材料在正常施工的情况下，许多影响因素都是随机的，因此混凝土强度也应是随机变化的。对某种混凝土经随机取样测定其强度，其数据经过整理绘成强度概率分布曲线，一般均接近正态分布曲线（图4-29）。

曲线高峰为混凝土平均强度 m_{fcu} 的概率。以平均强度为对称轴，左右两边曲线是对称的。距对称轴越远，出现的概率越小，并逐渐趋近于零。曲线与横坐标之间的面积为概率的总和，等于100%。

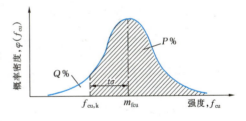

图 4-29　正态分布曲线

概率分布曲线窄而高，说明强度测定值比较集中，波动较小，混凝土的均匀性好，施工水平较高。如果曲线宽而矮，则说明强度值离散程度大，混凝土的均匀性差，施工水平较低。

4.3.2 强度平均值、标准差、变异系数

强度平均值 m_{fcu}：

$$m_{fcu} = \frac{1}{n} \sum_{i=1}^{n} f_{cu,i}$$

式中　　n——试验组数；

　　　　$f_{cu,i}$——第 i 组试验值。

强度平均值仅代表混凝土强度总体的平均值，但并不说明其强度的波动情况。标准差 σ：

$$\sigma = \sqrt{\frac{\sum_{i=1}^{n}(f_{cu,i}-m_{fcu})^2}{n-1}} \text{ 或 } \sigma = \sqrt{\frac{\sum_{i=1}^{n}f_{cu,i}^2 - nm_{fcu}^2}{n-1}}$$

标准差又称均方差，它表明分布曲线的拐点距强度平均值的距离。σ 值越大，说明其强度离散程度越大，混凝土质量也越不稳定。

变异系数 C_v：$C_v = \sigma/m_{fcu}$

变异系数又称离差系数或标准差系数。C_v 值越小，说明混凝土质量越稳定，混凝土生产的质量水平越高。可根据标准差 σ 和强度不低于要求强度等级值的百分率 P，参照表 4-25 来评定混凝土生产管理水平。

混凝土生产管理水平　　　　　　表 4-25

生产质量水平 / 评定指标	生产场所	优良		一般	
	混凝土强度等级	<C20	≥C20	<C20	≥C20
混凝土强度标准差 σ (N/mm²)	商品混凝土厂和预制混凝土构件厂	≤3.0	≤3.5	≤4.0	≤5.0
	集中搅拌混凝土的施工现场	≤3.5	≤4.0	≤4.5	≤5.5
强度不低于规定强度等级值的百分率 P（%）	商品混凝土厂、预制混凝土构件厂及集中搅拌混凝土的施工现场	≥95			

4.3.3 强度保证率

强度保证率是指混凝土强度总体中大于设计的强度等级值（$f_{cu,k}$）的概率，以正态分布曲线上的阴影部分来表示（图 4-29）。

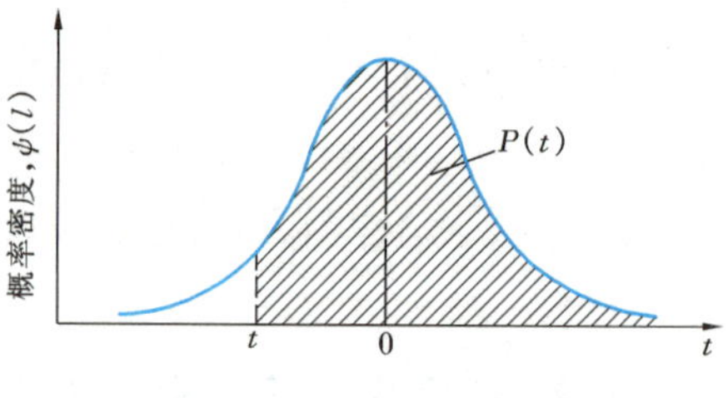

经过随机变量 $t = \dfrac{f_{cu}-m_{fcu}}{\sigma}$ 的变量转换，可

图 4-30　标准正态分布曲线

将正态分布曲线变换为随机变量 t 的标准正态分布曲线（图 4-30）。

在标准正态分布曲线上，自 t 至 $+\infty$ 之间所出现的概率 $P(t)$，则由下式表达：

$$P(t) = \int_{t}^{+\infty} \phi(t)dt = \frac{1}{\sqrt{2\pi}} \int_{t}^{+\infty} e^{-\frac{z^2}{2}} dt$$

混凝土强度保证率 P（%）的计算方法如下。先根据混凝土的设计强度等级值 $f_{cu,k}$、强度平均值 m_{fcu}、变异系数 C_v 或标准差 σ 计算出概率度 t，概率度又称保证率系数。

概率度 t：

$$t = \frac{f_{cu,k} - m_{fcu}}{\sigma} = \frac{f_{cu,k} - m_{fcu}}{C_v m_{fcu}}$$

由概率度 t，再根据标准正态分布曲线方程即可求得强度保证率 $P(\%)$，或利用表 4-26 即可查出，表中 t 值即为概率度，$P(t)$ 即为强度保证率。

不同 t 值的 P (t) 值（%）　　　　　　　表 4-26

t	0.00	−0.524	−0.842	−1.00	−1.04	−1.28	−1.40	−1.60
$P(t)$	0.50	0.70	0.80	0.841	0.85	0.90	0.919	0.945
t	−1.645	−1.80	−2.00	−2.06	−2.33	−2.58	−2.88	−3.00
$P(t)$	0.950	0.964	0.977	0.980	0.990	0.995	0.998	0.999

4.3.4 混凝土强度的检验评定

混凝土强度应分批进行检验评定。一个检验批的混凝土应由强度等级相同、龄期相同以及生产工艺条件和配合比基本相同的混凝土组成。

当混凝土的生产条件在较长时间内能保持一致，且同一品种混凝土的强度变异性能保持稳定时，应由连续的三组试件组成一个检验批，其强度应同时满足下列要求：

$$m_{fcu} \geqslant f_{cu,k} + 0.7\sigma_0$$

$$f_{cu,min} \geqslant f_{cu,k} - 0.7\sigma_0$$

当混凝土强度等级不高于 C20 时，其强度的最小值尚应满足下式要求：

$$f_{cu,min} \geqslant 0.85 f_{cu,k}$$

当混凝土强度等级高于 C20 时，其强度的最小值尚应满足下式要求：

$$f_{cu,min} \geqslant 0.90 f_{cu,k}$$

式中　　m_{fcu}——同一检验批混凝土立方体抗压强度的平均值，MPa；

　　　　$f_{cu,min}$——同一检验批混凝土立方体抗压强度的最小值，MPa；

　　　　σ_0——检验批混凝土立方体抗压强度的标准差，MPa。

检验批混凝土立方体抗压强度的标准差 σ_0，应根据前一个检验期内同一品种混凝土试件的强度数据，按下列公式确定：

$$\sigma_0 = \sqrt{\frac{\sum_{i=1}^{n} f_{cu,i}^2 - n \cdot m_{fcu}^2}{n-1}}$$

式中　　$f_{cu,i}$——第 i 组混凝土试件立方体抗压强度代表值，MPa；

　　　　n——用以确定检验批混凝土立方体抗压强度标准差的数据总组数。

注：上述检验期不应少于 60d，也不得大于 90d，且在该期间内强度数据的总组数不得少于 45。

当混凝土的生产条件在较长时间内不能保持一致，且混凝土强度变异性不能保持稳定时，或在前一个检验期内的同一品种混凝土没有足够的数据用以确定检验批混凝土立方体抗压强度的标准差时，应由不少于10组的试件组成一个检验批，其强度应同时满足下列公式的要求：

$$m_{fcu} \geqslant f_{cu,k} + \lambda_1 S_{fcu}$$

$$f_{cu,min} \geqslant \lambda_2 f_{cu,k}$$

式中　S_{fcu}——同一检验批混凝土立方体抗压强度的标准差（MPa），当 S_{fcu} 的计算值小于 2.5MPa 时，取 S_{fcu}＝2.5MPa；

　　　λ_1、λ_2——合格评定系数，按表 4-27 取用。

混凝土强度的统计法合格评定系数　　　　表 4-27

试件组数	10～14	15～24	≥25
λ_1	1.15	1.05	0.95
λ_2	0.90	0.85	

注：本表摘自现行国家标准《混凝土强度检验评定标准》GB/T 50107。

混凝土立方体抗压强度的标准差 S_{fcu} 可按下式计算：

$$S_{fcu} = \sqrt{\frac{\sum_{i=1}^{n} f_{cu,i}^2 - n m_{fcu}^2}{n-1}}$$

式中　$f_{cu,i}$——第 i 组混凝土试件的立方体抗压强度值（MPa）；

　　　n——一个检验批混凝土试件的组数。

以上为按统计方法评定混凝土强度。若按非统计方法评定混凝土强度时，其强度应同时满足下列要求：

$$m_{fcu} \geqslant \lambda_3 f_{cu,k}$$

$$f_{cu,min} \geqslant \lambda_4 f_{cu,k}$$

式中　λ_3、λ_4——合格评定系数，按表 4-28 取用。

混凝土强度的非统计法合格评定系数　　　　表 4-28

混凝土强度等级	＜C60	≥C60
λ_3	1.15	1.10
λ_4	0.95	

当检验结果不能满足上述规定时，该批混凝土强度判为不合格。由不合格批混凝土制成的结构或构件，应进行鉴定。对不合格的结构或构件必须及时处理。当对混凝土试件强度的代表性有怀疑时，可采用从结构或构件中钻取试件的方法或采用非破损检验方法，按有关标准的规定对结构或构件中混凝土的强度进行推定。

4.3.5 混凝土耐久性的检验评定

混凝土耐久性是混凝土质量的重要方面,根据现行行业标准《混凝土耐久性检验评定标准》JGJ/T 193 的规定,混凝土耐久性检验评定的项目可包括抗冻性能、抗水渗透性能、抗硫酸盐侵蚀性能、抗氯离子渗透性能和抗碳化性能等。当混凝土需要进行耐久性检验评定时,检验评定的项目及等级应根据设计要求确定。

进行耐久性评定的混凝土,强度应满足设计要求。一个检验批的混凝土强度等级、龄期、生产工艺和配合比应相同,混凝土的耐久性应根据各耐久性检验项目的检验结果,分项评定;符合设计要求的项目,可评定为合格;全部耐久性项目检验合格,则该检验批混凝土耐久性可评定为合格。

对于被评定为不合格的耐久性检验项目,应进行专项评审,并对该检验批的混凝土提出处理意见。

4.4 普通混凝土的配合比设计

混凝土配合比是指混凝土中各组成材料数量之间的比例关系。常用的表示方法有两种:一种是以每 $1m^3$ 混凝土中各项材料的质量表示,如水泥 300kg、水 180kg、砂 720kg、石子 1200kg,其每 $1m^3$ 混凝土总质量为 2400kg;另一种表示方法是以各项材料相互间的质量比来表示(以水泥质量为1),将上例换算成质量比为:水泥:砂:石=1:2.4:4,水灰比=0.60。

4.4.1 混凝土配合比设计的基本要求

设计混凝土配合比的任务,就是要根据原材料的技术性能及施工条件,合理选择原材料,并确定出能满足工程所要求的技术经济指标的各项组成材料的用量。具体说混凝土配合比设计的基本要求是:

满足混凝土结构设计的强度等级;

满足施工所要求的混凝土拌合物的和易性;

满足混凝土结构设计中耐久性要求指标(如抗冻等级、抗渗等级和抗侵蚀性等);

节约水泥和降低混凝土成本。

4.4.2 混凝土配合比设计中的三个参数

混凝土配合比设计,实质上就是确定胶凝材料、水、砂与石子这四项基本组成材料用量之间的三个比例关系。即:水与胶凝材料之间的比例关系,常用水胶比表示;砂与石子之间的比例关系，常用砂率表示；水泥浆与骨料之间的比例关系，常用单位用水量（1m³ 混凝土的用水量）来反映。水胶比、砂率、单位用水量是混凝土配合比的三个重要参数，因为这三个参数与混凝土的各项性能之间有着密切的关系，在配合比设计中正确地确定这三个参数，就能使混凝土满足上述设计要求。

4.4.3 混凝土配合比设计的基本资料

混凝土配合比设计之前，首先应掌握混凝土的技术要求、施工条件和管理水平及原材料的技术性能等相关的基本资料，主要有：

1) 混凝土的技术要求包括和易性要求、强度等级和耐久性要求（如抗冻、抗渗、耐磨等性能要求）。

2) 施工条件和管理水平包括搅拌、运输、布料和振捣方式、构件类型、最小钢筋净距、施工组织和施工季节、施工管理水平等。

3) 原材料的技术性能包括水泥品种和实际强度、密度；砂、石的种类、表观密度、堆积密度和含水率；砂的级配和粗细程度；石子的级配和最大粒径；拌合水的水质及水源；外加剂的品种、特性和适宜用量。原材料应根据混凝土技术要求和供货情况进行选择，技术性能应满足相应的规范要求。

4.4.4 混凝土配合比设计的步骤

混凝土配合比设计包括初步配合比计算、试配和调整等步骤。

1. 初步配合比的计算

按选用的原材料性能及对混凝土的技术要求进行初步配合比的计算，以便得出供试配用的配合比。

(1) 配制强度（$f_{cu,0}$）的确定

为了使混凝土强度具有要求的保证率，则必须使其配制强度高于所设计的强度等级值。

因 $m_{fcu} = f_{cu,k} - t\sigma$

令配制强度 $f_{cu,0} = m_{fcu}$，则 $f_{cu,0} = f_{cu,k} - t\sigma$

或 $C_v = \sigma/m_{fcu}$，则 $f_{cu,0} = \dfrac{f_{cu,k}}{1 + tC_v}$

式中 $f_{cu,0}$——混凝土的配制强度，MPa；

$f_{cu,k}$——设计的混凝土立方体抗压强度标准值，MPa；

σ——混凝土强度标准差，MPa；

C_v——混凝土强度变异系数；

t——概率度。

当设计要求的混凝土强度等级已知，混凝土的配制强度则可按下式确定：
$$f_{cu,0} = f_{cu,k} - t\sigma$$
根据现行行业标准《普通混凝土配合比设计规程》JGJ 55 的规定：
$$f_{cu,0} \geqslant f_{cu,k} + 1.645\sigma$$
即混凝土强度的保证率为 95%，对应 $t=-1.645$。混凝土强度标准差 σ 应根据施工单位统计资料，按下列规定确定：

当施工单位具有近期的同一品种混凝土强度资料时，其混凝土强度标准差 σ 应按下列公式计算：
$$\sigma = \sqrt{\frac{\sum_{i=1}^{n} f_{cu,i}^2 - n/m_{fcu}^2}{n-1}}$$

式中 $f_{cu,i}$——统计周期内同一品种混凝土第 i 组试件的强度值，MPa；

m_{fcu}——统计周期内同一品种混凝土 n 组强度的平均值，MPa；

n——统计周期内同一品种混凝土试件的总组数，$n \geqslant 25$。

当混凝土强度等级不大于 C30 时，其强度标准差计算值低于 3.0MPa 时，计算配制强度用的标准差应取不小于 3.0MPa 的数值；当强度等级大于 C30 且小于 C60 时，其强度标准差计算值低于 4.0MPa 时，计算配制强度用的标准差应不小于 4.0MPa。

注："同一品种混凝土"系指混凝土强度等级相同且生产工艺和配合比基本相同的混凝土。

当施工单位不具有近期的同一品种混凝土强度资料时，其混凝土强度标准差 σ 可按表 4-29 取用。

σ 值（MPa）　　　表 4-29

混凝土强度等级	低于 C20	C20~C35	高于 C35
σ	4.0	5.0	6.0

当设计强度等级 $\geqslant$ C60 时，配制强度应按下式确定：
$$f_{cu,0} \geqslant 1.15 f_{cu,k}$$

遇有下列情况时应适当提高混凝土配制强度：

1）现场条件与试验条件有显著差异时；

2）重要工程和对混凝土有特殊要求时；

3）C30 及其以上强度等级的混凝土，工程验收可能采用非统计方法评定时。

（2）初步确定水胶比值 $\left(\dfrac{W}{B}\right)$

根据已测定的胶凝材料 28d 胶砂抗压强度 f_b、粗骨料种类及所要求的混凝土配制强度 ($f_{cu,0}$)，按混凝土强度公式计算出所要求的水胶比值（适用于混凝土强度等级小于 C60）：
$$\frac{W}{B} = \frac{\alpha_a \cdot f_b}{f_{cu,0} + \alpha_a \cdot \alpha_b \cdot f_b}$$

式中 f_b——实测的经标准养护 28d 的水泥胶砂抗压强度或掺有粉煤灰、矿粉等混合胶凝材料的胶砂强度（MPa）。

当无试验条件时，水泥 28d 胶砂抗压强度值可按下式确定：

$$f_{ce} = \gamma_c \cdot f_{ce,g}$$

式中 f_{ce}——水泥 28d 抗压强度值；

$f_{ce,g}$——水泥强度等级值。

若混凝土中掺加粉煤灰或矿粉时，混合胶凝材料的胶砂强度可按下式计算：

$$f_b = \gamma_f \cdot \gamma_s \times f_{ce}$$

式中 γ_c——水泥出厂时强度富余系数，可按实际统计资料确定；

γ_f、γ_s——粉煤灰影响系数和矿粉影响系数，可按表 4-30 选用。

粉煤灰影响系数和矿粉影响系数 表 4-30

种类 掺量（%）	粉煤灰影响系数 γ_f	矿粉影响系数 γ_s
0	1.00	1.00
10	0.85～0.95	1.00
20	0.75～0.85	0.95～1.00
30	0.65～0.75	0.90～1.00
40	0.55～0.65	0.80～0.90
50	—	0.70～0.85

为了保证混凝土必要的耐久性，水胶比还不得大于表 4-24 中规定的最大水胶比值，如计算所得的水胶比大于规定的最大水胶比值时，应取规定的最大水胶比值。

(3) 确定每 1m³ 混凝土的用水量（m_{w0}）

用水量的多少，主要根据所要求的混凝土坍落度值及所用骨料的种类、规格来选择。所以应先考虑工程种类与施工条件，按表 4-18 确定适宜的坍落度值，再参考表 4-20 定出每 1m³ 混凝土的用水量。

对流动性、大流动性混凝土（坍落度大于 90mm）的用水量的计算见 4.2.1 节。

另外，单位用水量也可按下式大致估算：

$$m_{w0} = \frac{10}{3}(T+K)$$

式中 m_{w0}——每 1m³ 混凝土用水量，kg；

T——混凝土拌合物的坍落度，cm；

K——系数，取决于粗骨料种类与最大粒径，可参考表 4-31 取用。

混凝土单位用水量计算公式中的 K 值 表 4-31

系数	碎石				卵石			
	最大粒径（mm）							
	10	20	40	80	10	20	40	80
K	57.5	53.0	48.5	44.0	54.5	50.0	45.5	41.0

注：1. 采用火山灰硅酸盐水泥时，增加 4.5～6.0；

2. 采用细砂时，增加 3.0。

混凝土掺外加剂时，用水量可按下式计算：

$$m_{w0} = m'_{w0} \cdot (1 - \beta)$$

式中　m_{w0}——掺外加剂时每立方米混凝土的用水量，kg；

m'_{w0}——未掺外加剂时推定的满足实际坍落度要求的每立方米混凝土的用水量，kg；

β——外加剂的减水率，%。

（4）计算混凝土的胶凝材料用量（m_{b0}）、矿物掺合料用量（m_{f0}）和水泥用量（m_{c0}）

根据确定的 $1m^3$ 混凝土的用水量（m_{w0}）和得到的水胶比（W/B），可按下式计算每立方米混凝土的胶凝材料用量（m_{b0}）：

$$m_{b0} = \frac{m_{w0}}{W/B}$$

式中　m_{b0}——每立方米混凝土的胶凝材料用量，kg。

每立方米混凝土中矿物掺合料的用量（m_{f0}）按下式计算：

$$m_{f0} = m_{b0} \cdot \beta_f$$

式中　m_{f0}——每立方米混凝土中矿物掺合料用量，kg；

β_f——矿物掺合料掺量，%。

每立方米混凝土的水泥用量（m_{c0}）按下式计算：

$$m_{c0} = m_{b0} - m_{f0}$$

式中　m_{c0}——每立方米混凝土的水泥用量，kg。

（5）计算外加剂用量（m_{a0}）

每立方米混凝土的外加剂用量（m_{a0}）按下式计算：

$$m_{a0} = m_{b0} \cdot \beta_a$$

式中　m_{a0}——每立方米混凝土中外加剂用量，kg；

β_a——外加剂掺量，%。

（6）选取合理的砂率值（β_s）

合理的砂率值主要应根据混凝土拌合物的坍落度、黏聚性及保水性等特征来确定。一般应通过试验找出合理砂率。如无使用经验，则可按骨料种类、规格及混凝土的水灰比，参考

表 4-21 选用合理砂率。坍落度小于 10mm 或大于 60mm 的混凝土砂率确定，见 4.2.1 节。

另外，砂率也可根据以砂填充石子空隙并稍有富余，以拨开石子的原则来确定。根据此原则可列出砂率计算公式如下：

$$\beta_s = \frac{m_s}{m_s + m_g}; V_{os} = V_{og} \cdot P'$$

$$\beta_s = \gamma \frac{m_s}{m_s + m_g} = \gamma \frac{\rho'_{os} \cdot V_{os}}{\rho'_{os} \cdot V_{os} + \rho'_{og} \cdot V_{og}}$$

$$= \gamma \frac{\rho'_{os} \cdot V_{og} \cdot P'}{\rho'_{os} \cdot V_{og} \cdot P' + \rho'_{og} \cdot V_{og}} = \gamma \frac{\rho'_{os} \cdot P'}{\rho'_{os} \cdot P' + \rho'_{og}}$$

式中 β_s——砂率，%；

m_s、m_g——分别为每 $1m^3$ 混凝土中砂及石子用量，kg；

V_{os}、V_{og}——分别为每 $1m^3$ 混凝土中砂及石子堆积体积，m^3；

ρ'_{os}、ρ'_{og}——分别为砂和石子堆积密度，kg/m^3；

P'——石子空隙率，%；

γ——砂浆剩余系数，又称拨开系数，一般取 1.1～1.4。

(7) 计算粗、细骨料的用量（m_{g0}）及（m_{s0}）

粗、细骨料的用量可用体积法或假定表观密度法求得。

1) 体积法 假定混凝土拌合物的体积等于各组成材料绝对体积和混凝土拌合物中所含空气的体积之总和。因此在计算 $1m^3$ 混凝土拌合物的各材料用量时，可列出下式：

$$\frac{m_{c0}}{\rho_c} + \frac{m_{f0}}{\rho_f} + \frac{m_{s0}}{\rho_s} + \frac{m_{g0}}{\rho_g} + \frac{m_{w0}}{\rho_w} + 0.01\alpha = 1$$

又根据已知的砂率可列出下式：

$$\frac{m_{s0}}{m_{s0} + m_{g0}} \times 100\% = \beta_s \%$$

式中 ρ_c——水泥密度，kg/m^3；

ρ_f——矿物掺合料密度，kg/m^3；

ρ_g——粗骨料表观密度，kg/m^3；

ρ_s——细骨料表观密度，kg/m^3；

ρ_w——水的密度，kg/m^3；

α——混凝土含气量百分数（%），在不使用引气型外加剂时，α 可取为 1。

由以上两个关系式可求出粗、细骨料的用量。

2) 假定表观密度法（质量法） 根据经验，如果原材料情况比较稳定，所配制的混凝土拌合物的表观密度将接近一个固定值，这就可先假设（即估计）一个混凝土拌合物表观密度

ρ_{oh}（kg/m³），因此可列出下式：

$$m_{c0} + m_{f0} + m_{s0} + m_{g0} + m_{w0} = \rho_{oh}$$

同样根据已知砂率可列出下式：

$$\frac{m_{s0}}{m_{s0} + m_{g0}} \times 100\% = \beta_s\%$$

由以上两个关系式可求出粗、细骨料的用量。

在上述关系式中，ρ_c 取 2900~3100kg/m³，ρ_w = 1000kg/m³，ρ_g 及 ρ_s 应由试验测得，ρ_{oh} 可根据累积的试验资料确定，在无资料时可根据骨料的近似密度、粒径以及混凝土强度等级，在 2350~2450kg/m³ 的范围内选取。

通过以上七个步骤便可将水、水泥、砂和石子的用量全部求出，得到初步配合比，供试配用。

注：以上混凝土配合比计算公式和表格，均以干燥状态骨料为基准（干燥状态骨料系指含水率小于 0.5% 的细骨料或含水率小于 0.2% 的粗骨料），如需以饱和面干骨料为基准进行计算时，则应作相应的修改。

2. 配合比的试配、调整与确定

（1）配合比的试配、调整

以上求出的各材料用量，是借助于一些经验公式和数据计算出来的，或是利用经验资料查得的，因而不一定能够符合实际情况，在工程中，应采用工程中实际使用的原材料。混凝土的搅拌、运输方法也应与生产时使用的方法相同，通过试拌调整，直到混凝土拌合物的和易性符合要求为止，然后提出供检验混凝土强度用的基准配合比。以下介绍和易性的调整方法：

按初步配合比称取材料进行试拌。混凝土拌合物搅拌均匀后应测定坍落度，并检查其黏聚性和保水性能的好坏。如坍落度不满足要求，或黏聚性和保水性不好时，则应在保持水灰（胶）比不变的条件下相应调整用水量或砂率。当坍落度低于设计要求，可保持水灰（胶）比不变，增加适量水泥浆。如坍落度太大，可在保持砂率不变条件下增加骨料。如出现含砂不足，黏聚性和保水性不良时，可适当增大砂率；反之应减小砂率。每次调整后再试拌，直到符合要求为止。当试拌调整工作完成后，应测出混凝土拌合物的表观密度（$\rho_{oh实}$）。

经过和易性调整试验得出的混凝土基准配合比，其水灰（胶）比值不一定选用恰当，其结果是强度不一定符合要求。所以应检验混凝土的强度。一般采用三个不同的配合比，其中一个为基准配合比，另外两个配合比的水灰（胶）比值，应较基准配合比分别增加及减少 0.05，其用水量应该与基准配合比相同，砂率值可分别增加或减少 1%。每种配合比制作一组（三块）试块，标准养护 28d 试压（在制作混凝土强度试块时，尚需检验混凝土拌合物的和易性及测定表观密度,并以此结果作为代表这一配合比的混凝土拌合物的性能)。

注:在有条件的单位可同时制作一组或几组试块,供快速检验或较早龄期时试压,以便提前定出混凝土配合比供施工使用,但以后仍必须以标准养护 28d 的检验结果为准,调整配合比。

(2) 配合比的确定

由试验得出的各灰水比的混凝土强度,用作图法或计算求出与 $f_{cu,0}$ 相对应的灰水比值,并按下列原则确定每立方米混凝土的材料用量:

用水量(m_w)——取基准配合比中的用水量值,并根据制作强度试块时测得的坍落度(或维勃稠度)值,加以适当调整;

胶凝材料用量(m_b)——取用水量乘以经试验定出的、为达到 $f_{cu,0}$ 所必需的胶水比值;

粗、细骨料用量(m_g)及(m_s)——取基准配合比中的粗、细骨料用量,并按定出的水灰(胶)比值作适当调整。

(3) 混凝土表观密度的校正

配合比经试配、调整确定后,还需根据实测的混凝土表观密度($\rho_{oh实}$)作必要的校正,其步骤为:

计算出混凝土的计算表观密度值($\rho_{oh计}$):

$$\rho_{oh计} = m_c + m_f + m_g + m_s + m_w$$

将混凝土的实测表观密度值($\rho_{oh实}$)除以 $\rho_{oh计}$ 得出校正系数 δ,即:

$$\delta = \frac{\rho_{oh实}}{\rho_{oh计}}$$

当 $\rho_{oh实}$ 与 $\rho_{oh计}$ 之差的绝对值不超过 $\rho_{oh计}$ 的 2% 时,由以上定出的配合比,即为确定的设计配合比;若二者之差超过 2% 时,则须将已定出的混凝土配合比中每项材料用量均乘以校正系数 δ,即为最终定出的设计配合比。

另外,通常简易的做法是通过试压,选出既满足混凝土强度要求,水泥用量又较少的配合比为所需的配合比,再作混凝土表观密度的校正。

若对有特殊要求的混凝土,如抗渗等级不低于 P6 级的抗渗混凝土、抗冻等级不低于 F50 级的抗冻混凝土、高强混凝土、大体积混凝土等,其混凝土配合比设计应按现行行业标准《普通混凝土配合比设计规程》JGJ 55 有关规定进行。

3. 施工配合比

设计配合比,是以干燥材料为基准的,而工地存放的砂、石材料都含有一定的水分。所以现场材料的实际称量应按工地砂、石的含水情况进行修正,修正后的配合比,叫作施工配合比。工地存放的砂、石的含水情况常有变化,应按变化情况,随时加以修正。

现假定工地测出砂的含水率为 W_s、石子的含水率为 W_g,则将上述设计配合比换算为施工配合比,其材料的称量应为:

$$m'_c = m_c \text{(kg)}$$
$$m'_f = m_f$$
$$m'_s = m_s(1+W_s)\text{(kg)}$$
$$m'_g = m_g(1+W_g)\text{(kg)}$$
$$m'_w = m_w - m_s \cdot W_s - m_g \cdot W_g \text{(kg)}。$$

4.5 其他品种混凝土

人类进入 21 世纪后，为全面改善人类工作与生存环境，满足越来越高的安全、舒适、美观、耐久的要求，对水泥及混凝土的数量需求越来越大，性能要求越来越高，如大跨度结构和高层建筑要求混凝土有更高的强度；地下工程、基础工程、水利工程和港口工程要求混凝土有更好的抗渗性能和抗腐蚀性能；房屋建筑工程要求混凝土具有良好的保温隔热和隔声性能；化工工业要求混凝土具有抗各种腐蚀介质（酸、碱、盐）的耐蚀性能；冶金建材工业要求混凝土具备耐热性；核工业发展要求混凝土具有防辐射性；公路建设要求混凝土具有高抗裂性、高耐磨性和抗冻性等等。现代经济和工业的发展促进了混凝土技术的发展，混凝土技术的发展又反过来促进了工业及科技的更大进步。随着混凝土技术的进步和混凝土使用的工程经验的积累，研制、开发和使用了许多能满足不同工程要求的不同品种混凝土。它们都是在普通混凝土的基础上发展而来，与普通混凝土相比，这些混凝土或因材料组成不同、或因施工工艺不同而具有某些特殊性能，且对混凝土质量和可持续发展影响不同。

本节只对工程上应用较多的几种混凝土加以介绍，并且把侧重点放在材料组成、技术特点、工程应用、配合比设计要点和使用注意事项，以及对混凝土质量提高和可持续发展的影响等几个方面。

4.5.1 泵送混凝土

泵送混凝土是指混凝土拌合物在混凝土泵的推动下，沿输送管道进行输送并在管道出口处直接浇筑的混凝土。泵送混凝土适用于场地狭窄的施工现场及大体积混凝土结构物和高层建筑的施工，是国内外建筑施工中广泛使用的一种混凝土。

泵送混凝土必须具有良好的可泵性，即混凝土拌合物在输送过程中能顺利通过管道、摩擦阻力小、不离析、不阻塞和均匀稳定性良好的性能。一般用坍落度值和相对压力泌水率来评定。

泵送混凝土配合比设计与普通混凝土相同，但在配合比设计过程中应注意以下几点：

（1）相对泌水率和坍落度

泵送混凝土的相对泌水率不宜大于 40%。

根据泵送高度的不同，泵送混凝土的坍落度一般在 100~200mm 之间，可参照现行行业标准《混凝土泵送施工技术规程》JGJ/T 10 选用。泵送混凝土的试配坍落度应满足如下要求：

$$T_1 = T_p + \Delta T$$

式中　T_1——试配时要求的坍落度，mm；

　　　T_p——浇筑前要求的入泵坍落度值，mm；

　　　ΔT——运输过程中预计的坍落度经时损失，mm。

（2）原材料和配合比参数

泵送混凝土应掺用泵送剂、高效减水剂和粉煤灰、磨细矿渣等矿物掺合料，最小胶凝材料用量（包括水泥和矿物掺合料）不宜少于 300kg/m³。

泵送混凝土应选择具有连续级配且级配良好的粗骨料，还要严格控制骨料中针、片状颗粒含量小于 10%，最大骨料粒径宜小于输送管道管径的 1/3；细骨料也应具有良好级配，尽量采用细度模数在 2.5~3.0 之间的中砂；通过 0.315mm 筛孔上的颗粒含量不应少于 15%。

泵送混凝土的水灰比宜在 0.40~0.60 之间。

泵送混凝土的砂率宜为 38%~45%。

新拌混凝土的含气量应控制在 2.5%~4.5%。

对于超高泵送宜采用扩展度大于 600mm、黏聚性优良的新拌混凝土。

4.5.2　自密实混凝土

自密实混凝土是指具有高流动性、均匀性和稳定性，浇筑时无须外力振捣，能够在自重作用下流动并充满模板空间的混凝土。

新拌自密实混凝土应满足自密实性的要求，新拌混凝土的自密实性包括填充性、间隙通过性和抗离析性三个方面的内容。

填充性是指混凝土拌合物在无需振捣的情况下，能均匀密实成型的性能；用坍落扩展度或扩展时间表征。

间隙通过性是指混凝土拌合物均匀通过狭窄间隙的性能；可用 L 形箱、U 形箱或 J 环扩展度试验测量。

抗离析性是指混凝土拌合物中各组分保持均匀分散的性能；可用离析率筛析试验或粗骨料振动离析率跳桌试验测量。

自密实混凝土宜采用硅酸盐水泥和普通硅酸盐水泥，掺入粉煤灰、矿粉和硅灰等掺合料；粗骨料宜采用空隙率小、连续级配的石子，最大粒径不宜大于 20mm，针、片状颗粒含量应小于8%，含泥量小于1.0%、泥块含量小于0.5%；细骨料宜采用Ⅱ区中砂，天然砂的含泥量应小于3%，泥块含量小于1%；机制砂的石粉含量符合标准要求。外加剂优先选用高性能减水剂，必要时可掺入增稠剂。

自密实混凝土配合比宜采用绝对体积法进行设计，用水量宜小于$175kg/m^3$，水胶比小于0.45，胶凝材料用量在$400\sim550kg/m^3$，粗骨料的体积用量在$0.28\sim0.35$之间，根据填充性要求选取和确定。自密实混凝土配合比的突出特点是：高砂率、低水胶比、高矿物掺合料掺量，以及采用高性能减水外加剂调节用水量。

由于自密实混凝土粗集料用量相对较少（$\leqslant1000kg/m^3$），故弹性模量相对于普通混凝土而言稍低，干燥收缩较大，易产生收缩裂缝，可掺用减缩剂或微膨胀剂，并加强早期保湿养护，预防或减少因收缩过大引起的裂缝。

4.5.3 高强混凝土

高强混凝土是指强度等级高于C60混凝土。近年来，高强混凝土在国内外得到了普遍应用。其特点是强度高、变形小，能适应现代工程结构向大跨度、重载、高耸方向发展的需要。目前我国已经在实际工程中应用了C120强度等级的混凝土。

1. 组成材料的选择

配制高强混凝土的技术途径：一是提高水泥石基材本身的强度；二是增强水泥石与骨料界面的胶结能力；三是选择性能优良的混凝土骨料。高强度等级的硅酸盐水泥、高效减水剂、高活性的超细矿物掺合料以及优质粗骨料是配制高强混凝土的基础，低水灰比是高强技术的关键，获得高密实度水泥石、改善水泥石和骨料的界面结构、增强骨料骨架作用是主要环节。高强混凝土的材料选择应注意以下几点：

（1）选用高强度等级水泥

应选用质量稳定、强度等级不低于42.5的硅酸盐水泥或普通硅酸盐水泥。在控制新拌混凝土水化热的基础上，水泥细度应比一般水泥稍细，以保证水泥强度正常发挥，水泥用量不宜过高。建议水泥用量不宜超过$550kg/m^3$，为控制胶骨比，胶凝材料总用量不宜超过$600kg/m^3$。

（2）选用优质高效减水剂

高强混凝土的水灰比多在$0.24\sim0.34$之间，有的更低。在这样低的水灰比下，要保证混凝土拌合物具有足够的和易性，以获得高密实性的混凝土，就必须使用高性能减水剂或高效减水剂。

（3）使用高活性超细矿物掺合料

在水灰比较低的混凝土中，有一部分水泥是永远不能水化的，只能起填充作用，同时还会妨碍水泥的进一步水化。用高活性超细矿物质掺合料代替这部分水泥，可以促进水泥水化，减少水泥石孔隙率，改善水泥石孔径分布和骨料与水泥石界面结构，从而提高混凝土强度及耐久性。常用的超细矿物掺合料有硅灰、优质粉煤灰和磨细矿渣等。将不同矿物掺合料复合使用效果更好。

(4) 选用优质骨料

粗骨料应表面洁净、强度高，针、片状颗粒含量小，级配优良，骨料粒径不宜超过 25mm；细骨料宜采用中砂，细度模数宜大于 2.6，而且颗粒级配要良好，含泥量低。

2. 配合比参数的确定

(1) 普通混凝土强度计算经验公式（保罗米公式）不适用高强混凝土，水灰比或水胶比（水与水泥和矿物掺合料总量的质量比）应根据现有试验资料的经验数据选取采用。

(2) 外加剂和矿物掺合料的品种、掺量应通过试验确定。

(3) 高强混凝土的水灰比小、水泥用量较大，因此，最优砂率一般比普通混凝土小，应根据施工工艺通过试验确定。

3. 应用

高强混凝土采用的原材料、配合比设计、施工和质量检验应符合现行行业标准《高强混凝土应用技术规程》JGJ/T 281 的规定。

使用高强混凝土可获得明显的工程效益和经济效益。但随着强度的提高，混凝土抗拉强度与抗压强度的比值将会降低，脆性相对增大；由于水泥用量相对增大，水化热温升引起的温度裂缝问题相对比较突出，应采取相应措施防止早期温度裂缝的产生。

4.5.4 轻混凝土

轻混凝土是指干表观密度不大于 $1950kg/m^3$ 的混凝土，包括轻骨料混凝土、多孔混凝土（加气混凝土和泡沫混凝土）和大孔混凝土三类。

1. 轻骨料混凝土

用轻粗骨料、轻砂（或普通砂）、水泥和水配制的混凝土，称为轻骨料混凝土。粗、细骨料均采用轻质材料配制的混凝土称为全轻混凝土，多用作保温材料或结构保温材料。用轻粗骨料和普通砂配制的混凝土称为砂轻混凝土，可用作承重的结构材料。

(1) 轻骨料

堆积密度小于 $1000kg/m^3$，粒径大于 5mm 的骨料称为轻粗骨料；堆积密度小于 $1200kg/m^3$，粒径小于 5mm 的骨料称为轻细骨料。轻骨料按来源可分为工业废料轻骨料，如粉煤灰陶粒、自燃煤矸石、膨胀矿渣珠、煤渣等；天然轻骨料，如浮石、火山渣等；人工轻骨料，如页岩陶粒、黏土陶粒、膨胀珍珠岩、烧结煤矸石等。按其粒形可分为圆球型、普通型和碎石型三种。

轻骨料的制造方法基本可分为烧胀法和烧结法两种。烧胀法是将原料破碎、筛分后经高温烧胀（如膨胀珍珠岩），或将原料加工成粒再经高温烧胀（如黏土陶粒、圆球型页岩陶粒）。由于原料中所含水分或气体在高温下发生膨胀，形成内部具有微细气孔结构和表面由一层硬壳包裹的陶粒；烧结法是将原料加入一定量胶结剂和水，经加工成粒，在高温下烧至部分熔融而成的多孔结构的陶粒，如粉煤灰陶粒。

轻骨料的技术要求，主要包括堆积密度、颗粒级配、筒压强度、吸水率四项，同时对耐久性、安定性和有害杂质含量等也有一定要求。

按堆积密度的大小，轻粗骨料分为 300、400、500、600、700、800、900、1000 八个密度等级；轻细骨料也分为 500、600、700、800、900、1000、1100、1200 八个密度等级。轻骨料堆积密度的大小直接影响所配制混凝土的表观密度。

在轻骨料混凝土中，轻粗骨料的强度对混凝土强度影响很大，是决定混凝土强度的主要因素。表示轻骨料强度高低的指标是筒压强度，采用筒压法测定，方法是将轻骨料装入 115mm×100mm 的标准承压筒中，通过冲压模施加压力，用压入深度为 20mm 时的压力值除以承压面积（100cm²）即得筒压强度（MPa）。

轻骨料的筒压强度并不是它在混凝土中的真实强度，筒压法测定轻粗骨料强度时，荷载传递是通过颗粒间接触点传递，而在混凝土中，骨料被砂浆包裹，处于受周围硬化砂浆约束的状态，硬化砂浆外壳能起拱架作用，所以混凝土中轻骨料的承压强度要比筒压强度高得多。

轻骨料的吸水率比普通砂石大，对混凝土拌合物的和易性、水灰比及强度有显著影响。在轻骨料混凝土配合比设计时，如采用不预湿处理的骨料则需根据轻骨料的吸水率计算出被轻骨料吸收的"附加水量"。附加水量可根据轻骨料的 1h 吸水率和含水情况确定，轻骨料 1h 吸水率：粉煤灰陶粒应不大于 22％；黏土陶粒和页岩陶粒应不大于 10％。

（2）轻骨料混凝土的技术性质

1）和易性

轻骨料具有表观密度小、表面粗糙多孔、吸水性强的特点，轻骨料混凝土拌合物的黏聚性、保水性好，但流动性较差。若加大流动性，则振捣时会出现骨料上浮，造成离析。轻骨料混凝土的拌合用水量由两部分组成，一部分使拌合物获得要求的流动性，称为净用水量；另一部分为轻骨料 1h 的吸水量，称为附加水量。

2）表观密度

轻骨料混凝土按其干表观密度共划分为十四个等级，由 600～1900kg/m³，每增加 100kg/m³ 为一个等级，每个密度等级有一定的变化范围，如 800 密度等级的变化范围为 760～850kg/m³，其余依次类推。

3）抗压强度

根据边长为 150mm 的立方体试件，标准养护 28d 的抗压强度标准值，把轻骨料混凝土划分为 LC5.0、LC7.5、LC10、LCl5、LC20、LC25、LC30、LC35、LC40、LC45、LC50、LC55 和 LC60 共十三个强度等级。

虽然轻骨料强度较低,但轻骨料混凝土可达到较高的强度。这是因为轻骨料表面粗糙而内部多孔,早期的吸水作用使水灰比变小,从而提高了轻骨料与水泥石的界面粘结力。混凝土受力破坏时不是沿界面破坏,而是轻骨料本身先遭到破坏。对低强度的轻骨料混凝土,也可能是水泥石先开裂,然后裂缝向骨料延伸。因此轻骨料混凝土的强度主要取决于轻骨料的强度和水泥石的强度。

轻骨料混凝土的弹性模量一般较普通混凝土低25%~65%,有利于改善建筑物的抗震性能和抵抗动荷载的作用。由于轻骨料弹性模量低,不能有效地阻止水泥石收缩,轻骨料混凝土的干缩及徐变较大。

4)热工性能

轻骨料混凝土具有较优良的保温性能。由于轻骨料具有较多孔隙,故其隔热性能较好,干燥状态下,导热系数为 $0.18 \sim 1.01 W/(m \cdot K)$,随着表观密度和含水率的增加,导热系数增大。

(3)轻骨料混凝土配合比设计及施工要点

1)轻骨料混凝土的配合比设计,除应满足强度、和易性、耐久性、经济等要求外,还应满足表观密度要求;

2)轻骨料混凝土的水灰比以净水灰比表示,即不包括轻骨料1h的吸水量在内的净用水量与水泥用量之比;

3)轻骨料易上浮,不易搅拌均匀,应使用强制式搅拌机,且搅拌时间应比普通混凝土长;

4)拌合物的运输距离应尽量缩短,若出现坍落度损失或离析较严重时,浇筑前宜采用人工二次拌合;

5)轻骨料混凝土拌合物应采用机械振捣成型,对流动性大者,也可采用人工插捣成型,对干硬性拌合物,宜采用振动台和表面加压成型;

6)浇筑成型后,应避免由于表面失水太快引起表面网状裂纹,早期应加强潮湿养护,养护时间一般不少于7~14d。若采用蒸汽养护,则升温速度不宜太快,但采用热拌工艺,则允许快速升温。

2. 泡沫混凝土

多孔混凝土分为加气混凝土和泡沫混凝土。其中,加气混凝土适合在工厂制作,且性能较好,主要用于建筑工程;泡沫混凝土可以在现场生产制作,可用于土木、水利和建筑等各个领域。

泡沫混凝土是将水泥浆和泡沫拌合后,经硬化而得的多孔混凝土。常用泡沫混凝土的干表观密度为 400～800kg/m³。泡沫由泡沫剂通过机械方式（搅拌或喷吹）而得。常用泡沫剂有松香皂泡沫剂和水解血泡沫剂。松香皂泡沫剂是烧碱加水，溶入松香粉熬成松香皂，再加入动物胶液而成。水解血泡沫剂是由新鲜畜血加苛性钠、盐酸、硫酸亚铁及水制成。泡沫剂用水稀释后，经机械方式可以产生稳定泡沫。泡沫混凝土主要用于现场浇筑制作，常采用自然养护。

泡沫混凝土广泛应用于土木建筑工程的各个领域，如在公路改扩建、软基地区的基础处理、建筑保温、防护工程、矿井和坑道填充、水利工程的回填等工程领域。现浇泡沫混凝土可以机械化高效施工，大方量浇筑，效率高。

3. 大孔混凝土

大孔混凝土是以粒径相近的粗骨料、水泥和水等配制而成的混凝土，包括不用砂的无砂大孔混凝土和为提高强度而加入少量砂的少砂大孔混凝土。

大孔混凝土中水泥浆主要起包裹粗骨料的表面和胶结粗骨料的作用，大孔混凝土的体积密度和强度与骨料的品种和级配有很大的关系。采用轻粗骨料配制时，表观密度一般为 800～1500kg/m³，抗压强度为 1.5～7.5MPa；采用普通粗骨料配制时，表观密度一般为 1500～1950kg/m³，抗压强度为 3.5～30MPa；采用单一粒级粗骨料配制的大孔混凝土较混合粒级的大孔混凝土的体积密度小、强度低，但均质性好，保温性好。大孔混凝土导热系数较小，吸湿性较小，收缩较普通混凝土小 30%～50%，抗冻性可达 F15～F25，水泥用量仅 200～450kg/m³。

大孔混凝土主要用于透水混凝土铺设路面地坪，也用于现浇墙体等。南方地区主要使用普通骨料大孔混凝土，北方地区则多使用轻骨料大孔混凝土。

4.5.5 水泥路面混凝土和道面混凝土

水泥路面混凝土要求具有较好的抗冲击性能和耐磨性能。其配合比设计步骤和过程与普通混凝土相同，但强度指标、设计方法和配合比参数的选取与普通混凝土不同。现简要介绍如下：

1. 配制强度

路面混凝土以抗弯拉强度为强度指标，其配制强度（$f_{cf,0}$）按下式计算：

$$f_{cf,0} = k \cdot f_{cf,k}$$

式中　$f_{cf,0}$——混凝土的配制抗折强度，MPa；

　　　$f_{cf,k}$——混凝土的设计抗折强度，MPa；

　　　k——系数，施工水平较高者 $k=1.10$，一般者 $k=1.15$，或根据强度保证率和混凝土抗折强度变异系数 C_v，按下式计算：

$$k = \frac{1}{1 - tC_v}$$

混凝土抗折强度变异系数，应按施工单位统计强度偏差系数取值，无统计数据的情况下可从表 4-32 中选取。

混凝土抗折强度变异系数 C_v　　　　　　　表 4-32

施工管理水平	优秀	良好	一般	差
变异系数 C_v	<0.10	0.10～0.15	0.15～0.20	>0.20

2. 水灰比

根据混凝土粗骨料品种、水泥抗折强度和混凝土抗折强度等已知参数，按以下混凝土抗折强度统计经验公式估算水灰比：

碎石混凝土：$\dfrac{W}{C} = 1.5684/(f_{cf,0} + 1.0097 - 0.3485 f_{cef})$

卵石混凝土：$\dfrac{W}{C} = 1.2618/(f_{cf,0} + 1.5492 - 0.4565 f_{cef})$

式中　f_{cef}——水泥实际抗折强度，MPa；

　　　W/C——水灰比；

　　　$f_{cf,0}$——混凝土配制抗折强度，MPa。

以上计算出的水灰比还必须满足耐久性要求的最大水灰比的规定：高速公路、一级公路不应大于 0.44；二、三级公路不应大于 0.48；有抗冻要求的高速公路、一级公路不宜大于 0.42；有抗盐冻要求时的高速公路、一级公路不宜大于 0.40；有抗盐冻要求的二、三级公路不宜大于 0.44。

3. 混凝土的和易性

混凝土应具有与铺路机械相适应的和易性，以保证施工要求，施工中的稠度要求坍落度宜为 10～25mm。当坍落度小于 10mm 时，维勃稠度值宜为 10～30s。在搅拌设备离现场较远时，或夏季施工，坍落度会逐渐降低，对此应予以考虑适当调整。

4. 砂率

根据粗骨料品种、规格（最大粒径）及水灰比等参数，可参考表 4-33 选取。

混凝土拌合物砂率的范围（%）　　　　　　　表 4-33

水灰比	碎石最大粒径（mm）		卵石最大粒径（mm）	
	20	40	20	40
0.40	29～34	27～32	25～31	24～30
0.50	32～37	30～35	29～34	28～33

注：1. 表中数值为Ⅱ区砂的选用砂率。当采用Ⅰ区砂时，应采用较大砂率；采用Ⅲ区砂时，应采用较小砂率；
　　2. 当采用滑模施工时，应按滑模施工的技术规程的规定选用砂率。

5. 单位用水量

按如下经验公式计算单位用水量：

碎石混凝土：$W_0 = 104.97 + 0.309H + 11.27\dfrac{C}{W} + 0.61S_P$

卵石混凝土：$W_0 = 86.89 + 0.370H + 11.24\dfrac{C}{W} + S_P$

式中　W_0——混凝土的单位用水量，kg/m^3；

　　　H——混凝土拌合物的坍落度，mm；

　　C/W——灰水比；

　　　S_P——砂率，%。

水泥路面混凝土配合比设计中，用水量按骨料为饱和面干状态计算。骨料为干燥状态时应作适当调整，也可采用经验数值；当砂为粗砂或细砂及掺用外加剂或矿物掺合料时，用水量应酌情增减。

6. 水泥用量

路面混凝土应尽量选用铁铝酸四钙含量较高、铝酸三钙含量较低的水泥，以提高混凝土的抗折强度。路面混凝土水泥用量一般不少于 $300kg/m^2$，掺用粉煤灰时最小水泥用量不应小于 $250kg/m^3$；有抗冰冻性和抗盐冻性要求时，最小水泥用量不应小于 $320kg/m^2$，掺用粉煤灰时最小水泥用量不应小于 $270kg/m^3$。

7. 粗、细骨料的用量

粗骨料应选择比较坚硬耐磨岩石制造的石子，粗细骨料的用量按体积法确定，这里不再重述。

8. 配合比的试配、调整与确定

道路路面混凝土配合比的试配、调整与设计配合比的确定方法基本与普通混凝土的方法相同，唯一不同之处是应检验混凝土的抗折强度。为此，应同时配制满足和易性要求的、较计算水灰比大 0.03 和小 0.03 的另外两组混凝土试件，试件尺寸为 150mm×150mm×550mm，最后选取符合抗折强度要求的配合比。

民用机场水泥混凝土道面与公路混凝土道面类似，其混凝土设计强度、原材料要求、配合比设计等应符合现行行业标准《民用机场水泥混凝土道面设计规范》MH/T 5004 和《民用机场水泥混凝土面层施工技术规范》MH/T 5006 的有关规定。

4.5.6　防水混凝土

防水混凝土（又称抗渗混凝土）是指抗渗等级大于或等于 P6 级的混凝土。主要用于工业、民用建筑的地下工程（地下室、地下沟道、交通隧道、城市地铁等），储水构筑物（如水池、水塔等），取水构筑物以及处于干湿交替作用或冻融作用的工程（如桥墩、海港、码头、水坝等）。

防水混凝土一般分为普通防水混凝土、外加剂防水混凝土和膨胀剂防水混凝土。

混凝土是一种非匀质材料，其内部水泥石和界面区分布有许多大小不同的微细孔隙。这些微细孔隙可能是由于浇筑、振捣不良引起的，也可能是混凝土在凝固过程中由于多余水分蒸发等原因引起的。水的渗透就是通过这些孔隙和裂隙进行的，混凝土的透水性与水泥石和界面区中孔隙的大小、孔隙的连通程度有关。

1. 普通防水混凝土

普通防水混凝土通过调整配合比的方法，来改变混凝土内部孔隙的特征（形态和大小），堵塞漏水通路，从而使之不依赖其他附加防水措施，仅靠提高自身密实性达到防水的目的。

配制普通防水混凝土所用的水泥应泌水性小、水化热低，并具有一定的抗侵蚀性。普通防水混凝土的配合比设计，首先应满足抗渗性的要求，同时考虑抗压强度、施工和易性和经济性等方面的要求。必要时还应满足抗侵蚀性、抗冻性和其他特殊要求。其设计原理为：提高砂浆的不透水性，在粗骨料周围形成足够数量和良好质量的砂浆包裹层，并使粗骨料彼此隔离，有效阻隔沿粗骨料相互连通的渗水孔网。

2. 外加剂防水混凝土

外加剂防水混凝土，是通过掺加适宜品种和数量的外加剂，改善混凝土内部结构，隔断或堵塞混凝土中的各种孔隙、裂缝及渗水通道，以达到要求抗渗性的混凝土。常用外加剂有引气剂、防水剂、减水剂等。

3. 膨胀剂混凝土

普通水泥混凝土常因水泥石的收缩而开裂，不仅会破坏结构的整体性，形成渗漏途径，而且水和外界侵蚀性介质也会通过裂缝进入混凝土内部腐蚀钢筋。

为克服混凝土硬化收缩的缺点，可采用掺加膨胀剂配制防水混凝土，这种混凝土称为膨胀剂防水混凝土。膨胀混凝土在凝结硬化过程中能形成大量钙矾石，从而产生一定量的体积膨胀，一方面可增加混凝土的密实性，另一方面当膨胀变形受到来自外部的约束或钢筋的内部约束时，就会在混凝土中产生预压应力，使混凝土的抗裂性和抗渗性得到增强。

4.5.7 纤维混凝土

纤维混凝土是以混凝土为基体，外掺各种纤维材料而成。掺入纤维的目的是提高混凝土的抗拉强度和韧性，降低脆性。

工程上常用的纤维分为两类：一类为高弹性模量的纤维，包括玻璃纤维、钢纤维和碳纤维等；另一类为低弹性模量的纤维，如尼龙、聚丙烯、人造丝以及植物纤维等。高弹性模量纤维中钢纤维应用较多；低弹性模量纤维不能提高混凝土硬化后的抗拉强度，但能提高混凝土的抗冲击强度，所以其应用领域也逐渐扩大，其中聚丙烯纤维应用较多。

各类纤维中以钢纤维对抑制混凝土裂缝的形成、提高混凝土抗拉和抗弯强度、增加韧性效果最好。

纤维的种类、含量、几何形状及其在混凝土中的分布情况，对于纤维混凝土的性能有着重要影响。例如，钢纤维混凝土的抗弯强度或抗拉强度随着纤维含量（体积含量）和纤维长径比的增大而增大。但增强效果并不随纤维含量成比例增长。通常，最佳纤维含量在2%~3%之间。纤维长径比的影响则更为复杂，增大纤维的长径比能改善纤维和基体的界面粘结，提高抗弯和抗拉强度；但过大的长径比会显著影响纤维混凝土的和易性，严重时还会出现纤维弯折或成团，破坏拌合物的均匀性，使强度降低。一般情况下，钢纤维的长径比以60~100为宜。钢纤维的形状有平直状、波纹状和两头带钩等。变形的钢纤维与基体粘结好，比光面纤维能更有效地承担应力，利于提高纤维混凝土的强度。

混凝土掺入钢纤维后，抗压强度提高不大，但抗拉强度和抗弯强度可提高1.5~2.5倍，抗冲击强度可提高5~10倍，延性和韧性大幅度提高。从受压试件破坏的形式看，试件破坏时无碎块，无崩裂，基本保持原来形状。

钢纤维混凝土是一种抗冲击和吸收变形能力强的韧性材料，目前已逐渐应用在飞机跑道、断面较薄的轻型结构和压力管道等。随着纤维混凝土的深入研究，纤维混凝土在建筑工程中将得到广泛的应用。有关应用技术可参见《纤维混凝土应用技术规程》JGJ/T 221—2010。

4.5.8 高性能混凝土

高性能混凝土是指以建设工程设计、施工和使用对混凝土性能特定要求为总体目标，选用优质常规原材料，合理掺加外加剂和矿物掺合料，采用较低水胶比并优化配合比，通过预拌和绿色生产方式以及严格的施工措施，制成具有优异的拌合物性能、力学性能、耐久性能和长期性能的混凝土。它是以工程设计、施工和使用对性能的特定要求为目标的一类混凝土，并对生产方式和施工提出了要求。

按现行国家标准《高性能混凝土技术条件》GB/T 41054，高性能混凝土分为常规品高性能混凝土和特制品高性能混凝土，常规品高性能混凝土是指除特制品高性能混凝土之外符合高性能混凝土技术要求并常规使用的混凝土，而特制品高性能混凝土是指符合高性能混凝土技术要求的轻骨料混凝土、高强混凝土、自密实混凝土和纤维混凝土。

高性能混凝土的强度等级按立方体抗压强度标准值划分，常规品高性能混凝土有C30、C35、C40、C45、C50、C55六个等级；高强高性能混凝土有C60、C65、C70、C75、C80、C85、C90、C95、C100、C105、C110、C115十二个等级；自密实高性能混凝土有C30、C35、C40、C45、C50、C55、C60、C65、C70、C75、C80、C85、C90、C95、C100、C105、C110、C115十八个等级；钢纤维高性能混凝土有CF35、CF40、CF45、CF50、CF55、CF60、CF65、CF70、CF75、CF80、CF85、CF90、CF95、CF100、CF105、CF110、

CF115十七个等级；合成纤维高性能有 C30、C35、C40、C45、C50、C55、C60、C65、C70、C75、C80十一个强度等级；除轻骨料高性能混凝土外，用于预制制品的高性能混凝土强度等级不宜低于 C40。

高性能混凝土的耐久性能和长期性能要求为抗冻等级（快冻法）不小于 F250 或抗冻标号（慢冻法）不小于 D150；抗渗等级不小于 P12，抗硫酸盐等级不小于 KS120；84d 氯离子迁移系数不大于 $3.0 \times 10^{-12} m^2/s$ 或 28d 电通量不大于 1500C，当高性能混凝土中水泥混合材与矿物掺合料之和超过胶凝材料用量 50%时，电通量测试龄期可为 56d；28d 碳化深度不大于 15mm；有特殊抗裂、防渗要求的高性能混凝土 180d 干燥收缩率不宜超过 0.045%。

高性能混凝土的原材料应进行优选，水泥宜采用细度适中、水化热较小的硅酸盐水泥或普通硅酸盐水泥，骨料应符合现行行业标准《高性能混凝土用骨料》JG/T 568 的要求，矿物掺合料、外加剂、纤维和水可按现行国家标准《高性能混凝土技术条件》GB/T 41054 的要求选择。配合比设计要重视骨料的品质和骨料体系的设计，在满足拌合物性能和施工要求的情况下，宜尽量增加粗骨料用量，设计较低的拌合物流动性；混凝土中水泥、矿物掺合料、骨料中粒径小于 $75\mu m$ 的石粉、水、气体和外加剂的体积之和与混凝土的体积比（浆体比），对于 C50 以下的混凝土宜不大于 0.32，对于 C50～C60 的混凝土宜不大于 0.35，对于 C60 及以上的混凝土宜不大于 0.38；配合比参数应根据混凝土的使用环境按现行国家标准《高性能混凝土技术条件》GB/T 41054 的要求进行控制。

高性能混凝土应采用预拌和绿色生产方式生产，预拌是指在搅拌楼（站）生产、通过运输设备送至使用地点的、交付时为拌合物的生产方式，绿色生产则是指以节能、降耗、减污为目标，以管理和技术为手段，实施生产全过程污染控制，使污染物的产生量最少化的一种综合措施。高性能混凝土需要严格的施工措施，才能保证结构中硬化的混凝土达到采用高性能混凝土的目的，高性能混凝土的施工应符合现行国家标准《高性能混凝土技术条件》GB/T 41054的规定。

在工程采用高性能混凝土，对提高工程质量，推动建筑节材，降低工程全寿命周期的综合成本，发展循环经济，促进技术进步，推进混凝土行业结构调整具有重大意义，国家鼓励在土木工程中推广应用高性能混凝土。

4.5.9 聚合物混凝土

聚合物混凝土是指由有机聚合物、无机胶凝材料和骨料结合而成的混凝土，它体现了有机聚合物和无机胶凝材料的优点，并克服了水泥混凝土的一些缺点。聚合物混凝土一般可分为以下三种：

1. 聚合物水泥混凝土

聚合物水泥混凝土是以有机高分子材料和水泥共同作为胶凝材料而制得的混凝土。通常是在搅拌水泥混凝土的同时掺加一定量的有机高分子聚合物，水泥的水化和聚合物的固化同时进行，相互填充形成整体结构。但聚合物与水泥之间并不发生化学反应。

聚合物的掺入形态有胶乳、粉末和液体树脂等。工程上常用的有机聚合物有聚醋酸乙烯、苯乙烯、聚氯乙烯等。

与普通混凝土相比，聚合物水泥混凝土的抗拉和抗折强度高，延性、粘结性和抗渗、抗冲击、耐磨性能好，但耐热、耐火、耐候性较差。主要用于铺设无缝地面，也常用于修补混凝土路面和机场跑道面层、防水层等。

2. 树脂混凝土

树脂混凝土是指完全以液体树脂为胶结材料的混凝土。所用的骨料与普通混凝土相同。常用的树脂有不饱和聚酯树脂、酚醛树脂和环氧树脂等。

树脂混凝土具有硬化快、强度高、耐磨、耐腐蚀等优点，但成本较高。主要用作工程修复材料（如修补路面、桥面等）或制作耐酸储槽、铁路轨枕、核废料容器和人造大理石等。

3. 聚合物浸渍混凝土

聚合物浸渍混凝土是将有机单体渗入混凝土中，然后用加热或放射线照射的方法使其聚合，使混凝土与聚合物形成一个整体。

有机单体可用甲基丙烯酸甲酯、苯乙烯、醋酸乙烯、乙烯、丙烯腈、聚酯—苯乙烯等，最常用的是甲基丙烯酸甲酯。此外，还要加入催化剂和交联剂等。

聚合物浸渍混凝土的制作工艺通常是在混凝土制品成型、养护完毕后，先干燥至恒重并在真空罐内抽真空，然后使单体浸入混凝土中，浸渍后须在 80℃湿热条件下养护或用放射线照射（γ射线、X 射线等）使单体聚合。

在聚合物浸渍混凝土中，聚合物填充了混凝土的内部空隙，除了全部填充水泥浆中毛细孔外，很可能也大量进入了胶孔，形成连续的空间网络相互穿插，使聚合物和混凝土形成完整的结构。因此，这种混凝土具有高强度（抗压强度可达 200MPa 以上），高防水性（几乎不吸水、不透水），以及高抗冻性、高抗冲击性、高耐蚀性和高耐磨性等特点。

4.5.10 干硬性混凝土

拌合物坍落度小于 10mm 的混凝土称为干硬性混凝土。干硬性混凝土的和易性根据维勃稠度值的大小来划分。

干硬性混凝土的特点是用水量少，从而使粗骨料含量相对较大，粗骨料颗粒周围的砂浆包裹层较薄，能更充分地发挥粗骨料的骨架作用。因此，不仅可以节约水泥，而且在相同水灰比的条件下，可以提高混凝土密实性及强度。但干硬性混凝土抗拉强度与抗压强度的比值较低，脆性较显著。

干硬性混凝土由于可塑性小，必须采用强制式搅拌机搅拌，浇筑时应采用强力振捣器或加压振捣，否则将影响其强度及密实性。

干硬性混凝土主要应用于预制构件的生产，如钢筋混凝土管、钢筋混凝土柱和桩、钢筋混凝土板及电杆等。成型的方法多为振动法，即采用振动台或振动器将混凝土振捣密实，有时可采用振动加压法或辊碾法。对于圆形空心断面的预制品，如圆柱、管、桩等，则常采用离心浇筑法，即将混凝土拌合物放入高速旋转的钢模内，使其受离心力作用而密实成型。

混凝土预制构件的养护，常采用湿热处理的方法，即采用蒸汽养护或蒸压养护。蒸汽养护温度以90℃左右为宜。蒸汽养护混凝土，不仅可以加速混凝土硬化，而且可以提高混凝土的强度。蒸压养护的温度和压力分别在175℃和0.8MPa左右。

为了避免混凝土在湿热处理过程中因温度急剧变化而发生裂缝，均需经过试验确定适宜的升温、恒温及降温过程。

采用湿热养护的预制构件，应优先选用掺混合材料的硅酸盐水泥。如矿渣水泥、粉煤灰水泥和火山灰水泥等。

4.5.11 碾压混凝土

将混凝土拌合物薄层摊铺，经振动碾碾压密实的混凝土，称为碾压混凝土。

与普通混凝土相比，碾压混凝土具有水泥用量少、施工速度快、工程造价低、温度控制简单等特点，特别适用于坝工混凝土和道路混凝土。近年来，碾压混凝土在筑坝工程中得到了迅速发展。

根据胶凝材料用量（水泥和矿物掺合料）的多少，碾压混凝土分为超贫型、干贫型和大粉煤灰掺量型三种。超贫碾压混凝土的胶凝材料总量在100kg/m³以下，其中粉煤灰或其他矿物掺合料的用量不超过胶凝材料总量的30%，此类混凝土的水胶比比较大，约在0.9～1.5之间，因而强度低、孔隙率大，多用于小型水利工程和大坝围堰工程；干贫碾压混凝土的胶凝材料用量为110～130kg/m³，其中粉煤灰约占25%～30%，水胶比为0.7～0.9，多用于坝体内部；大粉煤灰掺量碾压混凝土的胶凝材料用量为150～250kg/m³，其中粉煤灰占50%～75%，水胶比约为0.5，此种混凝土水泥用量小，粉煤灰用量大，胶凝材料总量相对较大，有利于避免拌合物粗骨料分离并使层间粘结良好，且放热量低，节约水泥，在工程中应用较多。

碾压混凝土拌合物的和易性是指在运输和摊铺过程中不易发生骨料分离和泌水、在振动碾压过程中易于振实的性质。碾压混凝土为超干硬性混凝土，不能用传统的坍落度法来检验其和易性，维勃稠度法也不能给出满意测试结果。目前国内外多用 VC 值来表示。其测定方法为：在规定振动频率、振幅和压力作用下，拌合物从开始振动到表面泛浆所需的时间，用秒数 s 值表示。VC 值过大，表明混凝土过于干硬，施工过程中易发生骨料分离，且不易振动密实；VC 值过小，碾压时拌合物中的空气不宜排出，同样不易振压密实。

VC 值的选择应与振动碾的功率、施工现场的温度和湿度相适应，过大或过小都是不利的，根据已有经验，施工现场碾压混凝土拌合物的 VC 值一般为 10s±5s。

碾压混凝土的配合比设计方法与普通混凝土基本相同，不同之处在于：

(1) 碾压混凝土通常采用 90d 或 180d 的抗压强度作为设计强度；

(2) 碾压混凝土的水胶比与强度之间的关系需通过试验确定；

(3) 碾压混凝土所用粗骨料最大粒径以不大于 40mm 为宜，为避免骨料分离，常采用较大的砂率。施工前，应通过现场碾压试验确定合理砂率；

(4) 碾压混凝土的综合质量评定通常采用钻孔取样的方法。

4.5.12 超高性能混凝土

超高性能混凝土是以水泥、矿物掺合料和超细矿物掺合料、骨料、外加剂、高强度微细钢纤维和/或合成纤维、水等为原料生产的超高强增韧混凝土。属于纤维增强水泥基复合材料。

超高性能混凝土具有优良的工作性，可以采用自密实、振动成型、喷射成型、离心成型、滚压成型、挤压成型、真空振动挤压成型及 3D 打印等方式成型；很高的强度，抗压强度在 120～265MPa 之间，抗拉强度在 5～12MPa 之间；优异的耐久性，混凝土的常规耐久性能如碳化、抗冻性、抗水渗透性、硫酸盐侵蚀、碱-骨料反应（AAR）和延迟钙矾石生成（DEF）等，采用现行方法评价时，均具有很高的抵抗能力，已不适于评价超高性能混凝土；高的韧性和延性，断裂能是普通混凝土的几百倍，可以与金属铝媲美，极限拉应变可达 1000 以上。

超高性能混凝土是以优质水泥、大量硅灰及矿物掺合料为胶凝材料，硅灰、矿物掺合料和水泥之间按最紧密原理搭配，掺入优良的高性能减水剂，使水胶比降低到 0.14～0.22 之间，采用优质骨料和高强度微细钢纤维，通过有效的搅拌得到工作性符合成型工艺的高密实度新拌超高性能混凝土，经养护、硬化后成为超高性能混凝土。超高性能混凝土与普通混凝土和高性能混凝土相比，各项技术性能都有极大的提高，为解决以往土木工程的一些疑难问题，发展土木工程新结构提供了材料基础，因此，在土木工程中逐渐得到应用，并在桥梁工程、建筑装饰工程、防护工程等领域成功应用。

思考题

4.1 普通混凝土的组成材料有哪几种？在混凝土硬化前后各起何作用？

4.2 何谓骨料级配？如何判断某骨料的级配是否良好？

4.3 对混凝土用砂为何要提出级配和细度要求？两种砂的细度模数相同，其级配是否相同？反之，如果级配相同，其细度模数是否相同？

4.4 粗细两种砂的筛分结果见表 4-34（砂样各 500g）：

两种砂筛分结果　　　　　　　　　　　　　　　　　表 4-34

砂别	筛孔尺寸（mm）						筛底
	5.0	2.5	1.25	0.63	0.315	0.16	
	分计筛余（g）						
细砂	0	25	25	75	120	245	10
粗砂	50	150	150	75	50	25	0

问：这两种砂可否单独用于配制混凝土，或以什么比例混合才能使用？

4.5 骨料有哪几种含水状态？为何施工现场必须经常测定骨料的含水率？

4.6 简述减水剂的作用机理，并综述混凝土掺入减水剂可获得的技术经济效果。

4.7 引气剂掺入混凝土中对混凝土性能有何影响？引气剂的掺量是如何控制的？

4.8 缓凝剂掺入混凝土中的掺量过大，会造成什么后果？

4.9 有下列混凝土工程及制品，一般选用哪一种外加剂较为合适？并简要说明原因。
①大体积混凝土；②高强混凝土；③现浇普通混凝土；④混凝土预制件；⑤抢修及喷锚支护的混凝土；⑥有抗冻要求的混凝土；⑦商品混凝土；⑧冬季施工用混凝土；⑨补偿收缩混凝土；⑩泵送混凝土；⑪水泥混凝土路面。

4.10 粉煤灰用作混凝土掺合料，对其质量有哪些要求？粉煤灰掺入混凝土中，对混凝土产生什么效应？

4.11 普通混凝土的和易性包括哪些内容？如何测定？

4.12 当混凝土拌合物流动性太大或太小，可采取什么措施进行调整？

4.13 何谓混凝土的可泵性？可泵性可用什么指标来评定？

4.14 什么是合理砂率？采用合理砂率有何技术及经济意义？

4.15 解释关于混凝土抗压强度的几个名词：
①立方体抗压强度；②抗压强度代表值；③立方体抗压标准强度（立方体抗压强度标准值）；④强度等级；⑤配制强度；⑥设计强度；⑦轴压强度。

4.16 解释名词：
①自然养护；②蒸汽养护；③蒸压养护；④同条件养护；⑤标准条件养护。

4.17 混凝土在夏季与冬季施工中，分别应注意哪些问题并应采取哪些措施，才能保证混凝土质量？

4.18 影响混凝土耐久性的关键是什么？怎样提高混凝土的耐久性？

4.19 配制混凝土应考虑哪些基本要求？普通混凝土（非泵送）、泵送混凝土和道路路面水泥混凝土在这方面有何不同之处？

4.20 在下列情况下均可能导致混凝土产生裂缝，试解释裂缝产生的原因是什么？并提出可防止裂缝产生的措施。
①水泥水化热大；②水泥体积安定性不良；③混凝土碳化；④气温变化大；⑤碱骨料反应；⑥混凝土早期受冻；⑦混凝土养护时缺水；⑧混凝土遭硫酸盐腐蚀。

4.21 当混凝土配合比不变时，用级配相同，强度等技术条件合格的碎石代替卵石拌制混凝土，会使混凝土的性质发生什么变化？为什么？

4.22 进行混凝土抗压试验时，在下述情况下，试验值将有无变化？如何变化？
①试件尺寸加大；②试件高宽比加大；③试件受压表面加润滑剂；④试件位置偏离支座中心；⑤加荷速度加快。

4.23 经过初步计算所得的混凝土配合比，为什么还要试拌调整（从混凝土的基本要求：强度、耐久性、和易性及经济四个方面分析）？

4.24 请将你在混凝土实验作业中确定的实验配合比换算为施工配合比，假定工地砂含水率为

2%，石子含水率为 1%。

4.25　某工程设计要求混凝土强度等级为 C25，工地一个月内按施工配合比施工，先后取样制备了 30 组试件（15cm×15cm×15cm 立方体），测出每组（三个试件）28d 抗压强度代表值见表 4-35，请计算该批混凝土强度的平均值、标准差、保证率，并评定该工程的混凝土能否验收和生产质量水平。

混凝土 28d 抗压强度　　　　　　表 4-35

试件组编号	1	2	3	4	5	6	7	8	9	10	11	12	13	14	15
28d 抗压强度（MPa）	26.5	26.0	29.5	27.5	24.0	25.0	26.7	25.2	27.7	29.5	26.1	28.5	25.6	26.5	27.0
试件组编号	16	17	18	19	20	21	22	23	24	25	26	27	28	29	30
28d 抗压强度（MPa）	24.1	25.3	29.4	27.0	20	25.1	26.0	26.7	27.7	28.0	28.2	28.5	26.5	28.5	28.8

4.26　某工程的预制钢筋混凝土梁（不受风雪影响）。混凝土设计强度等级为 C20，要求强度保证率 95%。施工要求坍落度为 30～50mm（混凝土由机械搅拌、机械振捣），该施工单位无历史统计资料。

采用的材料：普通水泥，现已经实测 28d 抗压强度 48.0MPa，密度 $\rho_c = 3.10 \text{g/cm}^3$；砂近似密度 $\rho_{as} = 2.65 \text{g/cm}^3$，堆积密度 $\rho'_{os} = 1.50 \text{g/cm}^3$；碎石近似密度 $\rho_{ag} = 2.70 \text{g/cm}^3$，堆积密度 $\rho'_{og} = 1.55 \text{g/cm}^3$，最大粒径为 20mm；自来水。

试设计该混凝土的配合比（按干燥材料计算）（初步配合比）。

4.27　某公路路面用水泥混凝土、交通量属中等，按现行行业标准《水泥混凝土路面施工及验收规范》GBJ 97 规定设计抗折（抗弯拉）强度 $f_{cf,k} = 4.5 \text{MPa}$，要求施工坍落度 $H = 10～30 \text{mm}$，原材料用的是普通水泥，实测水泥胶砂抗折强度 $f_{cef} = 7.83 \text{MPa}$，密度 $\rho_c = 3.10 \text{g/cm}^3$；碎石为石灰岩，属一级石料，最大粒径为 40mm，饱和面干堆积密度 $\rho_{og} = 2.75 \text{g/cm}^3$；砂为河砂，属中砂范围，饱和面干堆积密度 $\rho_{os} = 2.70 \text{g/cm}^3$。

试设计该混凝土的配合比（初步配合比）。

4.28　什么是混凝土的第六组分？混凝土的第六组分有哪几种类型？

第 5 章

砂　　浆

砂浆是由胶凝材料、细骨料、掺加料和外加剂以及水等为主要原料进行拌合、硬化后具有强度的工程材料。主要用于砌筑、抹面、修补和装饰工程。砂浆按其所用胶凝材料的不同，可分为水泥砂浆、石灰砂浆和混合砂浆等；按其用途可分为砌筑砂浆、抹灰砂浆、装饰砂浆、防水砂浆以及耐酸防腐、保温、吸声等特种用途砂浆；按其生产形式可分成现场拌制砂浆和预拌砂浆；预拌砂浆按其干湿状态可分成湿拌砂浆和干混砂浆。

5.1　建筑砂浆的基本组成和性能

5.1.1　建筑砂浆基本组成

1. 胶凝材料

胶凝材料在砂浆中起着胶结作用，它是影响砂浆流动性、黏聚性和强度等技术性质的主要组分。常用的有水泥、石灰等。

（1）水泥　配制砂浆可采用普通硅酸盐水泥、矿渣硅酸盐水泥、火山灰质硅酸盐水泥等常用品种的水泥。为合理利用资源、节约材料，在配制砂浆时，应尽量选用低强度等级的水泥。在配制不同用途的砂浆时，还可采用某些专用和特种水泥，例如，用于砌筑砂浆的砌筑水泥，用于装饰工程的粘贴水泥。

（2）石灰　在配制石灰砂浆或混合砂浆时，砂浆中需使用石灰。砂浆中使用的石灰的技术要求见第 3 章。为保证砂浆质量，应将石灰预先消化，并经"陈伏"，消除过火石灰的膨胀破坏作用后，再在砂浆中使用。在满足工程要求的前提下，也可使用工业废料，如电石灰膏等。

为配制修补砂浆或有特殊要求的砂浆，有时也采用有机胶结剂作为胶凝材料。

2. 细骨料

细骨料在砂浆中起着骨架和填充作用，对砂浆的流动性、黏聚性和强度等技术性能影响较大。性能良好的细骨料可提高砂浆的和易性和强度,尤其对砂浆的收缩开裂,有较好的抑制作用。

砂浆中使用的细骨料,原则上应采用符合混凝土用砂技术要求的优质河砂。由于砂浆层较薄,对砂子的最大粒径应有所限制。用于砌筑毛石砌体的砂浆,砂子的最大粒径应小于砂浆层的1/5~1/4。用于砌筑砖砌体的砂浆,砂子的最大粒径不得大于2.5mm。用于光滑的抹面和勾缝的砂浆,宜选用细砂,其最大粒径不大于1.2mm。用于装饰的砂浆,还可采用彩砂、石渣等。

砂子中的含泥对砂浆的和易性、强度、变形性和耐久性均有影响。砂子中含有少量泥,可改善砂浆的黏聚性和保水性,故砂浆用砂的含泥量可比混凝土略高。对强度等级为M2.5以上的砌筑砂浆,含泥量应小于5%,对强度等级为M2.5的砂浆,砂的含泥量应小于10%。

当细骨料采用机制砂、山砂、特细砂和炉渣时,应根据经验并经试验,确定其技术指标要求。

在保温砂浆中,还采用膨胀珍珠岩、膨胀蛭石、陶砂或发泡聚苯乙烯颗粒等轻质细骨料。常用的有膨胀珍珠岩和发泡聚苯乙烯颗粒,其中,一般的膨胀珍珠岩开口孔隙多,吸水性大,为了提高保温砂浆的隔热性能,通常需对膨胀珍珠岩进行预处理,制成球形闭孔膨胀珍珠岩或憎水珍珠岩使用。

3. 掺加料和外加剂

(1) 掺加料

在砂浆中,掺加料是为改善砂浆和易性而加入的无机材料或有机材料;如石灰膏、粉煤灰、沸石粉、可再分散胶粉和纤维等。

在砂浆中掺加粉煤灰、沸石粉等矿物掺合料可改善砂浆的和易性,提高强度,节约水泥和石灰。用于砂浆中的粉煤灰、沸石粉等应符合国家现行标准《用于水泥和混凝土中的粉煤灰》GB/T 1596和《混凝土和砂浆用天然沸石粉》JG/T 566等标准规范的要求。

可再分散胶粉通常为白色粉末,是由高分子聚合物乳液经喷雾干燥,以及后续处理而成的粉状热塑性树脂,主要用于干粉砂浆中以增加内聚力、黏聚力与柔韧性。

为了改善砂浆韧性,提高抗裂性,还常在砂浆中加入纤维,如纸筋、麻刀、木纤维、合成纤维等。

(2) 外加剂

为改善砂浆的和易性及其他性能,还可在砂浆中掺入外加剂,如减水剂、保水增稠剂、增塑剂、早强剂、防水剂等。砂浆中掺用外加剂时,不但要考虑外加剂对砂浆本身性能的影响,还要根据砂浆的用途,考虑外加剂对砂浆的使用功能的影响。并通过试验确定外加剂的品种和掺量。例如,砌筑砂浆中使用的外加剂,不但要检验外加剂对砂浆性能的影响,还要检验外加剂对砌体性能的影响。

4. 拌合水

砂浆拌合用水的技术要求与混凝土拌合用水相同。应选用洁净、无杂质的可饮用水来拌制砂浆。为节约用水，经化验分析或试拌验证合格的工业废水也可用于拌制砂浆。

5.1.2 建筑砂浆的基本性能

1. 砂浆拌合物的表观密度

砂浆拌合物的表观密度指砂浆拌合物捣实后的单位体积质量，用以确定每立方米砂浆拌合物中各组成材料的实际用量。对于砌筑砂浆，标准规定拌合物的表观密度：水泥砂浆不应小于 $1900kg/m^3$；水泥混合砂浆不应小于 $1800kg/m^3$。

2. 新拌砂浆的和易性

新拌砂浆应具有良好的和易性，以便施工操作。新拌砂浆的和易性包括流动性和保水性两方面。

（1）流动性

流动性指砂浆在重力或外力作用下流动的性能。砂浆流动性用"稠度值"表示，通常用砂浆稠度测定仪测定。稠度值大的砂浆表示流动性较好。

砂浆的流动性和许多因素有关，胶凝材料的用量、用水量、砂的质量以及砂浆的搅拌时间、放置时间、环境的温度、湿度等均影响其流动性。

工程中砂浆的流动性可根据经验来评价、控制。实验室中可用砂浆稠度仪来测定其稠度值（沉入量），进而评价控制其流动性。

（2）保水性

保水性是指新拌砂浆保持水分的能力。它也反映了砂浆中各组分材料不易分离的性质。影响砂浆保水性的主要因素有：胶凝材料的种类及用量、掺加料的种类及用量、砂的质量及外加剂的品种和掺量等。

砂浆的保水性可用保水率和分层度来检验和评定。一般分层度以 10～20mm 为宜，分层度大于 30mm 的砂浆，保水性差，容易离析，不便于保证施工质量；分层度接近于 0 的砂浆，其保水性太强，在砂浆硬化过程中容易发生收缩开裂。

3. 硬化砂浆的性能

（1）砂浆立方体抗压强度和强度等级

砂浆的强度等级是以 $70.7mm \times 70.7mm \times 70.7mm$ 的立方体试块，按标准养护条件养护至 28d 的抗压强度平均值和单个最小值而确定的。砂浆的强度等级分为 M2.5、M5、M7.0、M10、M15、M20、M25 和 M30 八个等级。

影响砂浆抗压强度的因素很多，不但与砂浆的组成材料有关，还与所用底面的吸水情况有关，很难用简单的公式表达砂浆的抗压强度与其组成之间的关系。因此，在实际工程中，对于具体的组成材料，大多根据经验和通过试配，经试验确定砂浆的配合比。

用于不吸水底面（如密实的石材）的砂浆抗压强度，与混凝土相似，主要取决于水泥强度和水灰比。关系式如下：

$$f_{m,o} = \alpha \cdot f_{ce}\left(\frac{C}{W} - \beta\right)$$

式中　$f_{m,o}$——砂浆 28d 抗压强度，N/mm² 或 MPa；

　　　f_{ce}——水泥 28d 实测抗压强度，N/mm² 或 MPa；

　　　α、β——系数，可根据试验资料统计确定；

　　　C/W——灰水比。

用于吸水底面（如砖或其他多孔材料）的砂浆，即使用水量不同，但因底面吸水且砂浆具有一定的保水性，经底面吸水后，所保留在砂浆中的水分几乎是相同的，因此砂浆的抗压强度主要取决于水泥强度及水泥用量，而与砌筑前砂浆中的水灰比基本无关。其关系式如下：

$$f_{m,o} = \alpha \cdot f_{ce} \cdot Q_C/1000 + \beta$$

式中　$f_{m,o}$——砂浆 28d 抗压强度，N/mm² 或 MPa；

　　　f_{ce}——水泥 28d 实测抗压强度，N/mm² 或 MPa；

　　　α、β——系数，可根据试验资料统计确定；

　　　Q_C——每立方米砂浆的水泥用量，kg。

砌筑砂浆的配合比可根据上述二式并结合经验估算，并经试拌检测各项性能后确定。

（2）砂浆粘结力

砂浆应与基底材料有良好的粘结力，一般来说，砂浆粘结力随其抗压强度增大而提高。此外粘结力还与基底表面的粗糙程度、洁净程度、润湿情况及施工养护条件等因素有关。在充分润湿的、粗糙的、清洁的表面上使用且养护良好的条件下砂浆与表面粘结较好。

（3）耐久性

砂浆应有良好的耐久性，经常与水接触的水工砌体有抗渗及抗冻要求，故水工砂浆应考虑抗渗、抗冻、抗侵蚀性。其影响因素与混凝土大致相同，但因砂浆一般不振捣，所以施工质量对其影响尤为明显。有抗冻要求的砂浆按规定，经冻融试验后，质量损失率不得大于 5%，抗压强度损失率不得大于 25%。

（4）砂浆的变形

砂浆应有较小的收缩变形，砂浆在承受荷载或在温度条件变化时容易变形，如果变形过大或者不均匀，都会降低砌体的质量，引起沉降或裂缝。若使用轻骨料拌制砂浆或掺加料掺量太多，也会引起砂浆收缩变形过大，抹面砂浆则会出现收缩裂缝。

5.2 建筑砂浆

本节按建筑砂浆用途分类,介绍各种常用的建筑砂浆。

5.2.1 砌筑砂浆

将砖、石及砌块粘结成为砌体的砂浆,称为砌筑砂浆,有现场配制砂浆和预拌砂浆。它起着粘结砖、石及砌块构成砌体,传递荷载,协调变形的作用。因此,砌筑砂浆是砌体的重要组成部分。

土木工程中,要求砌筑砂浆具有如下性质:

(1)新拌砂浆应具有良好的和易性。新拌砂浆应容易在砖、石及砌体表面上铺砌成均匀的薄层,以利于砌筑施工和砌筑材料的粘结。

(2)硬化砂浆应具有一定的强度、良好的粘结力等力学性质。一定的强度可保证砌体强度等结构性能。良好的粘结力有利于砌块与砂浆之间的粘结。

(3)硬化砂浆应具有良好的耐久性。耐久性良好的砂浆有利于保证其自身不发生破坏,并对砌体结构的耐久性有重要影响。

1. 砌筑砂浆的技术性能要求和选用

(1)砌筑砂浆的和易性

1)流动性

砂浆流动性的选择要考虑砌体材料的种类、施工时的气候条件和施工方法等情况。可参考表 5-1 选择砂浆的流动性。

砂浆流动性参考表(稠度值 mm)   表 5-1

砌体种类	干燥气候或多孔吸水材料	寒冷气候或密实材料	抹灰工程	机械施工	手工操作
砖砌体	80～100	60～80	准备层	80～90	110～120
普通毛石砌体	60～70	40～50	底层	70～80	70～80
振捣毛石砌体	20～30	10～20	面层	70～80	90～100
炉渣混凝土砌块	70～90	50～70	灰浆面层	—	90～120

2)保水性

新拌砂浆在存放、运输和使用过程中,都应有良好的保水性,这样才能保证在砌体中形成均匀致密的砂浆缝,以保证砌体的质量。如果使用保水性不良的砂浆,在施工的过程中,砂浆很容易出现泌水和分层离析现象，使流动性变差，不易铺成均匀的砂浆层，使砌体的砂浆饱满度降低。同时，保水性不良的砂浆在砌筑时，水分容易被砖、石等砌体材料很快吸收，影响胶凝材料的正常硬化。不但降低砂浆本身的强度，而且使砂浆与砌体材料的粘结不牢，最终降低砌体的质量。砌筑砂浆的分层度一般应在10～20mm之间。

（2）砌筑砂浆强度

我国现行国家标准《砌体结构设计规范》GB 50003 采用的砂浆强度等级有 M2.5、M5、M7.5、M10、M15、M20 6个强度等级；现行行业标准《砌筑砂浆配合比设计规程》JGJ/T 98 将水泥砂浆及预拌砌筑砂浆强度等级分为 M5、M7.5、M10、M15、M20、M25、M30；水泥混合砂浆的强度等级分为 M5、M7.5、M10、M15。

砌筑砂浆是砌体的组成部分之一，砂浆在砌体中的强度等技术性能的表现除与砂浆的组成材料和配合比有关外，还与形成砌体的块体材料有关。因此，在砂浆的品种和强度等级选用时，应根据块材类别和性能，选用与其匹配的砌筑砂浆；一般而言，砂浆的强度等级不高于块体材料的强度等级。

烧结普通砖、烧结多孔砖砌体和毛料石、毛石砌体一般采用普通砌筑砂浆，蒸压灰砂普通砖和蒸压粉煤灰普通砖砌体、蒸压加气混凝土砌块砌体、混凝土普通砖和混凝土多孔砖砌体、混凝土砌块、煤矸石混凝土砌块砌体以及配筋砌块砌体均应采用与块材对应的专用砌筑砂浆；且砌筑砂浆的最低强度等级应符合以下规定：

设计工作年限大于和等于 25 年的烧结普通砖和烧结多孔砖砌体应为 M5，设计工作年限小于 25 年的烧结普通砖和烧结多孔砖砌体应为 M2.5；毛料石、毛石砌体应为 M5。蒸压加气混凝土砌块砌体应为 Ma5，蒸压灰砂普通砖和蒸压粉煤灰普通砖砌体应为 Ms5。混凝土普通砖、混凝土多孔砖砌体应为 Mb5；混凝土砌块、煤矸石混凝土砌块应为 Mb7.5。配筋砌块砌体应为 Mb10，安全等级为一级或设计工作年限大于 50 年的配筋砌块砌体房屋，砂浆的最低强度等级应至少提高一级。

（3）砌筑砂浆的耐久性

当受冻融作用影响时，对砌筑砂浆还应有抗冻性要求。具有冻融循环次数要求的砌筑砂浆，经冻融试验后，质量损失率不得大于5%，抗压强度损失率不得大于25%。

2. 现场配制砌筑砂浆的配合比设计

（1）混合砂浆配合比的确定，应按下列步骤进行：

1）砂浆试配强度的确定：

试配强度可按以下公式计算：

$$f_{m,0} = k \cdot f_2$$

式中 $f_{m,0}$——砂浆的试配强度（MPa）；

f_2——砂浆强度等级值（MPa）；

k——系数，按表5-2取值。

砂浆强度标准差 σ 及 k 值　　　　表5-2

施工水平 \ 强度等级	强度标准差 σ（MPa）							k
	M5	M7.5	M10	M15	M20	M25	M30	
优良	1.00	1.50	2.00	3.00	4.00	5.00	6.00	1.15
一般	1.25	1.88	2.50	3.75	5.00	6.25	7.50	1.20
较差	1.50	2.25	3.00	4.50	6.00	7.50	9.00	1.25

砂浆强度标准差应通过有关统计资料计算得到，当无统计资料时，可按表5-2取值。

2）水泥用量的计算　砂浆中的水泥用量按下式计算确定：

$$Q_C = \frac{1000(f_{m,0} - \beta)}{\alpha \cdot f_{ce}}$$

式中　Q_C——每立方米砂浆的水泥用量，kg；

$f_{m,0}$——砂浆的试配强度，MPa；

f_{ce}——水泥的实测强度，MPa；

α、β——砂浆的特征系数，其中$\alpha=3.03$，$\beta=-15.09$。

在无水泥的实测强度值时，可按下式计算f_{ce}：

$$f_{ce} = \gamma_c f_{ce,k}$$

式中　$f_{ce,k}$——水泥强度等级对应的强度值，MPa；

γ_c——水泥强度等级值的富余系数，由实际统计资料确定，无统计资料时γ_c取1.0。

3）石灰膏用量的确定：

砂浆中的石灰膏可按下式计算：

$$Q_D = Q_A - Q_C$$

式中　Q_D——每立方米砂浆的石灰膏用量，石灰膏使用时的稠度宜为120mm±5mm，kg；

Q_C——每立方米砂浆的水泥用量，kg；

Q_A——每立方米砂浆中水泥和石灰膏的总量，kg，可为350kg。

4）砂用量和用水量的确定：

每立方米砂浆中的砂用量应按干燥状态（含水率小于0.5%）的堆积密度值作为计算值（kg）。砂浆的用水量，根据砂浆稠度等要求可选用210～310kg。

（2）水泥砂浆和水泥粉煤灰砂浆配合比确定

水泥砂浆和水泥粉煤灰砂浆各材料用量可按表5-3、表5-4选用。

每立方米水泥砂浆材料用量　　　　　　　　　　　　　　　表 5-3

强度等级	水泥（kg）	砂（kg）	用水量（kg）
M5	200～230	砂的堆积密度值	270～330
M7.5	230～260		
M10	260～290		
M15	290～330		
M20	340～400		
M25	360～410		
M30	430～480		

每立方米水泥粉煤灰砂浆材料用量　　　　　　　　　　　　表 5-4

强度等级	水泥和粉煤灰总量（kg）	粉煤灰	砂	用水量（kg）
M5	210～240	粉煤灰掺量可占胶凝材料总量的 15%～25%	砂的堆积密度值	270～330
M7.5	240～270			
M10	270～300			
M15	300～330			

水泥的强度等级，对于 M15 及 M15 以下强度等级水泥砂浆和水泥粉煤灰砂浆，采用 32.5 级；对于 M15 以上强度等级水泥砂浆，采用 42.5 级；水泥用量应根据水泥的强度等级和施工水平合理选择，当水泥的强度等级较高或施工水平较高时，水泥用量选低值。用水量应根据砂的粗细程度、砂浆稠度和气候条件选择，当砂较粗时，用水量选低值，稠度小于 70mm 时，用水量可小于下限；施工现场气候炎热或干燥季节，可酌情增加用水量。

（3）砂浆配合比的试配、调整与确定

砂浆在经计算或选取初步配合比后，应采用实际工程使用的材料进行试配，测定拌合物的稠度和分层度，当和易性不满足要求时，应调整至符合要求，将其确定为试配时砂浆的基准配合比。并采用稠度和分层度符合要求、水泥用量比基准配合比增加及减少 10% 的另两个配合比，按现行行业标准《建筑砂浆基本性能试验方法标准》JGJ/T 70 的规定拌合和成型试件，养护至规定的龄期，测定砂浆的强度；从中选定符合试配强度要求，且水泥用量较小的配合比作为砂浆配合比。

5.2.2 抹灰砂浆

涂抹于建（构）筑物或构件表面的砂浆，统称为抹灰砂浆。根据抹灰砂浆的功能的不同，抹灰砂浆分为普通抹灰砂浆、装饰砂浆、防水砂浆和具有某些特殊功能的抹灰砂浆（如绝热砂浆、耐酸砂浆、防射线砂浆、吸声砂浆等）。对于抹灰砂浆，要求既具有良好的工作性，以易于抹成均匀平整的薄层，又便于施工。也应有较高的粘结力，保证砂浆与底面牢固粘结。有时，还应变形较小，以防止其开裂脱落。

抹灰砂浆的组成材料与砌筑砂浆基本相同。但为了防止砂浆开裂，有时需加入一些纤维材料（如纸筋、麻刀、有机纤维等）；为了强化某些功能，还需加入特殊骨料（如陶砂、膨胀珍珠岩等）。

1. 普通抹灰砂浆

普通抹灰砂浆具有保护建（构）筑物及装饰建筑物及建筑环境的效果。抹灰砂浆一般分两层或三层施工。由于各层的功能不同，每层所选的砂浆性质也应不一样。底层抹灰的作用是使砂浆与底面能牢固的粘结。因此，要求砂浆应具有良好的工作性和粘结力，并有较好的保水性，以防止水分被底面材料吸收掉而影响砂浆的粘结力。中层抹灰主要是为了找平，有时可省去不用。面层抹灰要达到平整美观的效果，要求砂浆细腻抗裂。

用于砖墙的底层抹灰，多用石灰砂浆或石灰灰浆；用于板条墙或板条顶棚的底层抹灰多用麻刀石灰灰浆；混凝土墙面、柱面、梁的侧面、底面及顶棚表面等的底层抹灰，多用混合砂浆。中层抹灰多用混合砂浆或石灰砂浆。面层抹灰多用混合砂浆、麻刀石灰灰浆、纸筋石灰灰浆。

在容易碰撞或潮湿的地方，应采用水泥砂浆。如地面、墙裙、踢脚板、雨篷、窗台以及水池、水井、地沟、厕所等处，要求砂浆具有较高的强度、耐水性和耐久性。工程上一般多用1∶2.5的水泥砂浆。

在加气混凝土砌块墙面上做抹灰砂浆时，应采取特殊的抹灰施工方法，如在墙面上预先刮抹树脂胶、喷水润湿或在砂浆层中夹一层预先固定好的钢丝网层，以免日久发生砂浆剥离脱落现象。在轻骨料混凝土空心砌体墙面上做抹灰砂浆时，应注意砂浆和轻骨料混凝土空心砌块的弹性模量尽量一致。否则，极易在抹灰砂浆和砌块界面上开裂。普通抹灰砂浆的参考配比列于表5-5，可经试配验证后采用。

普通抹灰砂浆的参考配比　　　　　　　　　　　表5-5

砂浆品种	强度等级	材料用量（kg/m³）					
		胶凝材料				砂	水
		水泥	粉煤灰	石灰膏	石膏		
水泥砂浆	M15	330~380	—	—	—	1m³砂的堆积密度值	250~300
	M20	380~450					
	M25	400~450					
	M30	460~530					
水泥粉煤灰砂浆	M5	250~290	内掺，等量替代水泥量的10%~30%	—	—		270~320
	M10	320~350					
	M15	350~400					

续表

砂浆品种	强度等级	材料用量（kg/m³）					
		胶凝材料				砂	水
		水泥	粉煤灰	石灰膏	石膏		
水泥石灰膏砂浆	M2.5	200~230	—	(350~400)减去水泥用量	—	1m³砂的堆积密度值	180~280
	M5	230~280					
	M7.5	280~330					
	M10	330~380					
掺塑化剂水泥砂浆	M5	260~300					250~280
	M10	330~360					
	M15	360~410					
石膏砂浆	≥4.0MPa	—	—	—	450~650		260~400

2. 装饰砂浆

粉刷在建筑内外表面，具有美化装饰、改善功能、保护建筑物的抹灰砂浆称为装饰砂浆。装饰砂浆施工时，底层和中层的抹灰砂浆与普通抹灰砂浆基本相同。所不同的是装饰砂浆的面层，要求选用具有一定颜色的胶凝材料、骨料以及采用特殊的施工操作工艺，使表面呈现出不同的色彩、质地、花纹和图案等装饰效果。

装饰砂浆所采用的胶凝材料除普通水泥、矿渣水泥等外，还可应用白水泥、彩色水泥，或在常用水泥中掺加耐碱矿物颜料，配制成彩色水泥砂浆；装饰砂浆采用的骨料除普通河砂外，还可使用色彩鲜艳的花岗岩、大理石等色石及细石渣，有时也采用玻璃或陶瓷碎粒。

外墙面的装饰砂浆有如下工艺做法：

拉毛　先用水泥砂浆做底层，再用水泥石灰砂浆做面层。在砂浆尚未凝结之前，用抹刀将表面拍拉成凹凸不平的形状。

水刷石　用颗粒细小（约5mm）的石渣拌成的砂浆做面层，在水泥终凝前，喷水冲刷表面，冲洗掉石渣表面的水泥浆，使石渣表面外露。水刷石用于建筑物的外墙面，具有一定的质感，且经久耐用，不需维护。

干粘石　在水泥砂浆的面层的表面，粘结粒径5mm以下的白色或彩色石渣、小石子、彩色玻璃、陶瓷碎粒等。要求石渣粘结均匀，牢固。干粘石的装饰效果与水刷石相近，且石子表面更洁净艳丽；避免了喷水冲洗的湿作业，施工效率高，而且节约材料和水。干粘石在预制外墙板的生产中，有较多的应用。

斩假石　又称为剁假石、斧剁石。砂浆的配制与水刷石基本一致。砂浆抹面硬化后，用斧刃将表面剁毛并露出石渣。斩假石的装饰效果与粗面花岗石相似。

假面砖 将硬化的普通砂浆表面用刀斧锤凿刻划出线条；或者，在初凝后的普通砂浆表面用木条、钢片压划出线条；亦可用涂料画出线条，将墙面装饰成仿砖砌体、仿瓷砖贴面、仿石材贴面等艺术效果。

水磨石 用普通水泥、白水泥、彩色水泥或普通水泥加耐碱颜料拌合各种色彩的大理石石渣做面层，硬化后用机械反复磨平抛光表面而成。水磨石多用于地面，水池等工程部位。可事先设计图案色彩，磨平抛光后更具有艺术效果。水磨石还可制成预制件或预制块，作楼梯踏步、窗台板、柱面、台度、踢脚板、地面板等构件。

室内外的地面、墙面、台面、柱面等，也可用水磨石进行装饰。

装饰砂浆还可采用喷涂、弹涂、辊压等工艺方法，做成丰富多彩、形式多样的装饰面层。装饰砂浆的操作方便，施工效率高。与其他墙面、地面装饰相比，成本低，耐久性好。

3. 防水砂浆

制作砂浆防水层（又称为刚性防水）所采用的砂浆，称作防水砂浆。砂浆防水层仅适用于不受震动和具有一定刚度的混凝土及砖石砌体工程。

防水砂浆可以采用普通水泥砂浆，也可以在水泥砂浆中掺入防水剂来提高砂浆的抗渗能力。防水剂有氯盐型防水剂和非氯盐型防水剂，在钢筋混凝土工程中，应尽量采用非氯盐型防水剂，以防止由于Cl^-离子的引入，造成钢筋锈蚀。

防水砂浆的配合比一般采用水泥∶砂＝1∶2.5～3，水灰比在0.5～0.55之间。水泥应采用42.5级的普通硅酸盐水泥，砂子应采用级配良好的中砂。

防水砂浆对施工操作技术要求很高。制备防水砂浆应先将水泥和砂干拌均匀，再加入水和防水剂溶液搅拌均匀。粉刷前，先在润湿清洁的底面上抹一层低水灰比的纯水泥浆（有时也用聚合物水泥浆），然后抹一层防水砂浆，在初凝前，用木抹子压实一遍，第二、三、四层都是以同样的方法进行操作。最后一层要压光。粉刷时，每层厚度约为5mm，共粉刷4～5层，共约20～30mm厚。粉刷完后，必须加强养护，防止开裂。

5.2.3 其他特种砂浆

1. 绝热砂浆

采用水泥、石灰、石膏等胶凝材料与膨胀珍珠岩、膨胀蛭石、陶粒、陶砂或聚苯乙烯泡沫颗粒等轻质多孔材料，按一定比例配制的砂浆称为绝热砂浆。绝热砂浆质轻，且具有良好的绝热保温性能。其导热系数约为0.07～0.10W/(m·K)，可用于屋面隔热层、隔热墙壁、冷库以及工业窑炉、供热管道隔热层等处。如在绝热砂浆中掺入或在绝热砂浆表面喷涂憎水剂，则这种砂浆的保温隔热效果会更好。

2. 耐酸砂浆

以水玻璃与氟硅酸钠为胶凝材料，加入石英岩、花岗岩、铸石等耐酸粉料和细骨料拌制并硬化而成的砂浆。水玻璃硬化后具有很好的耐酸性能。耐酸砂浆可用于耐酸底面、耐酸容器基座及与酸接触的结构部位。在某些有酸雨腐蚀的地区，建筑物外墙装修，也可应用耐酸砂浆，以提高建筑物的耐酸雨腐蚀作用。

3. 防射线砂浆

在水泥砂浆中掺入重晶石粉、重晶石砂，可配制有防 X 射线和 γ 射线的能力的砂浆。其配合比约为水泥：重晶石粉：重晶石砂＝1：0.25：(4～5)。如在水泥中掺入硼砂、硼化物等可配制具有防中子射线的砂浆。厚重气密不易开裂的砂浆也可阻止地基中土壤或岩石里的氡（具有放射性的惰性气体）向室内的迁移或流动。

4. 膨胀砂浆

在水泥砂浆中加入膨胀剂，或使用膨胀水泥，可配制膨胀砂浆。膨胀砂浆具有一定的膨胀特性，可补偿水泥砂浆的收缩，防止干缩开裂。膨胀砂浆可在修补工程和装配式大板工程中应用，靠其膨胀作用而填充缝隙，以达到粘结密封的目的。

5. 自流平砂浆

自流平砂浆是指在自重作用下能流平的砂浆；地坪和地面常采用自流平砂浆。自流平砂浆的施工方便、质量可靠。自流平砂浆的关键技术是：①掺用合适的外加剂；②严格控制砂的级配和颗粒形态；③选择具有合适级配的水泥或其他胶凝材料。良好的自流平砂浆可使地坪平整光洁，强度高，耐磨性好，无开裂现象。

6. 吸声砂浆

吸声砂浆是指具有吸声功能的砂浆。一般绝热砂浆都具有多孔结构，因而也都具有吸声的功能。工程中常以水泥：石灰膏：砂：锯末＝1：1：3：5（体积比）配制吸声砂浆。或在石灰、石膏砂浆中加入玻璃棉、矿棉或有机纤维或棉类物质。吸声砂浆常用于厅堂的墙壁和顶棚的吸声。

7. 地面砂浆

地面砂浆是用于室外地面或室内楼（地）面的砂浆，作为地面或楼面的表面层，起保护作用，使地坪或楼面坚固耐久。在使用中，地坪砂浆要经受各种摩擦、冲击和侵蚀作用，因此，要求地坪砂浆应具有足够的强度和耐磨、耐蚀、防水、防滑和易于清扫等特点。地坪砂浆宜采用硅酸盐水泥或普通硅酸盐水泥，砂应采用洁净的中砂，可采用含泥量不大于3%的中砂，经筛选后使用。砂浆配比以水泥：砂＝1：2为宜，水灰比以调整稠度值控制，砂浆的稠度值应不大于35mm。地面砂浆的表面性能不仅与组成材料和配比有关，还与施工工艺和养护密切相关，使用时应特别注意。

5.3 预拌砂浆

预拌砂浆是指由专业生产厂生产的湿拌砂浆或干混砂浆。湿拌砂浆是水泥、细骨料、矿物掺合料、外加剂、添加剂和水,按一定比例,在专业生产厂经计量、拌制后,运至使用地点,并在规定时间内使用的拌合物。干混砂浆是水泥、干燥骨料或粉料、添加剂以及根据性能确定的其他组分,按一定比例,在专业生产厂经计量、混合而成的干态混合物,在使用地点按规定比例加水或配套组分拌合使用。预拌砂浆具有品种丰富、质量稳定、性能优良、易存易用、文明施工、省功省料、节能环保等优点,是我国推广使用的砂浆。

5.3.1 湿拌砂浆

湿拌砂浆是由专业生产厂经计量、拌制后,运到工地并在规定时间使用的砂浆。与现场拌砂浆相比,湿拌砂浆的质量稳定,使用湿拌砂浆可提高工效,有利文明施工。根据现行国家标准《预拌砂浆》GB/T 25181,湿拌砂浆按用途分为湿拌砌筑砂浆(代号 WM)、湿拌抹灰砂浆(代号 WP)、湿拌地面砂浆(代号 WS)和湿拌防水砂浆(代号 WW),其中,湿拌抹灰砂浆按施工方法,分为普通抹灰砂浆和机喷抹灰砂浆。湿拌砂浆按强度等级、抗渗等级、稠度和保塑时间的分类见表 5-6。

湿拌砂浆的分类 表 5-6

项目	湿拌砌筑砂浆	湿拌抹灰砂浆		湿拌地面砂浆	湿拌防水砂浆
		普通抹灰砂浆(G)	机喷抹灰砂浆(S)		
强度等级	M5、M7.5、M10、M15、M20、M25、M30	M5、M7.5、M10、M15、M20		M15、M20、M25	M15、M20
抗渗等级	—	—		—	P6、P8、P10
稠度(mm)	50、70、90	70、90、100	90、100	50	50、70、90
保塑时间(h)	6、8、12、24	6、8、12、24		4、6、8	6、8、12、24

湿拌砂浆的技术性能,根据用途应满足相应的要求。湿拌砌筑砂浆用于承重墙时,砌体抗剪强度应符合现行国家标准《砌体结构设计规范》GB 50003 的规定。不同强度等级湿拌砂浆的 28d 抗压强度应符合表 5-7 的规定;湿拌砂浆的保水率、压力泌水率、14d 拉伸粘结强度、28d 收缩率和抗冻性应满足表 5-8 的要求。对于湿拌防水砂浆,28d 抗渗压力和保塑时间应符合表 5-9 的规定。湿拌砂浆稠度应满足施工要求,专业生产厂供应的湿拌砂浆稠度实测值与合同规定的稠度值之差,对于稠度值小于 100mm 的砂浆应不大于 10mm;对于稠度值为大于 100mm 的砂浆应在 −10~5mm 之间。

预拌砂浆抗压强度   表5-7

强度等级	M5	M7.5	M10	M15	M20	M25	M30
28d抗压强度（MPa）	≥5.0	≥7.5	≥10.0	≥15.0	≥20.0	≥25.0	≥30.0

湿拌砂浆性能指标   表5-8

项目	湿拌砌筑砂浆	湿拌抹灰砂浆		湿拌地面砂浆	湿拌防水砂浆
		普通抹灰砂浆	机喷抹灰砂浆		
保水率（%）	≥88.0	≥88.0	≥92.0	≥88.0	≥88.0
压力泌水率（%）	—	—	<40	—	—
14d拉伸粘结强度（MPa）	—	M5：≥0.15 >M5：≥0.20	≥0.20	—	≥0.20
28d收缩率（%）	—	≤0.20	≤0.20	—	≤0.15
抗冻性[a] 强度损失率（%）	≤25				
抗冻性[a] 质量损失率（%）	≤5				

[a] 有抗冻性要求时，应该进行抗冻性试验。

预拌砂浆抗渗压力和湿拌砂浆保塑时间   表5-9

抗渗等级	P6	P8	P10	保塑时间	4	6	8	12	24
28d抗渗压力（MPa）	≥0.6	≥0.8	≥1.0	实测值（h）	≥4	≥6	≥8	≥12	≥24

5.3.2 干混砂浆

干混砂浆由专业生产厂将砂浆原材料中的固体组分计量、混合后，在使用地点按规定比例加水或配套组分拌合使用。干混砂浆按用途分为干混砌筑砂浆（代号DM）、干混抹灰砂浆（代号DP）、干混地面砂浆（代号DS）、干混普通防水砂浆（代号DW）、干混陶瓷砖粘结砂浆（代号DTA）、干混界面砂浆（代号DIT）、干混聚合物水泥防水砂浆（代号DWS）、干混自流平砂浆（代号DSL）、干混耐磨地坪砂浆（代号DFH）、干混填缝砂浆（代号DTG）、干混饰面砂浆（代号DDR）和干混修补砂浆（代号DRM）。干混砌筑砂浆、干混抹灰砂浆、干混地面砂浆和干混普通防水砂浆按强度等级和抗渗等级的分类见表5-10。

部分干混砂浆分类   表5-10

项目	干混砌筑砂浆		干混抹灰砂浆			干混地面砂浆	干混普通防水砂浆
	普通砌筑砂浆（G）	薄层砌筑砂浆（T）	普通抹灰砂浆（G）	薄层抹灰砂浆（T）	机喷抹灰砂浆（S）		
强度等级	M5、M7.5、M10、M15、M20、M25、M30	M5、M10	M5、M7.5、M10、M15、M20	M5、M7.5、M10	M5、M7.5、M10、M15、M20	M15、M20、M25	M10、M20
抗渗等级	—	—	—	—	—	—	P6、P8、P10

不同品种的干混砂浆的技术性能应符合相关的规定。对于干混砌筑砂浆，采用干混砌筑砂浆承重墙时，砌体抗剪强度应符合现行国家标准《砌体结构设计规范》GB 50003 的规定。干混砌筑砂浆、干混抹灰砂浆、干混地面砂浆、干混普通防水砂浆的抗压强度应符合表 5-7 的规定；干混普通防水砂浆的抗渗压力应符合表 5-9 的规定。干混砌筑砂浆、干混抹灰砂浆、干混地面砂浆、干混普通防水砂浆的保水率、凝结时间、拉伸粘结强度、收缩率、抗冻性等性能应符合表 5-11 的要求。

部分干混砂浆性能指标　　　　　　　　　　　　　　　表 5-11

项目		干混砌筑砂浆		干混抹灰砂浆			干混地面砂浆	干混普通防水砂浆
		普通砌筑砂浆	薄层砌筑砂浆	普通抹灰砂浆	薄层抹灰砂浆	机喷抹灰砂浆		
保水率（%）		≥88.0	≥99.0	≥88.0	≥99.0	≥92.0	≥88.0	≥88.0
凝结时间（h）		3～12	—	3～12	—	—	3～9	3～12
2h 稠度损失率（%）		≤30	—	≤30	—	≤30	≤30	≤30
压力泌水率（%）		—	—	—	—	<40	—	—
14d 拉伸粘结强度（MPa）		—	—	M5：≥0.15 >M5：≥0.20	≥0.30	≥0.20	—	≥0.20
28d 收缩率（%）		—	—	≤0.20	—	—	—	≤0.15
抗冻性[a]	强度损失率（%）	≤25						
	质量损失率（%）	≤5						

[a] 有抗冻性要求时，应该进行抗冻性试验。

干混陶瓷砖粘结砂浆按使用部位分为室内用（代号 I）和室外用（代号 E），室内用又分为 I 型和 II 型。I 型适用于常规尺寸的非瓷质砖粘贴；II 型适用于低吸水率、大尺寸的瓷砖粘贴。干混界面砂浆、干混陶瓷砖粘结砂浆和干混界面砂浆的性能应符合表 5-12 的规定。

干混界面砂浆和干混陶瓷砖粘结砂浆性能指标　　　　　　　　表 5-12

干混界面砂浆性能指标			
项目		性能指标	
		混凝土界面（C）	加气混凝土界面（AC）
拉伸粘结强度（MPa）	未处理，14d	≥0.6	≥0.5
	浸水处理	≥0.5	≥0.4
	热处理		
	冻融循环处理		
	晾置时间，20min		≥0.5

干混陶瓷砖粘结砂浆性能指标				
项目		性能指标		
		室内用（I）		室外用（E）
		I 型	II 型	
拉伸粘结强度（MPa）	原强度	≥0.5	≥0.5	符合现行行业标准《陶瓷砖胶粘剂》JC/T 547 的要求
	浸水后	≥0.5	≥0.5	
	热老化后	—	≥0.5	
	冻融循环后	—	≥0.5	
	晾置时间≥20min	≥0.5	≥0.5	

干混砂浆的粉状产品应均匀、无结块。双组分产品中的液料组分经搅拌后应呈均匀状态、无沉淀;粉料组分应均匀、无结块。

思考题

5.1 建筑砂浆有哪些基本性质?
5.2 砂浆的和易性包括哪些含义?各用什么方法检测?各用什么指标表示?
5.3 某工地夏秋季需配制 M7.5 的水泥石灰混合砂浆砌筑砖墙,采用 32.5 级普通水泥,中砂(含水率小于 0.5%),砂的堆积密度为 1460kg/m^3,试求砂浆的配合比。

第6章

砌 筑 材 料

砌筑材料是土木工程中最重要的材料之一。我国传统的砌筑材料有砖和石材，砖和石材的大量开采需要耗用大量的农用土地和矿山资源，影响农业生产和生态环境，而且砖、石自重大，体积小，生产效率低，影响建筑业的发展速度。因此，因地制宜地利用地方性资源和工业废料生产轻质、高强、多功能、大尺寸的新型砌筑材料，是土木工程可持续发展的一项重要内容。

6.1 砌墙砖

砖是建筑用的人造小型块材。外形多为直角六面体其长度不超过 365mm，宽度不超过 240mm，高度不超过 115mm。虽然当前出现了各种新型墙体材料，但由于砖的价格便宜，且又能满足一定的建筑功能要求，因此，砌墙砖仍是当前主要的墙体材料。目前工程中所用的砌墙砖按生产工艺分为两类，一类是通过焙烧工艺制得的，称为烧结砖，另一类是通过蒸养或蒸压工艺制得的，称为蒸养砖或蒸压砖，也称免烧砖。砌墙砖的形式有实心砖、多孔砖和空心砖。

6.1.1 烧结砖

目前在墙体材料中使用最多的是烧结普通砖、烧结多孔砖和烧结空心砖。按生产原料烧结普通砖又分为黏土砖、页岩砖、煤矸石砖和粉煤灰砖等几种。

1. 烧结普通砖

(1) 生产工艺

各种烧结普通砖的生产工艺过程基本相同，现将烧结黏土砖的生产工艺过程流程简述如下：采土——配料调制——制坯——干燥——焙烧——成品。其中焙烧是生产全过程中最重要的环节。砖坯在焙烧过程中，应控制好烧成温度，以免出现欠火砖或过火砖。欠火砖烧成温度过低，孔隙率大，强度低，耐久性差。过火砖烧成温度过高，有弯曲等变形，砖的尺寸极不规整。欠火砖色浅，声哑，过火砖色较深、声清脆。

砖坯在氧化气氛中焙烧，则制得红砖。若砖坯在氧化气氛中烧成后，再经浇水闷窑，使窑内形成还原气氛，使砖内的红色高价氧化铁（Fe_2O_3）还原成青色的低价氧化铁（FeO），即制得青砖。

近年来，我国还普遍采用了内燃烧法烧砖。它是将煤渣、粉煤灰等可燃工业废渣以适当比例掺入制坯黏土原料中作为内燃料，当砖坯焙烧到一定温度时，内燃料在坯体内也进行燃烧，这样烧成的砖叫内燃砖。这样，不但可节省大量燃煤，节约原料黏土5%～10%；而且，砖的强度提高20%左右，表观密度减小，导热系数降低。

（2）主要技术性质

根据现行国家标准《烧结普通砖》GB/T 5101 的规定，烧结普通砖的主要技术要求包括外形尺寸、外观质量、强度等级、抗风化性能、泛霜和石灰爆裂，并规定产品中不允许有欠火砖、酥砖和螺旋纹砖。根据抗压强度分为 MU30、MU25、MU20、MU15、MU10 五个强度等级。强度、抗风化性能合格的砖，根据尺寸偏差、外观质量、泛霜和石灰爆裂等判定产品质量是否合格。

砖的检验方法按照现行国家标准《砌墙砖试验方法》GB/T 2542 规定进行。

1）外形尺寸　烧结普通砖为矩形体，其标准尺寸为 240mm×115mm×53mm。考虑10mm 厚的砌筑灰缝，则 4 块砖长，8 块砖宽或 16 块砖厚均为 1m，1m^3 砌体需用砖 512 块。尺寸允许偏差应符合现行国家标准《烧结普通砖》GB/T 5101 的规定。

2）外观质量　烧结普通砖的外观质量包括两条面高度差、弯曲程度、杂质凸出高度、缺棱掉角、裂纹长度和完整面的要求；应符合现行国家标准《烧结普通砖》GB/T 5101 的规定。

3）强度等级　烧结普通砖强度等级是通过取 10 块砖试样进行抗压强度试验，根据抗压强度平均值和强度标准值来划分的，见表 6-1。

烧结普通砖强度等级划分规定（MPa）　　表 6-1

强度等级	抗压强度平均值 $\bar{f} \geqslant$	强度标准值 $f_k \geqslant$
MU30	30.0	22.0
MU25	25.0	18.0
MU20	20.0	14.0
MU15	15.0	10.0
MU10	10.0	6.5

烧结普通砖的抗压强度标准值按下式计算：

$$f_k = \bar{f} - 1.83s \tag{6-1}$$

$$s = \sqrt{\frac{1}{9} \sum_{i=1}^{10} (f_i - \bar{f})^2} \tag{6-2}$$

式中　f_k——烧结普通砖抗压强度标准值，MPa；

f——10块砖样的抗压强度算术平均值，MPa；

s——10块砖样的抗压强度标准差，MPa；

f_i——单块砖样的抗压强度测定值，MPa。

4）泛霜　当砖的原料中含有硫、镁等可溶性盐类时，砖在使用过程中，这些盐类会随着砖内水分蒸发而在砖表面产生盐析现象，一般为白色粉末，常在砖表面形成絮团状斑点，严重点会起粉、掉角或脱皮。通常，轻微泛霜就能对清水砖墙建筑外观产生较大影响。中等程度泛霜的砖用于建筑中的潮湿部位时，约7～8年后因盐析结晶膨胀将使砖砌体表面产生粉化剥落，在干燥环境中使用约10年以后也将开始剥落。严重泛霜对建筑结构的破坏性则更大。国标规定，每块砖不准许出现严重泛霜。

5）石灰爆裂　当原料土中夹杂有石灰石时，将被烧成生石灰留在砖中。生石灰有时也会由掺入的内燃料（煤渣）带入，这些常为过烧的生石灰。生石灰吸水消化时产生体积膨胀，导致砖发生胀裂破坏。石灰爆裂对砖砌体影响较大，轻者影响外观，重者将使砖砌体强度降低直至破坏。国家标准规定，爆裂试验后破坏尺寸大于2mm且小于或等于15mm的爆裂区域，每组砖不得多于15处，其中大于10mm的不得多于7处；不准许出现最大破坏尺寸大于15mm的爆裂区域；抗压强度损失不得大于5MPa。

6）抗风化性能　抗风化性能是烧结普通砖重要的耐久性之一，对砖的抗风化性要求应根据各地区风化程度的不同而定。烧结普通砖的抗风化性能通常以其抗冻性、吸水率及饱和系数等指标判别。用于严重风化区中的黑龙江、吉林、辽宁、内蒙古、新疆等地区的烧结普通砖，以及淤泥砖、污泥砖、固体废弃物砖应进行抗冻融试验，抗冻融性能必须符合现行国家标准GB/T 5101规定。用于其他地区的烧结普通砖，如果5h沸煮吸水率及饱和系数符合GB/T 5101规定，可以不做冻融试验。

(3) 烧结普通砖的应用。

烧结普通砖的表观密度为1600～1800kg/m³，孔隙率30%～35%，吸水率8%～16%，导热系数0.78W/(m·K)。烧结普通砖具有较高的强度，又因多孔结构而具有良好的绝热性、透气性和稳定性。黏土砖还具有良好的耐久性，加之原料广泛、生产工艺简单，因而它是应用历史最久、使用范围最广的建筑材料之一。

烧结普通砖在建筑工程中主要用作墙体材料，其中优等品可用于清水墙建筑，一等品和合格品用于混水墙建筑。中等泛霜的砖不得用于潮湿部位。烧结普通砖也可用于砌筑柱、拱、窑炉、烟囱、沟道及基础等（此外还可用作预制振动砖墙板、复合墙体等），在砌体中配置适当的钢筋或钢丝网，可代替钢筋混凝土柱、梁等。

在普通砖砌体中，砖砌体的强度不仅取决于砖的强度，而且受砌筑砂浆性质的影响很大。砖的吸水率大，在砌筑时若不事先润湿，将大量吸收水泥砂浆中的水分，使水泥不能正常水化和硬化，导致砖砌体强度下降。因此，在砌筑砖砌体时，必须预先将砖润湿，方可使用。

2. 烧结多孔砖和烧结空心砖

根据现行国家标准《墙体材料术语》GB/T 18968 的定义，孔洞率等于或大于 25%，孔的尺寸小而数量多的砖称为多孔砖；孔洞率等于或大于 25%，孔的尺寸大而数量少的砖称空心砖。

(1) 烧结多孔砖与空心砖的特点

烧结多孔砖和空心砖的原料及生产工艺与烧结普通砖基本相同，但对原料的可塑性要求较高。多孔砖为大面有孔洞的砖，孔多而小，使用时孔洞垂直于承压面，表观密度为 900～1300kg/m³。烧结空心砖为顶面有孔洞的砖，孔大而少，表观密度为 700～1100kg/m³，使用时孔洞平行于受力面。

与烧结普通砖相比，生产多孔砖和空心砖，可节省黏土 20%～30%，节约燃料 10%～20%，且砖坯焙烧均匀，烧成率高。采用多孔砖或空心砖砌筑墙体，可减轻自重 1/3 左右，提高工效约 40%，同时还能改善墙体的热工性能。因此，发达国家早已十分重视发展多孔或空心黏土制品，目前，欧美等国家生产的多孔砖和空心砖已占其砖产量的 80%～90%，并且发展了高强空心砖、微孔砖等。近年来，为了节约土地资源和减少能源消耗，多孔砖和空心砖发展也十分迅速，国家和各地方政府的有关部门都制定了限制生产和使用实心砖的政策，鼓励生产和使用多孔砖及空心砖。

(2) 主要技术要求

根据现行国家标准《烧结多孔砖和多孔砌块》GB/T 13544 及《烧结空心砖和空心砌块》GB/T 13545 的规定，其具体技术要求如下：

1) 形状与规格尺寸　烧结多孔砖和烧结空心砖均为直角六面体，它们的形状分别如图 6-1 和图 6-2 所示，其中烧结多孔砖的长度、宽度、高度尺寸应取：290，240，190，180，140，115，90（mm）。

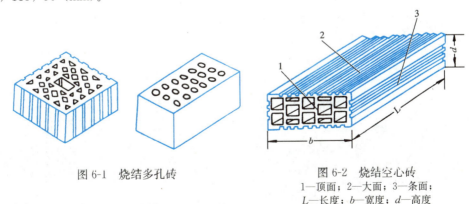

图 6-1　烧结多孔砖

图 6-2　烧结空心砖
1—顶面；2—大面；3—条面；
L—长度；b—宽度；d—高度

烧结多孔砖的孔型孔结构及孔洞率，应符合现行国家标准《烧结多孔砖和多孔砌块》GB/T 13544 的规定；烧结空心砖的孔洞排列及结构，应符合现行国家标准《烧结空心砖和空心砌块》GB/T 13545 的规定。

2）强度等级和密度等级　烧结多孔砖根据其抗压强度平均值和强度标准值，分为 MU30、MU25、MU20、MU15 和 MU10 五个强度等级，各强度等级具体指标要求见表 6-2。烧结空心砖根据其大面的抗压强度平均值和强度标准值或单块最小抗压强度值，分为 MU10.0、MU7.5、MU5.0 和 MU3.5 四个强度等级，各强度等级具体指标要求见表 6-3。烧结多孔砖按体积密度分为 1000、1100、1200 和 1300 四个密度等级，具体指标要求见表 6-4。烧结空心砖按体积密度分为 800、900、1000 和 1100 四个密度等级，具体指标要求见表 6-4。

烧结多孔砖的强度等级　　　　　　　　　　　　　　　表 6-2

强度等级	抗压强度（MPa）	
	抗压强度平均值 $\bar{f}$ ≥	强度标准值 f_k ≥
MU30	30.0	22.0
MU25	25.0	18.0
MU20	20.0	14.0
MU15	15.0	10.0
MU10	10.0	6.5

烧结空心砖的强度等级　　　　　　　　　　　　　　　表 6-3

强度等级	抗压强度（MPa）		
	抗压强度平均值 $\bar{f}$ ≥	变异系数 $\delta \leq 0.21$ 强度标准值 f_k ≥	变异系数 $\delta > 0.21$ 单块最小抗压强度值 f_{min} ≥
MU10.0	10.0	7.0	8.0
MU7.5	7.5	5.0	5.8
MU5.0	5.0	3.5	4.0
MU3.5	3.5	2.5	2.8

烧结多孔砖和烧结空心砖的密度等级　　　　　　　　　表 6-4

烧结多孔砖		烧结空心砖	
密度等级	3 块干燥体积密度平均值（kg/m³）	密度等级	5 块体积密度平均值（kg/m³）
1000	900～1000	800	≤800
1100	1000～1100	900	801～900
1200	1100～1200	1000	901～1000
1300	1200～1300	1100	1001～1100

3) 耐久性　烧结多孔砖和烧结空心砖的耐久性要求主要包括泛霜、石灰爆裂、抗风化性能、欠火砖和酥砖，其要求与烧结普通砖相同。

烧结多孔砖和烧结空心砖的技术要求，如尺寸允许偏差、外观质量、密度等级、强度和耐久性等均按现行国家标准《砌墙砖试验方法》GB/T 2542 的规定进行检测。

(3) 烧结多孔砖和空心砖的应用

烧结多孔砖强度较高，主要用于砌筑六层以下的承重墙体。空心砖自重轻，强度较低，多用作非承重墙，如多层建筑内隔墙、框架结构的填充墙等。

6.1.2　蒸压砖

蒸压砖属于硅酸盐制品，是以石灰和含硅原料（砂、粉煤灰、炉渣、矿渣、煤矸石等）加水拌合，经成型、蒸压而制成的。目前使用的主要有粉煤灰砖、灰砂砖和炉渣砖。其规格尺寸与烧结普通砖相同。

1. 粉煤灰砖

粉煤灰砖是以粉煤灰和石灰为主要原料，掺入适量的石膏和炉渣，加水混合制成的坯料，经陈化、轮辗、加压成型，再经高压蒸养而制成的一种墙体材料。

2. 灰砂砖

灰砂砖是用石灰和天然砂，经混合搅拌、陈化、轮辗、加压成型、压蒸养护而制得的墙体材料。根据现行国家标准《蒸压灰砂实心砖和实心砌块》GB/T 11945 规定，按抗压强度分为 MU10、MU15、MU20、MU25 和 MU30 五个强度等级。蒸压灰砂砖的技术要求有外观质量、尺寸允许偏差、颜色、强度等级、吸水率、线性干燥收缩率、抗冻性、碳化系数、软化系数和放射性核素限量。

6.1.3　混凝土路面砖

混凝土路面砖通常采用彩色混凝土制作，分为人行道砖和车行道砖两种，按其形状又分为普通型砖和异型砖两种。路面砖也有本色砖。普通型铺地砖有方形、六角形等多种，它们的表面可做成各种图案花纹，故又称花阶砖。异型路面砖铺设后，砖与砖之间相互产生联锁作用，故又称联锁砖。联锁砖的排列方式有多种，不同的排列形成不同图案的路面。采用彩色路面砖铺筑，可铺成丰富多彩具有美丽图案的路面和永久性的交通管理标志，具有美化城市的作用。

根据现行国家标准《混凝土路面砖》GB/T 28635，混凝土路面砖按公称厚度规格尺寸（mm）分为 60、70、80、90、100、120、150 七个规格；按抗压强度分为 C_c40、C_c50 和 C_c60 三个等级，按抗折强度分为 $C_f4.0$、$C_f5.0$ 和 $C_f6.0$ 三个等级。其技术要求有外观质量、尺寸允许偏差、强度等级和物理性能。

应该指出，彩色混凝土在使用中表面会出现"白霜"，其原因是混凝土中的氢氧化钙及少量硫酸钠，随混凝土内水分蒸发而迁向表面，并在混凝土表面结晶沉淀，以后又与空气中二氧化碳作用而变为白色的碳酸钙和碳酸钠晶体，这就是"白霜"。"白霜"遮盖了混凝土的色彩，严重降低了装饰效果。防止"白霜"常用的措施是：混凝土采用低水灰比，机械搅拌和振动成型提高密实度，采用蒸汽养护也可有效防止初期"白霜"的形成；硬化混凝土表面喷涂有机硅系憎水剂、丙烯酸系树脂等表面处理剂；并尽量避免使用深色的彩色混凝土。

6.2 砌块

砌块是近年来迅速发展起来的一种砌筑材料，除用于砌筑墙体外，还可用于砌筑挡土墙、高速公路音障及其他砌块构成物。我国目前使用的砌块品种很多，其分类的方法也不同。按砌块特征分类，可分为实心砌块和空心砌块两种。凡平行于砌块承重面的面积小于毛截面的75%者属于空心砌块，等于或大于75%者属于实心砌块，空心砌块的空心率一般为30%～50%。按生产砌块的原材料不同分类，可分为混凝土砌块和硅酸盐砌块。

6.2.1 普通混凝土小型空心砌块

混凝土砌块是由水泥、水、砂、石，按一定比例配合，经搅拌、成型和养护而成。砌块的主规格为 390mm×190mm×190mm，配以 3～4 种辅助规格，即可组成墙用砌块基本系列。

1. 主要技术性质

（1）砌块的强度：混凝土砌块的强度用砌块受压面的毛面积除以破坏荷载求得的，砌块的强度等级分为 MU5.0、MU7.5、MU10.0、MU15.0、MU20.0 和 MU25.0 六个等级。

（2）砌块的密度：混凝土砌块的密度取决于原材料、混凝土配合比、砌块的规格尺寸、孔型和孔结构、生产工艺等。普通混凝土砌块的密度一般为 1100～1500kg/m^3，轻混凝土砌块的密度一般为 700～1000kg/m^3。

（3）砌块的吸水率和软化系数：一般而言，混凝土砌块的吸水率和软化系数取决于原材料的种类、配合比、砌块的密实度和生产工艺等。用普通砂、石作骨料的砌块，吸水率低，软化系数较高；用轻骨料生产的砌块，吸水率高，而软化系数低。砌块密实度高，则吸水率低，而软化系数高；反之，则吸水率高，软化系数低。通常普通混凝土砌块的吸水率在 6%～8%之间，软化系数在 0.85～0.95 之间。

（4）砌块的收缩：与烧结砖相比较，砌块砌筑的墙体较易产生裂缝，其原因是多方面的，就墙体材料本身而言，原因有两个：一是由于砌块失去水分而产生收缩；二是由于砂浆失去水分而收缩。砌块的收缩值取决于所采用的骨料种类、混凝土配合比、养护方法和使用环境的相对湿度。普通混凝土砌块和轻骨料混凝土砌块在相对湿度相同的条件下，轻骨料混凝土砌块的收缩值较大一些；采用蒸压养护工艺生产的砌块比采用蒸汽养护的砌块收缩值要小。

在国外，为控制砌体的收缩值，在不同相对湿度地区对砌块的含水量（以最大吸水率为基准）都有严格的规定，这主要是为了控制砌块建筑的墙体裂缝。由于我国混凝土砌块的生产与应用的历史较短，虽然对混凝土砌块已制订出一些质量标准，但还不够严密，特别是对砌块的吸水率和收缩率都没有明确的规定。因此，在砌块建筑中，如在建筑措施上处理不当，则往往容易在墙体上出现一些裂缝。我国目前普通混凝土砌块的收缩值为 $0.235\sim0.427$ mm/m，煤渣砌块的收缩值 0.34 mm/m。

（5）砌块的导热系数　混凝土砌块的导热系数随混凝土材料的不同而有差异。如在相同的孔结构、规格尺寸和工艺条件下，以卵石、碎石和砂为集料生产的混凝土砌块，其导热系数要大于以煤渣、火山渣、浮石、煤矸石、陶粒等为骨料的混凝土砌块。又如在相同的材料、壁厚、肋厚和工艺条件下，由于孔结构不同（如单排孔、双排孔或三排孔砌块），单排孔砌块的导热系数要大于多排孔砌块。

2. 混凝土砌块的应用

混凝土砌块是由可塑的混凝土加工而成，其形状、大小可随设计要求不同而改变，因此它既是一种墙体材料，又是一种多用途的新型建筑材料。混凝土砌块的强度可通过混凝土的配合比和改变砌块的孔洞而在较大幅度内得到调整，因此，可用作承重墙体和非承重的填充墙体。混凝土砌块自重较实心黏土砖轻，地震荷载较小，砌块有空洞便于浇注配筋芯柱，能提高建筑物的延性。此外，混凝土砌块的绝热、隔声、防火、耐久性等大体与黏土砖相同，能满足一般建筑要求。

铺地砌块是混凝土砌块中的另一类主要产品，它是由干硬性混凝土制成，包括面层和基层，因此，可采用二次布料振动压实成型。它的外形一般为工字形、六边形及其他多边形。其特点是块形变化多、色彩丰富、铺砌简便、更换方便、经久耐用，能在多种地面和路面工程中应用。

混凝土砌块还可用于挡土墙工程，这些砌块可采用密实砌块或空心砌块，外表面可用砌块原形，也可将外露面加工成各种有装饰效果的表面。如北京一些立交桥所用的琢毛砌块，外观如天然毛石。此外混凝土砌块还在道路护坡、堤岸护坡等工程中使用。

6.2.2　加气混凝土砌块

加气混凝土砌块是用钙质材料（如水泥、石灰）、硅质材料（粉煤灰、石英砂、粒化高炉矿渣等)和发气剂作为原料,经混合搅拌、浇筑发泡、坯体静停与切割后,再经蒸压养护而成。

加气混凝土砌块具有表观密度小、保温性能好及可加工等优点,一般在建筑物中主要用作非承重墙体的隔墙。另外,由于加气混凝土内部含有许多独立的封闭气孔不仅切断了部分毛细孔的通道,而且在水的结冰过程中起着压力缓冲作用,所以具有较高的抗冻性。

6.2.3 石膏砌块

生产石膏砌块的主要原材料为天然石膏或化工石膏。为了减小表观密度和降低导热性,可掺入适量的锯末、膨胀珍珠岩、陶粒等轻质多孔填充材料。在石膏中掺入防水剂可提高其耐水性。石膏砌块轻质、绝热吸气、不燃、可锯可钉,生产工艺简单,成本低。石膏砌块多用作内隔墙。

6.3 砌筑用石材

天然石材是最古老的建筑材料之一,世界上许多著名的古建筑,如埃及的金字塔,我国河北省的赵州桥都是由天然石材建造而成的。近几十年来,由于钢筋混凝土和新型砌筑材料的应用和发展,虽然在很大程度上代替了天然石材,但由于天然石材在地壳表面分布广,蕴藏丰富,便于就地取材,加之石材具有相当高的强度,良好的耐磨性和耐久性,因此,石材在土木工程中仍得到了广泛的应用。

6.3.1 石材的分类

天然石材是采自地壳表层的岩石。天然石材根据生成条件,按地质分类法可分为火成岩、沉积岩和变质岩三大类。

1. 火成岩

火成岩又称岩浆岩,是由地壳内部熔融岩浆上升冷却而成的岩石。它根据冷却条件的不同,又可分为深成岩、喷出岩和火山岩三类。

(1) 深成岩 深成岩是岩浆在地壳深处,受上部覆盖层的压力作用,缓慢且均匀地冷却而成的岩石。深成岩的特点是晶粒较粗,呈致密块状结构。因此,深成岩的表观密度大,强度高,吸水率小,抗冻性好。工程上常用的深成岩有花岗岩、正长岩、闪长岩和辉长岩。

(2) 喷出岩 喷出岩为熔融的岩浆喷出地壳表面,迅速冷却而成的岩石。由于岩浆喷出地表时压力骤减且迅速冷却,结晶条件差,多呈隐晶质或玻璃体结构。如喷出岩凝固成很厚的岩层,其结构接近深成岩。当喷出岩凝固成比较薄的岩层时,常呈多孔构造。工程上常用的喷出岩有玄武岩、安山岩和辉绿岩。

（3）火山岩　火山岩是火山爆发时岩浆喷到空中，急速冷却后形成的岩石。火山岩为玻璃体结构且呈多孔构造。如火山灰、火山砂、浮石和凝灰岩。火山砂和火山灰常用作为水泥的混合材料。

2. 沉积岩

地表岩石经长期风化后，成为碎屑颗粒状或粉尘状，经风或水的搬运，通过沉积和再造作用而形成的岩石称为沉积岩。沉积岩大都呈层状构造，表观密度小，孔隙率大，吸水率大，强度低，耐久性差。而且各层间的成分、构造、颜色及厚度都有差异。沉积岩可分为机械沉积岩、化学沉积岩和生物沉积岩。

（1）机械沉积岩　机械沉积岩是各种岩石风化后，经过流水、风力或冰川作用的搬运及逐渐沉积，在覆盖层的压力下或由自然胶结物胶结而成。如页岩、砂岩和砾岩。

（2）化学沉积岩　化学沉积岩是岩石中的矿物溶解在水中，经沉淀沉积而成。如石膏、菱镁矿、白云岩及部分石灰岩。

（3）生物沉积岩　生物沉积岩是由各种有机体残骸经沉积而成的岩石。如石灰岩、硅藻土等。

3. 变质岩

岩石由于强烈的地质活动，在高温和高压下，矿物再结晶或生成新矿物，使原来岩石的矿物成分及构造发生显著变化而成为一种新的岩石，称为变质岩。

一般沉积岩形成变质岩后，其建筑性能有所提高，如石灰岩和白云岩变质后成为大理岩，砂岩变质后成为石英岩，都比原来的岩石坚固耐久。相反，原为深成岩经变质后产生片状构造，建筑性能反而恶化。如花岗岩变质成为片麻岩后，易于分层剥落，耐久性差。整个地表岩石分布情况为：沉积岩占 75%，火成岩和变质岩占 25%。

6.3.2　石材的技术性质

1. 表观密度

石材的表观密度与矿物组成及孔隙率有关。致密的石材如花岗岩和大理岩等，其表观密度接近于密度，约为 $2500\sim3100\text{kg/m}^3$。孔隙率较大的石材，如火山凝灰岩、浮石等，其表观密度较小，约为 $500\sim1700\text{kg/m}^3$。天然石材根据表观密度可分为轻质石材和重质石材。表观密度小于 1800kg/m^3 的为轻质石材，一般用作墙体材料；表观密度大于 1800kg/m^3 的为重质石材，可作为建筑物的基础、贴面、地面、房屋外墙、桥梁和水工构筑物等。

2. 吸水性

石材的吸水性主要与其孔隙率和孔隙特征有关。孔隙特征相同的石材，孔隙率越大，吸水率也越高。深成岩以及许多变质岩孔隙率都很小，因而吸水率也很小。如花岗岩吸水率通常小于0.5%，而多孔贝类石灰岩吸水率可高达15%。石材吸水后强度降低，抗冻性变差，导热性增加，耐水性和耐久性下降。表观密度大的石材，孔隙率小，吸水率也小。

3. 耐水性

石材的耐水性以软化系数来表示。根据软化系数的大小，石材的耐水性分为高、中、低三等，软化系数大于0.90的石材为高耐水性石材，软化系数在0.70～0.90之间的石材为中耐水性石材，软化系数为0.60～0.70之间的石材为低耐水性石材。土木工程中使用的石材，软化系数应大于0.80。

4. 抗冻性

抗冻性是指石材抵抗冻融破坏的能力，是衡量石材耐久性的一个重要指标。石材的抗冻性与吸水率大小有密切关系。一般吸水率大的石材，抗冻性能较差。另外，抗冻性还与石材吸水饱和程度、冻结温度和冻融次数有关。石材在水饱和状态下，经规定次数的冻融循环后，若无贯穿裂缝且重量损失不超过5%，强度损失不超过25%时，则为抗冻性合格。

5. 耐火性

石材的耐火性取决于其化学成分及矿物组成。由于各种造岩矿物热膨胀系数不同，受热后体积变化不一致，将产生内应力而导致石材崩裂破坏。另外，在高温下，造岩矿物会产生分解或晶型转变。如含有石膏的石材，在100℃以上时即开始破坏。含有石英和其他矿物结晶的石材，如花岗岩等，当温度在700℃以上时，由于石英受热膨胀，强度会迅速下降。

6. 抗压强度

天然石材的抗压强度取决于岩石的矿物组成、结构、构造特征、胶结物质的种类及均匀性等。如花岗岩的主要造岩矿物是石英、长石、云母和少量暗色矿物，若石英含量高，则强度高；若云母含量高；则强度低。

石材是非均质和各向异性的材料，而且是典型的脆性材料，其抗压强度高，抗拉强度比抗压强度低得多，约为抗压强度的$1/20$～$1/10$。测定岩石抗压强度的试件尺寸为50mm×50mm×50mm的立方体。按吸水饱和状态下的抗压极限强度平均值，天然石材的强度等级分为MU100、MU80、MU60、MU50、MU40、MU30、MU20、MU15、MU10等九个等级。

7. 硬度

天然石材的硬度以莫氏或肖氏硬度表示。它主要取决于组成岩石的矿物硬度与构造。凡由致密、坚硬的矿物所组成的岩石，其硬度较高；结晶质结构硬度高于玻璃质结构；构造紧密的岩石硬度也较高。岩石的硬度与抗压强度有很好的相关性，一般抗压强度高的其硬度也大。岩石的硬度越大，其耐磨性和抗刻划性越好，但表面加工越困难。

8. 耐磨性

石材耐磨性是指石材在使用条件下抵抗摩擦、边缘剪切以及撞击等复杂作用而不被磨损

(耗)的性质。耐磨性包括耐磨损性和耐磨耗性两个方面。耐磨损性以磨损度表示，它是石材受摩擦作用，其单位摩擦面积的质量损失的大小。耐磨耗性以磨耗度表示，它是石材同时受摩擦与冲击作用，其单位质量产生的质量损失的大小。

石材的耐磨性与岩石组成矿物的硬度及岩石的结构和构造有一定的关系。一般而言，岩石强度高，构造致密，则耐磨性也较好。用于土木工程中的石材，应具有较好的耐磨性。

6.3.3 石材的应用

1. 毛石

毛石是指岩石以开采所得、未经加工的形状不规则的石块。毛石有乱毛石和平毛石两种。乱毛石各个面的形状不规则，平毛石虽然形状也不规则，但大致有两个平行的面，土木工程用毛石一般要求中部厚度不小于15cm，长度为30～40cm，抗压强度应大于10MPa，软化系数不小于0.80。毛石主要用于砌筑建筑物基础、勒脚、墙身、挡土墙、堤岸及护坡，还可以用来浇筑片石混凝土。致密坚硬的沉积岩可用于一般的房屋建筑，而重要的工程应采用强度高、抗风性能好的岩浆岩。

2. 料石

料石是指以人工斩凿或机械加工而成，形状比较规则的六面体块石，通常按加工平整程度分为毛料石、粗料石、半细料石和细料石四种。毛料石是表面不经加工或稍加修整的料石；粗料石是表面加工成凹凸深度不大于20mm的料石；半细料石是表面加工成凹凸深度不大于10mm的料石；细料石是表面加工成凹凸深度不大于2mm的料石。

料石一般由致密的砂岩、石灰岩、花岗岩加工而成，制成条石、方石及楔形的拱石。毛料石形状规则，大致方正，正面的高度不小于20cm，长度与宽度不小于高度，抗压强度不得低于30MPa。粗料石形体方正，其正面经锤凿加工，要求正表面的凹凸相差不大于20mm。半细料石和细料石是用作镶面的石料。规格、尺寸与粗料石相同，而凿琢加工要求则比粗料石更高更严，半细料石正表面的凹凸相差不大于10mm，而细料石则相差不大于2mm。

料石主要用于建筑物的基础、勒脚、墙体等部位，半细料石和细料石主要用作镶面材料。

3. 石板

石板是用致密的岩石凿平或锯成的一定厚度的岩石板材。作为饰面用的板材，一般采用大理岩和花岗岩加工制作。饰面板材要求耐磨、耐久、无裂缝或水纹，色彩丰富，外表美观。花岗岩板材主要用于建筑工程室外装修、装饰；粗磨板材（表面平滑无光）主要用于建筑物外墙面、柱面、台阶及勒脚等部位；磨光板材（表面光滑如镜）主要用于室内外墙面、柱面。大理石板材经研磨抛光成镜面，主要用于室内装饰。

4. 广场地坪、路面、庭院小径用石材

广场地坪、路面、庭院小径用石材主要有石板、方石、条石、拳石、卵石等，这些岩石要求坚实耐磨，抗冻和抗冲击性好。当用平毛石、拳石、卵石铺筑地坪或小径时，可以利用石材的色彩和外形镶拼成各种图案。

思考题

6.1 砌墙砖有哪几种？它们各有什么特性？
6.2 什么是砖的泛霜和石灰爆裂？它们对建筑有何影响？
6.3 如何判定普通烧结砖的抗风化性能？
6.4 试比较混凝土空心砌块与蒸压加气混凝土砌块的差别。它们的适用范围有何不同？
6.5 按成岩条件天然岩石分为哪几类？它们各具有什么特点？

第 7 章
沥青及沥青混合料

沥青是一种褐色或黑褐色的有机胶凝材料，是土木工程建设中不可缺少的材料。在建筑、公路、桥梁等工程中有着广泛的应用，主要用于生产防水材料和铺筑沥青路面、机场道面等。

沥青按产源可分为地沥青（包括天然沥青、石油沥青）和焦油沥青（包括煤沥青、页岩沥青）。常用的主要是石油沥青，另外还使用少量的煤沥青。

采用沥青作胶结料的沥青混合料是公路路面、机场道面结构的一种主要材料，也可用于建筑地面或防渗坝面。它具有良好的力学性能，用作路面具有抗滑性好、噪声小、行车平稳等优点。

7.1 沥青材料

7.1.1 石油沥青

石油沥青是石油原油经蒸馏等提炼出各种轻质油（如汽油、柴油等）及润滑油以后的残留物，或再经加工而得的产品。它是一种有机胶凝材料，在常温下呈固体、半固体或黏性液体，颜色为褐色或黑褐色。

1. 石油沥青的组成与结构

（1）石油沥青的组分

石油沥青是由许多高分子碳氢化合物及其非金属（主要为氧、硫、氮等）衍生物组成的复杂混合物。因为沥青的化学组成复杂，对组成进行分析很困难，同时化学组成还不能反映沥青物理性质的差异。因此一般不作沥青的化学分析，只从使用角度，将沥青中化学成分及性质极为接近，并且与物理力学性质有一定关系的成分，划分为若干个组，这些组即称为组分。在沥青中各组分含量多寡，与沥青的技术性质有着直接关系。沥青中各组分的主要特性简述如下。

1) 油分　油分为淡黄色至红褐色的油状液体，是沥青中分子量最小和密度最小的组分，密度介于 $0.7\sim 1g/cm^3$ 之间。在170℃较长时间加热，油分可以挥发。油分能溶于石油醚、二硫化碳、三氯甲烷、苯、四氯化碳和丙酮等有机溶剂中，但不溶于酒精。油分赋予沥青以流动性。

2) 树脂(沥青脂胶)　沥青脂胶为黄色至黑褐色黏稠状物质（半固体），分子量比油分大（600～1000），密度为 $1.0\sim 1.1g/cm^3$。沥青脂胶中绝大部分属于中性树脂。中性树脂能溶于三氯甲烷、汽油和苯等有机溶剂，但在酒精和丙酮中难溶解或溶解度很低，它赋予沥青以良好的粘结性、塑性和可流动性。中性树脂含量增加，石油沥青的延度和粘结力等品质越好。另外，沥青树脂中还含有少量的酸性树脂，即地沥青酸和地沥青酸酐，颜色较中性树脂深，是油分氧化后的产物，具有酸性。它易溶于酒精、氯仿而难溶于石油醚和苯，能为碱皂化，是沥青中的表面活性物质。它改善了石油沥青对矿物材料的浸润性，特别是提高了对碳酸盐类岩石的黏附性，并有利于石油沥青的可乳化性。沥青脂胶使石油沥青具有良好的塑性和粘结性。

3) 地沥青质(沥青质)　地沥青质为深褐色至黑色固态无定形物质（固体粉末），分子量比树脂更大（1000以上），密度大于 $1g/cm^3$，不溶于酒精、正戊烷，但溶于三氯甲烷和二硫化碳，染色力强，对光的敏感性强，感光后就不能溶解。地沥青质是决定石油沥青温度敏感性、黏性的重要组成部分，其含量越多，则软化点越高，黏性愈大，即越硬脆。

另外，石油沥青中还含 2%～3% 的沥青碳和似碳物，为无定形的黑色固体粉末，是在高温裂化、过度加热或深度氧化过程中脱氢而生成的，是石油沥青中分子量最大的，它能降低石油沥青的粘结力。

石油沥青中还含有蜡，它会降低石油沥青的粘结性和塑性，同时对温度特别敏感（即温度稳定性差）。所以蜡是石油沥青的有害成分。蜡存在于石油沥青的油分中，它们都是烷烃，油和蜡的区别在于物理状态不同，一般讲，油是液体烷烃，蜡为固态烷烃（片状、带状或针状晶体）。采用氯盐（如 $AlCl_3$、$FeCl_3$、$ZnCl_2$ 等）处理法、高温吹氧法、减压蒸提法和溶剂脱蜡法等处理多蜡石油沥青，其性质可以得到改善。如多蜡沥青经高温吹氧处理，蜡被氧化和蒸发，从而提高了石油沥青的软化点，降低了针入度，使之达到使用要求。

(2) 石油沥青的胶体结构

在石油沥青中，油分、树脂和地沥青质是石油沥青中的三大主要组分。油分和树脂可以互相溶解，树脂能浸润地沥青质，而在地沥青质的超细颗粒表面形成树脂薄膜。所以石油沥青的结构是以地沥青质为核心，周围吸附部分树脂和油分，构成胶团，无数胶团分散在油分中而形成胶体结构。在这个分散体系中，分散相为吸附部分树脂的地沥青质，分散介质为溶有树脂的油分。在胶体结构中，从地沥青质到油分是均匀的逐步递变的，并无明显界面。

石油沥青中性质随各组分的数量比例的不同而变化。当油分和树脂较多时，胶团外膜较厚，胶团之间相对运动较自由，这种胶体结构的石油沥青，称为溶胶型石油沥青。溶胶型石油沥青的特点是，流动性和塑性较好，开裂后自行愈合能力较强，而对温度的敏感性强，即对温度的稳定性较差，温度过高会流淌。

当油分和树脂含量较少时，胶团外膜较薄，胶团靠近聚集，相互吸引力增大，胶团间相互移动比较困难。这种胶体结构的石油沥青称为凝胶型石油沥青。凝胶型石油沥青的特点是，弹性和黏性较高，温度敏感性较小，开裂后自行愈合能力较差，流动性和塑性较低。

当地沥青质不如凝胶型石油沥青中的多，而胶团间靠得又较近，相互间有一定的吸引力，形成一种介于溶胶型和凝胶型二者之间的结构，称为溶凝胶型结构。溶凝胶型石油沥青的性质也介于溶胶型和凝胶型二者之间。

溶胶型、溶凝胶型及凝胶型胶体结构的石油沥青示意图如图 7-1 所示。

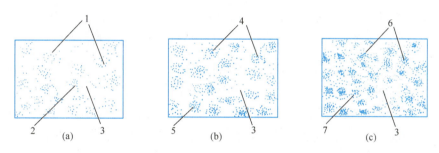

图 7-1　石油沥青胶体结构的类型示意
（a）溶胶型；（b）溶凝胶型；（c）凝胶型
1—溶胶中的胶粒；2—质点颗粒；3—分散介质油分；4—吸附层；
5—地沥青质；6—凝胶颗粒；7—结合的分散介质油分

2. 石油沥青的技术性质

（1）防水性

石油沥青是憎水性材料，几乎完全不溶于水，而且本身构造致密，加之它与矿物材料表面有很好的粘结力，能紧密黏附于矿物材料表面，同时，它还具有一定的塑性，能适应材料或构件的变形，所以石油沥青具有良好的防水性，故广泛用作土木工程的防潮、防水材料。

（2）黏滞性（黏性）

石油沥青的黏滞性是反映沥青材料内部阻碍其相对流动的一种特性，以绝对黏度表示，是沥青性质的重要指标之一。

各种石油沥青的黏滞性变化范围很大，黏滞性的大小与组分及温度有关。地沥青质含量较高，同时又有适量树脂，而油分含量较少时，则黏滞性较大。在一定温度范围内，当温度升高时，则黏滞性随之降低，反之则随之增大。

绝对黏度的测定方法因材而异，并较为复杂。工程上常用相对黏度（条件黏度）来表示。测定相对黏度的主要方法是用标准黏度计和针入度仪。对于黏稠石油沥青的相对黏度是用针入度仪测定的针入度来表示。它反映石油沥青抵抗剪切变形的能力。针入度值越小，表明黏度越大。黏稠石油沥青的针入度是在规定温度 25℃ 条件下，以规定重量 100g 的标准针，经历规定时间 5s 贯入试样中的深度，以 1/10mm 为单位表示。

对于液体石油沥青或较稀的石油沥青的相对黏度，可用标准黏度计测定的标准黏度表示。标准黏度是在规定温度（20、25、30 或 60℃）、规定直径（3、5 或 10mm）的孔口流出 $50cm^3$ 沥青所需的时间秒数，常用符号 "$C_d^t T$" 表示，d 为流孔直径，t 为试样温度，T 为流出 $50cm^3$ 沥青的时间。

（3）塑性

塑性指石油沥青在外力作用时产生变形而不破坏，除去外力后，则仍保持变形后形状的性质。它是沥青性质的重要指标之一。

石油沥青的塑性与其组分有关。石油沥青中树脂含量较多，且其他组分含量又适当时，则塑性较大。影响沥青塑性的因素有温度和沥青膜层厚度，温度升高，则塑性增大，膜层越厚则塑性越高。反之，膜层越薄，则塑性越差，当膜层薄至 $1\mu m$，塑性近于消失，即接近于弹性。在常温下，塑性较好的沥青在产生裂缝时，也可能由于特有的黏塑性而自行愈合。故塑性还反映了沥青开裂后的自愈能力。沥青之所以能制造出性能良好的柔性防水材料，很大程度上取决于沥青的塑性。沥青的塑性对冲击振动荷载有一定吸收能力，并能减少摩擦时的噪声，故沥青是一种优良的道路路面材料。

石油沥青的塑性用延度（伸长度）表示。延度越大，塑性越好。

沥青延度是把沥青试样制成 ∞ 字形标准试模（中间最小截面积 $1cm^2$）在规定速度（5cm/min）和规定温度（25℃）下拉断时的伸长，以厘米为单位表示。

（4）温度敏感性

温度敏感性是指石油沥青的黏滞性和塑性随温度升降而变化的性能。因沥青是一种高分子非晶态热塑性物质，故没有一定的熔点。当温度升高时，沥青由固态或半固态逐渐软化，使沥青分子之间发生相对滑动，此时沥青就像液体一样发生了黏性流动，称为黏流态。与此相反，当温度降低时又逐渐由黏流态凝固为固态（或称高弹态），甚至变硬变脆（像玻璃一样硬脆称作玻璃态）。在此过程中，反映了沥青随温度升降其黏滞性和塑性的变化。在相同的温度变化间隔里，各种沥青黏滞性及塑性变化幅度不会相同，工程要求沥青随温度变化而产生的黏滞性及塑性变化幅度应较小，即温度敏感性应较小。土木工程宜选用温度敏感性较小的沥青。所以温度敏感性是沥青性质的重要指标之一。

通常石油沥青中地沥青质含量较多，在一定程度上能够减小其温度敏感性。在工程使用时往往加入滑石粉、石灰石粉或其他矿物填料来减小其温度敏感性。沥青中含蜡量较多时，则会增大温度敏感性，当温度不太高（60℃ 左右）时就发生流淌；在温度较低时又易变硬开裂。

沥青软化点是反映沥青的温度敏感性的重要指标。由于沥青材料从固态至液态有一定的变态间隔，故规定其中某一状态作为从固态转到黏流态（或某一规定状态）的起点，相应的温度称为沥青软化点。

沥青软化点测定方法很多，国内外一般采用环球法软化点仪测定。它是把沥青试样装入规定尺寸（直径约 16mm，高约 6mm）的铜环内，试样上放置一标准钢球（直径 9.5mm，重 3.5g），浸入水或甘油中，以规定的升温速度（每分钟 5℃）加热，使沥青软化下垂，当下垂到规定距离 25.4mm 时的温度，以摄氏度（℃）为单位表示。

(5) 大气稳定性

大气稳定性是指石油沥青在热、阳光、氧气和潮湿等因素的长期综合作用下抵抗老化的性能。

在阳光、空气和热的综合作用下，沥青各组分会不断递变。低分子化合物将逐步转变成高分子物质，即油分和树脂逐渐减少，而地沥青质逐渐增多。实验发现，树脂转变为地沥青质比油分变为树脂的速度快很多（约 50%）。因此，使石油沥青随着时间的进展而流动性和塑性逐渐减小，硬脆性逐渐增大，直至脆裂，这个过程称为石油沥青的"老化"。所以大气稳定性可用抗"老化"性能来说明。

石油沥青的大气稳定性常以蒸发损失和蒸发后针入度比来评定。其测定方法是：先测定沥青试样的质量及其针入度，然后将试样置于加热损失试验专用的烘箱中，在 160℃ 下蒸发 5h，待冷却后再测定其质量及针入度。计算蒸发损失质量占原质量的百分数，称为蒸发损失；计算蒸发后针入度占原针入度的百分数，称为蒸发后针入度比。蒸发损失百分数越小和蒸发后针入度比越大，则表示大气稳定性越高，"老化"越慢。

此外，为评定沥青的品质和保证施工安全，还应当了解石油沥青的溶解度、闪点和燃点。

溶解度是指石油沥青在三氯乙烯、四氯化碳或苯中溶解的百分率，以表示石油沥青中有效物质的含量，即纯净程度。那些不溶解的物质会降低沥青的性能（如黏性等），应把不溶物视为有害物质（如沥青碳或似碳物）而加以限制。

闪点（也称闪火点）是指加热沥青至挥发出的可燃气体和空气的混合物，在规定条件下与火焰接触，初次闪火（有蓝色闪光）时的沥青温度（℃）。

燃点或称着火点，指加热沥青产生的气体和空气的混合物，与火焰接触能持续燃烧 5s 以上时，此时沥青的温度即为燃点（℃）。燃点温度比闪点温度约高 10℃。地沥青质组分多的沥青相差较大，液体沥青由于轻质成分较多，闪点和燃点的温度相差很小。

闪点和燃点的高低表明沥青引起火灾或爆炸的可能性的大小，它关系到运输、贮存和加热使用等方面的安全。

3. 石油沥青的技术标准及选用

石油沥青按用途分为建筑石油沥青、道路石油沥青和普通石油沥青三种。在土木工程中使用的主要是建筑石油沥青和道路石油沥青。

(1) 建筑石油沥青

建筑石油沥青按针入度指标划分牌号,每一牌号的沥青还应保证相应的延度、软化点、溶解度、蒸发损失、蒸发后针入度比、闪点等。建筑石油沥青的技术要求列于表7-1中。

建筑石油沥青针入度较小(黏性较大),软化点较高(耐热性较好),但延伸度较小(塑性较小),主要用作制造油纸、油毡、防水涂料和沥青嵌缝膏。它们绝大部分用于屋面及地下防水、沟槽防水防腐蚀及管道防腐等工程。在屋面防水工程中使用时,制成的沥青胶膜较厚,增大了对温度的敏感性。同时黑色沥青表面又是好的吸热体,一般同一地区的沥青屋面的表面温度比其他材料的都高,据高温季节测试,沥青屋面达到的表面温度比当地最高气温高25~30℃;为避免夏季流淌,一般屋面用沥青材料的软化点还应比本地区屋面最高温度高20℃以上。在地下防水工程中,沥青所经历的温度变化不大,为了使沥青防水层有较长的使用年限,宜选用牌号较高的沥青材料。

建筑石油沥青技术要求(《建筑石油沥青》GB/T 494—2010)　　　表7-1

项目		质量指标		
		10号	30号	40号
针入度(25℃,100g,5s)(1/10mm)		10~25	26~35	36~50
针入度(46℃,100g,5s)(1/10mm)		实测值	实测值	实测值
针入度(0℃,200g,5s)(1/10mm)	不小于	3	6	6
延度(15℃,5cm/min)(cm)	不小于	1.5	2.5	3.5
软化点(环球法)(℃)	不低于	60	75	90
溶解度(三氯乙烯)(%)	不小于	99.0		
蒸发后质量变化(163℃,5h)(%)	不大于	1		
蒸发后25℃针入度比(%)	不小于	65		
闪电(开口杯法)(℃)	不低于	260		

(2) 道路石油沥青

按道路的交通量,道路石油沥青分为重交通道路石油沥青和中、轻交通道路石油沥青。

重交通道路石油沥青主要用于高速公路、一级公路路面、机场道面及重要的城市道路路面等工程。按现行国家标准《重交通道路石油沥青》GB/T 15180,重交通道路石油沥青分为 AH-30、AH-50、AH-70、AH-90、AH-110 和 AH-130 六个标号,各标号的技术要求见表7-2。根据道路工程应用的特点除石油沥青通常规定的有关指标外,延度的温度为15℃,大气温定性采用薄膜烘箱试验,并规定了含蜡量的要求。

重交通道路石油沥青技术要求(《重交通道路石油沥青》GB/T 15180—2010)　　　表7-2

项目	质量指标					
	AH-130	AH-110	AH-90	AH-70	AH-50	AH-30
针入度(25℃,100g,5s)(1/10mm)	120~140	100~120	80~100	60~80	40~60	20~40

续表

项目			质量指标					
			AH-130	AH-110	AH-90	AH-70	AH-50	AH-30
延度（15℃，5cm/min）（cm）		不小于	100	100	100	100	80	实测值
软化点（环球法）（℃）			38～51	40～53	42～55	44～57	45～58	50～65
溶解度（%）		不小于	99.0					
闪点（℃）		不低于	230					260
密度（25℃）（g/cm³）			实测值					
蜡含量（%）		不大于	3					
薄膜烘箱试验（163℃，5h）	质量变化（%）	不大于	1.3	1.2	1.0	0.8	0.6	0.5
	针入度比（%）	不小于	45	48	50	55	58	60
	延度（15℃）（cm）	不小于	100	50	40	30	实测值	实测值

中、轻交通道路石油沥青主要用于一般的道路路面、车间地面等工程。按现行行业标准《道路石油沥青》NB/SH/T 0522，道路石油沥青分为 60、100、140、180 和 200 五个牌号，各牌号的技术要求见表 7-3。

道路石油沥青技术要求（《道路石油沥青》NB/SH/T 0522—2010） 表 7-3

项目			质量指标				
			200 号	180 号	140 号	100 号	60 号
针入度（25℃，100g，5s）（1/10mm）			200～300	160～200	120～160	90～120	50～80
延度（25℃）（cm）		不小于	20	100	100	90	70
软化点（℃）			30～48	35～48	38～51	42～55	45～58
溶解度（%）		不小于	99				
闪点（开口）（℃）		不低于	180	200	230		
密度（25℃）（g/cm³）			实测值				
蜡含量（%）		不大于	4.5				
薄膜烘箱试验（163℃，5h）	质量变化（%）不大于		1.3	1.3	1.3	1.2	1.0
	针入度比（%）		实测值				
	延度（25℃）（cm）		实测值				

道路沥青的牌号较多，选用时应根据地区气候条件、施工季节气温、路面类型、施工方法等按有关标准选用。

道路石油沥青还可作密封材料和粘结剂以及沥青涂料等。此时一般选用黏性较大和软化点较高的道路石油沥青。如 60 号。

（3）沥青的掺配

某一种牌号的石油沥青往往不能满足工程技术要求，因此需用不同牌号沥青进行掺配。在进行掺配时，为了不使掺配后的沥青胶体结构破坏，应选用表面张力相近和化学性质相似的沥青。试验证明同产源的沥青容易保证掺配后的沥青胶体结构的均匀性。所谓同产源是指同属石油沥青，或同属煤沥青（或煤焦油）。

两种沥青掺配的比例可用下式估算：

$$Q_1 = \frac{T_2 - T}{T_2 - T_1} \times 100$$

$$Q_2 = 100 - Q_1$$

式中　Q_1——较软沥青用量，%；

　　　Q_2——较硬沥青用量，%；

　　　T——掺配后的沥青软化点，℃；

　　　T_1——较软沥青软化点，℃；

　　　T_2——较硬沥青软化点，℃。

例如：某工程需要用软化点为85℃的石油沥青，现有10号及60号两种，应如何掺配以满足工程需要？

由试验测得，10号石油沥青软化点为95℃；60号石油沥青软化点为45℃。

估算掺配用量：

60号石油沥青用量（%）$= \frac{95℃ - 85℃}{95℃ - 45℃} \times 100 = 20$

10号石油沥青用量（%）$= 100 - 20 = 80$

根据估算的掺配比例和在其邻近的比例（5%～10%）进行试配（混合熬制均匀），测定掺配后沥青的软化点，然后绘制"掺配比——软化点"曲线，即可从曲线上确定所要求的掺配比例。同样地可采用针入度指标按上法进行估算及试配。

石油沥青过于黏稠需要进行稀释，通常可以采用石油产品系统的轻质油类，如汽油、煤油和柴油等。

7.1.2　煤焦油简介

煤焦油是生产焦炭和煤气的副产物，它大部分用于化工，而小部分用于制作建筑防水材料和铺筑道路路面。

烟煤在密闭设备中加热干馏，此时烟煤中挥发物质气化逸出，冷却后仍为气体的可作煤气，冷凝下来的液体除去氨及苯后，即为煤焦油。因为干馏温度不同，生产出来的煤焦油品质也不同。炼焦及制煤气时干馏温度约800～1300℃，这样得到的为高温煤焦油；当低温（600℃以下）干馏时，所得到的为低温煤焦油。高温煤焦油含碳较多，密度较大，含有多量的芳香族碳氢化合物，工程性质较好。低温煤焦油含碳少，密度较小，含芳香族碳氢化合物少，主要含蜡族和环烷族及不饱和碳氢化合物，还含较多的酚类，工程性质较差。故多用高温煤焦油制作焦油类建筑防水材料或煤沥青或作为改性材料。

煤沥青是将煤焦油再进行蒸馏，蒸去水分和所有的轻油及部分中油、重油和蒽油后所得的残渣。各种油的分馏温度为：在170℃以下时——轻油；170～270℃时——中油；270～300℃时——重油；300～360℃时——蒽油。有的残渣太硬还可加入蒽油调整其性质，使所生产的煤沥青便于使用。

与石油沥青相比，由于两者的成分不同，煤沥青有如下特点：

（1）由固态或黏稠态转变为黏流态（或液态）的温度间隔较小，夏天易软化流淌，而冬天易脆裂，即温度敏感性较大。

（2）含挥发性成分和化学稳定性差的成分较多，在热、阳光、氧气等长期综合作用下，煤沥青的组成变化较大，易硬脆，故大气稳定性较差。

（3）含有较多的游离碳，塑性较差，容易因变形而开裂。

（4）因含有蒽、酚等，故有毒性和臭味，防腐能力较好，适用于木材的防腐处理。

（5）因含表面活性物质较多，与矿料表面的粘附力较好。

7.1.3 改性石油沥青

在土木工程中使用的沥青应具有一定的物理性质和粘附性。在低温条件下应有弹性和塑性；在高温条件下要有足够的强度和稳定性；在加工和使用条件下具有抗"老化"能力；还应与各种矿料和结构表面有较强的粘附力；以及对变形的适应性和耐疲劳性。通常，石油加工厂加工制备的沥青不一定能全面满足这些要求，为此，常用橡胶、树脂和矿物填料等改性。橡胶、树脂和矿物填料等通称为石油沥青的改性材料。

1. 橡胶改性沥青

橡胶是沥青的重要改性材料，它和沥青有较好的混溶性，并能使沥青具有橡胶的很多优点，如高温变形性小，低温柔性好。由于橡胶的品种不同，掺入的方法也有所不同，而各种橡胶沥青的性能也有差异。现将常用的几种分述如下。

（1）氯丁橡胶改性沥青

沥青中掺入氯丁橡胶后，可使其气密性、低温柔性、耐化学腐蚀性、耐气候性等得到大大改善。氯丁橡胶改性沥青的生产方法有溶剂法和水乳法。溶剂法是先将氯丁橡胶溶于一定的溶剂中形成溶液，然后掺入沥青中，混合均匀即成为氯丁橡胶改性沥青。水乳法是将橡胶和石油沥青分别制成乳液，再混合均匀即可使用。

氯丁橡胶改性沥青可用于路面的稀浆封层和制作密封材料和涂料等。

（2）丁基橡胶改性沥青

丁基橡胶改性沥青的配制方法与氯丁橡胶沥青类似，而且较简单一些。

将丁基橡胶碾切成小片，于搅拌条件下把小片加到100℃的溶剂中（不得超过110℃），制成浓溶液。同时将沥青加热脱水熔化成液体状沥青。通常在100℃左右把两种液体按比例混合搅拌均匀进行浓缩15～20min，达到要求性能指标。丁基橡胶在混合物中的含量一般为2%～4%。同样也可以分别将丁基橡胶和沥青制备成乳液，然后再按比例把两种乳液混合即可。

丁基橡胶改性沥青具有优异的耐分解性，并有较好的低温抗裂性能和耐热性能，多用于道路路面工程和制作密封材料和涂料。

（3）热塑性弹性体（SBS）改性沥青

SBS是热塑性弹性体苯乙烯-丁二烯嵌段共聚物，它兼有橡胶和树脂的特性，常温下具有橡胶的弹性，高温下又能像树脂那样熔融流动，成为可塑的材料。SBS改性沥青具有良好的耐高温性、优异的低温柔性和耐疲劳性，是目前应用最成功和用量最大的一种改性沥青。SBS改性沥青可采用胶体磨法或高速剪切法生产，SBS的掺量一般为3%～10%。主要用于制作防水卷材和铺筑高等级公路路面等。

（4）再生橡胶改性沥青

再生胶掺入沥青中以后，同样可大大提高沥青的气密性，低温柔性，耐光、热、臭氧性、耐气候性。

再生橡胶改性沥青材料的制备是先将废旧橡胶加工成1.5mm以下的颗粒，然后与沥青混合，经加热搅拌脱硫，就能得到具有一定弹性、塑性和粘结力良好的再生胶改性沥青材料。废旧橡胶的掺量视需要而定，一般为3%～15%。

再生橡胶改性沥青可以制成卷材、片材、密封材料、胶粘剂和涂料等，随着科学技术的发展，加工方法的改进，各种新品种的制品将会不断增多。

2. 树脂改性沥青

用树脂改性石油沥青，可以改进沥青的耐寒性、耐热性、粘结性和不透气性。由于石油沥青中含芳香性化合物很少，故树脂和石油沥青的相容性较差，而且可用的树脂品种也较少，常用的树脂有：古马隆树脂、聚乙烯、乙烯-乙酸乙烯共聚物（EVA），无规聚丙烯（APP）等。

（1）古马隆树脂改性沥青

古马隆树脂又名香豆桐树脂，呈黏稠液体或固体状，浅黄色至黑色，易溶于氯化烃、酯类、硝基苯等，为热塑性树脂。

将沥青加热熔化脱水，在150～160℃情况下，把古马隆树脂放入熔化的沥青中，并不断搅拌，再把温度升至185～190℃，保持一定时间，使之充分混合均匀，即得到古马隆树脂沥青。树脂掺量约40%。这种沥青的黏性较大。

（2）聚乙烯树脂改性沥青

在沥青中掺入5%～10%的低密度聚乙烯，采用胶体磨法或高速剪切法即可制得聚乙烯树脂改性沥青。聚乙烯树脂改性沥青的耐高温性和耐疲劳性有显著改善，低温柔性也有所改善。一般认为，聚乙烯树脂与多蜡沥青的相容性较好，对多蜡沥青的改性效果较好。

此外，乙烯-乙酸乙烯共聚物（EVA）、无规聚丙烯（APP）也常用来改善沥青性能，制成的改性沥青具有良好的弹塑性、耐高温性和抗老化性，多用于防水卷材、密封材料和防水涂料等。

3. 橡胶和树脂改性沥青

橡胶和树脂同时用于改善沥青的性质，使沥青同时具有橡胶和树脂的特性。且树脂比橡胶便宜，橡胶和树脂又有较好的混溶性，故效果较好。

橡胶、树脂和沥青在加热融熔状态下，沥青与高分子聚合物之间发生相互侵入和扩散，沥青分子填充在聚合物大分子的间隙内，同时聚合物分子的某些链节扩散进入沥青分子中，形成凝聚的网状混合结构，故可以得到较优良的性能。

配制时，采用的原材料品种、配比、制作工艺不同，可以得到很多性能各异的产品。主要有卷、片材，密封材料，防水涂料等。

4. 矿物填充料改性沥青

为了提高沥青的粘结能力和耐热性，降低沥青的温度敏感性，经常加入一定数量的矿物填充料。

（1）矿物填充料的品种

常用的矿物填充料大多是粉状的和纤维状的，主要的有滑石粉、石灰石粉、硅藻土和石棉等。

滑石粉　主要化学成分是含水硅酸镁（$3MgO \cdot 4SiO_2 \cdot H_2O$），亲油性好（憎水），易被沥青润湿，可直接混入沥青中，以提高沥青的机械强度和抗老化性能，可用于具有耐酸、耐碱、耐热和绝缘性能的沥青制品中。

石灰石粉　主要成分为碳酸钙，属亲水性的岩石，但其亲水程度比石英粉弱，而最重要的是石灰石粉与沥青有较强的物理吸附力和化学吸附力，故是较好的矿物填充料。

硅藻土　它是软质多孔而轻的材料，易磨成细粉，耐酸性强，是制作轻质、绝热、吸音的沥青制品的主要填料。膨胀珍珠岩粉有类似的作用，故也可作这类沥青制品的矿物填充料。

石棉绒或石棉粉　它的主要组成为钠、钙、镁、铁的硅酸盐，呈纤维状，富有弹性，具有耐酸、耐碱和耐热性能，是热和电的不良导体，内部有很多微孔，吸油（沥青）量大，掺入后可提高沥青的抗拉强度和热稳定性。

此外，白云石粉、磨细砂、粉煤灰、水泥、高岭土粉、白垩粉等也可作沥青的矿物填充料。

（2）矿物填充料的作用机理

沥青中掺入矿物填充料后，能被沥青包裹形成稳定的混合物。一要沥青能润湿矿物填充料；二要沥青与矿物填充料之间具有较强的吸附力，并不为水所剥离。

一般具有共价键或分子键结合的矿物属憎水性即亲油性的，如滑石粉等，对沥青的亲和力大于对水的亲和力，故滑石粉颗粒表面所包裹的沥青即使在水中也不会被水所剥离。

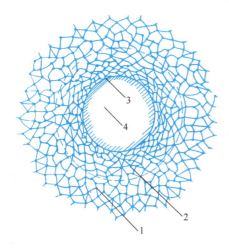

图 7-2 沥青与矿粉相互作用的结构图式
1—自由沥青；2—结构沥青；
3—钙质薄膜；4—矿粉颗粒

另外，具有离子键结合的矿物如碳酸盐、硅酸盐等，属亲水性矿物，即有憎油性。但是，因沥青中含有酸性树脂，它是一种表面活性物质，能够与矿物颗粒表面产生较强的物理吸附作用。如石灰石粉颗粒表面上的钙离子和碳酸根离子，对树脂的活性基团有较大的吸附力，还能与沥青酸或环烷酸发生化学反应形成不溶于水的沥青酸钙或环烷酸钙，产生化学吸附力，故石灰石粉与沥青也可形成稳定的混合物。

从以上分析可以认为，由于沥青对矿物填充料的润湿和吸附作用，沥青可能成单分子状排列在矿物颗粒（或纤维）表面，形成结合力牢固的沥青薄膜，有的将它称为结构沥青（如图7-2所示）。结构沥青具有较高的黏性和耐热性等。因此，沥青中掺入的矿物填充料的数量要适当，以形成恰当的结构沥青膜层。

7.2 沥青混合料的组成与性质

沥青混合料是一种黏弹塑性材料，具有良好的力学性能，一定的高温稳定性和低温柔性，修筑路面不需设置接缝，行车较舒适。而且，施工方便、速度快，能及时开放交通，并可再生利用。因此，是高等级道路修筑中的一种主要路面材料。

沥青混合料是由矿料（粗集料、细集料和填料）与沥青拌合而成的混合料。通常，它包括沥青混凝土混合料和沥青碎（砾）石混合料两类。沥青混合料按集料的最大粒径，分为特粗式、粗粒式、中粒式、细粒式和砂粒式沥青混合料；按矿料级配，分为密级配沥青混凝土混合料、半开级配沥青混合料、开级配沥青混合料和间断级配沥青混合料；按施工条件，分为热拌热铺沥青混合料、热拌冷铺沥青混合料和冷拌冷铺沥青混合料。

7.2.1 沥青混合料的组成结构

沥青混合料是由沥青、粗细集料和矿粉按一定比例拌合而成的一种复合材料。按矿质骨架的结构状况，其组成结构分为以下三个类型。

1. 悬浮密实结构

当采用连续密级配矿质混合料与沥青组成的沥青混合料时，矿料由大到小形成连续级配的密实混合料，由于粗集料的数量较少，细集料的数量较多，较大颗粒被小一档颗粒挤开，使粗集料以悬浮状态存在于细集料之间（图 7-3a），这种结构的沥青混合料虽然密实度和强度较高，但稳定性较差。

2. 骨架空隙结构

当采用连续开级配矿质混合料与沥青组成的沥青混合料时，粗集料较多，彼此紧密相接，细集料的数量较少，不足以充分填充空隙，形成骨架空隙结构（图 7-3b）。沥青碎石混合料多属此类型。这种结构的沥青混合料，粗骨料能充分形成骨架，骨料之间的嵌挤力和内摩阻力起重要作用；因此，这种沥青混合料受沥青材料性质的变化影响较小，因而热稳定性较好，但沥青与矿料的粘结力较小、空隙率大、耐久性较差。

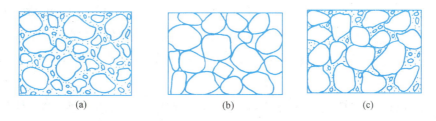

图 7-3　沥青混合料组成结构示意图
(a) 悬浮密实结构；(b) 骨架空隙结构；(c) 骨架密实结构

3. 骨架密实结构

采用间断型级配矿质混合料与沥青组成的沥青混合料时，是综合以上两种结构之长的一种结构。它既有一定数量的粗骨料形成骨架，又根据粗集料空隙的多少加入细集料，形成较高的密实度（图 7-3c）。这种结构的沥青混合料的密实度、强度和稳定性都较好，是一种较理想的结构类型。

7.2.2　沥青混合料的技术性质

沥青混合料作为沥青路面的面层材料，承受车辆行驶反复荷载和气候因素的作用，而胶凝材料沥青具有黏-弹-塑性的特点；因此，沥青混合料应具有抗高温变形、抗低温脆裂、抗滑、耐久等技术性质以及施工和易性。

1. 高温稳定性

沥青混合料的高温稳定性是指在高温条件下，沥青混合料承受多次重复荷载作用而不发生过大的累积塑性变形的能力。高温稳定性良好的沥青混合料在车轮引起的垂直力和水平力的综合作用下，能抵抗高温的作用，保持稳定而不产生车辙和波浪等破坏现象。

沥青混合料的高温稳定性，通常采用高温强度与稳定性作为主要技术指标。常用的测试评定方法有：马歇尔试验法、无侧限抗压强度试验法、史密斯三轴试验法等。

马歇尔试验法比较简便，既可以用于混合料的配合比设计，也便于工地现场质量检验，因而得到了广泛应用，我国国家标准也采用了这一方法。但该方法仅适用于热拌沥青混合料。尽管马歇尔试验方法简便，但多年的实践和研究认为，马歇尔试验用于混合料配合比设计决定沥青用量和施工质量控制，并不能正确地反映沥青混合料的抗车辙能力，因此，在国家标准《沥青路面施工及验收规范》GB 50092—1996 中规定：对用于高速公路、一级公路和城市快速路等沥青路面的上面层和中面层的沥青混凝土混合料，在进行配合比设计时，应通过车辙试验对抗车辙能力进行检验。

马歇尔试验通常测定的是马歇尔稳定度和流值，马歇尔稳定度是指标准尺寸试件在规定温度和加荷速度下，在马歇尔仪中的最大破坏荷载（kN）；流值是达到最大破坏荷重时试件的垂直变形（0.1mm）。车辙试验测定的是动稳定度，沥青混合料的动稳定度是指标准试件在规定温度下，一定荷载的试验车轮在同一轨迹上，在一定时间内反复行走（形成一定的车辙深度）产生 1mm 变形所需的行走次数（次/mm）。

2. 低温抗裂性

沥青混合料不仅应具备高温的稳定性，同时，还要具有低温的抗裂性，以保证路面在冬季低温时不产生裂缝。

沥青混合料是黏-弹-塑性材料，其物理性质随温度变化会有很大变化。当温度较低时，沥青混合料表现为弹性性质，变形能力大大降低。在外部荷载产生的应力和温度下降引起的材料的收缩应力联合作用下，沥青路面可能发生断裂，产生低温裂缝。沥青混合料的低温开裂是由混合料的低温脆化、低温收缩和温度疲劳引起的。混合料的低温脆化一般用不同温度下的弯拉破坏试验来评定；低温收缩可采用低温收缩试验评定；而温度疲劳则可以用低频疲劳试验来评定。

3. 耐久性

沥青混合料在路面中，长期受自然因素（阳光、热、水分等）的作用，为使路面具有较长的使用年限，必须具有较好的耐久性。

沥青混合料的耐久性与组成材料的性质和配合比有密切关系。首先，沥青在大气因素作用下，组分会产生转化，油分减少，沥青质增加，使沥青的塑性逐渐减小，脆性增加，路面的使用品质下降。其次，以耐久性考虑，沥青混合料应有较高的密实度和较小的空隙率，但是，空隙率过小，将影响沥青混合料的高温稳定性，因此，在我国的有关规范中，对空隙率和饱和度均提出了要求。

目前，沥青混合料耐久性常用浸水马歇尔试验或真空饱水马歇尔试验评价。

4. 抗滑性

随着现代交通车速不断提高，对沥青路面的抗滑性提出了更高的要求。沥青路面的抗滑性能与集料的表面结构（粗糙度）、级配组成、沥青用量等因素有关。为保证抗滑性能，面层集料应选用质地坚硬具有棱角的碎石，通常采用玄武岩。采取适当增大集料粒径、减少沥青用量及控制沥青的含蜡量等措施，均可提高路面的抗滑性。

5. 施工和易性

沥青混合料应具备良好的施工和易性，使混合料易于拌合、摊铺和碾压施工。影响施工和易性的因素很多，如气温、施工机械条件及混合料性质等。

从混合料的材料性质看，影响施工和易性的是混合料的级配和沥青用量。如粗、细集粒的颗粒大小相差过大，缺乏中间尺寸的颗粒，混合料容易分层层积；如细集料太少，沥青层不容易均匀的留在粗颗粒表面；如细集料过多，则使拌合困难。如沥青用量过少，或矿粉用量过多时，混合料容易出现疏松，不易压实；如沥青用量过多，或矿粉质量不好，则混合料容易粘结成块，不易摊铺。

7.3　沥青混合料的配合比设计

沥青混合料配合比设计的主要任务是根据沥青混合料的技术要求，选择粗集料、细集料、矿粉和沥青材料，并确定各组成材料相互配合的最佳组成比例，使沥青混合料既满足技术要求，又符合经济的原则。

7.3.1　沥青混合料组成材料的技术要求

沥青混合料的技术性质随着混合料的组成材料的性质、配合比和制备工艺等因素的差异而改变。因此制备沥青混合料时，应严格控制其组成材料的质量。

1. 沥青材料

不同型号的沥青材料，具有不同的技术指标，适用于不同等级、不同类型的路面，在选择沥青材料的时候，要考虑到气候条件、交通量、施工方法等情况，寒冷地区宜选用稠度较小，延度较大的沥青，以免冬季裂缝；较热地区选用稠度较大，软化点高的沥青，以免夏季泛油，发软。一般路面的上层宜用较稠的沥青，下层和联结层宜用较稀的沥青。

2. 粗集料

沥青混合料的粗集料要求洁净、干燥、无风化、无杂质，并且具有足够的强度和耐磨性。一般选用高强、碱性的岩石轧制成接近于立方体、表面粗糙、具有棱角的颗粒。

沥青混合料对粗集料的级配不单独提出要求，只要求它与细集料、矿粉组成的矿质混合料能符合相应的沥青混合料的矿料级配范围（见表7-4）。一种粗集料不能满足要求时，可用两种以上不同级配的粗集料掺合使用。

表 7-4

沥青混合料矿料级配范围

材料种类	级配类型		通过下列筛孔（方孔筛，mm）的质量百分率（%）														
			53.0	37.5	31.5	26.5	19.0	16.0	13.2	9.5	4.75	2.36	1.18	0.6	0.3	0.15	0.075
密级配沥青混凝土	粗粒式	AC-25			100	90~100	75~90	65~83	57~76	45~65	24~52	16~42	12~33	8~24	5~17	4~13	3~7
	中粒式	AC-20				100	90~100	78~92	62~80	50~72	26~56	16~44	8~24	5~17	4~13	3~7	3~7
		AC-16					100	90~100	78~92	62~80	34~62	20~48	13~36	9~26	7~18	5~14	4~8
	细粒式	AC-13						100	90~100	68~85	38~68	24~50	15~38	10~28	7~20	5~15	4~8
		AC-10							100	90~100	45~75	30~58	20~44	13~32	9~23	6~16	4~8
	砂粒式	AC-5								100	90~100	55~75	35~55	20~40	12~28	7~18	5~10
沥青玛蹄脂碎石	中粒式	SMA-20				100	90~100	72~92	62~82	40~55	18~30	13~22	12~20	10~16	9~14	8~13	8~12
		SMA-16					100	90~100	65~85	45~65	20~32	15~24	14~22	12~18	10~15	9~14	8~12
	细粒式	SMA-13						100	90~100	50~75	20~34	15~26	14~24	12~20	10~16	9~15	8~12
		SMA-10							100	90~100	28~60	20~32	14~26	12~22	10~18	9~16	8~13
开级配排水式磨耗层	中粒式	OGFC-16					100	90~100	70~90	45~70	12~30	10~22	6~18	4~15	3~12	3~8	2~6
		OGFC-13						100	90~100	60~80	12~30	10~22	6~18	4~15	3~12	3~8	2~6
	细粒式	OGFC-10							100	90~100	50~70	10~22	6~18	4~15	3~12	3~8	2~6
密级配沥青稳定碎石	特粗式	ATB-40	100	90~100	75~92	65~85	49~71	43~63	37~57	30~50	20~40	15~32	10~25	8~18	5~14	3~10	2~6
	粗粒式	ATB-30		100	90~100	70~90	53~72	44~66	39~60	31~51	20~40	15~32	10~25	8~18	5~14	3~10	2~6
		ATB-25			100	90~100	60~80	48~68	42~62	32~52	20~40	15~32	10~25	8~18	5~14	3~10	2~6
半开级配沥青碎石	中粒式	AM-20				100	90~100	60~85	50~75	40~65	15~40	5~22	2~16	1~12	0~10	0~8	0~5
	细粒式	AM-16					100	90~100	60~85	45~68	18~40	6~25	3~18	1~14	0~10	0~8	0~5
		AM-13						100	90~100	50~80	20~45	8~28	4~20	2~16	0~10	0~8	0~6
		AM-10							100	90~100	35~65	10~35	5~22	2~16	0~12	0~9	0~6
开级配沥青稳定碎石	特粗式	ATPB-40	100	70~100	65~90	55~85	43~75	32~70	20~65	12~50	0~3	0~3	0~3	0~3	0~3	0~3	0~3
		ATPB-30		100	80~100	70~95	53~85	36~80	26~75	14~60	0~3	0~3	0~3	0~3	0~3	0~3	0~3
	粗粒式	ATPB-25			100	80~100	60~100	45~90	30~82	16~70	0~3	0~3	0~3	0~3	0~3	0~3	0~3

3. 细集料

沥青混合料的细集料可根据当地条件及混合料级配要求选用天然砂或人工砂，在缺少砂的地区，也可用石屑代替。细集料同样应洁净、黏土含量不大于3%。

4. 矿粉

矿粉是由石灰岩或岩浆岩中的碱性岩石磨制而成的，也可以利用工业粉末、废料、粉煤灰等代替，但用量不宜超过矿料总量的2%。其中粉煤灰的用量不宜超过填料总量的50%，粉煤灰的烧失量应小于12%，塑性指数应小于4%。矿粉视（表观）密度应不小于2.50g/cm^3，通过0.075mm筛孔的应大于75%，亲水系数（即矿粉在水中体积与在煤油中的体积之比）应小于1，矿粉应干燥、不含泥土杂质和团块，含水量应不大于1%。

7.3.2 沥青混合料配合比设计

沥青混凝土配合比设计通常按下列两步进行，首先选择矿质混合料的配合比例，使矿质混合料的级配符合规范的要求，即石料、砂、矿粉应有适当的配合比例；然后确定矿料与沥青的用量比例，即最佳沥青用量。在混合料中，沥青用量波动0.5%的范围可使沥青混合料的热稳定性等技术性质变化很大。在确定矿料间配合比例后，通过稳定度、流值、空隙率、饱和度等试验数值选择出最佳沥青用量。

1. 选择矿质混合料配合比例

根据沥青混合料使用的公路等级、路面类型、结构层次、气候条件及其他要求，选择沥青混合料的类型，并参照现行行业标准《公路沥青路面施工技术规范》JTG F 40推荐的级配（表7-4）作为沥青混合料的设计级配；测定矿料的密度、吸水率、筛分情况和沥青的密度；采用图解法或数解法求出已知级配的粗集料、细集料和矿粉之间的比例关系。

2. 确定沥青最佳用量

采用马歇尔试验法来确定沥青最佳用量，按所设计的矿料配合比配制五组矿质混合料，每组按规范推荐或工程经验确定的沥青用量范围及规定的间隔（0.2%～0.4%或0.5%）加入适量沥青，拌合均匀制成马歇尔试件。进行试验，测出试件的密实度、稳定度和流值等，并确定出最佳沥青用量。

【例题】某路线修筑沥青混凝土高速公路路面层，试计算矿质混合料的组成，用马歇尔试验法确定最佳沥青用量。

［设计原始资料］

(1) 路面结构：高速公路沥青混凝土面层。

(2) 气候条件：属于温和地区。

(3) 路面形式：三层式沥青混凝土路面上面层。

(4) 混合料制备条件及施工设备：工厂拌合摊铺机铺筑、压路机碾压。

(5) 材料的技术性能。

1) 沥青材料：沥青采用进口优质沥青，符合 AH-70 指标，其技术指标见表7-5。

沥青技术指标　　　　　　　　　　　　　　　　　　　　　表 7-5

15℃时密度(g·cm^{-3})	针入度(0.1mm)(25℃，100g，5s)	延度(cm)(5cm/min 15℃)	软化点(℃)
1.033	74.3	>100	46.0

2) 矿质材料

粗集料：采用玄武岩，1号料（19.0~13.2mm）密度 2.918g/cm^3，2号料（13.2~4.75mm）密度 2.864g/cm^3，与沥青的粘附情况评定为5级。其他各项技术指标见表7-6。

粗集料技术指标　　　　　　　　　　　　　　　　　　　　　表 7-6

压碎值（%）	磨耗值（%）（洛杉矶法）	针片状颗粒含量（%）	磨光值（PSV）	吸水率（%）
14.7	17.6	10.5	45.0	1.0

细集料：石屑采用玄武岩，其密度为 2.81g/cm^3，砂子视（表观）密度为 2.63g/cm^3。

矿粉：视（表观）密度为 2.67g/cm^3，含水量为 0.8%。

矿质集料的级配情况见表7-7。

矿质集料筛分结果　　　　　　　　　　　　　　　　　　　　表 7-7

原材料	通过下列筛孔（mm）的质量（%）									
	19.0	16.0	13.2	9.5	4.75	2.38	1.18	0.6	0.3	0.15	0.075
1号碎石	100	90.3	42.2	5.0	1.4	0.3	0				
2号碎石			100	88.7	29.0	6.8	3.0	2.2	1.6	0	
石屑				100	99.2	78.5	38.1	29.8	20.0	18.1	8.7
砂					100	98.6	94.2	76.5	52.8	29.3	5.8	0.5
矿粉								100	99.2	95.9	80.0

［设计要求］

（1）确定各种矿质集料的用量比例。

（2）用马歇尔试验确定最佳沥青用量。

【解】1. 矿质混合料级配组成的确定

（1）由原始资料可知，沥青混合料用于高速公路三层式沥青混凝土上面层，依据有关标准，沥青混合料类型可选用 AC-16。参照表7-4的要求，中粒式 AC-16 沥青混凝土的矿质混合料级配范围见表7-8。

矿质混合料要求级配范围　　　　　　　　　　　　　　　　表 7-8

级配类型	通过下列筛孔（mm）的质量（%）									
	19.0	16.0	13.2	9.5	4.75	2.36	1.18	0.6	0.3	0.15	0.075
AC-16	100	90~100	78~92	62~80	34~62	20~48	13~36	9~26	7~18	5~14	4~8

(2)根据矿质集料的筛分结果及现行国家标准《沥青路面施工及验收规范》GB 50092的有关规定,采用图解法或试算(电算)法求出矿质集料的比例关系,并进行调整,使合成级配尽量接近要求级配范围中值。经调整后的矿料合成级配计算列于表 7-9。

矿质混合料合成级配计算表　　　　　　　　　　　　　　　　表 7-9

设计混合料配合比(%)	通过下列筛孔(mm)(%)									
	19.0	16.0	13.2	9.5	4.75	2.36	1.18	0.6	0.3	0.15	0.075
1号碎石 30	30	27.1	12.7	1.5	0.4	0.1	0	—	—	—	—
2号碎石 25	25	25	25	22.2	7.3	1.7	0.8	0.6	0.4	0	0
石屑 22	22	22	22	22	21.8	17.3	8.4	6.6	4.4	4.0	1.9
砂 17	17	17	17	17	16.8	16.0	13.0	9.0	5.0	1.0	0.1
矿粉 6	6	6	6	6	6	6	6	6	6	5.8	4.8
合成级配	100	97.1	82.7	68.7	52.3	41.1	28.2	22.2	15.8	10.8	6.8
要求级配	100	90~100	78~92	62~80	34~62	20~48	13~36	9~26	7~18	5~14	4~8
级配中值	100	95	85	71	48	34	24.5	17.5	12.5	9.5	6

由此可得出矿质混合料的组成为:

1号碎石 30%;2号碎石 25%;石屑 22%;砂 17%;矿粉 6%。

2. 沥青最佳用量的确定

(1)按上述计算所得的矿质集料级配和经验的沥青用量范围,中粒式沥青混凝土(AC-16)的沥青用量为 4.0%~6.0%,采用 0.5%的间隔变化,配制 5 组马歇尔试件。试件拌制温度为 140℃,试件成型温度为 130℃,击实次数为两面各夯击 75 次。成型试件经 24h 后,测定其各项指标,以沥青用量为横坐标,以实测密度、空隙率、饱和度、稳定度、流值为纵坐标,画出沥青用量和它们之间的关系曲线,如图 7-4 所示。

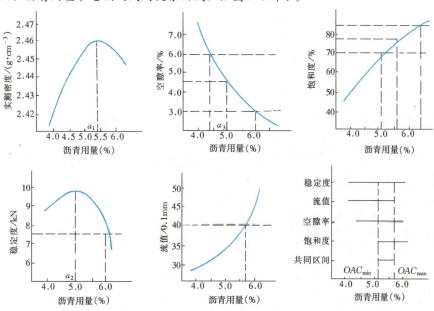

图 7-4　马歇尔试验各项指标与沥青用量关系图

(2) 从图中取相应于密度最大值的沥青用量 a_1，相应于稳定度最大值的沥青用量为 a_2，相应于规定空隙率范围中值的沥青用量 a_3，相应于规定沥青饱和度范围中值的沥青用量 a_4，以四者平均值作为最佳沥青用量的初始值 OAC_1。

从图中可看出 $a_1=5.4\%$，$a_2=4.9\%$，$a_3=4.9\%$，$a_4=5.5\%$。则
$$OAC_1=(a_1+a_2+a_3+a_4)/4=5.18\%$$

根据热拌沥青混合料马歇尔试验技术指标（现行国家标准《沥青路面施工及验收规范》GB 50092），对高速公路用 AC-16 型沥青混合料，稳定度 >7.5kN，流值在 $20\sim40$ (0.1mm)，空隙率 $3\%\sim6\%$，饱和度 $70\%\sim85\%$，分别确定各关系曲线上沥青用量的范围，取其共同部分，可得：
$$OAC_{min}=5.05\%\quad OAC_{max}=5.70\%$$
$$OAC_2=(OAC_{min}+OAC_{max})/2=5.38\%$$

考虑到高速公路所处的气候条件属温和地区，为防止车辙，则 OAC 的取值在 OAC_2 与 OAC_{min} 的范围内决定，结合工程经验取 $OAC=5.2\%$。

(3) 按最佳沥青用量 5.2%，制作马歇尔试件，进行浸水马歇尔试验，测得的试验结果为：密度 2.457g/cm³，空隙率 3.8%，饱和度 72.0%。马歇尔稳定度 9.6kN，浸水马歇尔稳定度 7.8kN，残留稳定度 81%，符合规定要求（$>75\%$）。

(4) 按最佳沥青用量 5.2% 制作车辙试验试件，测定其动稳定度，其结果大于 800 次/mm，符合规定要求。

通过上述试验和计算，最后确定沥青用量为 5.2%。

思考题

7.1 从石油沥青的主要组分说明石油沥青三大指标与组分之间的关系。
7.2 如何改善石油沥青的稠度、粘结力、变形、耐热性等性质？并说明改善措施的原因。
7.3 某工程需石油沥青 40t，要求软化点为 75℃。现有 A-60 甲和 10 号石油沥青，测得它们的软化点分别为 49℃和 96℃，问这两种牌号的石油沥青如何掺配？
7.4 试述石油沥青的胶体结构，并据此说明石油沥青各组分的相对比例对其性能的影响。
7.5 石油沥青为什么会老化？如何延缓其老化？
7.6 何谓沥青混合料？沥青混凝土与沥青碎石有什么区别？
7.7 沥青混合料的组成结构有哪几种类型？它们各有何特点？
7.8 试述沥青混合料应具备的主要技术性能，并说明沥青混合料高温稳定性的评定方法。
7.9 在热拌沥青混合料配合比设计时，沥青最佳用量（OAC）是怎样确定的？

第 8 章

合成高分子材料

建筑塑料和有机粘合剂是建筑材料中的新型材料，属化学建材。其主要成分是高分子化合物。与传统的土木工程材料相比较，建筑塑料具有表观密度小、比强度高、耐腐蚀性强、保温、吸声及装饰性好等特点；而有机粘合剂则具有粘结强度高、品种多、适用面广、性能易于调节等特点。

8.1 高分子化合物的基本知识

8.1.1 基本概念

高分子化合物是一类品种繁多、应用广泛的天然或人工合成物质。自然界的蛋白质、淀粉、纤维等；合成材料塑料、橡胶、纤维等均属于高分子化合物。高分子化合物的分子量一般为 $10^4 \sim 10^6$，其分子由许多相同的、简单的结构单元通过共价键（有些以离子键）有规律地重复连接而成，因此高分子化合物也称聚合物。

以聚丙烯为例（ $-CH_2-CH-CH_2-CH-$，侧基为 CH_3）它是由重复单元（ $-CH_2-CH-$，侧基为 CH_3）组成，重复单元的数目称为平均聚合度，用 n 表示。重复单元的分子量（M_0）与 n 的乘积为该聚合物的平均分子量（$\overline{M}$）。因此，聚丙烯可简写为 $\{CH_2-CH(CH_3)\}_n$，其重复单元的分子量（M_0）为 42，平均聚合度 n 一般为 5000～16000，聚丙烯的平均分子量（$\overline{M}$）＝ $2.10 \times 10^5 \sim 6.73 \times 10^5$。

由此可见，聚合物分子量不是均匀一致的，这种不均匀一致性称为分子量的多分散性，或称聚合度的多分散性。聚合物可视为分子量不同的同系物的混合物。

8.1.2 聚合物的分类与命名

1. 分类

聚合物种类繁多，且在不断增加，很需要一个科学的分类和命名方法，但目前尚无公认的统一方法。以下几种方法是从不同角度提出的。

按来源可分为三类：

（1）天然高分子，包括天然无机（石棉、云母等）和天然有机高分子（纤维素、蛋白质、淀粉、橡胶等）；

（2）人工合成高分子，包括合成树脂、合成橡胶和合成纤维等。

（3）半天然高分子，如醋酸纤维、改性淀粉等。

按聚合物主链元素不同又可分为三类：

（1）碳链高分子，大分子主链完全由碳原子组成，例如聚乙烯、聚苯乙烯、聚氯乙烯等乙烯基类和二烯烃类聚合物。

（2）杂链高分子，主链除碳原子外，还含氧、氮、硫等杂原子的聚合物，如聚醚、聚酯、聚酰胺等。

（3）元素有机高分子，主链不是由碳原子，而是由硅、硼、铝、氧、硫、磷等原子组成，如有机硅橡胶。

聚合物还常常根据它们的用途区分为塑料、纤维和橡胶（弹性体）三大类。如果加上涂料、粘合剂和功能高分子则有六大类。弹性体（橡胶）是一类在比较低的应力下就可以达到很大可逆应变（伸长率可达到500%～1000%）的聚合物。主要品种有丁苯橡胶、顺丁橡胶、异戊橡胶、丁基橡胶和乙丙橡胶。纤维是一类高抗形变的聚合物，伸长率低于10%～50%。主要品种有尼纶、涤纶、锦纶、腈纶、维纶和丙纶等。塑料是介于纤维与弹性体之间，具有多种机械性能的一大类聚合物。它们典型的力学性能如图8-1所示。

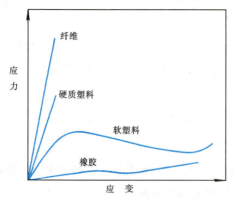

图 8-1　典型橡胶、纤维、塑料的应力-应变曲线

2. 命名

聚合物的命名方法至今尚未统一，常用的有两种命名法，即习惯命名法和国际纯粹与应用化学联合会（IUPAC）的系统命名法。

（1）习惯命名法

在习惯命名法中，天然聚合物用专有名称，例如纤维素、淀粉、木质素、蛋白质等；对于加成聚合物，则在单体名称前冠以"聚"字，例如由乙烯、氯乙烯制得的聚合物就分别叫聚乙烯、聚氯乙烯；由两种或两种以上单体经共聚反应制得的聚合物则取单体名称或简称，单体之间加"-"，再加"共聚物"后缀为名。例如，乙烯与乙酸乙烯酯的共聚物叫乙烯-乙酸乙烯酯共聚物；对于由两种不同单体缩聚制得的聚合物习惯上有两种命名，一种是在表明或不表明缩聚物类型（聚酰胺、聚酯等）的情况下冠以"聚"字，例如对苯二甲酸与乙二醇的反应产物叫聚对苯二甲酸乙二酯，己二酸与己二胺的产物叫聚己二酰己二胺。另一种情况取它们的简称加"树脂"后缀而成，例如苯酚和甲醛，尿素和甲醛的缩聚产物分别叫酚醛树脂和尿醛树脂。"树脂"是指未加添加剂的聚合物。

许多合成弹性体为共聚物，往往从单体中各取一个特征字，加"橡胶"后缀为名，例如乙（烯）丙（烯）橡胶，丁（二烯）苯（乙烯）橡胶等。在我国把合成纤维称之为"纶"已成为习惯，例如锦纶（聚己内酰胺）、丙纶（聚丙烯）、涤纶（聚对苯二甲酸乙二酯）等。

（2）IUPAC 系统命名法

上述习惯命名法比较简单，但并不严格，有时容易引起混乱。IUPAC 以大分子链结构为基础的系统命名法按下列先后顺序进行命名：①确定重复结构单元结构，加上括号；②按一定规则排出重复单元中次级单元的顺序；③重复单元命名；④冠以"聚"字。书写重复单元时应先写含取代基的部分，例如聚氯乙烯、聚苯乙烯的重复单元应写成：

$$-\mathrm{CH-CH_2-} \quad\quad -\mathrm{CH-CH_2-}$$
$$\quad\ \ |\quad\quad\quad\quad\quad\quad\ \ |$$
$$\quad\ \mathrm{Cl}\quad\quad\quad\quad\quad\quad\ \mathrm{C_6H_5}$$

故名称是聚（1-氯代乙烯）、聚（1-苯基乙烯）。

书写的另一原则是含元素少的基团先写，如 $-\mathrm{O-CH-CH_2-}$，不能采用其他写法，
$$\quad\quad\quad\quad\quad\quad\quad\quad\quad\quad\quad\quad\quad\quad\quad\quad\ |$$
$$\quad\quad\quad\quad\quad\quad\quad\quad\quad\quad\quad\quad\quad\quad\quad\quad\ \mathrm{F}$$

这样它只能有一个名称，即聚［氧化（1-氟化乙烯）］。

IUPAC 系统命名法的缺点是往往显得冗长烦琐，因而不易被普遍接受。

上述两种命名法的对照列于表 8-1。

习惯命名法和 IUPAC 系统命名法对比　　　　　　　　　　　表 8-1

习惯命名法	IUPAC 系统命名法
聚丙烯腈	聚（1-腈基亚乙基）
聚氧化乙烯	聚（氧亚乙基）
聚对苯二甲酸乙二酯	聚（氧亚乙烯对苯二酰）
聚异丁烯	聚（1，1-二甲基亚乙基）
聚甲基丙烯酸甲酯	聚［(1-甲氧基酰基)-1-甲基亚乙基］
聚丙烯	聚亚丙基
聚苯乙烯	聚（1-苯基亚乙基）
聚氯乙烯	聚（1-氯亚乙基）

8.1.3 聚合物的结构与性能特点

1. 聚合物的结构

聚合物性能是其结构和分子运动的反映。由于聚合物通常是由 $10^3 \sim 10^5$ 个结构单元组

成，因而除具有低分子化合物所具有的结构特征（如同分异构、几何异构、旋转异构）外，还具有许多特殊的结构特点。聚合物结构通常分为分子结构和聚集态结构两个部分。分子结构又称为化学结构（或一次结构、近程结构），是指一个大分子的结构和形态，如大分子的元素组成和分子中原子或原子基团的空间排列方式，它主要由聚合反应中使用的原料及配方、聚合反应条件所决定。聚集态结构又称为物理结构，是指聚合物内分子链间的排列、堆砌方式和规律等内部的整体结构，如分子的取向和结晶。

（1）聚合物的分子结构

聚合物的分子结构包括聚合物大分子的链组成和构型。

聚合物大分子按元素组成可分为碳链大分子和杂链大分子；元素组成相同的大分子内重复结构单元的连接也可能有多种形式。例如，含有侧基的聚丙烯，重复单元可以头-尾相连：

$$—CH_2—CH—CH_2—CH—$$
$$\qquad\quad\,|\qquad\qquad\;|$$
$$\qquad\quad CH_3\qquad\;\, CH_3$$

也可以头-头相连：

$$—CH_2—CH—CH—CH_2—$$
$$\qquad\quad\,|\qquad\;|$$
$$\qquad\quad CH_3\;CH_3$$

对于单个大分子链，由于碳-碳键的旋转，大分子链很难伸展到它们完全伸直的长度，而是以许多不同形状（卷曲等）的构象存在，如图8-2所示。

无规线团　　　　　折叠链　　　　　螺旋链

图8-2　单个高分子链的构象

聚合物大分子中结构单元重复连接的方式可以是单一的直链，形成线型聚合物；也可以带有支链，形成支链型聚合物。分子链之间还可不同程度地交联，形成体型（网状）聚合物。如图8-3所示。线型和支链型聚合物都是热塑性的。体型聚合物一般是热固性的。其性能因交联程度的不同而各异，例如，硫化橡胶中交联程度比较低，表现出良好的高弹性；硬质橡胶的交联程度较高，而具有刚性和尺寸稳定性。

图8-3　线型聚合物（左）、低交联（中）及高交联（右）的网状聚合物模拟骨架结构

聚合物大分子内结构单元上的取代基可能有不同的排列方式，形成立体异构现象，产生多种分子构型。最典型是聚丙烯的全同立构、间同立构和无规立构三种异

构体，前二者又称有规立构，这三种结构的聚丙烯性质差异很大。

（2）聚合物的聚集态结构

聚合物是由许许多多大分子链以分子间作用力而聚集在一起的。聚集态结构就是指分子链间的排列、堆砌方式与规律。可分为晶态结构、非晶态结构、液晶结构、取向态结构和织态结构或共混物结构。

晶态结构聚合物中分子链的堆砌方式，缨状胶束模型（图8-4）认为，结晶聚合物中晶区与非晶区互相穿插，同时存在。在晶区中分子链相互平行排列成规整的结构，但晶区尺寸很小，一条分子链可以同时穿过几个晶区和非晶区，在通常情况下，晶区是无规取向，而在非晶区中，分子链的堆砌是完全无序的。

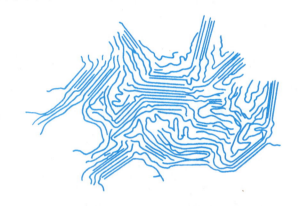

图 8-4 结晶聚合物的缨状胶束模型

全同立构聚丙烯　　　　　　　　间同立构聚丙烯

无规立构聚丙烯

与一般低分子晶体相比，聚合物晶体具有晶体不完善、熔点不精确及结晶速度较慢等特点。并且，分子链结构和分子量大小对结晶的难易程度及结晶速度影响很大。分子链结构越简单、对称性越强，越容易结晶，结晶速度也越大。对于同一种聚合物，分子量低的结晶速度大，分子量高的结晶速度相对较小。此外，一些外界因素也将影响结晶过程。结晶使高分子链三维有序紧密堆积，增强分子间相互作用力，导致聚合物密度、硬度、熔点、抗溶剂性能、耐化学腐蚀的性能提高。但结晶会使断裂延伸率和抗冲击性能下降，这对弹性和韧性为主要使用性能的材料是不利的。

非晶态结构是指玻璃态、橡胶态、黏流态（或熔融态）及结晶聚合物中的非晶区结构。其中，分子链的构象与溶液中的一样，呈无规线团状，线团分子之间呈无规则的相互缠结，如图8-5所示。

液晶是液相和晶相之间的中介相。它既保持了晶态的有序性，同时又具有液态的连续性和流动性，是一种兼备液体与晶体性质的过渡状态。

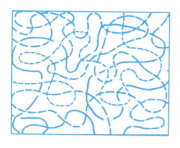

图 8-5 非晶聚合物的无规线团模型

当线型高分子链充分伸展时，其长度为其宽度的几百、几千甚至几万倍。这种结构上的严重不对称性，使它们在一定条件下容易沿着某特定方向占优势地排列，这就是取向。尽管取向和结晶态都是高分子链的有序排列，但取向是一维或二维有序排列，而结晶态是三维有序排列。取向在实际生产中得到了广泛应用。例如，在合成纤维生产中，采用热牵伸工艺，使分子链取向，以提高纤维的强度和弹性模量。尼龙纤维未取向时的抗拉强度约为 78～80MPa，而取向后的强度高达 461～559MPa。

聚合物的共混结构（也称织态结构）是指通过简单的工艺过程将两种或两种以上的聚合物或不同分子量的同种聚合物混合而得到的材料结构，属非匀相体系；其中，最具有实际意义的是由一个分散相和一个连续相组成的两相共混物。例如，分散相软、连续相硬的橡胶增韧塑料，分散相硬、连续相软的热塑性弹性体等。共混可以改善高分子材料的力学性能与抗老化性能、改善材料的加工性能，解决废弃聚合物的再利用。

2. 聚合物的物理状态及性能特点

物质在不同条件下呈现出不同的物理状态，如气态、液态和固态。聚合物由于其分子大，分子链结构复杂等原因，没有气态，因为当温度还没有升高到它的"沸点"时，聚合物就因受热而分解了。聚合物的各种物理状态可以根据形变能力与温度的关系曲线——温度-形变曲线进行划分。

在恒定应力作用下，线型非晶聚合物的温度-形变曲线如图8-6所示。按温度区域可划分为玻璃态、高弹态和黏流态三种物理状态。

当温度较低时，分子热运动的能量很小，整个分子链的运动以及链段的内旋转都被冻结，聚合物受外力作用产生的变形较小，弹性模量大，并且变形是可恢复的，这种状态称为玻璃态。使聚

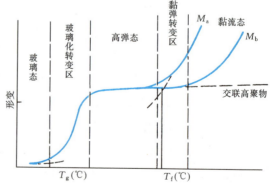

图 8-6 非晶聚合物温度-形变曲线
（M_a、M_b—分子量，$M_a < M_b$）

合物保持玻璃态的上限温度称为玻璃化转变温度（T_g）。玻璃态是塑料的使用状态，凡室温下处于玻璃态的聚合物都可用作塑料。

当温度升高到玻璃化转变温度以上时，分子热运动的能量增高，链段能运动，但大分子链仍被冻结，聚合物受到外力作用时，由于链段能自由运动，产生的变形较大，弹性模量较小，外力除去后又会逐步恢复原状，并且变形是可逆的，这种状态称为高弹态。使聚合物保持高弹态的上限温度，称为黏流温度（T_f）。高弹态是橡胶的使用状态，凡室温下处于高弹态的聚合物均可用作橡胶，因此，高弹态也叫橡胶态。

随着温度进一步升高，超过黏流温度以后，分子的热运动能力继续增大，不仅链段，而且整个大分子链都能发生运动，聚合物受外力作用时，变形急剧增加，并且是不可逆的，这种状态称为黏流态。此时，聚合物已成为能流动的黏性液体，黏流态是聚合物成型时的状态。

完全结晶的聚合物的温度-形变曲线有所不同，如图8-7所示，在熔点T_m以前不出现高弹态，而是保持结晶态；当温度升高到熔点以上时，若分子量足够大，则出现高弹态，若分子量很小，则直接进入黏流态。

在室温下，聚合物总是处于玻璃态、高弹态和黏流态三种状态之一，其中，高弹态是聚合物所特有的状态。当温度一定时，不同聚合物可能处于不同的物理状态，因此，表现出不同的力学性能。某一恒定室温下，

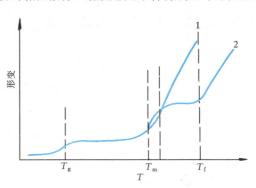

图8-7 结晶聚合物温度-形变曲线
1—分子量低；2—分子量较高

各种聚合物的应力-应变曲线可归纳为如图8-8所示的五种类型。对某一聚合物而言，在不同温度下，聚合物可能处于不同的物理状态，表现出的力学性能也不同，拉伸应力-应变曲线差别也很大，图8-9为线性无定型聚合物在不同温度下的拉伸应力-应变曲线。

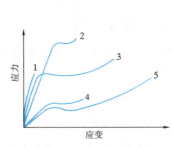

图8-8 聚合物五种类型
的应力-应变曲线
1—硬脆；2—强硬；3—强韧；
4—软弱；5—柔软

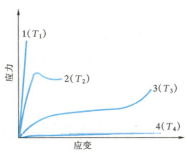

图8-9 不同温度下线性无定型
聚合物的拉伸应力-应变曲线
1—硬脆；2—强硬；3—强韧；4—软弱
（$T_1<T_2<T_3<T_4$）

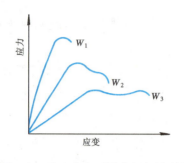

图 8-10 聚合物在不同形变速率时的
应力-应变曲线（$W_1 > W_2 > W_3$）

此外，形变速率对聚合物的应力-应变曲线也有显著影响。如图 8-10 所示，形变速率较低时，分子链来得及位移，呈现韧性状态，拉伸时强度较低，伸长率较大；形变速率较高时，链段来不及运动，表现出脆性行为，拉伸时强度较高而伸长率较小。

由此可见，与金属和水泥混凝土材料相比，聚合物的力学性能对温度和试验条件非常敏感。

8.2 合成高分子材料在土木工程中的应用

8.2.1 塑料的基本组成、分类及主要性能

1. 塑料的组成

塑料的成分相当复杂，几乎所有的塑料都是以各种各样的树脂为基础，再加入用来改善性能的各种添加剂（也称塑料助剂），如填充剂、增塑剂、稳定剂、固化剂、润滑剂等制成的。

（1）树脂

树脂是分子量不固定，在常温下呈固态、半固态或黏流态的有机物质。由于它在塑料中起粘结组分的作用，所以也称为黏料。它是塑料的主要成分，约占塑料的 40%～100%，决定塑料的类型（热塑性或热固性）和基本性能。因此，塑料的名称常用其原料树脂的名称来命名。如聚氯乙烯塑料、酚醛塑料等。

（2）填充剂

填充剂又称填料，是塑料的另一重要组分，约占塑料重量的 20%～50%。加入填料不仅可以降低塑料的成本（因填料比树脂价廉），还可以改善塑料的性能。例如玻璃纤维可以提高塑料的机械强度；石棉可增加塑料的耐热性等。

（3）增塑剂

增塑剂是能够增加树脂的塑性、改善加工性、赋予制品柔韧性的一种添加剂。增塑剂的作用是削弱聚合物分子间的作用力，因而降低软化温度和熔融温度，减小熔体黏度，增加其流动性，从而改善聚合物的加工性和制品的柔韧性。

（4）稳定剂

稳定剂包括热稳定剂和光稳定剂两类。热稳定剂是指以改善聚合物热稳定性为目的而添

加的助剂。聚氯乙烯的热稳定性问题最为突出，因为聚氯乙烯在160～200℃的温度下加工时，会发生剧烈分解，使制品变色，物理力学性能恶化。常用的热稳定剂有硬脂酸盐，铅的化合物以及环氧化合物等。

光稳定剂是指能够抑制或削弱光的降解作用、提高材料的耐光照性能的物质。常用的有炭黑、二氧化钛、氧化锌、水杨酸脂类等。

（5）润滑剂

为防止塑料在成型过程中粘附在模具或其他设备上，所加入的少量物质称为润滑剂。常用的有硬脂酸及其盐类、有机硅等。

（6）固化剂

又称硬化剂或交联剂，是一类受热能释放游离基来活化高分子链，使它们发生化学反应，由线型结构转变为体型结构的一种添加剂。其主要作用是在聚合物分子链之间产生横跨链，使大分子交联。

塑料添加剂除上述几种外，还有发泡剂、抗静电剂、阻燃剂、着色剂等。并非每一种塑料都要加入全部添加剂，而是根据塑料的品种和使用要求加入某些添加剂。

2. 塑料分类

常用塑料的分类有按受热时的变化特点以及按用途和功能划分两种。

（1）按塑料受热时的变化特点，塑料分为热塑性塑料和热固性塑料

热塑性塑料的特点是受热时软化或熔融，冷却后硬化，再加热时又可软化，冷却后又硬化，这一过程可反复多次进行，而树脂的化学结构基本不变，始终呈线型或支链型。常用的热塑性塑料有聚乙烯、聚氯乙烯、聚丙烯、聚苯乙烯、聚甲醛、聚碳酸酯、聚酰胺、ABS塑料等。

热固性塑料的特点是受热时软化或熔融，可塑造成型，随着进一步加热，硬化成不熔的塑料制品。该过程不能反复进行。大分子在成型过程中，从线型或支链型结构最终转变为体型结构。常用的热固性塑料有酚醛、环氧、不饱和聚酯、有机硅塑料等。

（2）按塑料的功能和用途，塑料分为通用塑料、工程塑料和特种塑料

通用塑料是指产量大、价格低、应用范围广的塑料。这类塑料主要包括六大品种，即聚乙烯、聚氯乙烯、聚丙烯、聚苯乙烯、酚醛和胺基塑料。其产量占全部塑料产量的四分之三以上。

工程塑料是指机械强度高，刚性较大，可以代替钢铁和有色金属制造机械零件和工程结构的塑料。这类塑料除具有较高强度外，还具有很好的耐腐蚀性、耐磨性、自润滑性及尺寸稳定性等特点。主要包括聚酰胺、ABS、聚碳酸酯塑料等。

特种塑料是指耐热或具有特殊性能和特殊用途的塑料。其产量少、价格高。主要包括有机硅、环氧、不饱和聚酯、有机玻璃、聚酰亚胺、有机氟塑料等。

随着高分子材料的发展，塑料可采用各种措施来改性和增强，而制成各种新品种塑料。这样通用塑料、工程塑料和特种塑料之间的界限也就很难划分了。

3. 塑料的主要性能

塑料与金属和水泥混凝土材料相比，其性能差别很大。不同品种塑料之间性能也各异。主要包括以下几方面的特点：

(1) 密度小，比强度高。塑料的密度一般为 $0.8 \sim 2.2 \mathrm{g/cm}^3$，与木材的密度相近，约为钢的 1/8～1/4，铝的 1/2，混凝土的 1/3～2/3。塑料的比强度（强度与密度之比）接近甚至超过钢材，是普通混凝土的 5～15 倍。是一种很好的轻质高强材料。例如，玻璃纤维和碳纤维增强塑料就是很好的结构材料，并在结构加固中得到广泛应用。

(2) 可加工性好，装饰性强。塑料可以采用多种方法加工成型，制成薄膜、薄板、管材、异型材等各种产品；并且便于切割、粘结和"焊接"加工。塑料易于着色，可制成各种鲜艳的颜色；也可以进行印刷、电镀、印花和压花等加工，使得塑料具有丰富的装饰效果。

(3) 耐化学腐蚀性好，耐水性强。大多数塑料对酸、碱、盐等的耐腐蚀性比金属材料和部分无机材料强，特别适合做化工厂的门窗、地面、墙壁等；热塑性塑料可被某些有机溶剂所溶解，热固性塑料则不能被溶解，仅可能出现一定的溶胀。塑料对环境水也有很好的抵抗腐蚀能力，吸水率较低，可广泛用于防水和防潮工程。

(4) 隔热性能好，电绝缘性能优良。塑料的导热性很小，导热系数一般只有 0.024～0.69W/(m·K)，只有金属的 1/100。特别是泡沫塑料的导热性最小，与空气相当。常用于隔热保温工程。塑料具有良好的电绝缘性能，是良好的绝缘材料。

(5) 弹性模量低，受力变形大。塑料的弹性模量小，是钢的 1/20～1/10。且在室温下，塑料在受荷载后就有明显的蠕变现象。因此，塑料在受力时的变形较大，并具有较好的吸振、隔声性能。

(6) 耐热性、耐火性差，受热变形大。塑料的耐热性一般不高，在高温下承受荷载时往往软化变形，甚至分解、变质，普通的热塑性塑料的热变形温度为 60～120℃，只有少量品种能在 200℃左右长期使用。部分塑料易着火或缓慢燃烧，燃烧时还会产生大量有毒烟雾，造成建筑物失火时的人员伤亡。塑料的线膨胀系数较大，比金属大 3～10 倍。因而，温度变形大，容易因为热应力的累积而导致材料破坏。

8.2.2 建筑中常用的塑料制品

塑料在土木工程的各个领域均有广泛的应用。它既可用作防水、隔热保温、隔声和装饰材料等功能材料；也可制成玻璃纤维或碳纤维增强塑料，用作结构材料。塑料可以加工成塑料壁纸、塑料地板、塑料地毯、塑料门窗和塑料管道等在建筑中应用。其中，塑料壁纸、塑料地板和塑料地毯在本书的有关章节介绍，本节主要介绍塑料门窗和塑料管材。

1. 塑料门窗

塑料门窗是由硬质聚氯乙烯型材经切割、焊接、拼装、修整而成的门窗制品,现有推拉门窗和平开门窗等几大类系列产品。与传统的钢、木门窗相比,塑料门窗具有美观耐用、安全、节能等一系列的优点。由于塑料容易加工成型和拼装,塑料门窗的结构形式灵活多样。在塑料门窗中,为了增加聚氯乙烯材料的刚性,常在门窗框、窗扇的异型材空腹内,插入金属增强材料,故又称塑钢门窗。塑料门窗的应用始于20世纪50年代,至今已有70多年的应用历史,应用技术十分成熟。

(1) 塑料门窗用型材

塑料门窗用型材是由聚氯乙烯(PVC)树脂,添加增塑剂、稳定剂、润滑剂、改性剂、着色剂、填充剂、阻燃剂和防霉剂,经挤出成型制成。为了提高塑料门窗的结构强度、减轻重量、增强保温隔热性能,塑料门窗用型材大多采用中空型材。

塑料门窗用型材的性能除了对外观质量、外形及尺寸公差有一定要求之外,为了保证塑料门窗的使用性能,塑料门窗用型材的力学性能、耐热性能、耐火性能、耐老化性能及低温性能均必须满足一定的要求,例如,门、窗框用硬聚氯乙烯型材的性能应符合表8-2的要求。

门、窗框用硬聚氯乙烯型材的物理力学性能　　　　表 8-2

项目			指标	
硬度(HRR)	不小于		85	
拉伸强度	不小于(MPa)		36.8	
断裂伸长率	不小于(%)		100	
弯曲弹性模量	不小于(MPa)		1961	
低温落锤冲击	不大于　破裂个数		1	
维卡软化点	不小于(℃)		83	
加热后状态			无气泡、裂痕、麻点	
加热后尺寸变化率	不大于(%)		2.5	
氧指数	不小于(%)		35	
高低温反复尺寸变化率	不大于(%)		0.2	
简支梁冲击强度 不小于(kJ/m^2)		外门、外窗	23±2℃	−10±1℃
			12.7	4.9
		内门、内窗	4.8	6.9
耐候性	简支梁冲击强度 不小于(kJ/m^2)	外门、外窗	8.8	
		内门、内窗	6.9	
	颜色变化		无显著变化	

(2) 塑料门窗的性能指标

塑料门窗的规格尺寸除可按国家标准系列化、标准化的生产外,由于其加工方便,还可按要求生产特殊规格的门窗。塑料门窗除外观、规格尺寸和公差要满足有关要求外,塑料窗还要满足相应的力学性能、耐候性能、空气渗漏、雨水渗漏、抗风压性能及保温和隔声性能的要求;塑料门也应符合相应的物理力学性能要求。

2. 塑料管

塑料管是指采用塑料为原料,经挤出、注塑、焊接等工艺成型的管材和管件。与传统的镀锌钢管和铸铁管相比,塑料管具有耐腐蚀、不生锈、不结垢、重量轻、施工方便和供水效率高等优点,因而在土木工程中得到了广泛应用。

按所使用的聚合物划分,常用的塑料管包括硬质聚氯乙烯(UPVC 或 RPVC)管、聚乙烯(PE)管、聚丙烯(PP)管、ABS(丙烯腈-丁二烯-苯乙烯共聚物)管、聚丁烯(PB)管、玻璃钢(FRP)管以及铝塑等复合塑料管。

UPVC 管是以聚氯乙烯树脂为原料,加入助剂,用双螺杆挤出机挤出成型,管件采用注射工艺成型。其特点是重量轻、能耗低、耐腐蚀性好、电绝缘性好、导热性低,许用应力可达 10MPa 以上,安装维修方便。其缺点是机械强度只有钢管的 1/8;使用温度一般在 $-15 \sim 65℃$;刚性较差,只有碳钢的 1/62;热膨胀系数较大,达到 $59×10^{-6}/℃$,因而安装过程中必须考虑温度补偿装置。该管适于给水、排水、灌溉、供气、排气、工矿业工艺管道、电线、电缆套管等。用作输送食品及饮用水时,塑料管还必须达到相应的卫生要求。

PE 管是以聚乙烯为主要原料,加入抗氧化剂、炭黑及着色料等制造而成。其特点是密度小、比强度高,耐低温性能和韧性好,脆化温度可达 $-80℃$。由于其具有优良的低温性能和韧性,能抵抗车辆和机械振动、冻融作用及操作压力突然变化的破坏,因而,可采用盘管进行插入或犁埋施工,施工方便、工程费用低;而且由于管壁光滑,介质流动阻力小,输送介质的能耗低,并不受输送介质中液态烃的化学腐蚀。中、高密度 PE 管材适用于城市燃气和天然气管道。低密度 PE 管适宜用作饮用水管、电缆导管、农业喷洒管道、泵站管道等。PE 管还可应用于采矿业的供水、排水管和风管等。PE 管用于输送液体、气体、食用介质及其他物品时,常温下使用压力为:低密度 PE 管 0.4MPa;高密度管为 0.8MPa。

PP 管是以丙烯-乙烯共聚物为原料,加入稳定剂,经挤出成型而成。其表面硬度高、表面光滑,使用温度小于 100℃。PP 管表面硬度虽高,使用时仍需防止擦伤,在装运和施工过程中仍应防止与坚硬的物体接触,更要避免碰撞。按照轻工总会标准 SG246—81 推荐,PP 管在 20℃使用 20 年的设计应力为 5.5MPa。PP 管多用作化学废液的排放管、盐水排放管,并且由于其材质轻、吸水性小以及耐土壤腐蚀,常用于农田灌溉、水处理及农村供水系统。PP 管具有坚硬、耐热、防腐、使用寿命长和价格低廉等特点。将小口径 PP 管埋在地坪混凝土内,管内水的温度在 65℃左右时,可将地面温度加热到 26~28℃,比一般暖气设备节约能耗 20%。PP 管的连接以热熔连接最为可靠,可卸式连接一般采用螺栓连接。

ABS(丙烯腈-丁二烯-苯乙烯共聚物)综合了丙烯腈、丁二烯、苯乙烯三者的特点,通过不同的配方，可以满足制品性能的多种要求。用于管材和管件的 ABS，丁二烯最少含量为 6%，丙烯腈为 15%，苯乙烯为 25%，ABS 管的质量轻；有较高的耐冲击强度和表面硬度，在 $-40\sim100℃$ 范围内能保持韧性、坚固性和刚度；在受到高的屈服应变时，能恢复到原尺寸而不损坏。有极高的韧性，能避免严寒天气条件下装卸运输的损坏。因此，ABS 管适用于工作温度较高的管道，可用于使用温度在 90℃ 以下的管道。并常用作卫生洁具的下水管、输气管、排污管、地下电气导管、高腐蚀工业管道；用于地埋管线，可取代不锈钢管和钢管等管材。ABS 管可采用胶粘连接。在与其他管道连接时，可用螺纹、法兰等接口。但由于 ABS 管不能进行螺纹切削，因而螺纹连接应采用注塑螺纹管件。由于 ABS 管传热性差，当受阳光照射时会使管道向上弯曲，热源消失时又复原。所以在 ABS 管中配料时应添加炭黑，并避免阳光长期照射，此外架设管路时，应注意管道支撑，并增加固定支撑点。

PB（聚丁烯）塑料管具有独特的抗蠕变（冷变形）性能，耐磨和耐高温性强，能抗细菌、霉菌和藻类，主要用于供水管、冷水或热水管等，其许用应力为 8MPa，弹性模量为 50MPa，使用温度在 90℃ 以下。正常使用寿命为 50 年。

8.2.3 粘合剂的基本组成、性能及应用

粘合剂又称胶粘剂、粘结剂，是一类具有优良黏合性能的材料。胶接就是用胶粘剂将相同或不同的材料构件黏合在一起的连接方法，是一种不同于铆接、螺栓连接和焊接的一种新型连接工艺。具有使用范围广、胶结接头的应力分布比较均匀、胶结结构质量轻、具有密封作用、工艺温度低等特点。但胶结也存在使用温度低、质量检查比较困难等缺点。

1. 基本组成

胶粘剂通常是以具有黏性或弹性的天然或合成高分子化合物为基本原料，加入固化剂、填料、增韧剂、稀释剂、防老剂等添加剂而组成的一种混合物。

基料：基料是使胶粘剂具有粘结特性的主要且必需的成分。基料通常是由一种高分子化合物或几种高分子化合物混合而成，通常为合成橡胶或合成树脂。常用的合成橡胶有氯丁橡胶、丁腈橡胶、丁苯橡胶、聚硫橡胶；合成树脂有环氧树脂、酚醛树脂、尿醛树脂、过氯乙烯树脂、有机硅树脂、聚氨酯树脂、聚酯树脂、聚醋酸乙烯酯树脂、聚酰亚胺树脂、聚乙烯醇缩醛树脂等。

固化剂：又称硬化剂。它能使线型分子形成网状或体型结构，从而使胶粘剂固化。

填料：填料的加入可以增加胶粘剂的弹性模量，降低线膨胀系数，减少固化收缩率，增加电导率、黏度、抗冲击性；提高使用温度、耐磨性、胶结强度；改善胶粘剂耐水、耐介质性和耐老化性等。但会增加胶粘剂的密度，增大黏度，而不利于涂布施工，容易造成气孔等缺陷。填料可分为有机填料和无机填料两类。有机填料可降低树脂的脆性、减小密度，但一般吸湿性提高、耐热性降低。无机填料主要是矿物填料，它可改善耐热性、减小收缩等，但

密度和脆性一般也提高。

增韧剂：树脂固化后一般较脆，加入增韧剂后可提高冲击韧性，改善胶粘剂的流动性、耐寒性与耐振性，但会降低弹性模量、抗蠕变性、耐热性。增韧剂有两类，一类叫活性增韧剂，它参与固化反应，并进入到固化形成的大分子结构中。另一类叫非活性增韧剂，它不参与固化反应，是一类高沸点液体或低熔点固体有机物，与基料有良好的相容性，例如邻苯二甲酸二丁酯等。

稀释剂：其作用是降低黏度，便于涂布施工，同时起到延长使用寿命的作用。它可分为非活性与活性两类，非活性稀释剂不参与胶粘剂的固化反应。活性稀释剂参与固化反应，并成为交联结构中的一部分，既可降低胶粘剂的黏度，又克服了因溶剂挥发不彻底而使胶结性能下降的缺点，但一般对人体有害。

改性剂：为改善某一性能，满足特殊需要，还可加入一些改性剂。例如，提高胶粘强度可加入偶联剂；为促进固化反应可加入促进剂等。

2. **胶粘剂的分类**

胶粘剂品种繁多，按主要原料的性质可分为无机胶粘剂与有机胶粘剂两大类。无机胶粘剂有磷酸盐类、硼酸盐类、硅酸盐类等。有机胶粘剂又可分为天然和合成胶粘剂。天然胶粘剂常用于胶黏纸张、木材、皮革等，但来源少、性能不完善，逐渐趋向淘汰。合成胶粘剂发展快、品种多、性能优良。其中，树脂型胶粘剂的粘结强度高，硬度、耐温、耐介质性能好，但质脆，韧性较差；橡胶型胶粘剂有良好的胶黏性和柔韧性，抗振性能好，但强度和耐热性较低；混合型胶粘剂的性能介于二者之间。

按胶粘剂的主要用途可分为通用胶、结构胶和特种胶。结构胶具有较高的强度和一定的耐温性，用于受力构件的胶接。如酚醛-缩醛胶，环氧-丁腈胶等；通用胶有一定的粘结强度，但不能承受较大的负荷和温度，可用于非受力金属部件的胶结和本体强度不高的非金属材料的胶接。例如，α-氰基丙烯酸胶粘剂、聚氨酯胶粘剂等；特种胶不仅具有一定的胶结强度，而且还有导电、导磁、耐高温、耐超低温等特性。例如，酚醛导电胶、环氧树脂点焊胶、超低温聚氨酯胶等。

按胶粘剂的固化工艺特点可分为化学反应固化胶粘剂（例如，环氧树脂胶、酚醛-丁腈胶）、热塑性树脂溶液胶（聚氯乙烯溶液胶、聚碳酸酯溶液胶等）、热熔胶（例如，聚乙烯热熔胶、聚酰胺热熔胶等）、压敏胶（如聚异丁烯压敏胶等）。

3. **胶结原理**

胶结原理是胶接强度的形成及其本质的理论分析。许多科学工作者从不同实验条件出发，提出了不少理论，例如化学键理论、吸附理论、扩散理论、静电理论、机械理论等，它们从不同角度解释了一些胶结现象。

吸附理论认为，粘结力是胶粘剂和被胶结物分子之间的相互作用力，这种作用力主要是范德华力和氢键，有时也有化学键力。

化学键理论认为，粘结力是胶粘剂和被胶结物表面能形成化学键。化学键是分子内原子之间的作用力，它比分子之间的作用力要大一两个数量级，因此具有较高的胶结强度。实验证明，像聚氨酯胶、酚醛树脂胶、环氧胶等与某些金属表面确实生成了化学键。现在广泛应用的硅烷偶联剂就是基于这一理论研制成功的。

扩散理论认为，物质的分子始终处于运动之中，由于胶粘剂中的高分子链具有柔顺性，在胶结过程中，胶粘剂分子与被胶结物分子因相互的扩散作用而更加接近，并形成牢固的粘结。

静电理论认为，由于胶粘剂和被胶结物具有不同的电子亲和力，当它们接触时就会在界面产生接触电势，形成双电层而产生胶结。

机械理论认为，胶结是胶粘剂和被胶结物间的纯机械咬合或镶嵌作用。任何材料表面都不可能是绝对光滑平整的，在胶结过程中，由于胶粘剂具有流动性和对固体材料表面的润湿性，很容易渗入被胶结物表面的微小孔隙和凹陷中。当胶粘剂固化后，就被镶嵌在孔隙中，形成无数微小的"销钉"，将两个被胶结物连接起来。

4. 常用的建筑胶粘剂

(1) 环氧树脂胶粘剂

凡是含有两个或两个以上环氧基团（ $-\underset{O}{\overset{\displaystyle |\quad |}{C-C}}-$ ）的高分子化合物统称为环氧树脂。

以环氧树脂为主要成分，添加适量固化剂、增韧剂、填料、稀释剂、促进剂、偶联剂等组成的胶粘剂称为环氧树脂胶粘剂。环氧树脂品种很多，目前产量最大、应用最广的是双酚 A 型环氧树脂，亦称通用型或标准型环氧树脂，在我国命名为 E 型的环氧树脂，是由双酚 A 与环氧丙烷在碱性催化剂作用下缩聚而成的。

在环氧树脂分子结构中含有很多强极性基团，如环氧基、羟基等，使其与被胶结物间产生很强的粘结力。固化时无副产物生成，是热固性树脂中收缩较小的一种，收缩率只有 1%～2%。固化前可长期保存，固化后的产物化学性质很稳定，能耐酸、耐碱及有机溶剂的侵蚀。环氧树脂与其他高分子化合物的相容性好，可制得不同用途的改性品种，如环氧丁腈胶、环氧尼龙胶、环氧聚砜胶等。

环氧树脂的主要缺点是耐热性不高，耐候性尤其是耐紫外线性能较差，部分添加剂有毒，适用期较短，胶粘剂配制后需尽快使用，以免固化。

环氧树脂常用来胶结各种金属和非金属材料，广泛应用于航空、电子、机械、化工、纺织和建筑工业中。

(2) 改性酚醛树脂胶粘剂

一般的酚醛树脂固化后有较多的交联键，因而脆性大，抗冲击性能差，很少应用。若加入橡胶或热塑性树脂，提高酚醛胶的韧性，可制成韧性好、耐热温度高、强度大、性能优良的结构胶粘剂。最重要的是酚醛-缩醛胶和酚醛-丁腈胶。酚醛-缩醛胶是指聚乙烯醇缩醛改性的酚醛树脂胶；酚醛-丁腈胶是由酚醛树脂和丁腈橡胶混炼后，溶于溶剂而成的质量分数为20%～30%的胶液，有单组分、双组分和三组分等几种品种。

酚醛-缩醛胶和酚醛-丁腈胶的胶结强度高，对钢和铝合金的粘结强度分别可达30MPa和20MPa以上，是良好的结构胶粘剂；耐疲劳、耐老化性能好；耐低温性能好，可在－60℃下长期使用。酚醛-丁腈胶的耐热性高于酚醛-缩醛胶，前者的使用温度可达250℃左右，而后者只能在120℃使用。酚醛-丁腈胶的耐油性亦优于酚醛-缩醛胶。

这两类胶的缺点是固化条件比较苛刻，需加热加压固化，而且胶的配方中含有溶剂，应注意通风防火。可用于粘结金属、陶瓷、玻璃、热固性塑料等多种材料。

(3) 聚醋酸乙烯乳液胶

聚醋酸乙烯乳液胶是以乳液状态存在和使用的乳液型胶粘剂，其分散介质为水，与溶液型胶相比具有无毒、无火灾危险、粘度小、价格低廉等优点。成膜过程通过水分的蒸发或吸收，乳液粒子相互连结实现，属单组分胶。胶膜的机械强度较高，内聚力好，含有较多的极性基团，对极性物质的粘结力强。可用于胶结纤维素质材料，如木材、纤维制品、纸制品等多孔性材料。也可用于胶结其他材料，如水泥混凝土制品、皮革等。

但其耐水性和抗蠕变能力较差，耐热性也不够好，只适用于40℃以下。

(4) 氯丁橡胶胶粘剂

橡胶胶粘剂是将橡胶经混炼或混炼后溶于溶剂中而制成。虽然它的强度不高，耐热性也不太好；但它的高弹性和柔韧性赋予胶结层优良的挠屈性，可实现橡胶与橡胶、橡胶与纤维、木材、皮革以及橡胶与塑料、金属的胶结。最常用的是氯丁橡胶胶粘剂。它是由氯丁橡胶、叔丁基酚醛树脂、硫化剂、防老剂和溶剂组成，属单组分胶，使用方便。有较好耐油、耐水、耐酸、耐碱、耐溶剂性能。

它的主要缺点是储存稳定性不好、低温性能不良，使用温度为12℃以上。此外，它含溶剂，稍有毒性。

(5) α-氰基丙烯酸酯胶粘剂

它是单组分常温快速固化胶，又称瞬干胶。其主要成分是α-氰基丙烯酸酯。目前，国内生产的502胶就是由α-氰基丙烯酸酯和少量稳定剂对苯二酚、二氧化硫，增塑剂邻苯二甲酸二辛酯等配制而成的。

α-氰基丙烯酸酯分子中有氰基和羧基存在，在弱碱性催化剂或水分作用下，极易打开双键而聚合成高分子聚合物。由于空气中总有一定水分，当胶粘剂涂到被胶结物表面后几分钟即初步固化，24h可达到较高的强度，因此有使用方便、固化迅速等优点。502胶可粘合多种材料，如金属、塑料、木材、橡胶、玻璃、陶瓷等，并具有较好的胶结强度。

502胶的合成工艺复杂，价格较贵，耐热性差，使用温度低于70℃，脆性大，不宜用在有较大或强烈振动的部位。此外，它还不耐水、酸、碱和某些溶剂。

5. 胶粘剂的选用原则

胶粘剂的品种很多，性能差异很大，每一种胶粘剂都有其局限性。因此，胶粘剂应根据胶结对象、使用及工艺条件等正确选择，同时还应考虑价格与供应情况。选用时一般要考虑以下因素：

(1) 被胶结材料　不同的材料，如金属、塑料、橡胶等，由于其本身分子结构，极性大小不同，在很大程度上会影响胶结强度。因此，要根据不同的材料，选用不同的胶粘剂。

(2) 受力条件　受力构件的胶结应选用强度高、韧性好的胶粘剂。若用于工艺定位而受力不大时，则可选用通用型胶粘剂。

(3) 工作温度　一般而言，橡胶型胶粘剂只能在 $-60 \sim 80$℃下工作；以双酚 A 环氧树脂为基料的胶粘剂工作温度在 $-50 \sim 180$℃之间。冷热交变是胶粘剂最苛刻的使用条件之一，特别是当被胶结材料性能差别很大时，对胶结强度的影响更显著，为了消除不同材料在冷热交变时由于线膨胀系数不同产生的内应力，应选用韧性较好的胶粘剂。

(4) 其他　胶粘剂的选择还应考虑如成本、工作环境等其他因素。

思考题

8.1　聚合物有哪几种物理状态？试述聚合物在不同物理状态下的特点。
8.2　试述塑料的组成成分和它们所起的作用。
8.3　与传统的建筑材料相比较，塑料有何特点？
8.4　热塑性树脂和热固性树脂的主要不同点有哪些？
8.5　试举出三种建筑上常用的粘合剂，并说明它们的用途。

第 9 章

木　　材

　　木材是人类使用最早的建筑材料之一。我国使用木材的历史不仅悠久，而且在技术上还有独到之处，如保存至今已达千年之久的山西佛光寺正殿、山西应县木塔等都集中反映了我国古代建筑工程中应用木材的水平。木材具有很多优点：①轻质高强，对热、声和电的传导性能比较低；②有很好的弹性和塑性、能承受冲击和振动等作用；③容易加工、木纹美观；④在干燥环境或长期置于水中均有很好的耐久性。因而木材历来与水泥、钢材并列为土木工程中的三大材料。目前，木材用于结构相应减少，但由于木材具有美丽的天然花纹，给人以淳朴、古雅、亲切的质感，因此木材作为装饰与装修材料，有其独特的功能和价值，因而应用广泛。木材也有使其应用受到限制的缺点，如构造不均匀性，各向异性，易吸湿、吸水从而导致形状、尺寸、强度等物理、力学性能变化；长期处于干湿交替环境中，其耐久性变差；易燃、易腐、天然疵病较多等。

　　土木工程中所用木材主要来自某些树木的树干部分。然而，树木的生长缓慢，而木材的使用范围广、需求量大，因此对木材的节约使用与综合利用显得尤为重要。

9.1　木材的分类与构造

9.1.1　木材的分类

　　木材的树种很多，从树叶的外观形状可将木材分为针叶树木和阔叶树木两大类。

　　针叶树的叶呈针状，树干直而高大，纹理顺直，木质较软，故又称软木材。软木材较易加工，表观密度和胀缩变形较小，强度较高，耐腐蚀性较强。建筑工程上常用作承重结构材料。如杉木、红松、白松、黄花松等。

　　阔叶树叶宽大，树干通直部分较短，材质坚硬，故又称硬（杂）木材。硬木材一般较重，加工较难，胀缩变形较大，易翘曲、开裂，不宜作承重结构材料。多用于内部装饰和家具。如榆木、水曲柳、柞木等。

9.1.2 木材的构造

木材构造决定木材性质。各种树木由于生长的环境不同,具有不同的构造。研究木材的构造通常从宏观和亚微观两个层次进行。

1. 木材的宏观构造

木材的宏观构造是指用肉眼或借助放大镜能观察到的构造特征。

木材在各个方向上的构造是不一致的,因此要了解木材构造必须从三个切面进行观察,如图 9-1 所示。

横切面指与树干主轴(或木纹)相垂直的切面。在这个面上可观察到若干以髓心为中心呈同心圈的年轮(生长轮)以及木髓线。

径切面指通过树轴的纵切面。年轮在这个面上呈互相平行的带状。

弦切面指平行于树轴的切面。年轮在这个面上呈"V"字形。

从横切面上可以看到树木的树皮、木质部、年轮和髓心,有的木材还可看到放射状的髓线。

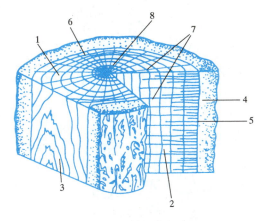

图 9-1 木材的三个切面
1—横切面;2—径切面;3—弦切面;4—树皮;
5—木质部;6—年轮;7—髓线;8—髓心

树皮覆盖在木质部的外表面,起保护树木的作用,建筑上用途不大。厚的树皮有内外两层,外层即为外皮(粗皮),内层为韧皮,紧靠着木质部。

木质部是髓心和树皮之间的部分,是工程上使用的主要部分。靠近树皮的部分,色泽较浅,水分较多,称为边材。靠近髓心的部分,色泽较深、水分较少,称为心材。心材的材质较硬,密度较大,渗透性较低,耐久性、耐腐性均较边材高。在横切面上所显示的深浅相间的同心圈称为年轮,一般树木每年生长一圈。

在同一年轮内,春天生长的木质,色较浅,质松软,强度低,称为春材(或早材),夏秋二季生长的木质,色较深,质坚硬,强度高,称为夏材(或晚材)。相同树种,年轮越密而均匀,材质越好;夏材部分愈多,木材强度愈高。常用横切面上沿半径方向一定长度中,所含夏材宽度总和的百分率,即夏材率,来衡量木材质量。

髓心形如管状,纵贯整个树木的干和枝的中心,是最早生成的木质部分,质松软、强度低,易腐朽。

髓线以髓心为中心,呈放射状分布。髓线的细胞壁很薄,质软,它与周围细胞的结合力弱。木材干燥时易沿髓线开裂。阔叶树的髓线较发达。

2. 木材的显微构造

在显微镜下所见到的木材组织称为显微构造。木材是由无数管状细胞紧密结合而成，如图 9-2、图 9-3 所示，绝大部分纵向排列，少数横向排列（髓线）。每一个细胞由细胞壁和细胞腔两部分构成，细胞壁由细纤维组成。其纵向联结较横向牢固。细纤维间具有极小的空隙，能吸附和渗透水分。木材的细胞壁越厚，腔越小，木材越密实，表观密度和强度也越大。但其胀缩变形也大。与春材比较，夏材的细胞壁较厚，腔较小。

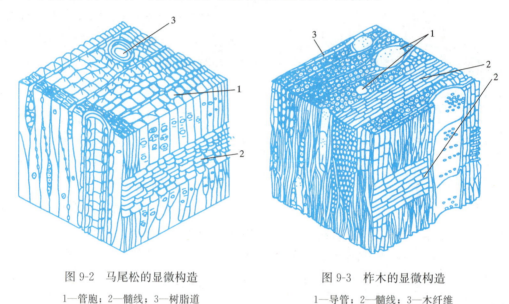

图 9-2　马尾松的显微构造　　　　　　图 9-3　柞木的显微构造
1—管胞；2—髓线；3—树脂道　　　　　1—导管；2—髓线；3—木纤维

木材细胞因功能不同可分为管胞、导管、木纤维、髓线等多种。管胞在树木中起支承和输送养分的作用；木质素的作用是将纤维素、半纤维素粘结在一起，构成坚韧的细胞壁，使木材具有强度和硬度。针叶树的显微结构简单而规则，主要是由管胞和髓线组成，其髓线较细小，不很明显，如图 9-2 所示。某些树种在管胞间尚有树脂道，如松树。阔叶树的显微结构较复杂，主要由导管、木纤维及髓线等组成，其髓线很发达，粗大而明显。导管是壁薄而腔大的细胞，大的管孔肉眼可见，如图 9-3 所示。阔叶树因导管分布不同又分为环孔材和散孔材两种，春材中导管很大并成环状排列的，称环孔材，如栎木、榆木等。导管大小差不多，且散乱分布的，称散孔材，如桦木、椴木等，它们的年轮不明显。所以，有无导管和髓线粗细是鉴别阔叶树和针叶树的重要特征。

9.2 木材的主要性能

9.2.1 化学性质

纤维素、半纤维素、木质素是木材细胞壁的主要组成，其中纤维素占50%左右。此外，还有少量的油脂、树脂、果胶质、蛋白质、无机物等等。由此可见，木材的组成主要是一些天然高分子化合物。

木材的化学性质复杂多变。在常温下木材对稀的盐溶液、稀酸、弱碱有一定的抵抗能力，但随着温度升高，木材的抵抗能力显著降低。而强氧化性的酸、强碱在常温下也会使木材发生变色、湿胀、水解、氧化、酯化、降解交联等反应。在高温下即使是中性水也会使木材发生水解等反应。

木材的上述化学性质是木材某些处理、改性以及综合利用的工艺基础。

9.2.2 物理物质

木材的物理和力学性能因树种、产地、气候和树龄的不同而异，与木材使用有关的有以下几个方面：

1. 密度与表观密度

木材的密度各树种相差不大，一般为 $1.48\sim1.56\text{g/cm}^3$。

木材的表观密度则随木材孔隙率、含水量以及其他一些因素的变化而不同。一般有气干表观密度、绝干表观密度和饱水表观密度之分。木材的表观密度越大，其湿胀干缩率也越大。

2. 吸湿性与含水率

由于纤维素、半纤维素、木质素的分子均含有羟基（—OH基），所以木材很易从周围环境中吸收水分，其含水量随所处环境的湿度变化而不同。木材中所含的水根据其存在形式可分为三类：

（1）自由水　是存在于细胞腔和细胞间隙中的水。木材干燥时，自由水首先蒸发。自由水的含量影响木材的表观密度、燃烧性和抗腐蚀性。

（2）吸附水　是存在于细胞壁中的水分。木材受潮时，细胞壁首先吸水。吸附水含量的变化是影响木材强度和湿胀干缩的主要因素。

（3）化合水　是木材化学组成中的结合水。

水分进入木材后，首先吸附在细胞壁内的细纤维间，成为吸附水，吸附水饱和后，其余的水成为自由水。木材干燥时，首先失去自由水，然后才失去吸附水。当木材细胞腔和细胞间隙中的自由水完全脱去为零，而细胞壁吸附水处于饱和时，木材的含水率称为"木材的纤维饱和点"。纤维饱和点随树种而异，一般在25%～35%之间，平均为30%左右。木材含水量的多少与木材的表观密度、强度、耐久性、加工性、导热性和导电性等有着一定关系。尤其是纤维饱和点是木材物理力学性质发生变化的转折点。

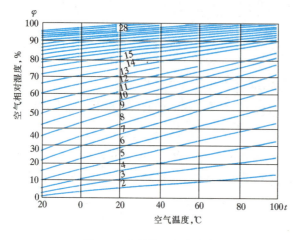

图9-4 木材的平衡含水率

木材具有吸湿性，即干燥的木材会从周围的湿空气中吸收水分，而潮湿的木材也会向周围放出水分。也就是说，木材的含水率将随周围空气的湿度变化而变化，直到木材含水率与周围空气的湿度达到平衡时为止。此时的含水率称为平衡含水率。平衡含水率随周围大气的温度和相对湿度而变化。图9-4为各种不同温度和湿度的环境条件下，木材相应的平衡含水率。

新伐木材的含水率一般在35%以上，长期处于水中的木材含水率更高，风干木材含水率为15%～25%，室内干燥的木材含水率为8%～15%。

3. 湿胀干缩

木材含水率在纤维饱和点以内进行干燥时，会产生长度和体积的收缩，即干缩。而含水率在纤维饱和点以内受到潮湿时，则会产生长度和体积的膨胀，即湿胀。

木材含水率大于纤维饱和点时，表示木材的含水量除吸附水达到饱和外，还有一定数量的自由水，此时木材如受到干燥或遇到潮湿，只是自由水在改变，它不影响木材的变形。但在纤维饱和点以下时，水分都吸附在细胞壁的纤维上，它的增加或减少则能引起体积的增大或减小，也就是说只有吸附水的改变才影响木材的变形，如图9-5所示。木材的这种湿胀干缩性随树种而有差异，一般来讲，表观密度大的，夏材含量多的，胀缩就较大。

木材由于构造不均匀，使各方面胀缩

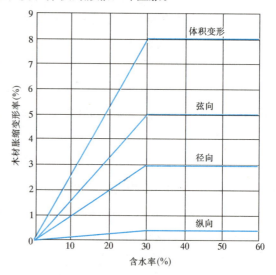

图9-5 含水量对松木胀缩变形的影响

也不一样，在同一木材中，这种变化沿弦向最大，径向次之，纤维方向最小，木材干燥时，弦向干缩约为5%～10%，径向干缩3%～6%，纤维方向干缩0.1%～0.35%，这主要是受髓线影响所致，距离髓心较远的一面，其横向更接近典型的弦向，因而收缩较大，使板材背离髓心翘曲。由此可知，木材干燥后，将改变其截面形状和尺寸，如图9-6所示，这是实际应用上极为不利的现象。

图 9-6 木材干燥后截面形状的改变

1—通过髓心的径锯板呈凸形；2—边材径锯板收缩较均匀；3—板面与年轮呈40°发生翘曲；4—两边与年轮平行的正方形变长方形；5—与年轮呈对角线的正方形变菱形；6—圆形变椭圆形；7—弦锯板呈翘曲

木材的湿胀干缩对木材的使用有严重影响，干缩使木结构构件连接处产生隙缝而致接合松弛，湿胀则造成凸起。为了避免这种情况，最根本的办法是预先将木材进行干燥，使木材的含水率与构件所使用的环境湿度相适应，亦即根据图9-4将木材预先干燥至平衡含水率后才使用。

4. 其他物理性质

木材的导热系数随其表观密度增大而增大。顺纹方向的导热系数大于横纹方向。干木材具有很高的电阻。当木材的含水量提高或温度升高时，木材电阻会降低。木材具有较好的吸声性能，故常用软木板、木丝板、穿孔板等作为吸声材料。

9.2.3 木材的力学性质

1. 木材的强度

木材构造的特点，使木材的各种力学性能具有明显的方向性，在顺纹方向（作用力与木材纵向纤维平行的方向），木材的抗拉和抗压强度都比横纹方向（作用力与木材纵向纤维垂直的方面）高得多。土木工程中木材所受荷载主要有压、拉、弯、剪切等。

（1）抗压强度

木材的顺纹抗压强度较高，仅次于顺纹抗拉和抗弯强度，且木材的疵病对其影响较小。

木材用于受压构件非常广泛，由于构造的不均匀性，抗压强度可分为顺纹受压和横纹受压。顺纹受压破坏是木材细胞壁丧失稳定性的结果，并非纤维的断裂。工程中常见的柱、桩、斜撑及桁架等承重构件均是顺纹受压。木材横纹受压时，开始细胞壁弹性变形，此时变形与外力呈正比。当超过比例极限时，细胞壁失去稳定，细胞腔被压扁，随即产生大量变形。所以，木材的横纹抗压强度以使用中所限制的变形量来决定，通常取其比例极限作为横纹抗压强度极限指标。木材横纹抗压强度比顺纹抗压强度低得多，通常只有顺纹抗压强度的10%～20%。

（2）抗拉强度

木材的顺纹抗拉强度是木材各种力学强度中最高的。木材单纤维的抗拉强度可达80～200MPa。因此顺纹受拉破坏时往往不是纤维被拉断而是纤维间被撕裂。顺纹抗拉强度为顺纹抗压强度的2～3倍。但木材在使用中不可能是单纤维受力，木材的疵病（木节、斜纹、裂缝等）会使木材实际能承受的作用力远远低于单纤维受力。例如当树节断面等于受拉试件断面的1/4时，其抗拉强度约为无树节试件抗拉强度的27%。同时，木材受拉杆件在连接处应力复杂，使顺纹抗拉强度难以被充分利用。木材的横纹抗拉强度很小，仅为顺纹抗拉强度的1/40～1/10，这是因为木材纤维之间横向连接薄弱。另外，含水率对木材顺纹抗拉强度的影响不大。

（3）抗弯强度

木材受弯曲时内部应力十分复杂，上部是顺纹受压，下部为顺纹受拉，在水平面中还有剪切力作用。木材受弯破坏时，通常是受压区首先达到强度极限，形成微小的不明显的皱纹，这时并不立即破坏，随着外力增大，皱纹慢慢地在受压区扩展，产生大量塑性变形，当受拉区内纤维达到强度极限时，因纤维本身的断裂及纤维间连接的破坏而最后破坏。

木材的抗弯强度很高，为顺纹抗压强度的1.5～2倍。因此，在土木工程中常用作受弯构件，如用于桁架、梁、桥梁、地板等。但木节、斜纹等对木材的抗弯强度影响很大，特别是当它们分布在受拉区时尤为显著。

（4）剪切强度

根据作用力与木材纤维方向的不同，木材的剪切有：顺纹剪切、横纹剪切和横纹切断三种，如图9-7所示。

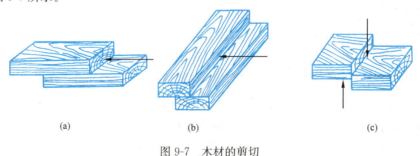

图9-7 木材的剪切

（a）顺纹剪切；（b）横纹剪切；（c）横纹切断

顺纹剪切时（图 9-7a），木材的绝大部分纤维本身并不破坏，而只是破坏剪切面中纤维间的连接。所以顺纹抗剪强度很小，一般为同一方向抗压强度（顺纹抗压强度）的 15%～30%。横纹剪切时（图 9-7b），剪切是破坏剪切面中纤维的横向连接，因此木材的横纹剪切强度比顺纹剪切强度还要低。横纹切断时（图 9-7c），剪切破坏是将木材纤维切断，因此，横纹切断强度较大，一般为顺纹剪切强度的 4～5 倍。

为了便于比较，现将木材各种强度间数值大小关系列于表 9-1 中。

木材各种强度的大小关系　　　　　　　　　　　表 9-1

抗压		抗拉		抗弯	抗剪	
顺纹	横纹	顺纹	横纹		顺纹	横纹切断
1	1/10～1/3	2～3	1/20～1/3	3/2～2	1/7～1/3	1/2～1

我国土木工程中常用木材的主要物理和力学性质见表 9-2。

常用木材的主要物理和力学性质　　　　　　　　　　　表 9-2

树种名称	产地	气干表观密度 (g/cm³)	干缩系数		顺纹抗压强度 (MPa)	顺纹抗拉强度 (MPa)	抗弯强度 (MPa)	顺纹抗剪强度 (MPa)	
			径向	弦向				径面	弦面
针叶树：									
杉木	湖南	0.317	0.123	0.277	33.8	77.2	63.8	4.2	4.9
	四川	0.416	0.136	0.286	39.1	93.5	68.4	6.0	5.0
红松	东北	0.440	0.122	0.321	32.8	98.1	65.3	6.3	6.9
马尾松	安徽	0.533	0.140	0.270	41.9	99.0	80.7	7.3	7.1
落叶松	东北	0.641	0.168	0.398	55.7	129.9	109.4	8.5	6.8
鱼鳞云杉	东北	0.451	0.171	0.349	42.4	100.9	75.1	6.2	6.5
冷杉	四川	0.433	0.174	0.341	38.8	97.3	70.0	5.0	5.5
阔叶树：									
柞栎	东北	0.766	0.199	0.316	55.6	155.4	124.0	11.8	12.9
麻栎	安徽	0.930	0.210	0.389	52.1	155.4	128.0	15.9	18.0
水曲柳	东北	0.686	0.197	0.353	52.5	138.1	118.6	11.3	10.5
榉榆	浙江	0.818	—	—	49.1	149.4	103.8	16.4	18.4

2. 影响木材强度的主要因素

（1）含水量的影响　木材的含水率对木材强度影响很大，当细胞壁中水分增多时，木纤维相互间的连接力减小，使细胞壁软化。含水率在纤维饱和点以上变化时，只是自由水的变化，因而不影响木材强度，在纤维饱和点以下时，随含水率降低，吸附水减少，细胞壁趋于紧密，木材强度增大，反之，强度减小。实验证明，木材含水率的变化，对木材各种强度的影响程度是不同的，对抗弯和顺纹抗压影响较大，对顺纹抗剪影响较小，而对顺纹抗拉几乎没有影响，如图 9-8 所示。

为了进行比较，国家标准《无疵小试样木材物理力学性质试验方法　第 2 部分：取样方法和一般要求》GB/T 1927.2—2021 中规定木材以含水率为 12% 时的强度为标准值，其他

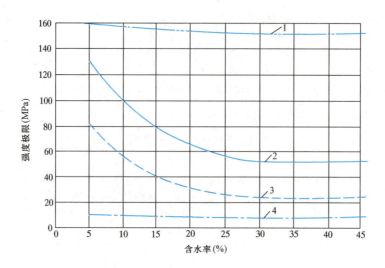

图 9-8 含水量对木材强度的影响

1—顺纹受拉；2—弯曲；3—顺纹受压；4—顺纹受剪

含水率时的强度，可按下式换算：

$$\sigma_{12} = \sigma_w[1 + \alpha(W - 12)] \tag{9-1}$$

式中 σ_{12}——含水率为12%时的木材强度；

σ_w——含水率为W%的木材强度；

W——试验时木材含水率；

α——校正系数，随荷载种类和力作用方式而异。

顺纹抗压：$\alpha = 0.05$

径向或弦向横纹局部抗压：$\alpha = 0.045$

顺纹抗拉：阔叶树　　　$\alpha = 0.015$；

　　　　　针叶树　　　$\alpha = 0$ 即 $\sigma_w = \sigma_{12}$

抗弯：$\alpha = 0.04$

弦面或径面顺纹抗剪：$\alpha = 0.03$；

式（9-1）适用于木材含水率在9%～15%之间时木材强度的换算。

(2) 负荷时间的影响　木材抵抗长期荷载的能力低于抵抗短期荷载的能力。木材在外力长期作用下，只有当其应力在低于强度极限的某一定范围以下时，才可避免木材因长期负荷而破坏。这是由于木材在外力作用下产生等速蠕滑，经过较长时间后，急剧产生大量连续变形的结果。木材在长期荷载下不致引起破坏的最大强度，称为持久强度。木材的持久强度比短期荷载作用下的极限强度小得多，一般仅为极限强度的50%～60%。

一切木结构都处于某一种负荷的长期作用下，因此，在设计木结构时，应考虑负荷时间对木材强度的影响。

（3）温度的影响　当环境温度升高时，木材中的胶结物质处于软化状态，其强度和弹性均降低。以木材含水率为零时，常温下的强度为100%，则温度升至50℃时，由于木质部分分解，强度大为降低。温度升至150℃时，木质部分分解加速而且碳化。达到275℃时木材开始燃烧。通常在长期受热环境中，如温度可能超过50℃时，则不应采用木结构。当温度降至0℃以下时，其中水分结冰，木材强度增大，但木材变得较脆。一旦解冻，各项强度都将比未解冻时的强度低。

（4）疵病的影响　木材在生长、采伐、保存过程中，所产生的内部和外部的缺陷，统称为疵病。木材的疵病主要有木节、斜纹、裂纹、腐朽和虫害等。一般木材或多或少都存在一些疵病，使木材的物理力学性质受到影响。

木节可分活节、死节、松软节、腐朽节等几种，其中，活节影响较小。木节使木材顺纹抗拉强度显著降低，而对顺纹抗压影响较小；在横纹抗压和剪切时，木节反而会增加其强度。

在木纤维与树轴呈一定夹角时，形成斜纹。木材中的斜纹严重降低其顺纹抗拉强度，对抗弯强度也有较大影响，对顺纹抗压强度影响较小。

裂纹、腐朽、虫害等疵病，会造成木材构造的不连续或破坏其组织，严重地影响木材的力学性质，有时甚至能使木材完全失去使用价值。

3. 木材的韧性

木材的韧性较好，因而木结构具有良好的抗震性。木材的韧性受很多因素影响，如木材的密度越大，冲击韧性越好；高温会使木材变脆，韧性降低。而负温则会使湿木材变脆，而韧性降低；任何缺陷的存在都会严重降低木材的冲击韧性。

4. 木材的硬度和耐磨性

木材的硬度和耐磨性主要取决于细胞组织的紧密度，各个截面上相差显著。木材横截面的硬度和耐磨性都较径切面和弦切面为高。木髓线发达的木材其弦切面的硬度和耐磨性均比径切面高。

9.3　木材的干燥、防腐和防火

9.3.1　木材的干燥

木材在采伐后，使用前通常都应经干燥处理。干燥处理可防止木材受细菌等腐蚀，减少木材在使用中发生收缩裂缝，提高木材的强度和耐久性。干燥方法有自然干燥和人工干燥两种方法。

9.3.2 木材的防腐

1. 木材的腐朽原因及条件

木材是天然有机材料，易受真菌、昆虫侵害而腐朽变质。真菌的种类很多。木材中常见的有霉菌、变色菌、腐朽菌三种。霉菌生长在木材表面，是一种发霉的真菌，它对木材不起破坏作用，经过抛光后可去除。变色菌以木材细胞腔内含物为养料，不破坏细胞壁。所以霉菌、变色菌只使木材变色，影响外观，而不影响木材的强度。腐朽菌对木材危害严重，腐朽菌以木质素为其养料，并通过分泌酶来分解木材细胞壁组织中的纤维素、半纤维素，使木材腐朽败坏。

真菌的繁殖和生存，必须同时具备适宜的温度、足够的空气和适当的湿度三个条件。温度为 25~30℃，含水率在纤维饱和点以上到 50%，又有一定量的空气，最适合真菌的繁殖。当温度大于 60℃ 或小于 5℃ 时，真菌不能生长。如含水率小于 20% 或把木材泡在水中，真菌也难于存在。所以打在地下或水中的木桩不易腐烂。但受到反复干湿作用时，则会加速木材腐朽进程。

木材除受真菌腐蚀外，还会遭受昆虫的蛀蚀，如白蚁、天牛、蠹虫等。它们在树皮或木质部内生存、繁殖，致使木材强度降低，甚至结构崩溃。

2. 木材的防腐

无论是真菌还是昆虫，其生存繁殖均需要适宜的条件，如水分、空气、温度、养料等。真菌最适宜的生长繁殖条件是：温度在 25~30℃；木材的含水率为 30%~60%；有一定量空气存在。当温度高于 60℃ 或低于 5℃；木材含水率低于 25% 或高于 150%；隔绝空气时，真菌的生长繁殖就会受到抑制，甚至停止。因此，将木材置于通风、干燥处或浸没在水中或深埋于地下或表面涂油漆等方法，都可作为木材的防腐措施。此外，还可采用化学有毒药剂，经喷淋或浸泡或注入木材，从而抑制或杀死菌类、虫类，达到防腐目的。

防腐剂种类很多，常用的有 3 类：

（1）水溶性防腐剂　主要有氟化钠、硼砂、亚砷酸钠等，这类防腐剂主要用于室内木构件的防腐。

（2）油剂防腐剂　主要有杂酚油（又称克里苏油）、杂酚油-煤焦油混合液等。这类防腐剂毒杀效力强，毒性持久，但有刺激性臭味，处理后木材表面呈黑色，故多用于室外、地下或水下木构件。

（3）复合防腐剂　主要品种有硼酚合剂、氟铬酚合剂、氟硼酚合剂等。这类防腐剂对菌、虫毒性大，对人、畜毒性小，药效持久，因此应用日益扩大。

9.3.3 木材的防火

木材的易燃性是其主要缺点之一。木材的防火处理（也称阻燃处理）旨在提高木材的耐火性，使之不易燃烧；或当木材着火后，火焰不致沿材料表面很快蔓延；或当火焰移开后，木材表面上的火焰立即熄灭。

常用的防火处理方法是在木材表面涂刷或覆盖难燃材料和用防火剂浸注木材。

常用的防火涂层材料有无机涂料（如硅酸盐类、石膏等）、有机涂料（如四氯苯酐醇树脂防火涂料、膨胀型丙烯酸乳胶防火涂料等）。

覆盖材料可用各种金属。

浸注用的防火剂有以磷酸铵为主要成分的磷-氮系列、硼化物系列、卤素系列及磷酸-氨基树脂系列等。

思考题

9.1 木材为什么是各向异性材料？
9.2 何谓木材的纤维饱和点、平衡含水率？在实际使用中有何意义？
9.3 木材含水量的变化对木材哪些性质有影响？有什么样的影响？
9.4 试分析影响木材强度的因素。
9.5 木材腐朽的原因有哪些？如何防止木材腐朽？

第 10 章 建筑功能材料

随着人们对建筑物的质量要求不断提高，建筑功能材料应运而生。它们的出现大大改善了建筑物的使用功能，优化人们的生活和工作环境。建筑功能材料在建筑物中主要作用有防水密封、保温隔热、吸声隔声、防火和抗腐蚀等功能，它对扩展建筑物的功能、延长其使用寿命以及节能具有重要意义。本章主要介绍防水材料、灌浆材料、保温隔热材料及吸声隔声材料。

10.1 防水材料

防水材料具有防止雨水、地下水与其他水分等侵入建筑物的功能，它是建筑工程中重要的建筑功能材料之一。建筑物防水处理的部位主要有屋面、墙面、地面和地下室等。防水材料具有品种多、发展快的特点，有传统使用的沥青防水材料，也有正在发展的改性沥青防水材料和合成高分子防水材料，防水设计由多层向单层防水发展，由单一材料向复合型多功能材料发展，施工方法也由热熔法向冷粘贴法或自粘贴法发展。本节主要介绍防水卷材、防水涂料和密封材料。

10.1.1 防水卷材

防水卷材是建筑防水材料重要品种，它是具有一定宽度和厚度并可卷曲的片状定型防水材料。目前防水卷材有沥青防水卷材、高聚物改性沥青防水卷材和合成高分子防水卷材等三大系列（图10-1）。沥青防水卷材是我国传统的防水卷材，生产历史久、成本较低、应用广泛，沥青材料的低温柔性差，温度敏感性大，在大气作用下易老化，防水耐用年限较短，它属于低档防水材料。后两个系列卷材的性能较沥青防水材料优异，是防水卷材的发展方向。

防水卷材要满足建筑防水工程的要求，必须具备以下性能：

（1）耐水性：指在水的作用和被水浸润后其性能基本不变，在压力水作用下具有不透水性。常用不透水性、吸水性等指标表示。

（2）温度稳定性：指在高温下不流淌、不起泡、不滑动，低温下不脆裂的性能，也即在一定温度变化下保持原有性能的能力。常用耐热度、耐热性等指标表示。

(3) 机械强度、延伸性和抗断裂性：指防水卷材承受一定荷载、应力或在一定变形的条件下不断裂的性能。常用拉力、拉伸强度和断裂伸长率等指标表示。

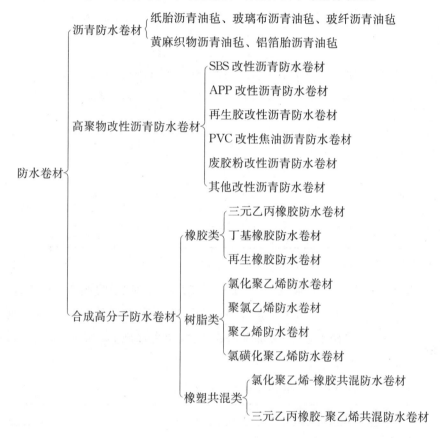

图 10-1　防水卷材分类

(4) 柔韧性：指在低温条件下保持柔韧性的性能。它对保证易于施工、不脆裂十分重要。常用柔度、低温弯折性等指标表示。

(5) 大气稳定性：指在阳光、热、臭氧及其他化学侵蚀介质等因素的长期综合作用下保持原有性能的能力。常用耐老化性、热老化保持率等指标表示。

各类防水卷材的选用应充分考虑建（构）筑物的特点、地区环境条件、使用条件等多种因素，结合材料的特性和性能指标来选择。

(1) 沥青防水卷材

沥青防水卷材是用原纸、纤维织物、纤维毡等胎体浸涂沥青，表面撒布粉状、粒状或片状材料而制成的。常用品种有石油沥青纸胎油毡、石油沥青玻璃布油毡、石油沥青玻纤胎油毡、石油沥青麻布胎油毡等。

石油沥青纸胎油毡是用低软化点的石油沥青浸渍原纸，然后用高软化点的石油沥青涂盖油纸的两面，再涂撒隔离材料制成的一种防水材料。按现行国家标准《石油沥青纸胎油毡》GB/T 326 的规定：油毡按卷重和物理性能分为Ⅰ型、Ⅱ型和Ⅲ型。各类型油毡的物理性能应符合表 10-1 的规定。沥青油毡适用于简易防水、临时性建筑防水、防潮及包装等。

石油沥青纸胎油毡物理性能 表 10-1

项　目			指　标		
			Ⅰ型	Ⅱ型	Ⅲ型
单位面积浸涂材料总量（g/m²）		≥	600	750	1000
不透水性	压力（MPa）	≥	0.02	0.02	0.10
	保持时间（min）	≥	20	30	30
吸水率（%）		≤	3.0	2.0	1.0
耐热度			(85±2)℃，2h涂盖层无滑动、流淌和集中性气泡		
拉力（纵向）（N/50mm）		≥	240	270	340
柔　度			(18±2)℃，绕φ20mm棒或弯板无裂纹		

注：本标准Ⅲ型产品物理性能要求为强制性的，其余为推荐性的。

为了克服纸胎的抗拉能力低、易腐烂、耐久性差的缺点，通过改进胎体材料来改善沥青防水卷材的性能，开发出玻璃布沥青油毡、玻纤沥青油毡、黄麻织物沥青油毡、铝箔胎沥青等一系列沥青防水卷材。沥青防水卷材一般都是叠层铺设、热粘贴施工。常用的沥青防水卷材的特点及适用范围见表 10-2。

常用沥青防水卷材的特点及适用范围 表 10-2

卷材名称	特点	适用范围	施工工艺
石油沥青纸胎油毡	传统的防水材料，低温柔性差，防水层耐用年限较短，但价格较低	三毡四油、二毡三油叠层设的简易防水和临时性建筑防水、防潮	热玛蹄脂、冷玛蹄脂粘贴施工
玻璃布胎沥青油毡	抗拉强度高，胎体不易腐烂，材料柔韧性好，耐久性比纸胎油毡提高一倍以上	多用作纸胎油毡的增强附加层和突出部位的防水层	热玛蹄脂、冷玛蹄脂粘贴施工
玻纤毡胎沥青油毡	具有良好的耐水性、耐腐蚀性和耐久性，柔韧性也优于纸胎沥青油毡	常用作临时性建筑防水和防潮工程	热玛蹄脂、冷玛蹄脂粘贴施工
黄麻胎沥青油毡	抗拉强度高，耐水性好，但胎体材料易腐烂	常用作纸胎油毡防水层的增强附加层	热玛蹄脂、冷玛蹄脂粘贴施工
铝箔胎沥青油毡	有很高的阻隔蒸汽的渗透能力，防水功能好，且具有一定的抗拉强度	与带孔玻纤毡配合或单独使用，宜用于隔汽层	热玛蹄脂粘贴

(2) 高聚物改性沥青防水卷材

高聚物改性沥青防水卷材是以合成高分子聚合物改性沥青为涂盖层，纤维织物或纤维毡为胎体，粉状、粒状、片状或薄膜材料为覆面材料制成的可卷曲片状防水材料。

在沥青中添加适量的高聚物可以改善沥青防水卷材温度稳定性差和延伸率小的不足，具有高温不流淌、低温不脆裂、拉伸强度高、延伸率较大等优异性能，且价格适中，在我国属中低档防水卷材。按改性高聚物的种类，有弹性 SBS 改性沥青防水卷材、塑性 APP 改性沥青防水卷材、聚氯乙烯改性焦油沥青防水卷材、三元乙丙改性沥青防水卷材、再生胶改性沥青防水卷材等。按油毡使用的胎体品种又可分为玻纤胎、聚乙烯膜胎、聚酯胎、黄麻布胎、复合胎等品种。此类防水卷材按厚度可分为 2mm、3mm、4mm、5mm 等规格，一般单层铺设，也可复合使用，根据不同卷材可采用热熔法、冷粘法、自粘法施工。

1) SBS 改性沥青防水卷材。SBS 改性沥青防水卷材属弹性体沥青防水卷材中的一种，弹性体沥青防水卷材是用沥青或热塑性弹性体（如苯乙烯-丁二烯嵌段共聚物 SBS）改性沥青（简称"弹性体沥青"）浸渍胎基，两面涂以弹性体沥青涂盖层，上表面撒以细砂、矿物粉（片）料或覆盖聚乙烯膜，下表面撒以细砂或覆盖聚乙烯膜所制成的一类防水卷材。按现行国家标准《弹性体改性沥青防水卷材》GB 18242 的规定，弹性体沥青防水卷材按胎基分为聚酯毡、玻纤毡和玻纤增强聚酯毡；按上表面隔离材料分为聚乙烯膜、细砂、矿物粒料；按材料性能分为Ⅰ型和Ⅱ型。

该类防水卷材广泛适用于各类建筑防水、防潮工程，尤其适用于寒冷地区和结构变形频繁的建筑物防水。其中，玻纤毡卷材适用作多层防水；玻纤增强聚酯毡卷材可用作单层防水或多层防水的面层，并可采用热熔法施工。

2) APP 改性沥青防水卷材。APP 改性沥青防水卷材属塑性体沥青防水卷材中的一种。塑性体沥青防水卷材是用沥青或热塑性塑料（如无规聚丙烯 APP）改性沥青（简称"塑性体沥青"）浸渍胎基，两面涂以塑性体沥青涂盖层，上表面撒以细砂、矿物粒（片）料或覆盖聚乙烯膜，下表面撒以细砂或覆盖聚乙烯膜所制成的一类防水卷材。按现行国家标准《塑性体改性沥青防水卷材》GB 18243 的规定，塑性体沥青防水卷材按胎基分为聚酯毡、玻纤毡和玻纤增强聚酯毡；按上表面隔离材料分为聚乙烯膜、细砂、矿物粒料；按材料性能分为Ⅰ型和Ⅱ型。

该类防水卷材广泛适用于各类建筑防水、防潮工程，尤其适用于高温或有强烈太阳辐射地区的建筑物防水。其中，玻纤毡卷材用作多层防水；玻纤增强聚酯毡卷材可用作单层防水或多层防水层的面层，并可采用热熔法施工。

高聚物改性沥青防水卷材除弹性 SBS 改性沥青防水卷材和塑性 APP 改性沥青防水卷材

外,还有许多其他品种,它们因高聚物品种和胎体品种的不同而性能各异,在建筑防水工程中的适用范围也各不相同。常用的几种高聚物改性沥青防水卷材的特点和适用范围见表10-3。在防水设计中可参照选用。

常用高聚物改性沥青防水卷材的特点和适用范围　　　　　　　　表10-3

卷材名称	特　　点	适用范围	施工工艺
SBS改性沥青防水卷材	耐高、低温性能有明显提高,卷材的弹性和耐疲劳性明显改善	单层铺设的屋面防水工程或复合使用,适合于寒冷地区和结构变形频繁的建筑	冷施工铺贴或热熔铺贴
APP改性沥青防水卷材	具有良好的强度、延伸性、耐热性、耐紫外线照射及耐老化性能	单层铺设,适合于紫外线辐射强烈及炎热地区屋面使用	热熔法或冷粘法铺设
改性沥青聚乙烯胎防水卷材	有良好的耐热及耐低温性能,最低开卷温度为-18℃	有利于在冬期负温度下施工	可热作业亦可冷施工
胶粉改性沥青防水卷材	有一定的延伸性,且低温柔性较好,有一定的防腐蚀能力,价格低廉属低档防水卷材	叠层用于一般屋面防水工程,变形较大,宜在寒冷地区使用	可热作业亦可冷施工

对于屋面防水工程,高聚物改性沥青防水卷材除外观质量和规格应符合要求外,还应检验拉伸性能、耐热度、柔性和不透水性等物理性能,并应符合表10-4的要求。

高聚物改性沥青防水卷材物理性能　　　　　　　　表10-4

项目	性能要求				
	聚酯毡胎体	玻纤毡胎体	聚乙烯胎体	自粘聚脂胎体	自粘无胎体
可溶物含量 (g/m^2)	3mm厚≥2100 4mm厚≥2900	—		2mm≥1300 3mm厚≥2100	—
拉力 (N/50mm)	≥500	纵向≥350	≥200	2mm厚≥350 3mm厚≥450	≥150
延伸率 (%)	最大拉力时 SBS≥30 APP≥25	—	断裂时 ≥120	最大拉力时 ≥30	最大拉力时 ≥200
耐热度 (℃,2h)	SBS卷材90, APP卷材110, 无滑动、流淌、滴落		PEE卷材90,无流淌、起泡	70,无滑动、流淌、滴落	70,滑动不超过2mm
低温柔度 (℃)	SBS卷材-20,APP卷材-7, PEE卷材-20			-20	

续表

项　目		性　能　要　求				
		聚酯毡胎体	玻纤毡胎体	聚乙烯胎体	自粘聚脂胎体	自粘无胎体
不透水性	压力(MPa)	≥0.3	≥0.2	≥0.4	≥0.3	≥0.2
	保持时间(min)	≥30				≥120

注：SBS卷材——弹性体改性沥青防水卷材；
　　APP卷材——塑性体改性沥青防水卷材；
　　PEE卷材——高聚物改性沥青聚乙烯胎防水卷材。

(3) 合成高分子防水卷材

合成高分子防水卷材是以合成橡胶、合成树脂或它们两者的共混体为基料，加入适量的化学助剂和填充料等，经混炼、压延或挤出等工序加工而制成的可卷曲的片状防水材料。其中又可分为加筋增强型与非加筋增强型两种。

合成高分子防水卷材具有拉伸强度和抗撕裂强度高，断裂伸长率大，耐热性和低温柔性好，耐腐蚀，耐老化等一系列优异的性能，是新型高档防水卷材。常用的有再生胶防水卷材、三元乙丙橡胶防水卷材、三元丁橡胶防水卷材、聚氯乙烯防水卷材、氯化聚乙烯防水卷材、氯化聚乙烯-橡胶共混防水卷材等。此类卷材按厚度分为1.0mm、1.2mm、1.5mm、1.8mm、2.0mm等规格，一般单层铺设，可采用冷粘法或自粘法施工。

1) 聚氯乙烯（PVC）防水卷材　聚氯乙烯防水卷材是以聚氯乙烯树脂为主要原料，掺加填充料和适量的改性剂、增塑剂及其他助剂，经混炼、压延或挤出成型、分卷包装而成的防水卷材。

按现行国家标准《聚氯乙烯（PVC）防水卷材》GB 12952的规定，聚氯乙烯防水卷材根据其产品的组成，分为均质卷材、带纤维背衬卷材、织物内增强卷材、玻璃纤维内增强卷材和玻璃纤维内增强带纤维背衬卷材五类。该种卷材的尺度稳定性、耐热性、耐腐蚀性、耐细菌性等均较好，适用于各类建筑的屋面防水工程和水池、堤坝等防水抗渗工程。

2) 三元乙丙（EPDM）橡胶防水卷材　三元乙丙橡胶防水卷材是以三元乙丙橡胶为主体，掺入适量的硫化剂、促进剂、软化剂、填充料等，经过密炼、拉片、过滤、压延或挤出成型、硫化、分卷包装而成的防水卷材。

由于三元乙丙橡胶分子结构中的主链上没有双键，当它受到紫外线、臭氧、湿和热等作用时，主链上不易发生断裂，故耐老化性能最好，化学稳定性良好。因此，三元乙丙橡胶防水卷材有优良的耐候性、耐臭氧性和耐热性。此外，它还具有重量轻（1.2～2.0kg/m^2）、拉伸强度高（7.0MPa以上）、断裂伸长率大（450%以上）、低温柔性好（脆性温度-40℃

以下)、使用寿命长（估计20年以上）、耐酸碱腐蚀等特点。广泛适用于防水要求高、耐用年限长的工业与民用建筑的防水工程。

3）氯化聚乙烯-橡胶共混型防水卷材　氯化聚乙烯-橡胶共混型防水卷材是以氯化聚乙烯树脂和合成橡胶共混物为主体，加入适量的硫化剂、促进剂、稳定剂、软化剂和填充料等，经过素炼、混炼、过滤、压延或挤出成型、硫化、分卷包装等工序制成的防水卷材。

氯化聚乙烯-橡胶共混型防水卷材兼有塑料和橡胶的特点。它不仅具有氯化聚乙烯所特有的高强度和优异的耐臭氧、耐老化性能，而且具有橡胶类材料所特有的高弹性、高延伸性和良好的低温柔性。所以，该卷材具有良好的物理性能，拉伸强度在7.0MPa以上，断裂伸长率在400％以上，脆性温度在－40℃以下，热老化保持率在80％以上。因此，该类卷材特别适用于寒冷地区或变形较大的建筑防水工程。

合成高分子防水卷材除以上三种典型品种外，还有氯化聚乙烯、氯磺化聚乙烯、三元乙丙橡胶-聚乙烯共混等防水卷材，这些卷材原则上都是塑料经过改性，或橡胶经过改性，或两者复合以及多种复合，制成的能满足建筑防水要求的制品。它们因所用的基材不同而性能差异较大，使用时应根据其性能的特点合理选择，常见的合成高分子防水卷材的特点和适用范围见表10-5。

屋面工程中使用的合成高分子防水卷材，除外观质量和规格应符合要求外，还应检验拉伸强度、断裂伸长率、低温弯折性和不透水性等物理性能，并应符合表10-6的规定。

常见的合成高分子防水卷材的特点和适用范围　　表10-5

卷材名称	特　　点	适用范围	施工工艺
氯化聚乙烯防水卷材（GB 12953—2003）	具有良好的耐候、耐臭氧、耐热老化、耐油、耐化学腐蚀及抗撕裂的性能	单层或复合作用宜用于紫外线强的炎热地区	冷粘法施工
聚氯乙烯防水卷材（GB 12952—2011）	具有较高的拉伸和撕裂强度，延伸率较大，耐老化性能好，原材料丰富，价格便宜，容易粘结	单层或复合使用于外露或有保护层的防水工程	冷粘法或热风焊接法施工
三元乙丙橡胶防水卷材（GB 18173.1—2012）	防水性能优异，耐候性好，耐臭氧性、耐化学腐蚀性、弹性和抗拉强度大，对基层变形开裂的适用性强，重量轻，使用温度范围宽，寿命长，但价格高，粘结材料尚需配套完善	防水要求较高，防水层耐用年限长的工业与民用建筑，单层或复合使用	冷粘法或自粘法

合成高分子防水卷材物理性能　　　　　　　　　　　　表 10-6

项目		性能要求			
		硫化橡胶类	非硫化橡胶类	树脂类	树脂类（复合片）
断裂拉伸强度（MPa）		≥6	≥3	≥10	≥60N/10mm
扯断伸长率（%）		≥400	≥200	≥200	≥400
低温弯折（℃）		−30	−20	−25	−20
不透水性	压力（MPa）	≥0.3	≥0.2	≥0.3	≥0.3
	保持时间（min）	≥30			
加热收缩率（%）		<1.2	<2.0	<2.0	<2.0
热老化保持率（80℃，168h）	断裂伸长率（%）	≥80		≥85	≥80
	扯断伸长率（%）	≥70		≥80	≥70

按现行国家标准《屋面工程技术规范》GB 50345 的规定，高聚物改性沥青防水卷材和合成高分子防水卷材适用于防水等级为Ⅰ级（特别重要建筑和高层建筑，两道防水设防）和Ⅱ级（一般建筑，一道防水设防）的屋面防水工程。防水卷材的吸水率不应大于 4%；高聚物改性沥青防水卷材和合成高分子防水卷材，除其外观质量和品种、规格及技术性能应符合国家现行材料标准的规定外，选用时，应根据当地历年最高气温、最低气温、屋面坡度和使用条件等因素，选择耐热度、低温柔性相适应的卷材；根据地基变形程度、结构形式、当地年温差、日温差和振动等因素，选择拉伸性能相适应的卷材；根据屋面卷材的暴露程度，选择耐紫外线、耐老化、耐霉烂相适应的卷材；种植隔热屋面的防水层应选择耐根穿刺防水卷材。每道卷材防水层最小厚度应符合表 10-7 的规定；卷材防水层最小厚度应符合现行国家标准《建筑与市政工程防水通用规范》GB 55030 的规定（表 10-8）。

每道卷材防水层最小厚度（mm）　　　　　　　　　　表 10-7

防水等级	合成高分子防水卷材	高聚物改性沥青防水卷材		
		聚酯胎、玻纤胎、聚乙烯胎	自粘聚酯胎	自粘无胎
Ⅰ级	1.2	3.0	2.0	1.5
Ⅱ级	1.5	4.0	3.0	2.0

卷材防水层最小厚度（mm）　　　　　　　　　　　　表 10-8

防水卷材类型		卷材防水层最小厚度（mm）
聚合物改性沥青类防水卷材	热熔法施工聚合物改性防水卷材	3.0
	热沥青粘结和胶粘法施工聚合物改性防水卷材	3.0
	预铺反粘防水卷材（聚酯胎类）	4.0
	自粘聚合物改性防水卷材（含湿铺） 聚酯胎类	3.0
	自粘聚合物改性防水卷材（含湿铺） 无胎类及高分子膜基	1.5

续表

防水卷材类型		卷材防水层最小厚度（mm）
合成高分子类防水卷材	均质型、带纤维背衬型、织物内增强型	1.2
	双面复合型	主体片材芯材 0.5
	预铺反粘防水卷材 塑料类	1.2
	预铺反粘防水卷材 橡胶类	1.5
	塑料防水板	1.2

10.1.2 防水涂料

防水涂料是一种流态或半流态物质，可用刷、喷等工艺涂布在基层表面，经溶剂或水分挥发或各组分间的化学反应，形成具有一定弹性和一定厚度的连续薄膜，使基层表面与水隔绝，起到防水、防潮作用。

防水涂料固化成膜后的防水涂膜具有良好的防水性能，特别适用于各种复杂不规则部位的防水，能形成无接缝的完整防水膜。它大多采用冷施工，不必加热熬制，涂布的防水涂料既是防水层的主体，又是粘结剂，因而施工质量容易保证，维修也较简单。但是，防水涂料须采用刷子或刮板等逐层涂刷（刮），故防水膜的厚度较难保持均匀一致。因此，防水涂料广泛适用于工业与民用建筑的屋面防水工程、地下室防水工程和地面防潮、防渗等。

防水涂料按液态类型可分为溶剂型、水乳型和反应型三种。溶剂型的粘结性较好，但污染环境；水乳型的价格低，但粘结性差些。从涂料发展趋势来看，随着水乳型的性能提高，它的应用会更广。按成膜物质的主要成分可分为沥青类、高聚物改性沥青类和合成高分子类，如图10-2所示。

防水涂料要满足防水工程的要求，必须具备以下性能：

(1) 固体含量　指防水涂料中所含固体比例。由于涂料涂刷后涂料中的固体成分形成涂膜，因此，固体含量多少与成膜厚度及涂膜质量密切相关。

(2) 耐热度　指防水涂料成膜后的防水薄膜在高温下不发生软化变形、不流淌的性能。它反映防水涂膜的耐高温性能。

(3) 柔性　指防水涂料成膜后的膜层在低温下保持柔韧的性能。它反映防水涂料在低温下的施工和使用性能。

(4) 不透水性　指防水涂膜在一定水压（静水压或动水压）和一定时间内不出现渗漏的性能；是防水涂料满足防水功能要求的主要质量指标。

(5) 延伸性　指防水涂膜适应基层变形的能力。防水涂料成膜后必须具有一定的延伸性，以适应由于温差、干湿等因素造成的基层变形，保证防水效果。

防水涂料的使用应考虑建筑物的特点、环境条件和使用条件等因素，结合防水涂料特点和性能指标选择。

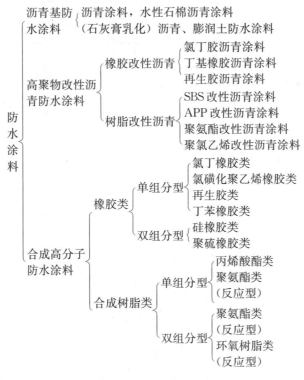

图 10-2　防水涂料分类

（1）防水涂料的分类

防水涂料分为聚合物水泥防水涂料、高聚物改性沥青防水涂料和合成高分子防水涂料等三类。

1）聚合物水泥防水涂料　指以丙烯酸、乙烯-乙酸乙酯等聚合物乳液和水泥为主要原料，加入填料及其他助剂配制而成，经水分挥发和水泥水化反应固化成膜的双组分水性防水涂料。根据现行国家标准《聚合物水泥防水涂料》GB/T 23445，按物理力学性能分为Ⅰ型、Ⅱ型和Ⅲ型（表 10-9）。Ⅰ型适用于活动量较大的基层，Ⅱ型和Ⅲ型适用于活动量较小的基层。

2）高聚物改性沥青防水涂料　指以沥青为基料，用合成高分子聚合物进行改性，制成的水乳型或溶剂型防水涂料。这类涂料在柔韧性、抗裂性、拉伸强度、耐高低温性能、使用寿命等方面性能优秀。常见的高聚物改性沥青防水涂料品种有氯丁橡胶沥青类、再生橡胶沥青类、丁苯胶乳沥青类等。

3）合成高分子防水涂料　指以合成橡胶或合成树脂为主要成膜物质制成的单组分或多组分的防水涂料。这类涂料具有高弹性、高耐久性及优良的耐高低温性能。

聚合物水泥防水涂料物理力学性能　　　　　表 10-9

试验项目			技术指标		
			Ⅰ型	Ⅱ型	Ⅲ型
固体含量（%）		≥	70	70	70
拉伸强度	无处理（MPa）	≥	1.2	1.8	1.8
	加热处理后保持率（%）	≥	80	80	80
	碱处理后保持率（%）	≥	60	70	70
	浸水处理后保持率（%）	≥	60	70	70
	紫外处理后保持率（%）	≥	80	—	—
断裂伸长率	无处理（%）	≥	200	80	30
	加热处理（%）	≥	150	65	20
	碱处理（%）	≥	150	65	20
	浸水处理（%）	≥	150	65	20
	紫外处理（%）	≥	150	—	—
低温柔性（φ10mm 棒）			－10℃，无裂纹	—	—
粘结强度	无处理（MPa）	≥	0.5	0.7	1.0
	潮湿基层（MPa）	≥	0.5	0.7	1.0
	碱处理（MPa）	≥	0.5	0.7	1.0
	浸水处理（MPa）	≥	0.5	0.7	1.0
不透水性（0.3 MPa，30 min）			不透水	不透水	不透水
抗渗性（砂浆背水面）（MPa）		≥	—	0.6	0.8

（2）防水涂料的选择和使用

防水涂料选用时，应根据当地历年最高气温、最低气温、屋面坡度和使用条件等因素，选择耐热性、低温柔性相适应的涂料；根据地基形变程度、结构形式、当地年温差、日温差和振动等因素，选择拉伸性能相适应的涂料；根据屋面涂膜的暴露程度，选择耐紫外线、耐老化相适应的涂料；面坡度大于 25% 时，应选择成膜时间较短的涂料。

采用防水涂料防水时，对于防水等级为Ⅰ级的屋面，应采用两道防水设防，合成高分子防水涂膜和聚合物水泥防水涂膜，每道涂膜防水层最小厚度不应小于 1.5mm；高聚物改性沥青防水涂膜，每道涂膜防水层最小厚度不应小于 2.0mm。对于防水等级为Ⅱ级的屋面，采用一道防水设防，合成高分子防水涂膜和聚合物水泥防水涂膜，每道涂膜防水层最小厚度不应小于 2.0mm；高聚物改性沥青防水涂膜，每道涂膜防水层最小厚度不应小于 3.0mm。按现行国家标准《建筑与市政工程防水通用规范》GB 55030 的规定，反应型高分子类防水涂料、聚合物乳液类防水涂料和水性聚合物沥青类防水涂料的涂料防水层最小厚度不应小于 1.5mm；热熔施工橡胶沥青类防水涂料防水层最小厚度不应小于 2.0mm。

(3) 常用防水涂料

1) 石灰乳化沥青　石灰乳化沥青涂料是以石油沥青为基料，石灰膏为乳化剂，在机械强制搅拌下将沥青乳化制成的厚质防水涂料。

石灰乳化沥青涂料为水性、单组分涂料，具有无毒、不燃、可在潮湿基层上施工等特点。按现行行业标准《水乳型沥青防水涂料》JC/T 408 的规定，石灰乳化沥青涂料的技术性能应满足表 10-10 的要求。

石灰乳化沥青涂料物理力学性能　　　　表 10-10

项　目		L	H
固体含量（%）≥		45	
耐热度（℃）		80±2	110±2
		无流淌、滑动、滴落	
不透水性		0.10MPa，30min 无渗水	
粘结强度（MPa）≥		0.30	
表干时间（h）≤		8	
实干试件（h）≤		24	
低温柔度[a]（℃）	标准条件	−15	0
	碱处理	−10	5
	热处理		
	紫外线处理		
断裂伸长率（%）≥	标准条件	600	
	碱处理		
	热处理		
	紫外线处理		

[a] 供需双方可以商定温度更低的低温柔度指标。

2) 非固化橡胶沥青防水涂料

非固化橡胶沥青防水涂料是以橡胶、沥青、软化油为主要组分，加入温控剂与填料混合制成的在使用年限内保持黏性膏状体的防水涂料。它能封闭基层裂缝和毛细孔，适应复杂的施工作业面；由于具有长期不固化，始终保持黏稠胶质的特性，具有良好的粘结性能，自愈能力强、碰触即粘、难以剥离。它能有效防止防水层断裂、挠曲疲劳、提前老化等问题；并能够很好地封闭基层的毛细孔和裂缝，解决防水层的窜水问题，使防水可靠性得到大幅度提高。按现行行业标准《非固化橡胶沥青防水涂料》JC/T 2428 的规定，其主要技术性能应满足表 10-11 的要求。

3) 聚氨酯防水涂料　聚氨酯防水涂料分为单组分和多组分两种，其中双组分反应型涂料，甲组分是含有异氰酸基的预聚体，乙组分含有多羟基的固化剂与增塑剂、稀释剂等，甲乙两组分混合后，经固化反应形成均匀、富有弹性的防水涂膜。

非固化橡胶沥青防水涂料物理力学性能 表 10-11

项目		性能指标	项目		性能指标
闪点(℃)		≥180	抗窜水性/0.6MPa		无窜水
固含量(%)		≥98	耐酸性(2%H_2SO_4溶液)	外观	无变化
粘结性能	干燥基面	100%内聚破坏	耐碱性[0.1%NaOH+饱和$Ca(OH)_2$溶液]	延伸性(mm)	≥15
	潮湿基面	100%内聚破坏	耐盐性(3%NaCl溶液)	质量变化(%)	±2
延伸性(mm)		≥15	自愈性		无渗水
低温柔性		−20℃,无断裂	渗油性(张)		≤2
耐热性 65℃		无滑动、流淌、滴落	应力松弛(%)	无处理	≤35
热老化 70℃,168h	延伸性(mm)	≥15		热老化 70℃,168h	
	低温柔性	−15℃,无断裂			

聚氨酯防水涂料是反应型防水涂料,固化时体积收缩很小,可形成较厚的防水涂膜,并具有弹性高、延伸率大、耐高低温性好、耐油、耐化学侵蚀等优异性能。根据现行国家标准《聚氨酯防水涂料》GB/T 19250 的规定,按基本性能将聚氨酯防水涂料分为Ⅰ型、Ⅱ型和Ⅲ型;Ⅰ型产品可用于工业与民用建筑工程;Ⅱ型产品可用于桥梁等非直接通行部位;Ⅲ型产品可用于桥梁、停车场、上人屋面等外露通行部位。按有害物质限量分为 A 类和 B 类。其主要技术性能应满足表 10-12 的要求。聚氨酯防水涂料中有害物质限量如表 10-13 所示。

聚氨酯防水涂料物理力学性能 表 10-12

项目			技术性能		
			Ⅰ	Ⅱ	Ⅲ
拉伸强度(MPa)		≥	2.00	6.00	12.0
断裂伸长率(%)		≥	500	450	250
撕裂强度(N/mm)		≥	15	30	40
低温弯折性			−35℃,无裂纹		
不透水性			0.3MPa,120min,不透水		
加热伸缩率(%)			−4.0~+1.0		
粘结强度(MPa)		≥	1.0		
吸水率(%)		≤	5.0		
定伸时老化	加热老化		无裂纹及变形		
	人工气候老化[a]		无裂纹及变形		
热处理 (80℃,168h)	拉伸强度保持率(%)		80~150		
	断裂伸长率(%)	≥	450	400	200
	低温弯折性		−30℃,无裂纹		
碱处理 [0.1% NaOH+ 饱和 Ca(OH)₂ 溶液,168h]	拉伸强度保持率(%)		80~150		
	断裂伸长率(%)	≥	450	400	200
	低温弯折性		−30℃,无裂纹		

续表

项目		技术性能		
		Ⅰ	Ⅱ	Ⅲ
酸处理（2%H_2SO_4溶液，168h）	拉伸强度保持率（%）	80～150		
	断裂伸长率（%） ≥	450	400	200
	低温弯折性	−30℃，无裂纹		
人工气候老化[a]（1000 h）	拉伸强度保持率（%）	80～150		
	断裂伸长率（%） ≥	450	400	200
	低温弯折性	−30℃，无裂纹		
燃烧性能[a]		B_2-E（点火 15s，燃烧 20s，F_S≤150mm，无燃烧滴落物引燃滤纸）		

a 仅外露产品要求测定。

聚氨酯防水涂料中有害物质限量　　　　　　　　　　　　表 10-13

项目			有害物质限量	
			A类	B类
挥发性有机化合物(VOC)(g/L)		≤	50	200
苯(mg/kg)		≤	200	
甲苯＋乙苯＋二甲苯(g/kg)		≤	1.0	5.0
苯酚(mg/kg)		≤	100	100
蒽(mg/kg)		≤	10	10
萘(mg/kg)		≤	200	200
游离 TDI(g/kg)		≤	3	7
可溶性重金属(mg/kg)[a] ≤	铅 Pb		90	
	镉 Cd		75	
	铬 Cr		60	
	汞 Hg		60	

a 可选项目，由供需双方商定。

10.1.3 建筑密封材料

建筑密封材料是能承受位移并具有高气密性及水密性而嵌入建筑接缝中的定形和不定形的材料。定形密封材料是具有一定形状和尺寸的密封材料，如密封条带、止水带等。不定形密封材料通常是黏稠状的材料，分为弹性密封材料和非弹性密封材料。按构成类型分为溶剂型、乳液型和反应型；按使用时的组分分为单组分密封材料和多组分密封材料；按组成材料分为改性沥青密封材料和合成高分子密封材料。密封材料的分类见图 10-3。

为保证防水密封的效果，建筑密封材料应具有高水密性和气密性，良好的粘结性，良好的耐高低温性和耐老化性能，一定的弹塑性和拉伸-压缩循环性能。密封材料的选用，应首先考虑它的粘结性能和使用部位。密封材料与被黏基层的良好粘结，是保证密封的必要条件，因此，应根据被黏基层的材质、表面状态和性质来选择粘结性良好的密封材料；建筑物中不同部位的接缝，对密封材料的要求不同，如室外的接缝要求较高的耐候性，而伸缩缝则要求较好的弹塑性和拉伸-压缩循环性能。

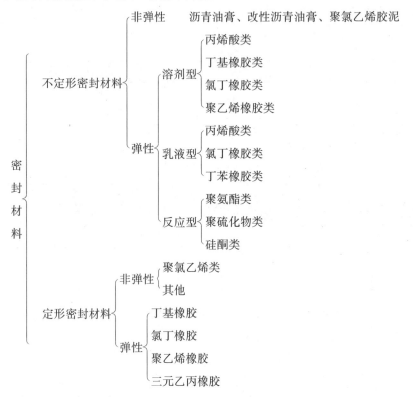

图 10-3　建筑密封材料分类

目前，常用的密封材料有：沥青嵌缝油膏、塑料油膏、丙烯酸类密封膏、聚氨酯密封膏、聚硫密封膏和硅酮密封膏等。

1. 沥青嵌缝油膏

沥青嵌缝油膏是以石油沥青为基料，加入改性材料、稀释剂及填充料混合制成的密封膏。改性材料有废橡胶粉和硫化鱼油；稀释剂有松焦油、松节重油和机油；填充料有石棉绒和滑石粉等。

沥青嵌缝油膏主要作为屋面、墙面、沟和槽的防水嵌缝材料。

建筑防水沥青嵌缝油膏的技术性能应符合现行行业标准《建筑防水沥青嵌缝油膏》JC/T 207 的要求，见表 10-14。

建筑防水沥青嵌缝油膏的技术性能要求　　　　表 10-14

序号	项目		技术指标	
			702	801
1	密度（g/cm³）		规定值±0.1	
2	施工度（mm） ≤		22.0	20.0
3	耐热性	温度（℃）	70	80
		下垂值（mm） ≤	4.0	
4	低温柔性	温度（℃）	−20	−10
		粘结状况	无裂纹和剥离现象	
5	拉伸粘结性（%） ≥		125	
6	浸水后拉伸粘结性（%） ≥		125	
7	渗出性	渗出幅度（mm） ≤	5	
		渗出张数（张） ≤	4	
8	挥发性（%） ≤		2.8	

使用沥青油膏嵌缝时，缝内应洁净干燥，先涂刷冷底子油一道，待其干燥后即嵌填注油膏。油膏表面可加石油沥青、油毡、砂浆、塑料为覆盖层。

2. 聚氯乙烯接缝膏和塑料油膏

聚氯乙烯接缝膏是以煤焦油和聚氯乙烯（PVC）树脂粉为基料，按一定比例加入增塑剂（邻苯二甲酸二丁脂、邻苯二甲酸二辛脂）、稳定剂（三盐基硫酸铝、硬脂酸钙）及填充料（滑石粉、石英粉）等，在140℃温度下塑化而成的膏状密封材料，简称PVC接缝膏。

塑料油膏是用废旧聚氯乙烯（PVC）塑料代替聚氯乙烯树脂粉，其他原料和生产方法同聚氯乙烯接缝膏。塑料油膏成本较低。

PVC接缝膏和塑料油膏有良好的粘结性、防水性、弹塑性、耐热、耐寒、耐腐蚀和抗老化性能。PVC接缝膏和塑料油膏应符合现行行业标准《聚氯乙烯建筑防水接缝材料》JC/T 798的要求，见表10-15。

这种密封材料适用于各种屋面嵌缝或表面涂布作为防水层，也可用于水渠、管道等接缝，用于工业厂房自防水屋面嵌缝，大型墙板嵌缝等。

3. 丙烯酸类密封胶

丙烯酸类密封胶是丙烯酸树脂掺入增塑剂、分散剂、碳酸钙、增量剂等配制而成，有溶剂型和水乳型两种，通常为水乳型。

丙烯酸类密封胶在一般建筑基底（包括砖、砂浆、大理石、花岗石、混凝土等）上不产生污渍。它具有优良的抗紫外线性能，尤其是对于透过玻璃的紫外线。它的延伸率很好，固化初期阶段为 200%～600%，经过热老化、气候老化试验后达到完全固化时为100%～350%。

聚氯乙烯建筑防水接缝材料的技术要求　　　　　表 10-15

性能		802	801
耐热性	温度（℃）	80	
	下垂值（mm），小于	4	
低温柔性	温度（℃）	−20	−10
	柔性	无裂缝	
拉伸粘结性	最大抗拉强度（MPa）	0.02～0.15	
	最大延伸率（%）不小于	300	
浸水拉伸粘结性	最大抗拉强度（MPa）不小于	0.02～0.15	
	最大延伸率（%）不小于	250	
恢复率（%）	不小于	80	
挥发率（%）	不大于	3	

丙烯酸类密封胶主要用于屋面、墙板、门、窗嵌缝，但它的耐水性不算很好，所以不宜用于经常泡在水中的工程，如不宜用于广场、公路、桥面等有交通来往的接缝中，也不用于水池、污水处理厂、灌溉系统、堤坝等水下接缝中。

按现行行业标准《丙烯酸酯建筑密封胶》JC/T 484，丙烯酸酯建筑密封胶的技术性能应符合表 10-16 的要求。

丙烯酸酯建筑密封胶的技术性能　　　　　表 10-16

序号	项目	技术指标		
		12.5E	12.5P	7.5P
1	密度（g/cm³）	规定值±0.1		
2	下垂度（mm）	≤3		
3	表干时间（h）	≤1		
4	挤出性（mL/min）	≥100		
5	弹性恢复率（%）	≥40		见表注
6	定伸粘结性	无破坏		—
7	浸水后定伸粘结性	无破坏		—
8	冷拉-热压后粘结性	无破坏		—
9	断裂伸长率（%）	—		≥100
10	浸水后断裂伸长率（%）	—		≥100
11	同一温度下拉伸-压缩循环后粘结性	—		无破坏
12	低温柔性（℃）	−20		−5
13	体积变化率（%）	≤30		

注：报告实测值。

丙烯酸类密封胶比橡胶类的便宜，属于中等价格及性能的产品。

丙烯酸类密封胶一般在常温下用挤枪嵌填于各种清洁、干燥的缝内，为节省材料，缝宽不宜太大，一般为 9~15mm。

4. 聚氨酯密封胶

聚氨酯密封胶一般用双组分配制，甲组分是含有异氰酸基的预聚体，乙组分含有多羟基的固化剂与增塑剂、填充料、稀释剂等。使用时，将甲乙两组分按比例混合，经固化反应成弹性体。

聚氨酯密封胶的弹性、粘结性及耐气候老化性能特别好，与混凝土的粘结性也很好，同时不需要打底。所以聚氨酯密封材料可以作屋面、墙面的水平或垂直接缝。尤其适用于游泳池工程。它还是公路及机场跑道的补缝、接缝的好材料，也可用于玻璃、金属材料的嵌缝。

聚氨酯密封胶的流变性、低温柔性、拉伸粘结性和拉伸-压缩循环性能等，应符合现行行业标准《聚氨酯建筑密封胶》JC/T 482 的规定。

5. 硅酮和改性硅酮建筑密封胶

硅酮建筑密封胶是以聚硅氧烷为主要成分、室温固化的单组分和多组分密封胶，按固化体系分为酸性和中性；改性硅酮建筑密封胶是以端硅烷基聚醚为主要成分、室温固化的单组分和多组分密封胶。

根据现行国家标准《硅酮和改性硅酮建筑密封胶》GB/T 14683 的规定，硅酮建筑密封胶按用途分为 F 类、Gn 类和 Gw 类三类。其中，F 类为建筑接缝用密封胶，适用于预制混凝土墙板、水泥板、大理石板的外墙接缝，混凝土和金属框架的粘结，卫生间和公路接缝的防水密封等；Gn 类为普通装饰装修镶装玻璃用，不适用于中空玻璃；Gw 类为建筑幕墙非结构性装配用，不适用于中空玻璃。改性硅酮建筑密封胶按用途分为 F 类和 R 类两类。其中，F 类为建筑接缝用密封胶；R 类为干缩位移接缝用，常用于装配式预制混凝土外挂墙板接缝。根据位移能力（试验拉压幅度，%）分为 50、35、25 和 20 四级，并进一步根据拉伸模量分为高模量和低模量两个级别。

硅酮和改性硅酮建筑密封胶具有优异的耐热、耐寒性和良好的耐候性；与各种材料都有较好的粘结性能；耐拉伸-压缩疲劳性强，耐水性好。硅酮和改性硅酮建筑密封胶的外观和理化性能应符合现行国家标准《硅酮和改性硅酮建筑密封胶》GB/T 14683 的规定。

10.2 灌浆材料

灌浆材料是在压力作用下注入构筑物的缝隙孔洞之中，具有增加承载能力、防止渗漏以及提高结构的整体性能等效果的一种工程材料。灌浆材料在孔缝中扩散，然后发生胶凝或固化，堵塞通道或充填缝隙。由于灌浆材料在防水堵漏方面有较好作用也称堵漏材料。灌浆材料可分为固粒灌浆材料和化学灌浆材料两大类，化学灌浆材料具有流动性好，能灌入较细的缝隙，凝结时间易于调节等特点而被广泛应用。按组成材料化学成分可分为无机灌浆材料和有机灌浆材料。灌浆材料的分类见图10-4。

为保证灌浆材料的作用效果，灌浆材料应具有良好的可灌性、胶凝时间可调性、与被灌体有良好粘结性、良好的强度、抗渗性和耐久性。灌浆材料应根据工程性质、被灌体的状态和灌浆效果等情况，选择并配以相应的灌浆工艺。如为提高被灌体的力学强度和抗变形能力应选择高强度灌浆材料；而为防渗堵漏可选用抗渗性能良好的灌浆材料。

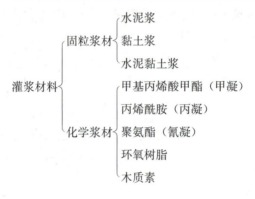

图10-4 灌浆材料分类

目前，常用的灌浆材料有：水泥、水玻璃、环氧树脂、甲基丙烯酸甲酯、丙烯酰胺、聚氨酯等，下面分别进行介绍。

10.2.1 水泥灌浆材料

水泥灌浆材料是以水泥为基本材料，掺和外加剂和其他辅助材料，加水拌合后具有大流动度、早强、高强、微膨胀性能的干混材料，它是目前使用最多的灌浆材料，具有胶结性能好，没有毒性，固结强度高，施工方便、成本低等优点，适用于灌填宽度大于0.15mm缝隙或渗透系数大于1m/d的岩层，水泥灌浆材料主要用于岩石、基础或结构物的加固和防渗堵漏、后张法预应力混凝土的孔道灌浆以及制作压浆混凝土等。根据现行行业标准《水泥基灌浆材料》JC/T 986的规定，水泥基灌浆材料按流动度分为Ⅰ类、Ⅱ类、Ⅲ类和Ⅳ类四类；按抗压强度分为A50、A60、A70和A85四个等级。水泥基灌浆材料的流动度、泌水率、竖向膨胀率和抗压强度应符合现行行业标准《水泥基灌浆材料》JC/T 986的要求，并对钢筋无锈蚀作用。

10.2.2 水玻璃灌浆材料

水玻璃是应用最早的化学灌浆材料，主要成分是硅酸钠或硅酸钾。用于灌浆的水玻璃模数以 2.4～2.6 为宜。水玻璃的浓度用波美度（°Be′）表示，以波美度为 50～56 较适宜。

水玻璃灌浆材料具有较强的粘结性。水玻璃灌浆材料在促凝剂的作用下，水玻璃水解生成硅酸，并聚合成具有体型结构的凝胶。常用的促凝剂有：氯化钙、铝酸钠（$Na_2O \cdot Al_2O_3$）、磷酸、氟硅酸钠、高锰酸钾等，它们对水玻璃灌浆材料性能影响见表 10-17。为了调节水玻璃灌浆材料的流动性和灌浆材料的固结强度也可掺加水泥等材料。

促凝剂对水玻璃灌浆材料性能的影响　　　　　　　　表 10-17

促凝剂名称	浆液黏度 ($10^{-3} \times Pa \cdot s$)	胶凝时间	固结体抗压强度 ($9.8 \times 10^4 Pa$)	灌浆方法
氯化钙	100	瞬时	<30	双液
铝酸钠	5～10	数分～几十分钟	<20	单液
碳酸氢钠	2～5	数秒～几十分钟	3～5	单液
磷酸	3～5	数秒～几十分钟	3～5	单液
氟硅酸	3～5	几秒～几十分钟	20～40	单液或双液
乙二醛	2～4	几秒～几十分钟	<20	单液或双液
高锰酸钾	2～3	几秒～几小时	2～3	单液或双液

水玻璃灌浆材料的灌注方法有双液灌浆法和单液灌浆法。双液灌浆法是将主剂水玻璃与促凝剂在不同的灌浆管或不同的时间内分别灌注，单液法则把两者预先混合均匀后，进行灌注。双液法胶凝反应快，胶凝时间短。单液法胶凝时间长，但浆体扩散有效半径比双液法大。

水玻璃灌浆材料主要用于土质基础或结构的加固及防渗堵漏。水泥-水玻璃灌浆材料在固化后形成的固结体应满足现行行业标准《水泥-水玻璃灌浆材料》JC/T 2536 的要求。

10.2.3　环氧树脂灌浆材料

环氧树脂灌浆材料是以环氧树脂为主体，加入一定比例的固化剂、促进剂、稀释剂、增韧剂等成分而组成的一种化学灌浆材料。环氧树脂主要是双酚 A 环氧树脂，亦可掺加部分脂肪族环氧树脂、缩水甘油酯型环氧树脂等来改善树脂黏度和固化性能。固化剂和促进剂一般为能在室温下固化的脂肪族伯、仲胺和叔胺，如乙二胺、二乙烯三胺、DMP-30 等，稀释剂常用丙酮、苯、二甲苯等，常用增塑剂有邻苯二甲酸二丁酯、邻苯二甲酸二辛酯、磷酸三乙酯等。

环氧树脂灌浆材料具有强度高、粘结力强、收缩小、化学稳定性好等优点，特别对要求强度高的重要结构裂缝的修复和漏水裂缝的处理效果很好。

10.2.4 甲基丙烯酸甲酯灌浆材料

甲基丙烯酸甲酯灌浆材料又称甲凝，它是以甲基丙烯酸甲酯、甲基丙烯酸丁酯为主要原材料，加入过氧化苯甲酰（氧化剂）、二甲基苯胺（还原剂）和对苯亚磺酸（抗氧剂）等组成的一种低黏度的灌浆材料，通过单体复合反应而凝结固化。

甲基丙烯酸甲酯灌浆材料黏度比水低，渗透力强，扩散半径大，可灌入 0.05～0.1mm 的细微裂隙，聚合后强度和粘结力都很高，光稳定性和耐酸碱性均较好。

甲基丙烯酸酯灌浆材料宜于干燥情况下，而不宜于直接堵漏和十分潮湿情况下使用，可用于大坝油管、船坞和基础等混凝土的补强和堵漏。

10.2.5 丙烯酰胺灌浆材料

丙烯酰胺灌浆材料又称丙凝。它是以丙烯酰胺为基料，并与交联剂、促进剂、引发剂等材料组成的化学灌浆材料。丙烯酰胺是易溶于水的有机单体，可聚合成线型聚合物。交联剂常用有 N，N′-甲撑双丙烯酰胺、二羟乙基双丙烯酰胺等，它可以把线型的丙烯酰胺连接成网状结构。引发剂有过硫酸铵、过硫酸钠等。促进剂有三乙酸胺和 β-二甲胺基丙腈等。使用前将引发剂和其他材料分别配制两种溶液（甲、乙液），按一定比例同时进行灌注。浆体在缝隙中聚合成凝胶体而堵塞渗漏通道。

丙烯酰胺灌浆材料黏度低，与水接近，可灌性好。浆料的胶凝时间可以精确调节，胶凝前的黏度保持不变，有较好渗透性，扩散半径大，能渗透到水泥灌浆材料不能到达的缝隙。但丙烯酰胺灌浆材料的强度低，有一定毒性，在干燥条件下凝胶会产生不同程度的收缩而造成裂缝。为了提高丙烯酰胺灌浆材料的强度可以掺加脲醛树脂、水泥等材料。

丙烯酰胺灌浆材料主要用于大坝、基础等混凝土的补强和防渗堵漏。

10.2.6 聚氨酯灌浆材料

聚氨酯灌浆材料是指以多异氰酸酯与多羟基化合物聚合反应制备的预聚体为主剂，通过灌浆注入基础或结构，与水反应生成固结体的灌浆材料。

聚氨酯灌浆材料固化原理是，异氰酸酯首先与水反应生成氨（并排出二氧化碳），氨与异氰酸酯加成形成不溶于水的凝胶体并同时排出二氧化碳气体，使浆液膨胀，促进浆液向四周渗透扩散，从而堵塞裂缝孔道，达到防水堵漏的目的。

聚氨酯灌浆材料形成的聚合体抗渗性强，结石后强度高，胶凝工作时间可控，特别适合于地下工程的渗漏补强和混凝土工程结构补强。聚氨酯灌浆材料的浆液性能和固结体性能需满足现行行业标准《聚氨酯灌浆材料》JC/T 2041 的规定。

10.3 绝热材料

10.3.1 绝热材料的绝热机理

热量的传递方式有三种：导热、对流和热辐射。

"导热"是指由于物体各部分直接接触的物质质点（分子、原子、自由电子）作热运动而引起的热能传递过程。"对流"是指较热的液体或气体因遇热膨胀而密度减小从而上升，冷的液体或气体补充过来，形成分子的循环流动，这样，热量就从高温的地方通过分子的相对位移传向低温的地方。"热辐射"是一种靠电磁波来传递能量的过程。

在每一实际的传热过程中，往往都同时存在着两种或三种传热方式。例如，通过实体结构本身的传热过程，主要是靠导热，但一般建筑材料内部或多或少地有些孔隙，在孔隙内除存在气体的导热外，同时还有对流和热辐射存在。

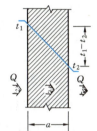

图 10-5 热量通过围护结构的传热过程

热量通过围护结构的传热过程如图 10-5 所示。实践证明，在稳定导热的情况下，通过壁体的热流量 Q 与壁体材料的导热能力、壁面之间的温差、传热面积和传热时间呈正比，与壁体的厚度呈反正。即：

$$Q = \frac{\lambda}{a}(t_1 - t_2) \cdot F \cdot Z \tag{10-1}$$

式中　Q——总的传热量，J 或 kcal；

　　　λ——材料的导热系数，W/（m·K）或 kcal/（m·h·℃）；

　　　a——壁体的厚度，m；

　　　t_1、t_2——壁体内、外表面的温度，K 或 ℃；

　　　Z——传热时间，s 或 h。

将上式改写成下式：

$$\lambda = \frac{Q \cdot a}{(t_1 - t_2) \cdot F \cdot Z} \tag{10-2}$$

由此式可以说明导热系数 λ 的物理意义：即在稳定传热条件下，当材料层单位厚度内的温差为 1℃ 时，在 1h 内通过 1m² 表面积的热量。绝大多数建筑材料的导热系数介于 0.029～3.49W/（m·K）[（0.025～3.0）kcal/（m·h·℃）] 之间。λ 值越小说明该材料越不易导热，建筑中，一般把 λ 值小于 0.23 W/（m·K）的材料叫作绝热材料。应当指出，即使同一种材料，其导热系数也并不是常数，它与材料所处的湿度和温度等因素有关。

若以 q 表示单位时间内通过单位面积的热量，称其为热流强度，则式（10-1）可改写成下式：

$$q = \frac{(t_1 - t_2)}{a/\lambda} \tag{10-3}$$

在热工设计中，将 a/λ 称为材料层的热阻，用 R 来表示，其单位为（m·K）/W，这样式（10-3）可写为：

$$q = (t_1 - t_2)/R \tag{10-4}$$

热阻 R 可用来表明材料层抵抗热流通过的能力。在同样温差条件下，热阻越大，则通过材料层的热量越少。

在了解了上述传热过程的基本知识后，下面探讨绝热材料能起绝热作用的机理。

1. 多孔型

多孔型绝热材料起绝热作用的机理可由图 10-6 来说明。当热量 Q 从高温面向低温面传递时，在未碰到气孔之前，传递过程为固相中的导热，在碰到气孔后，一条路线仍然是通过固相传递，但其传热方向发生变化，总的传热路线大大增加，从而使传递速度减缓。另一条路线是通过气孔内气体的传热，其中包括高温固体表面对气体的辐射与对流传热、气体自身的对流传热、气体的导热、热气体对低温固体表面的辐射及对流传热以及热固体表面和冷固体表面之间的辐射传热。由于在常温下对流和辐射传热在总的传热中所占比例很小，故以气孔中气体的导热为主，但由于空气的导热系数仅为 0.029W/（m·K）[即 0.025kcal/（m·h·℃）]，大大小于固体的导热系数，故热量通过气孔传递的阻力较大，从而传热速度大大减缓。这就是含有大量气孔的材料能起绝热作用的原因。

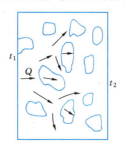
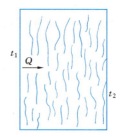

图 10-6　多孔材料传热过程　　　图 10-7　纤维材料传热过程

2. 纤维型

纤维型绝热材料的绝热机理基本上和通过多孔材料的情况相似（图 10-7）。显然，传热方向和纤维方向垂直时的绝热性能比传热方向和纤维方向平行时要好一些。

3. 反射型

反射型绝热材料的绝热机理可由图 10-8 来说明。当外来的热辐射能量 I_0 投射到物体上时，通常会将其中一部分能量 I_B 反射掉，另一部分 I_A 被吸收（一般建筑材料都不能穿透热射线，故透射部分忽略不计）。根据能量守恒原理，则：

$$I_A + I_B = I_0 \tag{10-5}$$

或

$$\frac{I_A}{I_0} + \frac{I_B}{I_0} = 1 \tag{10-6}$$

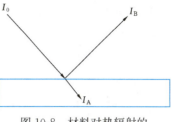

图 10-8　材料对热辐射的放射和吸收

式中比值 I_A/I_0 说明材料对热辐射的吸收性能，用吸收率"A"表示，比值 I_B/I_0 说明材料的反射性能，用反射率"B"表示，即：

$$A + B = 1 \tag{10-7}$$

由此可以看出，凡是反射能力强的材料，吸收热辐射的能力就小，反之，如果吸收能力强，则其反射率就小。故利用某些材料对热辐射的反射作用（如铝箔的反射率为 0.95）在需要绝热的部位表面贴上这种材料，就可以将绝大部分外来热辐射（如太阳光）反射掉，从而起到绝热的作用。

10.3.2　绝热材料的性能

1. 导热系数

导热系数能说明材料本身热量传导能力大小，它受本身物质构成、孔隙率、材料所处环境的温、湿度及热流方向的影响。

（1）材料的物质构成　材料的导热系数受自身物质的化学组成和分子结构影响。化学组成和分子结构比较简单的物质比结构复杂的物质有较大的导热系数。

（2）孔隙率　由于固体物质的导热系数比空气的导热系数大得多，故材料的孔隙率越大，一般来说，材料的导热系数越小。材料的导热系数不仅与孔隙有关，而且还与孔隙的大小、分布、形状及连通状况有关。

（3）温度　材料的导热系数随温度的升高而增大，因为温度升高，材料固体分子的热运动增强，同时材料孔隙中空气的导热和孔壁间的辐射作用也有所增加。

（4）湿度　材料受潮吸水后，会使其导热系数增大。这是因为水的导热系数比空气的导热系数要大约 20 倍所致。若水结冰，则由于冰的导热系数约为空气的导热系数的 80 倍，从而使材料的导热系数增加更多。

（5）热流方向　对于纤维状材料，热流方向与纤维排列方向垂直时材料表现出的导热系数要小于平行时的导热系数。这是因前者可对空气的对流等作用能起有效的阻止作用所致。

2. 温度稳定性

材料在受热作用下保持其原有性能不变的能力，称为绝热材料的温度稳定性。通常用其不致丧失绝热性能的极限温度来表示。

3. 吸湿性

绝热材料从潮湿环境中吸收水分的能力称为吸湿性。一般其吸湿性越大,对绝热效果越不利。

4. 强度

绝热材料的机械强度和其他建筑材料一样是用极限强度来表示的。通常采用抗压强度和抗折强度。由于绝热材料含有大量孔隙,故其强度一般均不大,因此不宜将绝热材料用于承受外界荷载部位。对于某些纤维材料有时常用材料达到某一变形时的承载能力作为其强度代表值。

选用绝热材料时,应考虑其主要性能达到如下指标,导热系数不宜大于 0.23W/(m·K),表观密度或堆积密度不宜大于 600kg/m³,块状材料的抗压强度不低于 0.3MPa,绝热材料的温度稳定性应高于实际使用温度。在实际应用中,由于绝热材料抗压强度等一般都很低,常将绝热材料与承重材料复合使用。另外,由于大多数绝热材料都具有一定的吸水、吸湿能力,故在实际使用时,需在其表层加防水层或隔汽层。

10.3.3 常用绝热材料及其性能

1. 硅藻土

硅藻土是一种被称为硅藻的水生植物的残骸。在显微镜下观察,可以发现硅藻土是由微小的硅藻壳构成,硅藻壳的大小在 5~400μm 之间,每个硅藻壳内包含有大量极细小的微孔,其孔隙率为 50%~80%,因此硅藻土有很好的保温绝热性能。硅藻土的化学成分为含水非晶质二氧化硅,其导热系数 $\lambda=0.060$W/(m·K),最高使用温度约为 900℃。硅藻土常用作填充料,或用其制作硅藻土砖等。

2. 膨胀蛭石

蛭石是一种复杂的镁、铁含水铝硅酸盐矿物,由云母类矿物经风化而成,具有层状结构。将天然蛭石经破碎、预热后快速通过煅烧带可使蛭石膨胀 20~30 倍,煅烧后的膨胀蛭石表观密度可降至 87~900 kg/m³,导热系数 $\lambda=0.046$~0.07W/(m·K),最高使用温度为 1000~1100℃。膨胀蛭石除可直接用于填充材料外,还可用胶结材(如水泥、水玻璃等)将膨胀蛭石胶结在一起制成膨胀蛭石制品。

3. 膨胀珍珠岩

珍珠岩是由地下喷出的熔岩在地表水中急冷而成,具有类似玉髓的隐晶结构。将珍珠岩(以及松脂岩、黑曜岩)经破碎,预热后,快速通过煅烧带,可使珍珠岩体积膨胀约 20 倍。膨胀珍珠岩的堆积密度为 40~500 kg/m³,导热系数 $\lambda=0.047$~0.070W/(m·K),最高使用温度为 800℃,最低使用温度为 -200℃。膨胀珍珠岩除可用作填充材料外,还可与水泥、水玻璃、沥青、黏土等结合制成膨胀珍珠岩绝热制品。

4. 发泡黏土

将一定矿物组成的黏土（或页岩）加热到一定温度会产生一定数量的高温液相，同时会产生一定数量的气体，由于气体受热膨胀，使其体积胀大数倍，冷却后即得到发泡黏土（或发泡页岩）轻质骨料。其堆积密度约为 350 kg/m³，导热系数为 0.105W/(m·K)，可用作填充材料和混凝土轻骨料。

5. 轻质混凝土

轻质混凝土包括轻骨料混凝土和多孔混凝土。

轻骨料混凝土由于采用的轻骨料有多种，如黏土陶粒、膨胀珍珠岩等，采用的胶结材也有多种，如普通硅酸盐水泥、铝酸盐水泥、水玻璃等，从而使其性能和应用范围变化很大。以水玻璃为胶结材，以陶粒为粗骨料，以蛭石砂为细骨料的轻骨料混凝土，其表观密度约为 1100 kg/m³，导热系数为 0.222W/(m·K)。

多孔混凝土主要有泡沫混凝土和加气混凝土。泡沫混凝土的表观密度约为 300~500kg/m³，导热系数 0.082~0.186W/(m·K)；加气混凝土的表观密度约为 400~700kg/m³，导热系数约为 0.093~0.164W/(m·K)。

6. 微孔硅酸钙

微孔硅酸钙是以石英砂、普通硅石或活性高的硅藻土以及石灰为原料经过水热合成的绝热材料。其主要水化产物为托贝莫来石或硬硅钙石。以托贝莫来石为主要水化产物的微孔硅酸钙，其表观密度约为 200kg/m³，导热系数约为 0.047W/(m·K)，最高使用温度约为 650℃；以硬硅钙石为主要水化产物的微孔硅酸钙，其表观密度约为 230 kg/m³，导热系数 0.056W/(m·K)，最高使用温度约为 1000℃。

7. 泡沫玻璃

用玻璃粉和发泡剂配成的混合料经煅烧而得到的多孔材料称为泡沫玻璃。气相在泡沫玻璃中占总体积的 80%~95%，而玻璃只占总体积的 20%~5%。根据所用发泡剂的化学成分的差异，在泡沫玻璃的气相中所含有的气体有碳酸气、一氧化碳、硫化氢、氧气、氮气等，其气孔尺寸为 0.1~5mm，且绝大多数气孔是孤立的。泡沫玻璃的表观密度为 150~600kg/m³，导热系数为 0.058~0.128W/(m·K)，抗压强度为 0.8~15MPa，最高使用温度为 300~400℃（采用普通玻璃）、800~1000℃（采用无碱玻璃）。泡沫玻璃可用来砌筑墙体，也可用于冷藏设备的保温，或用作漂浮、过滤材料。

8. 岩棉及矿渣棉

岩棉和矿渣棉统称矿物棉，由熔融的岩石经喷吹制成的称为岩棉，由熔融矿渣经喷吹制成的称为矿渣棉。将矿棉与有机胶结剂结合可以制成矿棉板、毡、筒等制品，其堆积密度为 45~150 kg/m³，导热系数约为 0.049~0.044W/(m·K)，最高使用温度约为 600℃。矿棉也可制成粒状棉用作填充材料，其缺点是吸水性大、弹性小。

9. 玻璃棉

将玻璃熔化后从流口流出的同时，用压缩空气喷吹形成乱向玻璃纤维，也称玻璃棉。其纤维直径约 $20\mu m$，堆积密度为 $10\sim120kg/m^3$，导热系数为 $0.041\sim0.035W/(m\cdot K)$，最高使用温度：采用普通有碱玻璃为 350℃，采用无碱玻璃时为 600℃。玻璃棉除可用作围护结构及管道绝热外，还可用于低温保冷工程。

10. 陶瓷纤维

陶瓷纤维为采用氧化硅、氧化铝为原料，经高温熔融、喷吹制成。其纤维直径为 $2\sim4\mu m$，堆积密度为 $140\sim190kg/m^3$，导热系数为 $0.044\sim0.049W/(m\cdot K)$，最高使用温度 $1100\sim1350℃$。陶瓷纤维可制成毡、毯、纸、绳等制品，用于高温绝热。还可将陶瓷纤维用于高温下的吸声材料。

11. 吸热玻璃

在普通的玻璃中加入氧化亚铁等能吸热的着色剂或在玻璃表面喷涂氧化锡可制成吸热玻璃。这种玻璃与相同厚度的普通玻璃相比，其热阻挡率可提高 2.5 倍，我国生产的茶色、灰色、蓝色等玻璃即为此类玻璃。

12. 热反射玻璃

在平板玻璃表面采用一定方法涂敷金属或金属氧化膜，可制得热反射玻璃。该玻璃的热反射率可达 40%，从而可起绝热作用。热反射玻璃多用于门、窗、橱窗上，近年来广泛用作高层建筑的幕墙玻璃。

13. 中空玻璃

中空玻璃是由两层或两层以上平板玻璃或钢化玻璃、吸热玻璃及热反射玻璃，以高强度气密性的密封材料将玻璃周边加以密封，而玻璃之间一般留有 $10\sim30mm$ 的空间并充入干燥空气而制成。如中间空气层厚度为 10mm 的中空玻璃，其导热系数为 $0.100W/(m\cdot K)$，而普通玻璃的导热系数为 $0.756W/(m\cdot K)$。

14. 窗用绝热薄膜

窗用绝热薄膜是以聚酯薄膜经紫外线吸收剂处理后，在真空中蒸镀金属粒子沉积层，然后与有色透明塑料薄膜压制而成，表面常涂以丙烯酸或溶剂基胶粘剂，使用时只要用水润湿即可粘贴在需要绝热的玻璃上，使用寿命 $5\sim10$ 年。该薄膜的阳光反射率最高可达 80%，可见光的透过率可下降 70%～80%。其性能和外观基本上与热反射玻璃相同，而价格只有热反射玻璃的 1/6。

15. 泡沫塑料

（1）聚氨基甲酸酯泡沫塑料 由聚醚树脂与异氰酸酯加入发泡剂，经聚合发泡形成。其表观密度 $30\sim65kg/m^3$，导热系数为 $0.035\sim0.042W/(m\cdot K)$，最高使用温度 120℃，最低使用温度为 -60℃。可用于屋面、墙面绝热，还可用于吸声、浮力、包装及衬垫材料。

(2) 聚苯乙烯泡沫塑料　由聚苯乙烯树脂加发泡剂经加热发泡形成。其表观密度约 20~50kg/m³，导热系数约 0.038~0.047W/（m·K），最高使用温度 70℃。聚苯乙烯泡沫塑料的特点是强度较高，吸水性较小，但其自身可以燃烧，需加入阻燃材料。可用于屋面、墙面绝热，也可与其他材料制成夹芯板材使用，同样也可用于包装减震材料。

(3) 聚氯乙烯泡沫塑料　由聚氯乙烯为原料，采用发泡剂分解法、溶剂分解法和气体混入法等制得。其表观密度为 12~72kg/m³，导热系数约 0.045~0.031W/（m·K），最高使用温度 70℃。聚氯乙烯泡沫塑料遇火自行熄灭，故该泡沫塑料可用于安全要求较高的设备保温上。又由于其低温性能良好，故可将其用于低温保冷方面。

16. 碳化软木板

碳化软木板是以一种软木橡树的外皮为原料，经适当破碎后再在模型中成型，在 300℃左右热处理而成。其表观密度 105~437kg/m³，导热系数约 0.044~0.079 W/（m·K），最高使用温度 130℃，由于其低温下长期使用不会引起性能的显著变化，故常用作保冷材料。

17. 纤维板

采用木质纤维或稻草等草质纤维经物理化学处理后，加入水泥、石膏等胶结剂，再经过滤压而成。其表观密度 210~1150kg/m³，导热系数约 0.058~0.307W/（m·K）。可用于墙壁、地板、顶棚等，也可用于包装箱、冷藏库等。

18. 蜂窝板

蜂窝板是由两块较薄的面板，牢固地粘结一层较厚的蜂窝状芯材两面而成的板材，亦称蜂窝夹层结构。蜂窝状芯材通常采用浸渍过合成树脂（酚醛、聚酯等）的牛皮纸、玻璃布和铝片，经过加工粘合成六角形空腹（蜂窝状）的整块芯材。芯材的厚度在 1.5~450mm 范围内，空腔的尺寸在 10mm 左右。常用的面板为浸渍过树脂的牛皮纸或不经树脂浸渍的胶合板、纤维板、石膏板等。

此外，还有一些绝热材料新品种，如彩钢夹芯板、多孔陶瓷、绝热涂料、PE/EVA 发泡塑料、气凝胶等，在此不一一详述。表 10-18 列出常用绝热材料的组成及基本性能。

常用绝热材料简表　　　　　　　　　　表 10-18

名　称	主要组成	导热系数 W/（m·K）	主要应用
硅藻土	无定形 SiO₂	0.060	填充料、硅藻土砖等
膨胀蛭石	铝硅酸盐矿物	0.046~0.070	填充料、轻骨料等
膨胀珍珠岩	铝硅酸盐矿物	0.047~0.070	填充料、轻骨料等
微孔硅酸钙	水化硅酸钙	0.047~0.056	绝热管、砖等
泡沫玻璃	硅、铝氧化物玻璃体	0.058~0.128	绝热砖、过滤材料等
岩棉及矿棉	玻璃体	0.044~0.049	绝热板、毡、管等

续表

名　　称	主要组成	导热系数 W/(m·K)	主要应用
玻璃棉	钙硅铝系玻璃体	0.035～0.041	绝热板、毡、管等
泡沫塑料	高分子化合物	0.031～0.047	绝热板、管及填充等
中空玻璃	玻璃	0.100	窗、隔断等
纤维板	木材	0.058～0.307	墙壁、地板、顶棚等

10.4 吸声隔声材料

10.4.1 概述

声音起源于物体的振动，产生振动的物体称为声源。声源发声后迫使邻近的空气跟着振动而形成声波，并在空气介质中向四周传播。声音在传播过程中，一部分由于声能随着距离的增大而扩散，另一部分则因空气分子的吸收而减弱。当声波遇到材料表面时，入射声能的一部分从材料表面反射，另一部分则被材料吸收。被吸收声能（E）和入射声能（E_0）之比，称为吸声系数 α，即：

$$\alpha = \frac{E}{E_0} \times 100\% \tag{10-8}$$

材料的吸声特性除与声波的方向有关外，还与声波的频率有关，同一材料，对于高、中、低不同频率的吸声系数不同。为了全面反映材料的吸声特性，通常取 125Hz、250Hz、500Hz、1000Hz、2000Hz、4000Hz 六个频率的吸声系数来表示材料吸声的频率特性。凡六个频率的平均吸声系数大于 0.2 的材料，可称为吸声材料。材料的吸声系数越高，吸声效果越好。在音乐厅、影剧院、大会堂、播音室等内部的墙面、地面、顶棚等部位，适当采用吸声材料，能改善声波在室内传播的质量，保持良好的音响效果。

为发挥吸声材料的作用，材料的气孔应是开放的，且应相互连通，气孔越多，吸声性能越好。大多数吸声材料强度较低，因此，吸声材料应设置在护壁台以上，以免撞坏。吸声材料易于吸湿，安装时应考虑到胀缩的影响。还应考虑防水、防腐、防蛀等问题。尽可能使用吸声系数较高的材料，以便使用较少的材料达到较好的效果。总之，吸声隔声材料应根据工程用途、使用环境和声学等方面的要求选用。

10.4.2 吸声材料的类型及其结构形式

吸声材料按吸声机理的不同可分为两类吸声材料。一类是多孔性吸声材料，主要是纤维质和开孔型结构材料；另一类是吸声的柔性材料、膜状材料、板状材料和穿孔板。多孔性吸声材料从表面至内部存在许多细小的敞开孔道，当声波入射至材料表面时，声波很快地顺着微孔进入材料内部，引起孔隙内的空气振动，由于摩擦、空气黏滞阻力和材料内部的热传导作用，使相当一部分声能转化为热能而被吸收。而柔性材料、膜状材料、板状材料和穿孔板，在声波作用下发生共振作用使声能转变为机械能被吸收。它们对于不同频率有择优倾向，柔性材料和穿孔板以吸收中频声波为主，膜状材料以吸收低中频声波为主，而板状材料以吸收低频声波为主。

1. 多孔性吸声材料

多孔性吸声材料是比较常用的一种吸声材料。多孔性吸声材料的吸声性能与材料的表观密度和内部构造有关。在建筑装修中，吸声材料的厚度、材料背后的空气层以及材料的表面状况也对吸声性能产生影响。

（1）材料表观密度和构造的影响　多孔材料表观密度增加，意味着微孔减少，能使低频吸声效果有所提高，但高频吸声性能却下降。材料孔隙率高、孔隙细小，吸声性能较好，孔隙过大，效果较差。但过多的封闭微孔，对吸声并不一定有利。

（2）材料厚度的影响　多孔材料的低频吸声系数，一般随着厚度的增加而提高，但厚度对高频影响不显著。材料的厚度增加到一定程度后，吸声效果的变化就不明显。所以为提高材料吸声性能而无限制地增加厚度是不适宜的。

（3）背后空气层的影响　大部分吸声材料都是周边固定在龙骨上，安装在离墙面 5~15mm 处。材料背后空气层的作用相当于增加了材料的厚度，吸声效能一般随空气层厚度增加而提高。当材料离墙面的安装距离（即空气层厚度）等于 1/4 波长的奇数倍时，可获得最大的吸声系数。根据这个原理，借调整材料背后空气层厚度的办法，可达到提高吸声效果的目的。

（4）表面特征的影响　吸声材料表面的空洞和开口孔隙对吸声是有利的。当材料吸湿或表面喷涂油漆、孔口充水或堵塞，会大大降低吸声材料的吸声效果。

多孔性吸声材料与绝热材料都是多孔性材料，但材料孔隙特征有着很大差别：绝热材料一般具有封闭的互不连通的气孔，这种气孔越多则保温绝热效果越好；而对于吸声材料，则具有开放的互相连通的气孔，这种气孔越多，则其吸声性能越好。

2. 薄板振动吸声结构

薄板振动吸声结构的特点是具有低频吸声特性，同时还有助声波的扩散。建筑中常用胶合板、薄木板、硬质纤维板、石膏板、石棉水泥或金属板等，把它们周边固定在墙或顶棚的龙骨上，并在背后留有空气层，即成薄板振动吸声结构。

薄板振动吸声结构是在声波作用下发生振动，薄板振动时由于薄板内部和龙骨间出现摩擦损耗，使声能转变为机械振动，而起吸声作用。由于低频声波比高频声波容易激起薄板产生振动，所以具有低频吸声特性。建筑中常用的薄板振动吸声结构的共振频率约在80～300Hz之间，在此共振频率附近的吸声系数最大，约为0.2～0.5，而在其他频率附近的吸声系数就较低。

3. 共振腔吸声结构

共振腔吸声结构具有封闭的空腔和较小的开口，很像个瓶子。当瓶腔内空气受到外力激荡，会按一定的频率振动，这就是共振吸声器。每个单独的共振器都有一个共振频率，在其共振频率附近，由于颈部空气分子在声波的作用下像活塞一样进行往复运动，因摩擦而消耗声能。若在腔口蒙一层细布或疏松的棉絮，可以加宽和提高共振频率范围的吸声量。为了获得较宽频带的吸声性能，常采用组合共振腔吸声结构或穿孔板组合共振腔吸声结构。

多孔性吸声材料、薄板振动吸声结构和共振腔吸声结构的吸声特性见图10-9。

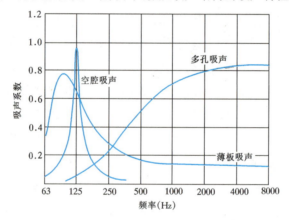

图10-9 三种不同类型吸声材料的吸声特征

4. 穿孔板组合共振腔吸声结构

穿孔板组合共振腔吸声结构具有适合中频的吸声特性。这种吸声结构与单独的共振吸声器相似，可看作是多个单独共振器并联而成。穿孔板厚度、穿孔率、孔径、孔距、背后空气层厚度以及是否填充多孔吸声材料等，都直接影响吸声结构的吸声性能。这种吸声结构由穿孔的胶合板、硬质纤维板、石膏板、石棉水泥板、铝合板、薄钢板等，将周边固定在龙骨上，并在背后设置空气层而构成。这种吸声结构在建筑中使用比较普遍。

5. 柔性吸声材料

具有密闭气孔和一定弹性的材料，如聚氯乙烯泡沫塑料，表面仍为多孔材料，但具有密闭气孔，声波引起的空气振动不易直接传递至材料内部，只能相应地产生振动，在振动过程中由于克服材料内部的摩擦而消耗了声能，引起声波衰减。这种材料的吸声特性是在一定的频率范围内出现一个或多个吸收频率。

6. 悬挂空间吸声体

悬挂于空间吸声体，由于声波与吸声材料的两个或两个以上的表面接触，增加了有效的吸声面积，产生边缘效应，加上声波的衍射作用，大大提高实际的吸声效果。实际使用时，可根据不同的使用地点和要求，设计成各种形式的悬挂在顶棚下的空间吸声体。空间吸声体有平板形、球形、圆锥形、棱锥形等多种形式。

7. 帘幕吸声体

帘幕吸声体是用具有通气性能的纺织品，安装在离墙面或窗洞一定距离处，背后设置空气层。这种吸声体对中、高频都有一定的吸声效果。帘幕的吸声效果尚与材料种类和褶裥有关。帘幕吸声体安装、拆卸方便，兼具装饰作用，应用价值较高。

常用吸声材料及吸声结构的构造见表10-19。

常用吸声材料的吸声系数见表10-20。

几种吸声结构的构造图例及材料构成　　　　　　表10-19

类别	多孔性吸声材料	薄板振动吸声结构	共振腔吸声结构	穿孔板组合共振腔吸声结构	特殊吸声结构
构造图例					
举例	玻璃棉 矿棉 木丝板 半穿孔纤维板	胶合板 硬质纤维板 石棉水泥板 石膏板	共振吸声器	穿孔胶合板 穿孔铝板 微穿孔板	空间吸声体帘幕体

常用材料的吸声系数　　　　　　表10-20

材　料	厚度(cm)	各种频率下的吸声系数						装置情况
		125	250	500	1000	2000	4000	
（一）无机材料								
吸声砖	6.5	0.05	0.07	0.10	0.12	0.16	—	
石膏板（有花纹）	—	0.03	0.05	0.06	0.09	0.04	0.06	贴实
水泥蛭石板	4.0	—	0.14	0.46	0.78	0.50	0.60	贴实
石膏砂浆（掺水泥、玻璃纤维）	2.2	0.24	0.12	0.09	0.30	0.32	0.83	墙面粉刷
水泥膨胀珍珠岩板	5	0.16	0.46	0.64	0.48	0.56	0.56	
水泥砂浆	1.7	0.21	0.16	0.25	0.40	0.42	0.48	
砖（清水墙面）		0.02	0.03	0.04	0.04	0.05	0.05	
（二）木质材料								
软木板	2.5	0.05	0.11	0.25	0.63	0.70	0.70	贴实
木丝板	3.0	0.10	0.36	0.62	0.53	0.71	0.90	钉在龙骨上，后留10cm空气层
三夹板	0.3	0.21	0.73	0.21	0.19	0.08	0.12	钉在龙骨上，后留5cm空气层

续表

材料	厚度(cm)	\multicolumn{5}{c}{各种频率下的吸声系数}	装置情况
		125	250	500	1000	2000	4000	
穿孔五夹板	0.5	0.01	0.25	0.55	0.30	0.16	0.19	钉在龙骨上，后留5～15cm空气层
木丝板	0.8	0.03	0.02	0.03	0.03	0.04	—	钉在龙骨上，后留5cm空气层
木质纤维板	1.1	0.06	0.15	0.28	0.30	0.33	0.31	钉在龙骨上，后留5cm空气层
(三) 泡沫材料								
泡沫玻璃	4.4	0.11	0.32	0.52	0.44	0.52	0.33	贴实
脲醛泡沫塑料	5.0	0.22	0.29	0.40	0.68	0.95	0.94	贴实
泡沫水泥（外面粉刷）	2.0	0.18	0.05	0.22	0.48	0.22	0.32	紧靠粉刷
吸声蜂窝板	—	0.27	0.12	0.42	0.86	0.48	0.30	
泡沫塑料	1.0	0.03	0.06	0.12	0.41	0.85	0.67	
(四) 纤维材料								
矿棉板	3.13	0.10	0.21	0.60	0.95	0.85	0.72	贴实
玻璃棉	5.0	0.06	0.08	0.18	0.44	0.72	0.82	贴实
酚醛玻璃纤维板	8.0	0.25	0.55	0.80	0.92	0.98	0.95	贴实
工业毛毡	3.0	0.10	0.28	0.55	0.60	0.60	0.56	紧靠墙面

10.4.3 隔声材料

声波传播到材料或结构时，因材料或结构吸收会失去一部分声能，透过材料的声能总是小于作用于材料或结构的声能，这样，材料或结构起到了隔声作用，材料的隔声能力可通过材料对声波的透射系数（τ）来衡量的。

$$\tau = E_\tau / E_0 \tag{10-9}$$

式中 τ——声波透射系数；

E_τ——透过材料的声能；

E_0——入射总声能。

材料的透射系数越小，说明材料的隔声性能越好，但工程上常用构件的隔声量 R（单位dB）来表示构件对空气声隔绝能力，它与透射系数的关系是 $R = -10\lg\tau$。同一材料或结构对不同频率的入射声波有不同隔声量。

声波在材料或结构中的传递基本途径有两种：一是经由空气直接传播，或者是声波使材料或构件产生振动，使声音传至另一空间中去；二是由于机械振动或撞击使材料或构件振动发声。前者称为空气声，后者称为结构声（固体声）。

对于不同的声波传播途径的隔绝可采取不同的措施，选择适当的隔声材料或结构。隔声结构的分类见表10-21。

隔声结构的分类　　　　　　　　　　　　　　　　　　　　　　　　　　　　表 10-21

分	类	提高隔声的措施
空气声隔绝	单层墙的空气声隔绝	1. 提高墙体的单位面积质量和厚度 2. 墙与墙接头不存在缝隙 3. 粘贴或涂抹阻尼材料
	双层墙的空气声隔绝	1. 采用双层分离式隔墙 2. 提高墙体的单位面积质量 3. 粘贴或涂抹阻尼材料
	轻型墙的空气声隔绝	1. 轻型材料与多孔或松软吸声材料多层复合 2. 各层材料质量不等，避免非结构谐振 3. 加大双层墙间的空气层厚度
	门窗的空气声隔绝	1. 采用多层门窗 2. 设置铲口，采用密封条等材料填充缝隙
结构声隔绝	撞击声的隔绝	1. 面层增加弹性层 2. 采用浮筑接面，使面层和结构层之间减振 3. 增加吊顶

对空气声的隔声而言，墙或板传声的大小，主要取决于其单位面积质量，质量越大，越不易振动，则隔声效果越好，因此，应选择密实、沉重的材料（如黏土砖、钢板、钢筋混凝土等）作为隔声材料。而吸声性能好的材料，一般为轻质、疏松、多孔的材料，不能简单地就把它们作为隔声材料来使用。

对结构隔声最有效的措施是以弹性材料作为楼板面层，直接减弱撞击能量；在楼板基层与面层间加弹性垫层材料形成浮筑层，减弱撞击产生的振动；在楼板基层下设置弹性吊顶，减弱楼板振动向下辐射的声能。常用的弹性材料有厚地毯、橡胶板、塑料板、软木地板等；常用弹性垫层材料有矿棉毡、玻璃棉毡、橡胶板等，也有用锯末、甘蔗渣板、软质纤维板，但耐久性和防潮性差。隔声吊顶材料有板条吊顶、纤维板吊顶、石膏板吊顶等。

思考题

10.1　与传统的沥青防水卷材相比较，合成高分子防水卷材有哪些优点？
10.2　为满足防水要求，防水卷材应具备哪些技术性能？
10.3　试述溶剂型、水乳型、反应型防水涂料的特点。
10.4　试述建筑密封膏技术特点及其分类。
10.5　何谓灌浆材料？作为灌浆材料应具备哪些基本技术性能？
10.6　试述甲凝、丙凝、氰凝三种化学灌浆材料的特点及主要应用范围。
10.7　何谓绝热材料？其绝热机理是怎样的？

10.8 影响绝热材料绝热性能的因素有哪些?
10.9 选用绝热材料时应主要考虑哪些方面的性能要求?
10.10 何谓吸声材料?按吸声机理划分的吸声材料各有何特点?
10.11 简述影响多孔性吸声材料吸声效果的因素。
10.12 吸声材料在孔隙结构上与绝热材料有何区别?为什么?
10.13 提高材料和结构的隔声效果可采取哪些主要措施?

第 11 章

装 饰 材 料

11.1 概述

建筑装饰材料一般是指主体结构工程完成后,进行室内外墙面、顶棚、地面的装饰等所需的材料,主要起装饰作用,同时可以满足一定的功能要求。

建筑装饰材料是集材料性能、生产、施工、造型、色彩于一体的材料,是建筑装饰工程的物质基础,装饰工程的总体效果及功能的实现无一不是通过装饰材料及其配套设备的形状、质感、图案、色彩、功能等体现出来。建筑装饰材料在整个建筑材料中占有重要的地位,据统计,一般在普通建筑物中,装饰材料的费用占其总建筑材料成本的50%左右,而在豪华型建筑中,装饰材料的费用占到70%以上。

建筑装饰材料的范围十分广泛,花色品种浩如烟海,如玻璃幕墙、铝合金门、电梯、五金配件、防盗报警器,还包括家具、壁挂、工艺品等。

根据建筑装饰材料的化学性质不同,可以分为无机装饰材料和有机装饰材料两大类。无机装饰材料又可分为金属(如铝合金)和非金属两大类(如大理石、玻璃等),有机装饰材料包括塑料、涂料等。

在建筑装饰工程中,为便于使用,常按建筑物的装饰部位进行如下分类:

(1) 外墙装饰材料 常用的有天然石材(如花岗岩)、人造石材、外墙面砖、陶瓷锦砖、玻璃制品(如玻璃马赛克、彩色吸热玻璃等)、白色和彩色水泥装饰混凝土、玻璃幕墙、铝合金门窗、装饰板、石渣类饰面(如刷石、粘石、磨岩等)、外墙涂料等。

(2) 内墙装饰材料 常用的有天然石材(如大理石、花岗岩等)、人造石材、壁纸与墙布、织物类(如挂毯、装饰布等)、履面装饰板(如包铝板等)、玻璃制品等。

(3) 地面装饰材料 常用的有木地板、天然石材(如花岗岩)、人造石材、塑料地板、地毯(如羊毛地毯、化纤地毯、混纺地毯等)、陶瓷地砖、陶瓷锦砖、地面涂料等。

(4) 顶棚装饰材料 常用的有塑料吊顶板、铝合金吊顶板、石膏板(如浮雕装饰石膏板、纸面石膏板、嵌装式装饰石膏板等）、壁纸装饰天花板、铝塑矿棉装饰板、矿棉装饰吸声板、膨胀珍珠岩装饰吸声板等。

(5) 其他装饰材料　包括门窗、龙骨、卫生洁具、建筑五金等。

建筑装饰的主要功能是装饰建筑物，同时还兼顾对建筑物的保护作用。只有建筑结构本身而没有适当装饰的建筑物是不完整的。

建筑物的装饰效果主要取决于总的建筑体型、虚实对比、线条等平面、立面的设计，同时也在很大程度上受到装饰材料的质感、线型和色彩的制约。

所谓质感就是对材料质地的真实感觉。有的材料表面光滑如镜，有的则凹凸不平；有的线条粗犷，有的则纹理细腻。不同的凹凸表面，通过对光线不同程度的吸收和反射而产生不同的观感，如光亮照人的镜面可延伸和扩大空间。材料的质感不仅取决于材料本身，而且可以通过不同的施工方法使相同材料形成不同的质感。

作为外墙装饰材料，其色调是构成建筑小区乃至城市面貌的因素之一，变幻有序、色彩适宜的建筑群本身是一件艺术品，它可以使人们心情舒畅，有一种心旷神怡之感，从而提高人类的健康水平。外墙装饰材料的色彩构成应考虑到不同建筑物的功能、环境条件、心理因素等，而作为室内装饰材料的色彩不仅要考虑到房间的用途，用户的偏好，还应考虑到视觉的特点，常以淡雅为主。

建筑装饰材料不仅具有良好的装饰效果，而且对建筑主体具有重要的保护作用。外墙装饰材料直接受到风吹、日晒、雨淋等作用，使建筑物的耐久性受到威胁，如混凝土墙面或屋面上的砂浆层经常受到雨水、日光以及温差交替变化的影响，会导致破坏，采用面砖粘贴和涂料复涂的方法能够保护饰面免受或减轻这类影响，从而能够延长建筑物的使用寿命，因此，合理选用外墙装饰材料，可以有效提高建筑物耐久性，降低维修费用。

对于内墙来说，当室内相对温度比较高或墙面易被溅湿或需用水洗刷时，墙体须做隔水层，如浴室等墙面做瓷砖贴面。一般墙面均需做踢脚板以防止擦、扫地面时污染墙根，因此，作为内墙装饰材料也同样具有重要的保护作用。

建筑装饰材料除了具有装饰和保护功能以外，还有改善室内使用条件（如光线、温度、湿度等）、吸声、隔声以及防火等作用。

内墙饰面的另一功能是声学辅助功能，如反射声波、吸声、隔声的作用，如采用泡沫塑料壁纸，其平均吸声系数可达 0.05。木地板、塑料地板、化纤地毯等，不仅使人感到暖和舒适，同时可以起到隔声和吸声的作用。现代建筑大量采用的吸热或反射玻璃幕墙，对室内可以产生"冷房效应"，中空玻璃则可产生绝热、隔声及防结露等效果。

建筑物的种类很多，不同使用功能的建筑物，对装饰的要求不同，即使同一类建筑物，也因时因地而有所不同，在建筑装饰工程中，为了确保工程质量的美观和耐久，应当根据不同的需要，正确合理地选择建筑装饰材料。

建筑装饰设计的出发点是要造就环境，而这种环境应当是自然环境与人造环境的自然融合。然而各种装饰材料的色彩、光泽、质感、耐久性等的不同运用，将会在很大程度上影响到环境。

建筑装饰的目的在于追求良好的装饰效果与和谐的环境，而建筑装饰最突出的一点就是材料的色彩的选择，它是构成人造环境的重要内容。

建筑物外部色彩的选择，要根据建筑物的规模、环境及功能等因素来决定。由于深浅不同的色块放在一起，浅色块给人以庞大、肥胖感，深色块则使人感到瘦小和苗条，因此，在现代建筑中，庞大的高层建筑适于运用深色调，使之与蓝天白云相衬，更显得庄重和深远；小型建筑宜用淡色调，使人不感到矮小和零散，同时还能使环境更趋典雅。另外，建筑物外部色彩的选择还应考虑其与周围环境的协调性，如与周围的道路、园林以及其他建筑物的风格和色彩相匹配，力求构成一个完美的色彩协调的环境整体。

不同的色彩产生不同的感觉，因此建筑物内部的色彩选择应该综合考虑建筑物的用途及色彩的功能，力求色彩运用合理，以使得人们在生理和心理上均产生良好的效果。虽然色彩本身没有温差，但红、橙、黄色使人联想到太阳与火而感觉温暖，故称为暖色；绿、蓝、紫罗兰色使人联想到大海、蓝天、森林而感到凉爽，故称冷色。暖色调使人感到热烈、兴奋、温暖；冷色调使人宁静、优雅、清凉，所以幼儿园和托儿所的活动室宜采用中黄、淡黄、橙黄、粉红等暖色调，以适应儿童天真活泼的心理；寝室宜用浅蓝、青蓝、浅绿的冷色调，以便创造一个舒适、宁静的环境，使儿童甜蜜地入睡。

据报道，颜色还对人体生理有影响，红色有刺激兴奋的作用；绿色是一种柔和而舒适的色彩，能消除精神紧张和视觉疲劳；黄色和橙色则刺激胃口，增强食欲等。

强调材料的质感是环境设计的一个突出特点。在建筑装饰中既要注重采用能够体现工业发展水平的先进材料，也不能忽视带有粗犷气息的地方性材料，应该充分体现手工艺术与现代科学技术相结合所带来的美学情趣。

优美的艺术效果，不在于多种材料的堆积，而是要在体察材料内在构造和美学的基础上精于选材，合理配置。即使光泽相近的材料相配，也会因质感各异而产生新颖的效果。

合适的建筑装饰材料不仅要求具有良好的装饰效果，而且要求考虑装饰材料的价格问题，有一点应该值得注意，即从经济角度考虑材料的选择，应有一个总体观念。不但要考虑到一次投资，也应考虑维修费用，而且在关键性问题上宁可加大投资，以延长使用年限，从而保证总体上的经济性。

任何一种建筑装饰材料，都存在使用寿命问题，这是由材料的本质所决定的，是建筑装饰材料耐久性的一个重要方面，另一方面则是建筑装饰质量的耐久性，即建筑装饰材料功能的衰退。

影响建筑装饰材料耐久性的因素很多，主要有：①大气稳定性；②机械磨损；③变色；

④污染。

大气中阳光、水分、温度、空气以及各种有害气体、杂质等因素综合作用于建筑物,造成建筑装饰材料耐久性的下降。

有些材料,特别是有机材料,在使用过程中,因受大气中光、热、臭氧诸因素作用,会丧失原有外观与性能而产生老化,从而降低了材料的耐久性。在城市的上空,特别是工业区的大气中含有各种有害气体,如二氧化硫、二氧化氮等,在大气中遇水分别形成硫酸、硝酸等,对碱性无机材料有腐蚀作用,同时还会使建筑装饰材料表面变色等。

建筑物污染,有的是永久性的,即不能用合适的方法将其去除,保持原来的装饰质量;有的虽然可以去除,但是涉及一定的工作量和费用,因此在选择建筑装饰材料时,不仅要考虑装饰效果、经济性,还必须同时考虑其耐久性能。合适的建筑装饰材料为建筑装饰效果和装饰质量提供了必要的物质条件,建筑装饰工程施工是装饰效果和装饰质量的最终体现。

建筑装饰施工是指按照建筑设计或室内设计的要求,采用特定的施工程序和方法,将不同的装饰材料安装、铺贴、裱糊或涂覆到建筑物预定部位的工艺过程。设计、选材和施工构成了装饰工程的三个基本要素。即使有优秀的设计、采用高档的建筑装饰材料,但由于低劣的施工质量也将使建筑装饰效果受到严重的影响,并造成极大的人力、物力和财力的浪费。

随着社会的进步和人类文明的发展,建筑装饰已成为建筑艺术的一个不可分割的组成部分。人们对包括建筑装饰在内的建筑艺术的追求,将是无止境的,因此对构成这种艺术的基础—建筑装饰材料的品种、质量、档次等的要求,也将是无止境的。

11.2 装饰石材

建筑装饰用石材可分为天然石材和人造石材两种。自古以来国内外建筑工程中广泛采用各种天然石材作为装饰材料,随着科学技术的发展,人造石材作为一种新型的饰面材料,也得到了很大的发展。

11.2.1 天然石材

凡是从天然岩石开采出来的,经加工或未加工的石材,统称为天然石材。我国使用天然石材有着悠久的历史和丰富的经验。例如河北的赵州桥以及现代建筑中的北京人民大会堂等,无不显示出我国劳动人民利用石材的辉煌成就。

天然石材在地壳中蕴藏量丰富,分布广泛,便于就地取材。在性能上,天然石材具有抗压强度高、耐久、耐磨等特点,在建筑立面上使用天然石材,具有坚定、稳重的质感,可以取得庄重、雄伟的艺术效果。

1. 装饰用岩石

火成岩、沉积岩、变质岩中均有某些品种可用作装饰材料。

建筑中装饰常用的火成岩有花岗岩、玄武岩等。

花岗岩主要由长石、石英和少量的云母组成，有时还会有少量的角闪石、辉石，一般为淡灰、淡红或微黄色。花岗岩的品质取决于矿物组分和结构。品质优良的花岗岩，其结晶颗粒细而均匀，石英含量极为丰富，云母含量相对较少。由于花岗岩具有构造紧密均匀、质地坚硬、耐磨、耐酸、耐久、外观稳重大方等优点，是一种高级建筑饰面材料。

建筑中装饰常用的沉积岩有石灰岩、砂岩等。

石灰岩俗称"青石"，化学成分以 $CaCO_3$ 为主，属碳酸盐岩石。矿物成分主要为方解石，常含有白云石、石英等，常为灰白色、浅灰色，有时因含杂质而呈深灰、灰黑等颜色，结构类型多样。石灰岩中含有较多的氧化硅时称为硅质石灰岩，比较坚硬，强度和耐久性均较高。除普通石灰岩外，还有贝壳石灰岩、白垩等。

建筑中装饰常用的变质岩有大理石、石英岩等。

大理石的主要矿物成分是方解石或白云石，经变质后，结晶颗粒直接结合整体块状构造，所以抗压强度高，质地紧密，而硬度不大，比花岗岩易于雕琢磨光。纯大理石为白色，在我国常称汉白玉，分布较少。大理石一般常含有氧化铁等，使其色彩斑驳，是一种高级的室内饰面材料。

2. 石材

(1) 建筑用石材的技术性能

1) 抗压强度　石材的抗压强度是以 200mm×200mm×200mm 的立方体试件，采用标准试验方法所测得的抗压强度。

2) 抗冻性　石材的抗冻性以其抗冻融循环的次数来表示。在规定的循环次数内，其质量损失应不大于5%，强度损失应不大于25%，且无贯穿裂缝。

3) 耐水性　不同品种的石材，其耐水性能不同。对用于重要建筑的石材，必须要求石材具有较好的耐水性。

(2) 石材的选用原则

一般选用石材时应该考虑其装饰性、耐久性、经济性。

3. 石板

用致密岩石凿平或锯解而成的厚度不大的石材称为石板。饰面用石板要求耐久、耐磨、色彩美观、无裂缝。在建筑上常用的石板有大理石板，花岗岩板等。

(1) 天然大理石

大理石属变质岩，由石灰岩或白云岩变质而成。主要矿物成分为方解石或白云石，是碳酸盐类岩石。大理石结构致密，抗压强度高，但硬度不大，因此大理石相对较易锯解，雕琢和磨光等加工。大理石一般含有多种矿物，故通常呈多种彩色组成的花纹，经抛光后光洁细腻，纹理自然，十分诱人。纯净的大理石为白色，称汉白玉，纯白和纯黑的大理石属名贵品种。

大理石板材具有吸水率小，耐磨性好以及耐久等优点，但其抗风性相对较差。因为大理石主要化学成分为碳酸钙，易被侵蚀，故除个别品种外一般不宜用作室外装饰。

天然大理石可制成高级装饰工程的饰面板，用于宾馆、展览馆、影剧院、商场、图书馆、机场、车站等公共建筑工程的室内柱面、地面、窗台板、服务台、电梯间门脸的饰面等，是理想的室内高级装饰材料。此外还可制作大理石壁画、工艺品、生活用品等。

（2）天然花岗岩

花岗岩是典型的火成岩，其矿物组成主要为长石、石英及云母等。其化学成分随产地不同而有所区别，但各种花岗岩的 SiO_2 含量均很高，一般为 65%～75%，故花岗岩属酸性岩石。花岗岩板材质地坚硬密实，抗压强度高，具有优异的耐磨性及良好的化学稳定性，不易风化变质，耐久性好，但由于花岗岩中含有石英，在高温下会发生晶型转变，产生体积膨胀，因此，花岗岩的耐火性差。

花岗岩饰面板，一般采用晶粒较粗，结构较均匀，排列比较规整的原材，经研磨抛光而成。表面平整光滑，棱角整齐。花岗岩是公认的高级建筑结构材料和装饰材料，一般只用在重要的大型建筑中。花岗岩板材根据其用途不同，其加工方法亦不同。建筑上常用的剁斧板，主要用于室外地面、台阶、基座等处，机刨板材一般多用于地面、踏步、檐口、台阶等处；花岗岩粗磨板则用于墙面、柱面、纪念碑等，磨光板材因其具有色彩鲜明，光泽照人特点，主要用于室内外墙面、地面、柱面等。

11.2.2 人造石材

人造石材在国外已有近五十年的历史，人造大理石生产工艺比较简单、设备并不复杂，原材料广泛，价格相对便宜，因而很多发展中国家也都开始生产人造石材。

1. 水泥型人造大理石

水泥型人造大理石是以各种水泥如硅酸盐水泥、铝酸盐水泥等或石灰磨细砂为粘结剂，砂为细集料，碎花岗岩、工业废渣等为粗骨料，经配料、搅拌、成型、养护、磨光、抛光等工序而制成。

水泥型人造大理石所用水泥胶粘剂除硅酸盐水泥外，也有用铝酸盐水泥，用其制成的人造大理石，其表面光洁度高，花纹耐久，抗风化性、耐久性及防潮等均优于用硅酸盐水泥制成的人造大理石。

2. 树脂型人造大理石

树脂型人造大理石多是以不饱和聚酯为粘结剂，与石英砂、大理石、方解石粉等搅拌混合、浇铸成型,在固化剂作用下产生固化作用,经脱模、烘干、抛光等工序而制成。使用不饱和聚酯作为粘结剂的产品光泽度好,颜色浅,可以调成不同的颜色,而且树脂黏度比较低,易于成型,固化快,可在常温下固化。

3. 复合型人造大理石

所谓复合型人造大理石,是指它的制作过程中所用粘结剂既有无机材料,又有有机材料。先将无机填料用无机胶粘剂胶结成型,养护后,再将坯体浸渍于具有聚合性能的有机单体中,使其聚合。对于板材制品,底层可以用廉价、性能稳定的无机材料,面层用聚酯和大理石粉制作,可获得较佳效果。

4. 烧结型人造大理石

烧结型人造大理石的生产工艺与陶瓷装饰制品的生产工艺相近,即将长石、石英、辉石、方解石和铁矿粉及部分高岭土等混合,用泥浆法制成坯料,用半干压法成型,在窑炉中以1000℃左右高温焙烧而成。

11.3 建筑陶瓷装饰制品

11.3.1 陶瓷的基本知识

陶瓷自古以来就是主要的建筑装饰材料之一,我国的陶瓷生产有着悠久的历史。

1. 陶瓷的分类

陶瓷是陶器和瓷器的总称。通常陶瓷制品可以分为陶质制品、瓷质制品及炻质制品。

陶质制品通常具有一定的吸水率,断面粗糙无光,不透明,敲之声音沙哑,有的无釉,有的施釉。陶质制品又分为精陶和粗陶。精陶按其用途不同可分建筑精陶、美术精陶及日用精陶。粗陶则包括建筑上常用的砖、瓦以及陶盆、罐及某些日用缸器等。

瓷质制品的坯体致密,基本上不吸水,有一定的半透明性,敲之声音清脆,通常均施有釉层。瓷质制品分为粗瓷和细瓷。

炻质制品则是介于陶质制品与瓷质制品之间的一类制品,国外称为炻器,也称为半瓷。炻器与陶器的区别在于陶器的坯体是多孔结构,而炻器坯体的气孔率却很低,其坯体致密,达到了烧结程度。炻器与瓷器的区别主要在于炻器坯体多数带有颜色半透明性。炻器按其坯体的细密性、均匀性以及粗糙程度分为粗炻器和细炻器。建筑装饰工程中用的外墙砖、地砖等均属于粗炻器;驰名中外的宜兴紫砂陶则属于细炻器。

2. 生产陶瓷制品用原材料

陶瓷工业中使用的原材料品种繁多。从其来源来说,一种是天然矿物原料,一种是通过化学方法加工处理的化工原料。天然矿物原料通常可分为可塑性物料、瘠性物料、助熔物料、有机物料等。

(1) 可塑性物料—黏土

黏土是由天然岩石经长期风化而形成的，是多种微细矿物的混合体，其中主要是含水的铝硅酸盐矿物。另外，黏土中还含有石英、铁矿物、碱等多种杂质。杂质的种类和含量，对黏土的可塑性、焙烧温度以及制品的性能等有一定的影响，因此，可以根据黏土的组成初步判断制品的质量。如黏土中石英含量较大时，其可塑性差，但收缩性相对较小；黏土中氧化铁、氧化钛含量会影响烧制产品的颜色，而且细而分散的铁化合物还会降低黏土的烧结温度，超过一定数量以后，会使坯体在煅烧过程中容易起泡等。

(2) 助熔物料

助熔物料又称助熔剂，在焙烧过程中能降低可塑性物料的烧结温度，同时增加制品的密实性和强度，但能降低制品的耐火度、体积稳定性和高温下抵抗变形的能力。

陶瓷工业中常用的助熔剂有长石类的自熔性熔剂和铁化物、碳类等的化合性助熔剂。

(3) 有机物料

有机物料主要包括天然腐殖质或由人工加入的锯末、糠皮、煤粉等，它们能提高物料的可塑性。

11.3.2　陶瓷的装饰

装饰是对陶瓷制品进行艺术加工的重要手段，它能大大地提高制品的外观效果，而且对陶瓷制品本身起到一定的保护作用，从而有效地把制品的实用性和装饰性有机地结合起来。

1. 釉的作用和分类

所谓釉是指附着于陶瓷坯体表面的连续玻璃质层，它具有与玻璃相类似的物理与化学性质。

陶瓷施釉的目的在于改善坯体的表面性能并提高力学强度。通常疏松多孔的陶坯表面仍然粗糙，即使坯体烧结，孔隙接近于零，但由于其玻璃相中包含有晶体，所以坯体表面仍然粗糙无光，易于沾污和吸湿，影响美观、卫生，以及机械和电学性能。施釉的表面平滑、光亮、不吸湿、不透气，同时在釉下装饰中，釉层还具有保护画面、防止彩料中有毒元素溶出的作用。使釉着色、析晶、乳浊等，还能增加产品的艺术性，掩盖坯体的不良颜色和某些缺陷，扩大了陶瓷的使用范围。

釉的种类繁多，组成也极为复杂。表 11-1 是常用的几种釉及分类方法。

2. 釉下彩绘

在生坯或素烧釉坯上进行彩绘，然后施一层透明釉，再经釉烧为釉下彩绘。其优点在于画面不会因为陶瓷在经常使用过程中被损坏，而且画面显得清秀光亮。然而釉下彩绘的画面与色调远远不如釉上彩绘那样丰富多彩，同时难以机械化生产，因而目前难以广泛采用。

青花、釉旦红及釉下五彩是我国名贵的釉下彩绘制品。

釉的分类   表 11-1

分类方法	种类
按坯体种类	瓷器釉、陶器釉、炻器釉
按化学组成	长石釉、石灰釉、滑石釉、混合釉、硼釉、铅硼釉、食盐釉、土釉
按烧成温度	易熔釉（1100℃以下）；中温釉（1100～1250℃）；高温釉（1250℃以上）
按制备方法	生料釉、熔块釉
按外表特征	透明釉、乳浊釉、有色釉、光亮釉、无光釉、结晶釉、砂金釉、碎纹釉、珠光釉

3. 釉上彩绘

釉上彩绘是在釉烧过的陶瓷釉上用低温彩釉进行彩绘，然后在不高的温度下彩烧的装饰方法。

釉上彩绘的彩烧温度低，许多陶瓷颜料都可以采用。故釉上彩绘的色彩极其丰富，但是釉上彩绘的画面易于磨损且光滑性差，所以容易发生彩料中的铅溶出进而引起铅中毒。

4. 贵金属装饰

用金、铂、钯或银等金属在陶瓷釉上装饰，通常只限于一些高级细陶瓷制品。饰金是极其常见的，其他贵金属装饰比较少见，用金装饰陶瓷主要有亮金（如金边和描金）、潜光金以及腐蚀金等方法。无论哪种金饰方法，其使用的金材料基本上只有两种即：金水（液态金）与粉末，此外，还有少量的液态磨光金。

另外，陶瓷装饰还有其他一些方法，如结晶釉、流动釉、裂纹釉等。

11.3.3 建筑陶瓷制品

凡是用于装饰墙面、铺设地面、卫生间的装备等的各种陶瓷材料及其制品统称为建筑陶瓷。建筑陶瓷通常构造致密，质地较为均匀，有一定的强度、耐水、耐磨、耐化学腐蚀、耐久性好等，能拼制出各种色彩图案。

建筑陶瓷的品种很多，最常用的有：釉面砖、墙面砖、地面砖、陶瓷锦砖、卫生陶瓷以及琉璃制品等。

1. 釉面砖

釉面砖又称瓷砖，是建筑装饰工程中最常用、最重要的饰面材料之一，是由优质陶土等烧制而成，属精陶制品。它具有坚固耐用、色彩鲜艳，易于清洁、防火、防水、耐磨、耐腐蚀等优点。

釉面砖正面施釉，背面有凹凸纹，以便于粘贴施工。釉面砖因其所用釉料及其生产工艺不同，有许多品种，如白色釉面砖、彩色釉面砖、印花釉面砖等。另外，为了配合建筑内部转角处的贴面等要求，还有各种配角砖，如阴角、阳角、压顶条等。

普通釉面砖的生产一般是采用生坯的素烧和釉烧的二次烧结方法。近年来又开始发展低温快速烧成法烧制釉面砖。

2. 墙地砖

墙地砖是墙砖和地砖的总称，由于目前其发展趋向为产品作为墙、地两用，故称为墙地砖，实际上包括建筑物外墙装饰贴面用砖和室内外地面装饰铺贴用砖。

墙地砖是以品质均匀，耐火度较高的黏土作为原料，经压制成型，在高温下烧制而成，其表面可上釉或不上釉，而且具有表面光平或粗糙等不同的质感与色彩。其背面为了与基材有良好的粘结，常常具有凹凸不平的沟槽等。墙地砖品种规格繁多，尺寸各异，以满足不同的使用环境条件的需要。

3. 陶瓷锦砖

陶瓷锦砖俗称"马赛克"，源于"Mosaic"。它是以优质瓷土烧制而成的小块瓷砖，有挂釉和不挂釉两种，目前各地产品多为不挂釉。

陶瓷锦砖美观、耐磨、不吸水、易清洗、抗冻性能好等，坚固耐用，造价较低，主要用于室内铺贴地面，也可作为建筑物的外墙饰面，起到装饰作用，并增强建筑物的耐久性。

4. 琉璃制品

琉璃制品是以难熔黏土为原料，经配料、成型、干燥、素烧，表面涂以琉璃釉后，再经烧制而成的制品。一般是施铅釉烧成并用于建筑及艺术装饰的带色陶瓷。

5. 陶瓷壁画

陶瓷壁画是以陶瓷面砖、陶板等为基础，经艺术加工而成的现代化建筑装饰。这种壁画既可镶嵌在高层建筑的外墙面上，也可粘贴在候机室、会客室等内墙面上。

11.4 建筑装饰玻璃

玻璃是构成现代建筑的主要材料之一。随着现代建筑的发展，玻璃及其制品也由单纯作为采光和装饰，逐渐向着能控制光线、调节热量、节约能源、控制噪声、降低建筑物自重、改善建筑环境、提高建筑艺术水平等方向发展。

11.4.1 玻璃的基础知识

1. 玻璃的原料及生产

（1）主要原料

酸性氧化物：主要有 SiO_2、Al_2O_3 等，其在煅烧过程中能单独熔融成为玻璃的主体，决定玻璃的主要性质。

碱性氧化物：主要有 Na_2O、K_2O 等，它们在煅烧过程中能与酸性氧化物形成易熔的复盐，起到助熔剂的作用。

增强氧化物：主要有 CaO、MgO、ZnO、PbO 等。

(2) 辅助材料

玻璃生产过程中，除了主要原料以外，还有各种必需的辅助材料，如助熔剂、脱色剂等。

2. 玻璃的基本性质

玻璃是由原料的熔融物经过冷却而形成的固体，是一种无定型结构的玻璃体。其物理性质和力学性质是各向同性的。

(1) 密度：玻璃的密度与其化学组成有关。

(2) 热性质：玻璃的比热随着温度而变化。但在低于玻璃软化温度和流动温度的范围内，玻璃比热几乎不变。在软化温度和流动温度的范围内，则随着温度上升而急剧地变化。

玻璃的热膨胀性决定于玻璃本身的化学组成及其纯度，纯度越高膨胀系数越小。玻璃的热稳定性决定玻璃在温度剧变时抵抗破裂的能力。玻璃的热膨胀系数越小，其稳定性越好。

(3) 光学性质：玻璃既能透过光线，还有反射光线和吸收光线的能力。玻璃反射光线的多少决定于玻璃反射面的光滑程度，折射率及投射光线的入射角大小。玻璃对光线的吸收则随玻璃化学组成和颜色而变化。玻璃的折射性质受其化学组成的影响，其折射率随温度上升而增加。

(4) 化学稳定性：玻璃具有较高的化学稳定性，但长期遭受侵蚀性介质的腐蚀，也能导致变质和破坏。

3. 玻璃的分类

玻璃的品种很多，分类方法各异，通常按照化学组成进行分类：

(1) 钠玻璃：主要由 SiO_2、Na_2O、CaO 组成，又名普通玻璃或钠玻璃。

(2) 钾玻璃：以 K_2O 替代钠玻璃中部分 Na_2O，并提高 SiO_2 的含量，又名硬玻璃。

(3) 铝镁玻璃：降低钠玻璃中碱金属和碱土金属物的含量，引入 MgO，并以 Al_2O_3 代替部分 SiO_2 制成的一类玻璃。

(4) 铅玻璃：又称铅钾玻璃或重玻璃、晶质玻璃。是由 PbO、K_2O 及少量的 SiO_2 所组成。

(5) 硼硅玻璃：又称耐热玻璃。由 B_2O_2、SiO_2 及少量 MgO 所组成。

(6) 石英玻璃：由 SiO_2 组成。

4. 玻璃的缺陷

玻璃体内存在的各种夹杂物被称为玻璃的缺陷。玻璃的缺陷不仅使玻璃质量大大降低，影响装饰效果，甚至严重影响玻璃的进一步加工，以至于形成大量废品。

（1）气泡：玻璃中的气泡是可见的气体夹杂物，不仅影响玻璃的外观质量，更重要的是影响玻璃的透明度和机械强度，是一种极易引起人们注意的玻璃缺陷。

（2）结石：结石是玻璃最危险的缺陷，不仅影响制品的外观和光学均匀性，而且降低制品的使用价值。

（3）条纹和节瘤（玻璃态夹杂物）：玻璃主体内存在的异类玻璃夹杂物称为玻璃态夹杂物，这属于一种比较普遍的玻璃不均匀性方面的缺陷。

5. 玻璃的表面加工及装饰

成型后的玻璃制品，大多需要进行表面加工，以得到符合要求的制品，加工可以改善玻璃的外观和表面性质，还可以进行装饰。

11.4.2 建筑玻璃的主要品种

1. 平板玻璃

平板玻璃是建筑玻璃中用量最大的一种，习惯上将窗用玻璃、磨光玻璃、磨砂玻璃、压花玻璃、有色玻璃均归入平板玻璃之列。

平板玻璃是将熔融的玻璃液经引拉、悬浮等方法而得到的制品。通常按厚度分类，主要有 2、3、5、6mm 等厚度的制品，其中以 3mm 厚的玻璃使用量最大。

窗用平板玻璃既透光又透视，透光率可达 85％ 左右，能隔声，略有保温性，具有一定机械强度，但性脆，且紫外线透过率较低。

平板玻璃按外观质量分为特选品，一级品和二级品三等，成品装箱运输，产量以标准箱计，厚度为 2mm 的平板玻璃，每 $10m^2$ 为一标准箱。

2. 中空玻璃

中空玻璃是由两片或多片平板玻璃构成，用边框隔开，四周边缘部分用胶接、焊接或熔接的办法密封，中间充入干燥空气或其他惰性气体。玻璃采用平板原片，有浮法透明玻璃、彩色玻璃、镜面反射玻璃、夹丝玻璃、钢化玻璃等。由于玻璃与玻璃间留有一空腔，因此具有良好的保温、隔热、隔声等性能。如中间空气层厚度为 10mm 的中空玻璃，其导热系数为 0.10W/（m·K），而普通玻璃的导热系数为 0.756W/（m·K）。如在玻璃之间充以各种能漫射光线的材料或电介质等，则可获得更好的声控、光控、隔热等效果。

中空玻璃主要用于采暖、空调、防止噪声、防结露等建筑上，如宾馆、饭店、办公楼、学校、医院等。

3. 钢化玻璃

钢化玻璃是将玻璃加热到玻璃软化温度,经迅速冷却或用化学方法钢化处理所得玻璃制品,它具有良好的机械性能和耐热抗震性能,又称强化玻璃。

玻璃经钢化处理后,其机械力学性能等大大提高。钢化玻璃在破碎时,先出现网状裂纹,破碎后棱角碎块不尖锐,不伤人,故被称为安全玻璃。但是钢化玻璃不能切割,磨削,边角不能碰击,使用时只能选择现有尺寸规格的成品,或提出具体设计图纸加工定做。

钢化玻璃有普通钢化玻璃、钢化吸热玻璃、磨光钢化玻璃等品种。

4. 夹丝玻璃

夹丝玻璃也称防碎玻璃或钢丝玻璃。它是将普通平板玻璃加热到红热软化状态,再将预热处理的铁丝网压入玻璃中间而制成。与普通玻璃相比,夹丝玻璃不仅增加了强度,而且由于铁丝网的骨架作用,在玻璃遭受冲击或温度剧变时,破而不缺,裂而不散,避免棱角的小块飞出伤人。当火灾蔓延,夹丝玻璃受热炸裂时,仍能保持完整,起到隔绝火焰的作用。故又称防火玻璃。

5. 夹层玻璃

夹层玻璃是透明的塑料层将 2～8 层平板玻璃胶结而成的。具有较高的强度,受到破坏时产生辐射状或同心圆形裂纹,碎片不易脱落,且不影响透明度,不产生折光现象。

常用的有赛璐珞塑料夹层玻璃和乙烯醇缩丁醛树脂夹层玻璃两种。其玻璃原片可用普通平板玻璃、磨光玻璃、浮法玻璃、钢化玻璃及吸热玻璃等。

6. 压花玻璃

压花玻璃是将熔融的玻璃液在冷却中通过带图案花纹的辊压而成的制品,又称花玻璃或滚花玻璃。在压花玻璃有花纹的一面,用气溶胶法对表面进行喷涂处理,玻璃可呈浅黄色、浅蓝色等。经过喷涂处理的压花玻璃,可提高强度50％～70％。压花玻璃有一般压花玻璃、真空镀膜压花玻璃、彩色膜压花玻璃等。

7. 磨光玻璃

磨光玻璃又称镜面玻璃,是用平板玻璃经过抛光后制得的玻璃。分单面磨光和双面磨光两种。具有表面平整光滑且有光泽,物像透过玻璃不变形,透光率大于84％等特点。玻璃厚度一般为5～6mm。

经机械研磨和抛光的磨光玻璃,虽质量较好,但既费工又不经济,自从浮法工艺出现之后,作为一般建筑和汽车工业用的磨光玻璃用量已逐渐减少。

8. 毛玻璃

通常指经过研磨、喷砂或氢氟酸溶蚀等加工,使表面均匀粗糙的平板玻璃。毛玻璃有磨砂玻璃、喷砂玻璃及酸蚀玻璃等。

由于毛玻璃表面粗糙、使光线产生漫射,透光不透视,室内光线不刺眼,一般用于建筑物的卫生间、浴室、办公室等门窗及隔断,也有用作黑板等。

9. 热反射玻璃

热反射玻璃是既具有较高的热反射能力，又保持了平板玻璃良好的透光性能，又称镀膜玻璃或镜面玻璃。

热反射玻璃是在玻璃表面喷涂金、银、铜、铝、铬、镍、铁等金属及金属氧化物或粘贴有机薄膜或以某种金属或离子置换玻璃中原有的离子而制成的。

该玻璃的热反射率可达 40%，可起绝热作用。热反射玻璃多用于门、窗、橱窗上，近年来广泛用作高层建筑的幕墙玻璃。

10. 吸热玻璃

吸热玻璃是既能吸收大量红外线辐射，又能保持良好光透过率的平板玻璃。吸热玻璃的生产是在普通玻璃中加入有着色作用的氧化物，如 Fe_2O_3 等，使玻璃带色并具有较高的吸热性能，或在玻璃表面喷涂 SnO 等薄膜。这种玻璃与相同厚度的普通玻璃相比，其热阻挡率可提高 2.5 倍。

11. 异形玻璃

异形玻璃是用硅酸盐玻璃制成的大型长条形构件。异形玻璃一般采用压延法、浇注法和辊压法生产。异形玻璃的品种主要有槽形、箱形、肋形、三角形等品种。异形玻璃有无色和彩色的，配筋和不配筋的，表面带花纹和不带花纹的，夹丝和不夹丝的等。

12. 光致变色玻璃

在玻璃中加入卤化银，或在玻璃与有机夹层中加入钼和钨的感光化合物，就能获得光致变色玻璃。光致变色玻璃受太阳光或其他光线照射，颜色随着光线的增强而逐渐变暗。当照射停止时又恢复原来颜色。

13. 釉面玻璃

釉面玻璃是一种饰面玻璃，即在玻璃表面涂敷一层彩色易熔性色釉，在熔炉中加热至釉料熔融，使釉层与玻璃牢固结合在一起，经退火或钢化等不同热处理方法制成的产品。玻璃基片可用普通平板玻璃、压延玻璃、磨光玻璃或玻璃砖。

14. 水晶玻璃饰面板

水晶玻璃也称石英玻璃，它是采用玻璃在耐火材料模具中制成的一种装饰材料。水晶玻璃是以 SiO_2 和其他一些添加剂为主要原料，经配料后烧熔、结晶而制成。

水晶玻璃的外表层是光滑的，并带有各种形式的细丝网状或仿天然石料的不重复的点缀花纹，具有良好的装饰效果，机械强度高，化学稳定性和耐大气腐蚀性较好。水晶饰面玻璃的反面较粗糙，与水泥粘结性好，便于施工。

15. 泡沫玻璃

用玻璃粉和发泡剂配成的混合料经煅烧而得到的多孔材料称为泡沫玻璃。气孔在泡沫玻璃中占总体积的 80%～95%，而玻璃只占总体积的 20%～5%。根据所用发泡剂的化学成分差异，在泡沫玻璃气孔中气体有：碳酸气、一氧化碳、硫化氢、氧气、氮气等，其气孔尺寸为 0.1～5mm，且绝大多数气孔是孤立的。泡沫玻璃的表观密度为 150～600kg/m³，导热系数为 0.058～0.128W/（m·K），抗压强度为 0.8～15MPa，最高使用温度为 300～400℃（采用普通玻璃）、800～1000℃（采用无碱玻璃）。泡沫玻璃不透气，不透水，抗冻，防火，可锯、钉、钻，属于高级泡沫材料。泡沫玻璃可用来砌筑墙体，也可用于冷藏设备的保温，或用作漂浮、过滤材料。

16. 玻璃砖

玻璃砖又称特厚玻璃，玻璃砖有空心砖和实心砖两种。实心玻璃是采用机械压制方法制成的。空心玻璃砖是采用箱式模具压制而成的。空心砖有单孔和双孔两种。

17. 玻璃锦砖

玻璃锦砖又称玻璃马赛克。玻璃锦砖是以玻璃为基料并含有未熔解的微小晶体（主要是石英）的乳浊制品，是一种小规格的彩色饰面玻璃。其一面光滑，另一面带有槽纹，以便于与砂浆粘结。

18. 玻璃幕墙

玻璃幕墙是以铝合金型材为边框，玻璃为内外复面，其中填充绝热材料的复合墙体。目前，玻璃幕墙所采用的玻璃已由浮法玻璃、钢化玻璃等较为单一品种，发展到吸热玻璃、热反射玻璃、中空玻璃、夹层玻璃、釉面钢化玻璃、丝网印花钢化玻璃及真空镀膜玻璃等。

19. 镭射玻璃

镭射玻璃又称全息玻璃或镭射全息玻璃，是一种夹层玻璃。它是应用镭射全息膜技术，在玻璃或透明有机涤纶薄膜上涂敷一层感光层，利用激光在上刻划出很多的几何光栅或全息光栅，在同一块玻璃上形成上百种图案的装饰玻璃。在光源的照射下，产生物理衍射的七彩光。对同一感光点或感光面，随光源入射角或观察角的变化，会感受到光谱分光的颜色变化，使被装饰物显得华贵、高雅，给人以美妙、神奇的感觉。

11.5 金属装饰材料

金属材料是指一种或两种以上的金属元素或金属与某些非金属元素组成的合金总称。金属材料一般分为黑色金属和有色金属两大类。

11.5.1 铝及铝合金

1. 铝及铝合金

目前，世界各工业发达国家，在建筑装饰工程中，大量采用铝合金门窗、铝合金柜台、货架及铝合金装饰板，铝合金吊顶等。

铝元素在地壳中占 8.13%，仅次于氧和硅。铝属于有色金属中的轻金属。其化学性质很活泼，它与氧的亲和力很强，暴露在空气中，表面易生成一层 Al_2O_3 薄膜，能保护下面金属不再受腐蚀，故在大气中耐腐蚀性较强，但这层 Al_2O_3 薄膜很薄，且呈多孔状，因此其耐腐蚀性是很有限的。另外，铝的电极电位很低，如与电极电位高的金属接触，并且有电介质（如水汽等）存在时，形成微电池会很快受到侵蚀。

纯铝的强度极低，为提高铝的实用性，通常在 Al 中加入 Mg、Cu、Zn、Si 等元素组成合金，这样铝合金既保持了铝的质轻之特点，又明显地提高了其机械性能。

2. 铝合金的表面处理

（1）阳极氧化处理：建筑用铝型材必须全部进行阳极处理，一般用硫酸法。阳极氧化处理的目的主要是通过控制氧化条件及工艺参数，在铝型材表面形成比自然氧化膜厚得多的氧化膜层，并进行"封孔"处理，以达到提高表面硬度、耐磨性、耐蚀性等目的。光滑、致密的膜层也为进一步着色创造了条件。

（2）表面着色处理：经中和水洗或阳极氧化后的铝型材，可以进行表面着色处理。着色方法有：自然着色法，电解着色法，化学浸渍着色法等。其中最常用的是自然着色法和电解着色法。

经过表面着色生成的氧化膜，由于是多孔质层，必须进行处理，以提高氧化膜的耐蚀、防污染等性能，像这样一类处理方法统称为封孔处理。目前，建筑铝型材常用的封孔方法有水合封孔和有机涂层封孔等。

3. 铝合金门窗

铝合金门窗与普通木门窗、钢门窗相比，具有重量轻、用材省、密封性能好、色调美观、耐腐蚀和维修方便的特点，广泛用于各类建筑中。

4. 铝合金装饰板

（1）铝合金花纹板　铝合金花纹板是采用防锈铝合金等坯料，用特制的花纹轧辊制而成的。花纹美观大方，筋高适中，不易磨损，防滑性能好，板材平整，裁剪尺寸精确，便于安装。

另外，铝合金浅花纹板也是优良的建筑装饰材料之一。花纹精巧别致，色泽美观大方，除具有普通铝板共有的优点以外，刚度提高 20%、抗污垢、抗划痕、擦伤能力等均有所提高，是我国所特有的建筑装饰产品。

(2) 铝合金波纹板　铝合金波纹板自重轻，色彩丰富多样，既有一定的装饰效果，又有很强的反射阳光能力，十分经久耐用。

(3) 铝合金穿孔板　铝合金穿孔板采用多种铝合金平板经机械穿孔而成。其特点是轻质、防腐、防水、防震，而且具有良好的消声效果，是建筑上比较理想的消音材料。

另外，还有铝合金压型板、铝合金吊顶龙骨、铝箔等。

11.5.2　建筑装饰用钢材制品

1. 彩色涂层钢板

为提高普通钢板的装饰性能及防腐蚀性，近年来发展了各种彩色涂层钢板。钢板的涂层大致可以分为有机涂层、无机涂层和复合涂层三类，以有机涂层钢板发展最快，有机涂层可以制成各种不同的色彩和花纹，故常称为彩色涂层钢板。常用的有机涂层为聚氯乙烯，此外还有环氧树脂等。涂层与钢板的结合有薄膜层压法和涂料涂覆法两种。

2. 彩色压型钢板

彩色压型钢板是以镀锌网板为基材，经成型机轧制，并敷以各种耐腐蚀涂层与彩漆而成的轻型围护结构材料。具有轻质、抗震性好、耐久性强、色彩鲜艳等特点。适用于工业与民用及公共建筑的屋盖、墙板等。

3. 轻钢龙骨

轻钢龙骨是以镀锌钢带或薄板由特制轧机以多道工序轧制而成。具有强度大，适用性强，耐火性好，安装简易等优点，可装配各种类型的石膏板、钙塑板、吸声板等。广泛用于高级民用建筑工程等。

4. 不锈钢包柱

不锈钢包柱是近年来流行起来的一种建筑装饰方法，不锈钢用于建筑方面具有许多优点：不锈钢饰件具有金属光泽和质感；不易锈蚀，可以较长时间保持初始装饰效果；不锈钢可以具有如同镜面的效果；具有强度高，硬度大等特点。因此不锈钢包柱广泛地用于大型商店、餐馆和旅游宾馆的入口、门厅等处。

11.5.3　新型金属材料

1. 钛金属板

钛具有银灰光泽，是一种过渡金属。它的密度小、强度大、硬度大、熔点高、抗腐蚀性很强，可以和多种金属形成合金。有钛合金制作成的板材称为钛金属板。钛金属板具有表面光泽度高、强度高、热膨胀系数低、耐腐蚀性卓越、对环境无污染、使用寿命长，机械和加工性能优秀等特征。钛金属板具有极佳的金属质感，对钛金属表面进行深加工，可以得到色彩与质感极为丰富的表面特征。钛金属板所表现出的颜色完全由其表面氧化膜的厚度所决定。随着钛金属表面的氧化覆膜厚度的增加，钛金属所表现出的颜色大致是浅黄色→金黄色→钴蓝→草绿色→淡红→深紫。钛金属的多项性能在建筑材料领域独具优势，是其他材料不可比拟的。

2. 钛锌金属板

钛锌金属板是由钛锌合金经过辊轧成片、条或板状的板材。钛锌合金是将钛与铜加入锌制成的合金。采用钛锌金属板的屋面和幕墙系统具有结构性防水、通风透气的特点，且不需胶粘剂，安全可通过咬合、搭接和折叠等方式连接。具有高耐久性（寿命可达80～100年）、高可塑性、自愈合、易维护、防紫外线和不褪色的特点，并与铝、不锈钢和镀锌钢板等多种材料兼容。

11.6 建筑塑料装饰制品

塑料即是以合成树脂或天然树脂为主要原料，在一定温度和压力下塑制成型，且在常温下保持产品形状不变的材料。

塑料作为建筑装饰材料具有很多特性，不仅能用来代替许多传统的材料，而且有很多传统材料所不具备的优良性能。比如优良的可加工性能，强度重量比大，良好的电绝缘性及化学稳定性，具有保温、隔热、隔声等多种功能。

塑料的品种很多，按照受热后塑料的变化情况来分，可以把塑料分为热塑性塑料，如聚氯乙烯等；热固性塑料，如环氧树脂，酚醛树脂等。

11.6.1 塑料地板

塑料地板品种很多，分类方法各异。按照生产塑料地板所用树脂来分，塑料地板可以分为：聚氯乙烯塑料地板，聚丙烯树脂塑料地板，氯化聚乙烯树脂塑料地板。目前，绝大多数塑料地板属于聚氯乙烯塑料地板。按照生产工艺来分，可分为：热压法、压延法、注射法三类。按照塑料地板的结构来分，有单层塑料地板，多层塑料地板等。

塑料地板可以粘贴在如水泥混凝土或木材等基层上，构成饰面层。塑料地板的装饰性好，其色彩及图案不受限制，能满足各种用途的需要，也可仿制天然材料，十分逼真。塑料地板施工铺设方便，耐磨性好，使用寿命较长，便于清扫，脚感舒适且有多种功能，如隔声、隔热和隔潮等。

在采用塑料地板时，应根据其耐磨性、尺寸稳定性、翘曲性、耐化学腐蚀性和耐久性等性能，正确地选择和使用。

11.6.2 塑料壁纸

塑料壁纸是目前发展最为迅速，应用最为广泛的壁纸。通常，塑料壁纸大致分为三类，即普通壁纸、发泡壁纸和特种壁纸。每一种壁纸有 3~4 个品种，每一个品种又有几十个乃至几百种花色。

塑料壁纸具有良好的装饰效果，可以制成种种图案及丰富的凹凸花纹，富有质感。且施工简单，节约大量粉刷工作，因此可提高工效，缩短施工周期，塑料壁纸陈旧后，易于更换。塑料壁纸表面不吸水，可用布擦洗。塑料壁纸还具有一定的伸缩性，抗裂性较好。

11.6.3 化纤地毯

化纤地毯是用合成纤维制作的面料编结而成。可以机械化生产，产量高，价格低廉，加之其耐磨性好，且不易虫蛀和霉变，很受人们的欢迎。

1. 化纤地毯的种类

化纤地毯按其加工方法的不同，主要分为以下几种：

（1）簇绒地毯　由四部分组成，即毯面纤维、初级背衬、防松涂层和次级背衬。

（2）针扎地毯　由三部分组成，即毯面纤维、底衬和防松涂层。

（3）机织地毯　机织地毯是传统的品种，即把经纱和纬纱相互交织编成地毯，也称纺织地毯。

（4）手工编结地毯　完全采用手工编结，一般是单张的，没有背衬。

（5）印染地毯　一般是以簇绒地毯为基础加以印染加工而成。

目前，簇绒地毯是使用最普遍的一种化纤地毯。

2. 化纤地毯的性能

（1）装饰性　化纤地毯的种类繁多，颜色从淡雅到鲜艳，图案从简单到复杂，质感从平滑的绒面到立体感的浮雕，化纤地毯已被公认为是一种高级的地面装饰材料。

（2）对环境的调节作用　化纤地毯具有一定的吸声性及绝热作用，因此对环境起到一定的调节作用。

（3）耐污和藏污性　化纤地毯的耐污和藏污性主要取决于毯面纤维的结构、性质和毯面的结构。

（4）耐倒伏性　化纤地毯的耐倒伏性是指由于毯面纤维在长期受压摩擦后向一边倒下而不能回弹的性能，此性能不好会导致露底、表面色泽不均匀以及藏污性下降。

（5）耐磨性　耐磨性是决定地毯使用寿命的主要因素。化纤地毯的耐磨性优于羊毛地毯。

（6）耐燃性　与塑料地毯相比，化纤地毯的耐燃性及耐烟头性较差。在地毯上踩灭烟头会使毯面纤维烧焦，无法修复。

（7）抗静电性　化纤地毯在使用时，表面由于摩擦会产生静电积累和放电。解决静电积累的方法是对毯面纤维进行防静电处理。

（8）色牢度　色牢度是指地毯在使用过程中，受光、热、水和摩擦等的作用下，颜色的变化程度。色牢度在很大程度上与染色的方法有关。

（9）剥离强度　剥离强度是衡量地毯面层与背衬复合强度的一项指标，也能衡量地毯复合后的耐水性指标。

（10）老化性　老化性是衡量地毯经过一段时间光照和接触空气中的氧气后，化学纤维老化降解的程度。

11.6.4　PVC装饰贴膜

PVC装饰贴膜商品名为波音软片；是用云母珍珠粉及PVC为主要原料加工而成的粘贴装饰材料。具有色泽艳丽、色彩丰富、华丽美观、经久耐用且不易褪色等特点；它的柔韧性好，可任意弯曲；耐磨性和耐冲击性好，为木材的40倍；耐温性好，在20～70℃温度范围内，尺寸稳定；耐腐蚀性能好，耐酸碱、一般稀释剂和化学药品的腐蚀；耐污性好，咖啡、油、酱油、醋、墨迹等污染易清洁不留痕迹；并具有良好的阻燃性能。适用于各种墙材、石膏板、人造板、金属板等基材上的粘贴装饰。

11.6.5　高压热固化木纤维板

高压热固化木纤维板是由热固性树脂与植物纤维混合经高压热固化，面层由树脂经电子束表面固化（EBC）加工而成，知名商品有千思板。

高压热固化木纤维板抗冲击性极高，易清洁，防潮湿，稳定性和耐用性可与硬木相媲美；抗紫外线，阻燃，耐化学腐蚀性强，装饰效果好，加工安装容易，使用寿命长，符合环保要求。此外，还具有防静电特点。适用于计算机房内墙装修，各种化学、物理及生物实验室墙面板、台板等要求较高场所。

11.7　建筑装饰木材

11.7.1　木材的装饰效果及特性

木材的装饰效果主要通过其质感、光泽、色彩、纹理等方面表现出来。木材的装饰效果能给人们带来回归自然、华贵安乐的感觉。

木材的装饰特性包括其纹理美观、典雅、亲切,色彩柔和、富有弹性,具有保温绝热、吸湿、吸声效果,表面可涂饰面油漆、粘贴贴面等。

11.7.2 常用装饰木材品种

1. 木地板

木地板有条板地板和拼花地板两种,前者使用较为普遍。

条板地板具有木质感强、弹性好、脚感舒适、美观大方等特点,通常采用松、杉、柞、榆等材质制作。条板的宽度一般不大于120mm,厚度一般为20～30mm,拼缝可做成平头、企口或错口。其铺设分为实铺和空铺两种。

拼花地板是用水曲柳、柞木、柚木等制成条状小条板,用于室内地面装饰拼铺。拼花地板常见拼花图案有正芦席纹、人字纹、砖墙纹等。

2. 胶合板

胶合板是以旋切方式等生产出的木材薄片与胶合剂粘结而成的装饰板材,主要有三合板、五合板、七合板等,以三合板应用居多。

胶合板具有材质均匀、吸湿变形小、幅面阔、表面纹理美观等特点,是室内墙面装饰较好的材料之一。

3. 纤维板

纤维板是以植物纤维,如树梢、树皮、刨花、稻草、麦秸秆等,经破碎、浸泡、热压、干燥等过程制成的一种人造板材。按其密度可分为硬质纤维板（$>800kg/m^3$）、软质纤维板（$<500kg/m^3$）和中密度纤维板（$500～800kg/m^3$）。硬质纤维板具有强度高、不易变形等性能,可用于墙面、地面装饰,也可用于家具;软质纤维板强度低,可用于吊顶等;中密度纤维板表面光滑、性能稳定,表面装饰处理效果好,可用于室内隔断、地面、家具等。

4. 木线条

木线条装饰材料是装饰工程中各平面交接口处的收边封口材料。主要品种有压边线、压角线、墙腰线、天花角线、弯线、柱角线等。各类木线条立体造型各异,断面形状繁多,材质可选性强,表面可再行涂饰,使室内增添古朴、高雅、亲切的感觉。

11.8 建筑装饰涂料

涂料是一种重要的建筑装饰材料,它具有省工省料、造价低、工期短、工效高、自重轻、维修方便等特点,因此,在装饰工程中的应用是十分广泛的。

11.8.1 涂料的分类

涂料的品种很多。按照涂料的使用部位来分，建筑涂料分为墙面涂料、地面涂料、顶棚涂料。按照涂料所形成的涂膜的质感来分，有薄质装饰涂料、厚质装饰涂料、砂壁状涂料（又称彩砂涂料）。

11.8.2 涂料的组成

1. 主要成膜物质

成膜物质是组成涂料的关键材料，它对涂料的性质起着决定作用。可作为涂料成膜物质的品种很多，主要可分为转化型和非转化型两大类。转化型涂料成膜物主要有干性油和半干性油，双组分的氨基树脂、聚氨酯树脂、醇酸树脂、热固性丙烯酸树脂、酚醛树脂等；非转化型涂料成膜物主要有硝化棉、氯化橡胶、沥青、改性松香树脂、热塑性丙烯酸树脂、乙酸乙烯树脂等。

2. 次要成膜物质

次要成膜物质是指涂料中使用的颜料、填充料、增塑剂、催干剂、颜料分散剂、防霉剂和防污剂等。这些物料本身不能单独成膜。主要用于着色和改善涂膜性能，增强涂膜的保护、装饰和防锈等功能，亦可降低产品的成本，次要成膜物主要有着色颜料（如大红粉、铬黄、华蓝、钛白、碳黑等）和防锈颜料（如红丹、铁红、锌粉铝粉、磷酸锌）等。其次是体质颜料（又称填充料），常用的有滑石粉、硫酸钡、碳酸钙、二氧化硅等。还有作为增加涂膜的柔韧性的增塑剂如氯化石蜡、邻苯二甲酸二丁酯、邻苯二甲酸二辛酯等。次要成膜物质中颜料和填料在涂料中占 3%～40%，由于各种颜料的着色力和吸油量不同，故用量波幅很大。而增塑剂用量一般不超过 10%。

3. 辅助材料

辅助成膜物质主要是分散介质（即溶剂或水），它是挥发的物料，成膜后不留存在涂膜中，其作用在于使成膜基料分散而形成黏稠液体，本身不构成涂层，但在涂料制造和施工中都不可缺少，平时常将成膜基料和分散介质的混合物称为基料或涂料。辅助材料包括烃类溶剂（矿物油精、煤油、汽油、苯、甲苯、二甲苯等）、醇类、醚类、酮类和酯类物质。常用的辅助成膜物质除水外，溶剂主要有 200 号溶剂油、二甲苯、松节油、甲苯、丁醇、醋酸丁酯、环乙酮等。

11.8.3 涂料的性能

涂料的主要性能有：

1. 遮盖力：遮盖力通常用能使规定的黑白格遮盖所需的涂料的重量来表示，重量越大遮盖力越小。

2. 涂膜附着力：它表示涂膜与基层的粘结力。
3. 黏度：黏度的大小影响施工性能，不同的施工方法要求涂料有不同的黏度。
4. 细度：细度大小直接影响涂膜表面的平整性和光泽。
5. 耐污染性：耐污染是涂料的一个重要特点。
6. 耐久性：包括耐冻融、耐洗刷性、耐老化性。
7. 耐碱性：涂料的装饰对象主要是一些碱性材料，因此耐碱性是涂料的重要特性。
8. 最低成膜温度：每种涂料都具有一个最低成膜温度，不同涂料的最低成膜温度不同。

11.8.4　薄质装饰涂料

薄质装饰涂料即一般以砂粒状为代表名称的装饰涂料。品种有水泥系和硅酸质系等无机质系及合成树脂乳液系、合成树脂溶液和水溶性树脂系等有机质系。

水泥系薄质装饰涂料是以白色硅酸盐水泥、白云石灰膏、熟石灰以及骨料为主要原材料，掺加着色料、防水剂、调湿剂等配制而成，因此可以和水泥系的基层结合成整体，其耐久性能优异。水泥系装饰涂料是不燃材料，具有良好的耐水性及耐碱性，与合成树脂系装饰涂料相比，不易受到污染，而且该涂料的原材料来源广泛，其价格相对较低。

水泥系薄质装饰涂料主要用于建筑外墙工程，但有时也用于楼梯间裙墙等内墙装饰。适用于水泥砂浆拉毛基层，其他如预制混凝土板材、加气混凝土板材等亦可进行涂料涂饰施工。

11.8.5　复层装饰涂料

复层装饰涂料一般称为喷涂仿瓷砖涂料，主要包括水泥系复层装饰涂料、聚合物水泥系复层装饰涂料、硅酸质系复层涂料以及合成树脂乳液系、反应固化型合成树脂乳液系等品种。

复层装饰涂料一般由三层涂层组成，位于中间层的主涂层具有花纹图案等饰面式样和厚度，罩面涂层则具备颜色、光泽等外观以及防水、耐候性等功能。

11.8.6　厚质装饰涂料

在传统的墙面装饰方法中，为了追求天然石料的风格而出现了颗粒状的涂料饰面的做法。用一定厚度的装饰涂料涂饰墙面，既起到保护作用又可以呈现丰富的质感，从而开发了水泥系厚质装饰涂料以及合成树脂乳液系、硅酸质系厚质装饰涂料等，骨料可以使用各种彩砂、陶瓷碎粒等。

思考题

11.1 如何选用装饰材料?
11.2 对装饰材料在外观上有哪些基本要求?
11.3 列举内墙涂料和外墙涂料各一例,并叙述其主要性能和应用。
11.4 建筑陶瓷常用品种有哪些?各有哪些特性?
11.5 装饰玻璃有哪些品种,各有何特点?
11.6 在本章所列的装饰材料中,你认为哪些适用于外墙装饰?哪些适用于内墙装饰?并说明原因。

附录
建筑材料常用试验简介

学习建筑材料试验的目的有三：一是使学生熟悉主要建筑材料的技术要求，并具有对常用建筑材料独立进行质量检定的能力；二是使学生对具体材料的性状有进一步的了解，巩固与丰富理论知识；三是进行科学研究的基本训练，培养学生严谨认真的科学态度，提高分析问题和解决问题的能力。为了达到上述学习目的，学生必须做到：

（1）试验前做好预习，明确试验目的、基本原理及操作要点，并应对试验所用的仪器、材料有基本了解。

（2）在试验的整个过程中要建立严密的科学工作秩序，严格遵守试验操作规程，注意观察试验现象，详细做好试验记录。

（3）对试验结果进行分析，做好试验报告。

在进行建筑材料的试验时，应注意三个方面的技术问题：一是抽样技术，即要求试样具有代表性；二是测试技术，包括仪器的选择、试件的制备、测试条件及方法；三是试验数据的整理方法。材料的质量指标和试验所得的数据是有条件的、相对的，是与选样、测试和数据处理密切相关的。其中任何一项改变时，试验结果将随之发生或大或小的变化。因此，检验材料质量、划分等级标号时，上述三个方面均须按照国家规定的标准方法或通用的方法进行。否则，就不能根据有关规定对材料质量进行评定，或相互之间进行比较。

本书建筑材料常用试验简介是按课程教学大纲要求选材，根据现行国家（或行业）标准或其他规范、资料编写的，并不包括所有的建筑材料的全部内容。又由于科学技术水平和生产条件不断发展，今后遇到本书试验以外的试验时，可查阅有关指导文件，并注意各种建筑材料标准和试验方法的修订动态，以作相应修改。

试验一　建筑材料基本物理性质试验

建筑材料基本性质的试验项目较多，对于各种不同材料及不同用途，测试项目及测试方法视具体要求而有一定差别。下面以石料为例，介绍土木工程材料中几种常用物理性能试验方法。

一、颗粒密度试验

石料密度是指石料矿质单位体积（不包括开口与闭口孔隙体积）的质量。

（一）主要仪器设备

比重瓶（短颈量瓶，容积 100mL）、筛子（孔径 0.25mm）、烘箱、干燥器、天平（感量 0.001g）、温度计（量程 0～50℃，分度值 0.5℃）、恒温水槽（灵敏度±1℃）、粉磨设备等。

（二）试验步骤

（1）将石料试样粉碎、研磨、过筛后放入烘箱中，以 105～110℃ 的温度烘干至恒重，烘干时间不少于 6h。烘干后的粉料储放在干燥器中冷却至室温，以待取用。

（2）用四分法取两份石粉，每份试样从中称取 15g（m_1），精确至 0.001g，用漏斗灌入洗净烘干的密度瓶中，并注入试液至瓶的一半处，摇动密度瓶使岩粉分散。当使用蒸馏水作试液时，可采用沸煮法或真空抽气法排除气体。当使用煤油作试液时，必须采用真空抽气法排除气体。采用沸煮法，沸煮时间自悬液沸腾时算起不得少于 1h；采用真空抽气法时，真空压力表读数宜为当地大气压力，直至无气泡逸出为止，抽气时间维持 1h。

（3）将经过排除气体的密度瓶取出擦干，冷却至室温，再向密度瓶中注入排除气体且同温条件的试液，使接近满瓶，然后置于恒温水槽（20±2）℃内。待密度瓶内温度稳定，上部悬液澄清后，塞好瓶塞，使多余试液溢出。从恒温水槽内取出密度瓶，擦干瓶外水分，立即称其质量（m_3），精确至 0.001g。

（4）倾出悬液，洗净密度瓶，注入经排除气体并与试验同温度的试液至密度瓶，再置于恒温水槽内。待瓶内试液的温度稳定后，塞好瓶塞，将逸出瓶外试液擦干，立即称其质量（m_2），精确至 0.001g。

（三）试验结果

（1）石料试样密度按下式计算（精确至 0.01g/cm³）：

$$\rho_t = \frac{m_1}{m_1 + m_2 - m_3} \times \rho_{wt}$$

式中　　ρ_t ——石料密度，g/cm³；

　　　　m_1 ——岩粉质量，g；

　　　　m_2 ——密度瓶与试液的合质量，g；

　　　　m_3 ——密度瓶、试液与岩粉的总质量，g；

　　　　ρ_{wt} ——与试验同温度试液的密度，g/cm³。

（2）以两次试验结果的算术平均值作为测定值，如两次试验结果相差大于 0.02g/cm³ 时，应重新取样进行试验。

二、块体密度试验

指石料在干燥状态下包括孔隙在内的单位体积固体材料的质量。形状不规则石料的毛体积密度可采用静水称量法或蜡封法测定；对于规则几何形状的试件，可采用量积法测定其块体密度。

(一) 主要仪器

天平（称量大于 500g、分度值 0.01g）、游标卡尺（分度值 0.02mm）、烘箱、试件加工设备等。

(二) 试验步骤

(1) 量测试件的直径或边长：用游标卡尺量测已加工成规则形状（圆柱体或立方体）试件两端和中间三个断面上互相垂直的两个方向的直径或边长（精确至 0.02mm），按平均值计算截面积 S（cm^2）。

(2) 量测试件的高度：用游标卡尺量测试件断面周边对称的四个点（圆柱体试件为互相垂直的直径与圆周交点处；立方体试件为边长的中点）和中心点的五个高度，计算平均值 h（精确至 0.02mm）。

(3) 计算每个试件的体积（cm^3）：$V_0 = S \times h$。

(4) 将试件（3个）放入烘箱内，控制在 105～110℃ 温度下烘干 24h，取出放入干燥箱内冷却至室温，称干试件质量 m（精确至 0.01g）。

(三) 试验结果

(1) 石料试样的块体密度按下式计算：

$$\rho'_t = \frac{m}{V_0}$$

式中　ρ'_t——石料试样的表观密度（毛体积密度），g/cm^3；

　　　m——烘干后试件的质量，g；

　　　V_0——试件的体积，cm^3。

(2) 块体密度试验结果精确至 $0.01g/cm^3$，3 个试件平行试验。组织均匀的岩石，应为 3 个试件测得结果的平均值；组织不均匀的岩石，应列出每个试件的试验结果。

三、孔隙率的计算

将已经求出的同一石料的密度和表观密度（用同样的单位表示）代入下式计算得出该石料的孔隙率：

$$P_0 = \frac{\rho_t - \rho'_t}{\rho_t} \times 100$$

式中　P_0——石料孔隙率，％；

　　　ρ_t——石料的密度，g/cm^3；

　　　ρ'_t——石料的块体密度，g/cm^3。

四、吸水率试验

(一) 主要仪器设备

天平（分度值 0.01g）、烘箱、煮沸水槽、石料加工设备、容器、垫条（玻璃管或玻璃杆)等。

(二)试验步骤

(1) 将石料试件加工成直径和高均为(50±2)mm 的圆柱体或边长为(50±2)mm 的正立方体试件;如采用不规则试件,其边长或直径为 40～50mm,每组试件至少 3 个,石质组织不均匀者,每组试件不少于 5 个。用毛刷将试件洗涤干净并编号。

(2) 将试件置于烘箱中,在温度为 105～110℃ 的烘箱中烘干至恒重,烘干时间宜大于 24h。在干燥器中冷却至室温后以天平称其质量 m_1(g),精确至 0.01g(下同)。

(3) 将试件放在盛水容器中,在容器底部可放些垫条如玻璃管或玻璃杆使试件底面与盆底不致紧贴,使水能够自由进入。

(4) 加水至试件高度的 1/4 处;以后每隔 2h 分别加水至高度的 1/2 和 3/4 处;6h 后将水加至高出试件顶面 20mm,并再放置 48h 让其自由吸水。这样逐次加水能使试件孔隙中的空气逐渐逸出。

(5) 取出试件,用湿纱布擦去表面水分,立即称其质量 m_2(g)。

(三)试验结果

(1) 按下式计算石料吸水率(精确至 0.01%):

$$W_\text{x} = \frac{m_2 - m_1}{m_1} \times 100$$

式中 W_x——石料吸水率,%;

m_1——烘干至恒重时试件的质量,g;

m_2——吸水至恒重时试件的质量,g。

(2) 组织均匀的试件,取三个试件试验结果的平均值作为测定值;组织不均匀的,则取 5 个试件试验结果的平均值作为测定值。并同时列出每个试件的试验结果。

试验二 水 泥 试 验

本试验方法适用于硅酸盐水泥、普通硅酸盐水泥、矿渣硅酸盐水泥、火山灰质硅酸盐水泥及粉煤灰硅酸盐水泥。

一、一般规定

水泥出厂前按同品种、同强度等级和编号取样。袋装水泥和散装水泥应分别进行编号和取样,每一编号为一取样单位。水泥的出厂编号,按水泥厂年产量规定为:

200 万 t 以上,不超过 4000t 为一编号;

120 万～200 万 t,不超过 2400t 为一编号;

60 万～120 万 t,不超过 1000t 为一编号;

30 万～60 万 t,不超过 600t 为一编号;

10万～30万t，不超过400t为一编号；

10万t以下，不超过200t为一编号。

水泥的取样应有代表性，可连续取，亦可从20个以上不同部位取等量样品，总量至少12kg。试样应充分拌匀，通过0.9mm方孔筛，并记录筛余物百分数及其性质。

无特殊说明时，试验室温度应为17～25℃，相对湿度大于50%。试验用水必须是洁净的淡水，如有争议也可使用蒸馏水。水泥试样、标准砂、拌合水、仪器和用具等的温度均应与试验室温度一致。

二、细度试验

细度试验采用筛孔直径为80μm、45μm两种试验筛，试验筛必须经常保持洁净，筛孔通畅，使用10次后进行清洗。金属框筛、铜丝网筛清洗时应用专门的清洗剂，不可用弱酸浸泡。细度试验可分为负压筛析法、水筛法和手工筛析法三种，如对三种方法的试验结果存在争议，以负压筛析法为准。

（一）负压筛析法

1. 主要仪器设备

（1）负压筛析仪 负压筛析仪由筛座、负压筛、负压源及收尘器组成，其中筛座由转速为(30±2)r/min的喷气嘴、负压表、控制板、微电机及壳体等构成，如附图2-1所示。筛析仪负压可调范围为4000～6000Pa。

（2）天平最大称量为100g，最小分度值不大于0.01g。

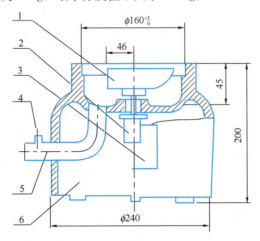

附图2-1 负压筛析仪（筛座）

1—喷气嘴；2—微电机；3—控制板开口；
4—负压表接口；5—负压源及收尘器接口；6—壳体

2. 试验方法

（1）筛析试验前，应把负压筛放在筛座上，盖上筛盖，接通电源，检查控制系统，调节负压至 4000～6000Pa 范围内。

(2) 筛析试验所用试验筛应保持清洁和干燥。试验时，80μm 筛析试验称取试样 25g，45μm 筛析试验称取试样 10g，称量试样精确至 0.01g。

(3) 将称量好的试样置于洁净的负压筛中，盖上筛盖，放在筛座上，开动筛析仪连续筛析 2min，在此期间如有试样附着在筛盖上，可轻轻地敲击，使试样落下。筛毕，用天平称量筛余物。

(4) 当工作负压小于 4000Pa 时，应清理吸尘器内水泥，使负压恢复正常。

(二) 水筛法

1. 主要仪器设备

水筛、筛支座、喷头、天平等。

2. 试验方法

(1) 筛析试验前，应检查水中无泥、砂，调整好水压及水筛架的位置，使其能正常运转。喷头底面和筛网之间距离为 35～75mm。

(2) 称取试样 50g，精确至 0.01g，置于洁净的水筛中，立即用淡水冲洗至大部分细粉通过后，放在水筛架上，用水压为 (0.05±0.02)MPa 的喷头连续冲洗 3min。筛毕，用少量水把筛余物冲至蒸发皿中，等水泥颗粒全部沉淀后，小心倒出清水，烘干并用天平称量筛余物。

(三) 手工筛析法

1. 主要仪器设备

干筛、天平等。

2. 试验方法

(1) 称取 50g 试样，精确至 0.01g，倒入干筛中。

(2) 用一只手执筛往复摇动，另一只手轻轻拍打，拍打速度每分钟约 120 次，每 40 次向同一方向转动 60°，使试样均匀分布在筛网上，直至每分钟通过的试样量不超过 0.03g 为止。

(3) 用天平称筛余物量。

(四) 试验结果

水泥试样筛余百分数按下式计算：

$$F = \frac{R_t}{W} \times 100$$

式中　F——水泥试样的筛余百分数，%；

R_t——水泥筛余物的质量，g；

W——水泥试样的质量，g。

结果计算精确至 0.1%。

三、标准稠度用水量试验（标准法）

（一）主要仪器设备

（1）标准稠度测定仪（附图 2-2）：滑动部分的总质量为(300±1)g；试杆是由耐腐金属制成，有效长度(50±1)mm，直径为(10±0.05)mm 的圆柱体；装净浆用试模，顶内径(65±0.5)mm，底内径(75±0.5)mm，工作高度(40±0.2)mm。

（2）水泥净浆搅拌机符合现行行业标准《水泥净浆搅拌机》JC/T 729 的要求。

（3）量水器（精度 0.5mL）、天平（感量 1g）。

（二）试验方法

（1）试验前须检查：仪器的金属棒应能自由滑动；试杆降至模顶面位置时指针应对准标尺零点；搅拌机应运转正常。

（2）将水泥净浆搅拌机的搅拌锅和搅拌叶片先用湿布擦过，将拌合水倒入搅拌锅内，然后在 5~10s 内小心将称好的 500g 水泥加入水中，防止水和水泥溅出；拌合时，先将锅放在搅拌机的锅座上，升至搅拌位置，启动搅拌机，低速搅拌 120s，停 15s，同时将叶片和锅壁上的水泥浆刮入锅中间，接着高速搅拌 120s 停机。

（3）拌合结束后，立即将拌好的水泥净浆一次性装入已置于玻璃底板上的试模内，浆体超过试模上端，用小抹灰刀插捣，振动数次刮去多余净浆。抹平后迅速将试模和底板放到试杆下面固定位置上，将试杆降至净浆表面拧紧螺钉，然后突然放松，让试杆自由沉入净浆中，到试杆停止下沉时记录试杆下沉深度。整个操作应在搅拌后 1.5min 内完成。

（4）以试杆沉入净浆并距底板(6±1)mm 的净浆为标准稠度净浆。其拌合水量为该水泥的标准稠度用水量（P），按水泥质量的百分比计。如下沉深度超出范围，需另称试样，调整水量，重新试验，直至达到要求为止。

四、凝结时间试验

（一）主要仪器设备

（1）凝结时间测定仪与测定标准稠度时所用的测定仪相同，但试杆应换成试针（附图 2-2d、附图 2-2e）。

（2）湿汽养护箱应能使温度控制在(20±1)℃，湿度大于 90%。

（3）水泥净浆搅拌机、天平、量水器等。

（二）试验方法

（1）测定前，将试模放在玻璃板上，在内侧稍稍涂上一层机油；调整凝结时间测定仪使试针接触玻璃板时，指针对准标尺零点。

（2）称取水泥试样 500g，以标准稠度用水量按测定标准稠度时制备净浆的方法，制成标准稠度净浆，立即一次装入试模，振动数次后刮平，然后放入湿汽养护箱内。记录开始加水的时间作为凝结时间的起始时间。

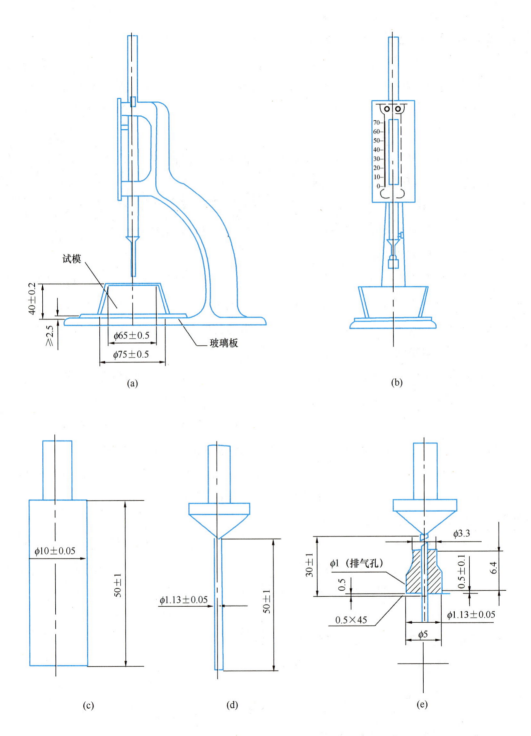

附图 2-2 测定水泥标准稠度和凝结时间用的维卡仪

(a) 初凝时间测定用立式试模的侧视图；(b) 终凝时间测定用反转试模的前视图；
(c) 标准稠度试杆；(d) 初凝用试针；(e) 终凝用试针

(3) 初凝凝结时间的测定：试件在湿汽养护箱中养护至加水后 30min 时进行第一次测定。测定时，从养护箱中取出试模放到试针下，使试针与净浆面接触，拧紧螺钉 1～2s 后突然放松，试针垂直自由沉入净浆，观察试针停止下沉或释放试针 30s 时指针的读数。当试针沉至距底板 4±1mm 时，即为水泥达到初凝状态；由水泥全部加入水中至初凝状态的时间为水泥的初凝时间，用"min"表示。

(4) 终凝凝结时间的测定：为了准确观测试针沉入的情况，在终凝针上安装一个环形附件（见附图 2-2e），在完成初凝时间测定后，立即将试模连同浆体以平移的方式从玻璃板取下，翻转 180°，直径大端向上小端向下放在玻璃板上，当试针沉入试体 0.5mm 时为水泥达到终凝状态即环形附件开始不能在试件体上留下痕迹时，为水泥达到终凝状态，由水泥全部加入水中至终凝状态的时间为水泥的终凝时间，用"min"表示。

(5) 测定时应注意：在最初测定的操作时应轻轻扶持金属棒，使其徐徐下降以防试针撞弯，但结果以自由下落为准，在整个测试过程中试针贯入的位置至少要距圆模内壁 10mm。临近初凝时，每隔 5min 测定一次，临近终凝时每隔 15min 测定一次，到达初凝或终凝状态时应立即重复测一次，当两次结论相同时才能定为到达到初凝或终凝状态。每次测定不得让试针落入原针孔，每次测试完毕须将试针擦净并将圆模放回养护箱内，整个测定过程中要防止试模受振。

五、安定性试验

安定性测定方法可以用饼法也可用雷氏法，有争议时以雷氏法为准。饼法是观察水泥净浆试饼沸煮后的外形变化来检验水泥的体积安定性。雷氏法是测定水泥净浆在雷氏夹中沸煮后的膨胀值。

(一) 主要仪器设备

(1) 沸煮箱：有效容积约为 410mm×240mm×310mm，篦板结构应不影响试验结果，篦板与加热器之间的距离大于 50mm。箱的内层由不易锈蚀的金属材料制成，能在(30±5)min 内将箱内的试验用水由室温升至沸腾并可保持沸腾状态 3h 以上，整个试验过程中不需补充水量。

(2) 雷氏夹：由铜质材料制成，其结构如附图 2-3 所示。当一根指针的根部先悬挂在一根金属丝或尼龙丝上，另一根指针的根部再挂上 300g 质量的砝码时，两根指针的针尖距离增加应在 (17.5±2.5)mm 范围内，即 $2x = 17.5 \pm 2.5$mm；当去掉砝码后针尖的距离能恢复至挂砝码前的状态。

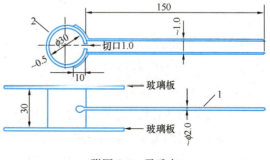

附图 2-3 雷氏夹

1—指针；2—环模

（3）雷氏夹膨胀值测定仪如附图2-4所示，标尺最小刻度为0.5mm。

（4）水泥净浆搅拌机、湿汽养护箱、量水器、天平等。

（二）试验方法

（1）准备工作

若采用雷氏法时，每个雷氏夹需配备质量约75～85g的玻璃板两块，若采用饼法一个样品需准备两块约100mm×100mm的玻璃板。无论采用何种方法，每个试样都需成型两个试件。凡与水泥净浆接触的玻璃板和雷氏夹表面都要稍稍涂上一层油。

（2）以标准稠度用水量制备标准稠度净浆。

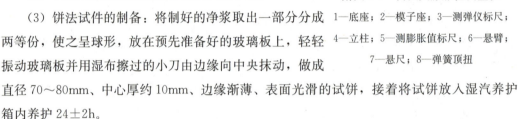

附图2-4　雷氏夹膨胀值测量仪
1—底座；2—模子座；3—测弹仪标尺；
4—立柱；5—测膨胀值标尺；6—悬臂；
7—悬尺；8—弹簧顶扭

（3）饼法试件的制备：将制好的净浆取出一部分分成两等份，使之呈球形，放在预先准备好的玻璃板上，轻轻振动玻璃板并用湿布擦过的小刀由边缘向中央抹动，做成直径70～80mm、中心厚约10mm、边缘渐薄、表面光滑的试饼，接着将试饼放入湿汽养护箱内养护24±2h。

（4）雷氏法试件的制备：将预先准备好的雷氏夹放在已稍擦油的玻璃板上，并立刻将制好的标准稠度净浆装满试模，装模时一只手轻轻扶持试模，另一只手用宽约10mm的小刀插捣15次左右然后抹平，盖上稍涂油的玻璃板，接着立刻将试模移至湿汽养护箱内养护24±2h。

（5）从养护箱内取出试件，脱去玻璃板。

当用饼法时先检查试饼是否完整（如已开裂翘曲要检查原因，确证无外因时，该试饼已属不合格不必沸煮），在试饼无缺陷的情况下将试饼放在沸煮箱的篦板上。

当用雷氏法时，先测量试件指针尖端间的距离(A)，精确至0.5mm，接着将试件放入篦板上，批针朝上，试件之间互不交叉。

（6）沸煮

调整好沸煮箱内水位，保证整个沸煮过程都能没过试件，不需中途加水；然后在30±5min内加热至沸腾并恒沸180±5min。

（7）结果判别

沸煮结束，即放掉箱中的热水，打开箱盖，待箱体冷却至室温，取出试件进行判别。

若为试饼，目测未发现裂缝，用直尺检查也没有弯曲的试饼为安定性合格，反之为不合格。当两个试饼判别结果有矛盾时，该水泥的安定性为不合格。

若为雷氏夹，测量试件指针尖端间的距离（C），准确至0.5mm，当两个试件煮后增加距离（C－A）的平均值不大于 5.0mm 时，即认为该水泥安定性合格；当两个试件的（C－A）值相差超过 4mm 时，应用同一样品立即重做一次试验，再如此，则认为该水泥为安定性不合格。

六、水泥胶砂强度试验

试体成型实验室温度应保持在 20±2℃，相对湿度应不低于 50％。试体带模养护的养护箱或雾室温度保持在 20±1℃，相对湿度应不低于 90％。试体养护池水温度应在 20±1℃ 范围内。

（一）主要仪器设备

（1）胶砂搅拌机　行星式搅拌机，应符合现行行业标准《行星式水泥胶砂搅拌机》JC/T 681 要求。

（2）胶砂振实台　应符合现行行业标准《水泥胶砂试体成型振实台》JC/T 682 的要求（附图 2-5）。

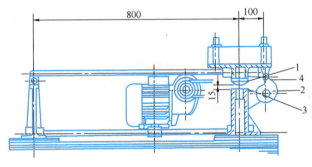

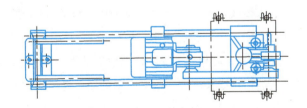

附图 2-5　典型的振实台
1—突头；2—凸轮；3—止动器；4—滑动轮

（3）试模　由三个水平的槽模组成。模槽内腔尺寸为 40mm×40mm×160mm，可同时成型三条棱形试件。成型操作时应在试模上面加有一个壁高 20mm 的金属套模；为控制料层厚度和刮平胶砂表面，应备有两个播料器和一金属刮平尺。

（4）抗折强度试验机应符合现行行业标准《水泥胶砂电动抗折试验机》JC/T 724 的要求。抗折夹具的加荷与支撑圆柱直径应为 10±0.1mm（允许磨损后尺寸为 10±0.2mm），两个支撑圆柱中心间距为 100±0.2mm。

(5) 抗压试验机　精度要求±1%并具有按(2400±200)N/s 速率加荷的能力。

(6) 抗压夹具　应符合现行行业标准《40mm×40mm 水泥抗压夹具》JC/T 683 的要求，受压面积为 40mm×40mm。

(7) 天平（精度±1g）、量水器（精度±1mL）等。

（二）试件成型

(1) 将试模擦净，四周模板与底座的接触面上应涂黄油，紧密装配，防止漏浆。内壁均匀刷一薄层机油。

(2) 试验采用中国 ISO 标准砂，中国 ISO 标准砂可以单级分包装，也可以各级预配合以 1350±5g 量的塑料袋混合包装。每锅胶砂可成型三条试体。在进行胶砂强度检验时，每锅胶砂用天平称取水泥 450±2g、中国 ISO 标准砂 1350±5g、拌合水 225±1g（即质量比水泥：标准砂：水＝1：3：0.50）。但对火山灰质硅酸盐水泥、粉煤灰硅酸盐水泥、复合硅酸盐水泥和掺火山灰混合材料的普通硅酸盐水泥，其用水量按水灰比 0.50 和胶砂流动度不小于 180mm 来确定；当流动度小于 180mm 时，须以 0.01 的整数倍的方法将水灰比调整至胶砂流动度不小于 180mm。

(3) 把水加入搅拌锅，再加入水泥，把锅放在固定架上，上升至固定位置。然后立即开动搅拌机，低速搅拌 30s 后，在第二个 30s 开始的同时均匀地将砂加入。把机器转至高速再拌 30s。停拌 90s，在第一个 15s 内用一胶皮刮具将叶片和锅壁上的胶砂，刮入锅中间。在高速下继续搅拌 60s 后，停机取下搅拌锅。各个搅拌阶段，时间误差应在±1s 内。将粘在叶片上的胶砂刮下。

(4) 胶砂制备后立即进行成型。将空试模和模套固定在振实台上，用一把适当勺子直接从搅拌锅中将胶砂分二层装入试模，装第一层时，每个槽里约放 300g 胶砂，用大播料器垂直架在模套顶部沿每个模槽来回一次将料层播平，接着振实 60 次。再装入第二层胶砂，用小播料器播平，再振实 60 次。移走套模，从振实台上取下试模，用一金属直尺以近似 90°的角度架在试模顶的一端，然后沿试模长度方向以横向锯割动作慢慢移向另一端，一次将超过试模部分的胶砂刮去，并用同一直尺以近乎水平的情况将试体表面抹平。

(5) 在试模上做好标记后，立即放入湿汽养护箱或雾室进行养护。

（三）脱模与养护

(1) 养护到规定脱模时间取出脱模。脱模前，用防水墨或颜料笔对试体进行编号。二个龄期以上的试体，编号时应将同一试模中的三条试件分在两个以上的龄期内。

(2) 脱模应非常小心。对于 24h 龄期的，应在破型前 20min 内脱模。对于 24h 以上龄期的，应在成型后 20～24h 之间脱模。硬化较慢的水泥允许延期脱模，但须记录脱模时间。

(3) 试件脱模后立即水平或垂直放入水槽中养护，养护水温度为 20±1℃，试件之间应留有间隙，养护期间试件之间或试体上表面的水深不得小于 5mm。每个养护池只养护同类型的水泥试件。

(四) 强度测定

不同龄期的试件,应在下列时间(从水泥加水搅拌开始算起)进行强度测定。

——24h±15min;

——48h±30min;

——72h±45min;

——7d±2h;

——>28d±8h。

1. 抗折强度测定

(1) 每龄期取出三条试件先做抗折强度测定。测定前须擦去试件表面的水分和砂粒。清除夹具上圆柱表面粘着的杂物。试件放入抗折夹具内,应使试件侧面与圆柱接触。

(2) 采用杠杆式抗折试验机时,试件放入前,应使杠杆成平衡状态。试件放入后,调整夹具,使杠杆在试件折断时尽可能地接近平衡位置。

(3) 抗折强度测定时的加荷速度为(50±10)N/s。

(4) 抗折强度按下式计算(计算至0.1MPa):

$$R_f = \frac{1.5 F_t L}{b^3}$$

式中　R_f——单个试件抗折强度,MPa;

　　　F_t——折断时施加于棱柱体中部的荷载,N;

　　　L——支撑圆柱之间的距离,mm;

　　　b——棱柱体正方形截面的边长,mm。

(5) 以一组三个试件测定值的算术平均值作为抗折强度的试验结果(精确至0.1MPa)。当三个强度值有超出平均值±10%时,应剔除后再取平均值作为抗折强度试验结果;当三个强度值有两个超出平均值的±10%时,则以剩余的一个作为抗折强度结果。

2. 抗压强度测定

(1) 抗折强度测定后的两个半截试件应立即进行抗压强度测定。抗压强度测定须用抗压夹具进行,使试件受压面积为40mm×40mm。测定前应清除试件受压面与加压板间的砂粒或杂物。测定时以试件的侧面作为受压面,并使夹具对准压力机压板中心。

(2) 整个加荷过程中以2400±200N/s的速率均匀加荷直至破坏。

(3) 抗压按下式计算(计算至0.1MPa):

$$R_c = \frac{F_c}{A}$$

式中　R_c——单个试件抗压强度,MPa;

F_c——破坏时的最大荷载，N；

A——受压部分面积，即 $40mm \times 40mm = 1600mm^2$。

（4）以一组三个棱柱体上得到的六个抗压强度测定值的算术平均值作为抗压强度的试验结果（精确至 0.1MPa）。如六个测定值中有一个超出六个平均值±10%，就应剔除这个结果，而以剩下五个的平均数为试验结果。如五个测定值中再有超过它们平均数±10%的，则此组结果作废。当六个测定值中同时有两个或两个以上超出平均值的±10%时，则此组结果作废。

试验三　骨　料　试　验

一、取样方法及数量

（一）细骨料的取样方法和数量

细骨料的取样应按批进行，每批总量不宜超过 400m³ 或 600t。

在料堆取样时，取样部位应均匀分布。取样前应将取样部位表层铲除，然后由各部位抽取大致相等的试样共 8 份，组成一组试样。进行各项试验的每组试样应不小于附表 3-1 规定的最少取样量。

每项试验所需试样的最少取样量　　　　　　　　　　附表 3-1

骨料种类 试验项目	细骨料 (g)	粗骨料（kg）						
		骨料最大粒径（mm）						
		10	16.0	20	25	31.5	40	63.0	80
筛分析	4400	8	15	16	20	25	32	50	80
表观密度	2600	8	8	8	8	12	16	24	24
堆积密度	5000	40	40	40	40	80	80	120	120
含水率	1000	2	2	2	2	3	3	4	6

试验时需按四分法分别缩取各项试验所需的数量，其步骤为：将每组试样在自然状态下于平板上拌匀，并堆成厚度约为 2cm 的圆饼，于饼上划两垂直直径把饼分成大致相等的四份，取其对角的两份重新照上述四分法缩取，直至缩分后试样量略多于该项试验所需的量为止。试样缩分也可用分料器进行。

（二）粗骨料的取样方法和数量

粗骨料的取样也按批进行，每批总量不宜超过 400m³ 或 600t。

在料堆取样时，应在料堆的顶部、中部和底部各均匀分布 5 个（共计 15 个）取样部位，取样前先将取样部位的表层铲除，然后由各部位抽取大致相等的试样共 15 份组成一组试样。进行各项试验的每组样品数量应不小于附表 3-1 规定的最少取样量。

试验时需将每组试样分别缩分至各项试验所需的数量，其步骤为：将每组试样在自然状态下于平板上拌匀，并堆成锥体，然后按四分法缩取，直至缩分后试样量略多于该项试验所需的量为止。试样的缩分也可用分料器进行。

二、骨料筛分析试验

骨料筛分析试验所需筛的规格应根据相应的标准加以选用。一般情况下可使用如下筛孔尺寸的标准筛（mm）：

75、63、53、37.5、31.5、26.5、19、16、9.5、4.75、2.36、1.18、0.630、0.315、0.160、0.075

（一）细骨料的筛分析试验

1. 主要仪器设备

（1）试验筛　筛孔边长为 9.5mm、4.75mm、2.36mm、1.18mm、630μm、315μm、160μm 的方孔套筛以及筛的底盘和盖各一个。

（2）托盘天平　称量 1kg，感量 1g。

（3）摇筛机。

（4）烘箱　能控制温度在（105±5）℃。

（5）浅盘和硬、软毛刷等。

2. 试样制备

以水泥混凝土用砂的筛分析试验为例，试样应先除去大于 10mm 颗粒，并记录其筛余百分率。如试样含泥量超过 5%，应先用水洗。然后将试样充分拌匀，用四分法缩分至每份不少于 550g 的试样两份，在（105±5）℃下烘干至恒重，冷却至室温后备用。

3. 试验步骤

（1）准确称取烘干试样 500g，置于按筛孔大小顺序排列的套筛最上一只筛（公称直径为 5.00mm 的方孔筛）上，将套筛装入筛机摇筛约 10min（无摇筛机可采用手摇）。然后取下套筛，按孔径大小顺序逐个在清洁的浅盘上进行手筛，直至每分钟的筛出量不超过试样总量的 0.1% 时为止。通过的颗粒并入下一号筛中一起过筛。按此顺序进行，至各号筛全部筛完为止。

（2）称量各号筛筛余试样的质量，精确至 1g。所有各号筛的筛余试样质量和底盘中剩余试样质量的总和与筛余前的试样总质量相比，其差值不得超过 1%。

4. 试验结果计算

（1）分计筛余百分率各号筛上的筛余量除以试样总质量的百分率（精确至 0.1%）。

（2）累计筛余百分率该号筛上的分计筛余百分率与大于该号筛的各号筛上的分计筛余百分率之总和（精确至 0.1%）。

（3）根据各筛的累计筛余百分率，绘制筛分曲线，评定颗粒级配。

（4）计算细度模数 μ_f（精确至 0.01）。

$$\mu_f = \frac{(A_2 + A_3 + A_4 + A_5 + A_6) - 5A_1}{100 - A_1}$$

式中 $A_1 \sim A_6$ 依次为筛孔公称直径 5.00mm～160μm 筛上累计筛余百分率。

(5) 筛分析试验应采用两个试样进行平行试验，并以其试验结果的算术平均值作为测定值（精确至 0.1）。如两次试验所得细度模数之差大于 0.20，应重新进行试验。

(二) 粗骨料的筛分析试验

1. 主要仪器设备

(1) 试验筛：方孔筛（带筛底）一套。

(2) 托盘天平或台秤：天平的称量 5kg，感量 5g；台秤的称量 20kg，感量 20g。

(3) 烘箱：温度控制范围在（105±5）℃。

(4) 浅盘等。

2. 试样制备

试验所需的试样量按最大粒径应不少于附表 3-2 的规定。用四分法把试样缩分到略重于试验所需的量，烘干或风干后备用。

粗骨料筛分析试验所需试样最少量 附表 3-2

最大公称粒径（mm）	10	16.0	20	25	31.5	40	63	80
筛分析试样质量（kg）	2.0	3.2	4.0	5.0	6.3	8.0	12.6	16.0

3. 试验步骤

(1) 按附表 3-2 称量并记录烘干或风干试样质量。

(2) 按要求选用所需筛孔直径的一套筛，并按孔径大小将试样顺序过筛，直至每分钟的通过量不超过试样总量的 0.1%。但在筛分过程中，应注意每号筛上的筛余层厚度应不大于试样最大粒径的尺寸。如超过此尺寸，应将该号筛上的筛余分成两份，分别再进行筛分，并以其筛余量之和作为该号筛的余量。

(3) 称取各筛筛余的质量，精确至试样总质量的 0.1%。分计筛余量和筛底剩余量的总和与筛分前试样总量相比，其相差不得超过 1%。

4. 试验结果计算

计算分计筛余百分率和累计筛余百分率（精确至 0.1%）。计算方法同细骨料的筛分析试验。根据各筛的累计筛余百分率，评定试样的颗粒级配。

三、骨料表观密度试验

骨料表观密度试验可采用标准试验方法或简易试验方法进行。

(一) 细骨料表观密度试验（标准法）

1. 主要仪器设备

(1) 托盘天平：称量 1kg，感量 1g。

(2) 容量瓶：容量 500mL。

(3) 烘箱：温度控制范围在（105±5）℃。

(4) 干燥器、温度计、料勺等。

2. 试样制备

将缩分至约 650g 的试样装入浅盘，在 105±5℃烘箱中烘至恒重，并在干燥器中冷却至室温后分成两份试样备用。

3. 试验步骤

(1) 称取烘干试样 300g（m_0），装入盛有半瓶冷开水的容量瓶中，摇转容量瓶，使试样充分搅动以排除气泡，塞紧瓶塞。

(2) 静置 24h 后打开瓶塞，用滴管添水使水面与瓶颈刻线平齐。塞紧瓶塞，擦干瓶外水分，称其重量（m_1）。

(3) 倒出容量瓶中的水和试样，清洗瓶内外，再注入与上项水温相差不超过 2℃的冷开水至瓶颈刻线。塞紧瓶塞，擦干瓶外水分，称其质量（m_2）。

(4) 试验过程中应测量并控制水温。各项称量可以在 15～25℃的温度范围内进行。从试样加水静置的最后 2h 起直至试验结束，其温差不超过 2℃。

4. 试验结果计算

表观密度 ρ_{os} 应按下式计算（精确至小数点后 3 位）：

$$\rho_{os} = (\frac{m_0}{m_0 + m_2 - m_1} - a_t) \times 1000 (kg/m^3)$$

式中　m_1——瓶＋试样＋水总质量，g；

m_2——瓶＋水总质量，g；

m_0——烘干试样质量，g；

a_t——水温对水相对密度修正系数，见附表 3-3。

表观密度以两次测定结果的算术平均值为测定值。如两次结果之差大于 0.01g/cm³ 时，应重新取样进行试验。

水温对水相对密度修正系数 a_t　　　　附表 3-3

水温（℃）	15	16	17	18	19	20	21	22	23	24	25
a_t	0.002	0.003	0.003	0.004	0.004	0.005	0.005	0.006	0.006	0.007	0.008

（二）粗骨料表观密度试验（简易法）

此法可用于最大粒径不大于 40mm 的粗骨料表观密度的测试。

1. 主要仪器设备

(1) 天平：称量 20kg，感量 20g。

(2) 广口瓶：容量：1000mL，磨口，并带玻璃片。

(3) 试验筛：筛孔公称直径 5.00mm 的方孔筛一只。

(4) 烘箱：温度控制范围在（105±5）℃。

(5) 金属丝刷、浅盘、毛巾等。

2. 试样制备

将试样筛去公称粒径为 5.00mm 以下的颗粒，用四分法缩分至所需数量，洗刷干净后，分成两份备用。

3. 试验步骤

(1) 取试样一份装入广口瓶中，注入洁净的水，水面高出试样，轻轻摇动广口瓶，使附着在试样上的气泡逸出。

(2) 向瓶中加水至水面凸出瓶口，然后盖上瓶塞，或用玻璃片沿广口瓶口迅速滑行，使其紧贴在瓶口水面，玻璃片与水面之间不得有空隙。

(3) 确定瓶中没有气泡，擦干瓶外水分，称出试样、水、瓶和玻璃片的总质量（m_1）。

(4) 将瓶中试样倒入浅盘中，置于温度为（105±5）℃的烘箱中烘干至恒重，然后取出置于带盖的容器中冷却至室温后称出试样的质量（m_0）。

(5) 将瓶洗净，重新注入洁净水，盖上容量瓶塞，或用玻璃片紧贴广口瓶瓶口水面。玻璃片与水面之间不得有空隙。确定瓶中没有气泡，擦干瓶外水分后称出质量（m_2）。

4. 试验结果计算

表观密度 ρ_{og} 按下式计算（精确至小数点后 3 位）：

$$\rho_{og} = \left(\frac{m_0}{m_0 + m_2 - m_1} - a_t \right) \times 1000 (\text{kg/m}^3)$$

式中　m_1——瓶＋试样＋水总质量，g；

　　　m_2——瓶＋水总质量，g；

　　　m_0——烘干试样质量，g；

　　　a_t——水温对水相对密度修正系数，见附表 3-3。

表观密度应用两份试样测定两次，并以两次测定结果的算术平均值作为测定值。如两次结果之差值大于 20kg/m³，应重新取样试验。对颗粒材质不均匀的试样，如两次结果之差值超过 20kg/m³，可取四次测定结果的算术平均值作为测定值。

四、骨料的堆积密度试验

（一）细骨料的堆积密度和紧密密度试验

1. 主要仪器设备

(1) 台秤：称量 5kg，感量 5g。

(2) 容量筒：金属制圆柱形，内径 108mm，净高 109mm，筒壁厚 2mm，容积约为 1L，筒底厚为 5mm。容量筒应先校正容积，以（20±5）℃的饮用水装满容量筒，用玻璃板沿筒口滑移，使其紧贴水面并擦干筒外壁水分，然后称量。用下式计算容量筒容积（V）：

$$V = G_2 - G_1$$

式中　V——容量筒容积，L；

　　　G_1——筒和玻璃板总质量，kg；

　　　G_2——筒、玻璃板和水总质量，kg。

2. 试样制备

取缩分试样约 5kg，在（105±5）℃的烘箱中烘干至恒重，取出冷却至室温，过 5.00mm 的筛后，分成大致相等两份备用。烘干试样中如有结块，应先捏碎。

3. 试验步骤

(1) 堆积密度：取试样一份，将试样用料勺或漏斗徐徐装入容量筒内，出料口距容量筒口不应超过 50mm，直至试样装满超出筒口成锥形为止。用直尺将多余的试样沿筒口中心线向两个相反方向刮平。称容量筒连试样总质量（m_2）。

(2) 紧密密度：取试样一份，分两层装入容量筒。装完一层后，在筒底垫放一根直径为 10mm 的钢筋。将筒按住，左右交替颠击地面各 25 下，然后再装入第二层；第二层装满后用同样的方法（筒底所垫钢筋方向应与第一次时方向垂直）颠实后，加料至试样超出容量筒筒口，然后用直尺将多余试样沿筒口中心线向两个相反方向刮平，称其质量（m_2）。

4. 测定结果计算

细骨料的堆积密度或紧密密度，按下式计算（精确至 10kg/m³）：

$$\rho_L(\rho_c) = \frac{m_2 - m_1}{V} \times 1000 (\text{kg/m}^3)$$

式中　m_1——容量筒质量，kg；

　　　m_2——容量筒连试样总质量，kg；

　　　V——容量筒容积，L。

以两次测定结果的算术平均值作为测定值。

(二) 粗骨料的堆积密度和紧密密度试验

1. 主要仪器设备

(1) 秤：称量 100kg，感量 100g。

(2) 容量筒：金属制，其规格见附表 3-4。

(3) 平头铁锹。

(4) 烘箱：温度控制范围在 105±5℃。

2. 试样制备

取数量不少于附表 3-1 规定的试样，在（105±5）℃的烘箱中烘干或摊于洁净的地面上风干、拌匀后，分为大致相等的两份试样备用。

粗骨料容量筒规格要求　　　　　　　　　　　附表 3-4

粗骨料最大公称粒径（mm）	容量筒容积（L）	容量筒规格（mm）		筒壁厚度（mm）
		内径	净高	
10，16，20，25	10	208	294	2
31.5，40	20	294	294	3
63，80	30	360	294	4

3. 试验步骤

(1) 自然堆积密度　取试样一份，置于平整、干净的地板（或铁板）上，用铁铲将试样自距筒口 50mm 左右处自由落入容量筒，装满容量筒。注意取去凸出筒表面的颗粒，并以较合适的颗粒填充凹陷空隙，使表面凸起部分和凹陷部分的体积基本相等。称出容量筒连同试样的总质量（m_2）。

(2) 紧密密度　将试样分三层装入容量筒；装完一层后，在筒底垫放一根直径为 25mm 的钢筋，将筒按住，左右交替颠击地面各 25 下；然后再装入第二层，用同样的方法（筒底所垫钢筋方向应与第一次时方向垂直）颠实；然后再装入第三层，如法颠实；待三层试样装填完毕后，加料至试样超出容量筒筒口，用钢筋沿筒口边缘滚转，刮下高出洞口的颗粒，以较合适的颗粒填充凹陷空隙，使表面凸起部分和凹陷部分的体积基本相等。称出容量筒连同试样的总质量（m_2）。

4. 试验结果计算

粗骨料试样的自然堆积密度 ρ_L 或紧密密度 ρ_c，按下式计算（精确至 10kg/m³）：

$$\rho_L(\rho_c) = \frac{m_2 - m_1}{V} \times 1000 (\text{kg/m}^3)$$

式中　m_1——容量筒质量，kg；

　　　m_2——容量筒与试样总质量，kg；

　　　V——容量筒容积，L。

以两次测定结果的算术平均值作为测定值。

五、骨料含水率试验

(一) 含水率试验（标准法）

1. 主要仪器设备

(1) 烘箱：温度控制范围在（105±5）℃。

(2) 天平（称量 1000g，感量 1g，用于细骨料），台秤（称量 20kg，感量 20g，用于粗骨料）。

(3) 容器：如浅盘等。

2. 试验步骤

(1) 若为细骨料，由样品中取质量约 500g 的试样两份备用；若为粗骨料，按附表 3-5 所要求的数量抽取试样，分为两份备用。

粗骨料含水率试验取样数量　　　　　　　　　附表 3-5

最大粒径（mm）	10	16	20	25	31.5	40	63	80
取样数量（kg）	2	2	4	4	4	6	6	8

(2) 将试样分别放入已知质量（m_1）的干燥容器中称量，记下每盘试样与容器的总质量（m_2）将容器连同试样放入温度为（105±5）℃的烘箱中烘干至恒重。

(3) 烘干试样冷却后称量试样与容器的总质量（m_3）。

3. 试验结果计算

骨料的含水率 W_s 按下式计算（精确至 0.1%）：

$$W_s = \frac{m_2 - m_3}{m_3 - m_1} \times 100\%$$

式中　m_1——容器质量，g；

m_2——未烘干的试样与容器的总质量，g；

m_3——烘干后的试样与容器的总质量，g。

含水率以两次测定结果的算术平均值作为测定值。

(二) 含水率试验（快速法）

骨料含水率的快速测定，也可采用炒干法或酒精燃烧法。(略)

试验四　普通混凝土试验

一、拌合物试验拌合方法

(一) 一般规定

(1) 拌制混凝土的原材料应符合技术要求，并与施工实际用料相同，在拌合前，材料的温度应与室温（应保持 20±5℃）相同。

(2) 拌制混凝土的材料用量以质量计。称量的精确度：骨料为±0.5%，水、水泥及混合材料、外加剂为±0.2%。

(二) 主要仪器设备

(1) 混凝土搅拌机：容量 50～100L，转速 18～22r/min。

(2) 磅秤：称量 50～100kg，感量 50g。

(3) 其他用具：架盘天平（称量 1kg，感量 0.5g）、量筒（200cm³，1000cm³）、拌铲、拌板（1.5m×2m 左右、厚 5cm 左右）、盛器等。

(三) 拌合方法

混凝土的拌合方法，宜与生产时使用的方法相同。一般采用机械搅拌法，搅拌量不应小于搅拌机额定搅拌量的 1/4。

（1）按所定配合比计算每盘混凝土各材料用量后备料。

（2）预拌一次，即用按配合比的水泥、砂和水组成的砂浆及少量石子，在搅拌机中进行涮膛，然后倒出并刮去多余的砂浆。其目的是避免正式拌合时影响拌合物的实际配合比。

（3）开动搅拌机，向搅拌机内依次加入石子、砂和水泥，干拌均匀，再将水徐徐加入，全部加料时间不超过 2min，水全部加入后，继续拌合 2min。

（4）将拌合物自搅拌机卸出，倾倒在拌板上，再经人工拌合 1～2min，即可进行测试或试件成型。从开始加水时算起，全部操作必须在 30min 内完成。

二、拌合物稠度试验

（一）坍落度法

本方法适用于骨料最大粒径不大于 40mm、坍落度值不小于 10mm 的混凝土拌合物稠度测定。

1. 主要仪器设备

（1）坍落度筒：坍落度筒由 1.5mm 厚的钢板或其他金属制成的圆台形筒（附图 4-1）。底面和顶面应互相平行并与锥体的轴线垂直，在筒外 2/3 高度处安有两个手把，下端应焊脚踏板。筒的内部尺寸为：

底部直径(200±2)mm

顶部直径(100±2)mm

高度(300±2)mm

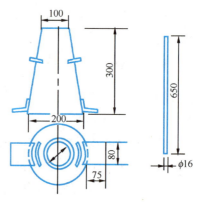

附图 4-1　坍落度筒及捣棒

（2）捣棒　直径 16mm，长 600mm 的钢棒，端部应磨圆。

（3）小铲、直尺、拌板、馒刀等。

2. 试验步骤

（1）湿润坍落度筒及其他用具，并把筒放在不吸水的刚性水平底板上，然后用脚踩住两边的脚踏板，使坍落筒在装料时保持位置固定。

（2）把按要求取得的混凝土试样用小铲分三层均匀地装入筒内，使捣实后每层高度为筒高的 1/3 左右。每层用捣棒插捣 25 次。插捣应沿螺旋方向由外向中心进行，各次插捣应在截面上均匀分布。插捣筒边混凝土时，捣棒可以稍稍倾斜。插捣底层时，捣棒应贯穿整个深度，插捣第二层和顶层时，捣棒应插透本层至下一层的表面。浇灌顶层时，混凝土应灌到高出筒口。插捣过程中，如混凝土沉落到低于筒口，则应随时添加。顶层插捣完后，刮去多余的混凝土并用抹刀抹平。

（3）清除筒边底板上的混凝土后，垂直平稳地提起坍落度筒。坍落度筒的提离过程应在 5～10s 内完成。从开始装料到提起坍落度筒的整个进程应不间断地进行，并应在 150s 内完成。

(4) 提起坍落度筒后，量测筒高与坍落后混凝土试体最高点之间的高度差，即为该混凝土拌合物的坍落度值（测量精确至 1mm，结果表达修约至 5mm）。

(5) 坍落度筒提离后，如发生试体崩坍或一边剪坏现象，则应重新取样进行测定。如第二次仍出现这种现象，则表示该拌合物和易性不好，应予记录备查。

(6) 观察坍落后混凝土拌合物试体的黏聚性和保水性。

黏聚性：用捣棒在已坍落的拌合物锥体侧面轻轻敲打，如果锥体逐渐下沉，表示黏聚性良好，如果锥体倒塌，部分崩裂或出现离析现象，即为黏聚性不好。

保水性：提起坍落度筒后如有较多的稀浆从底部析出，锥体部分的拌合物也因失浆而骨料为外露，则表明此拌合物保水性不好。如无这种现象，则表明保水性良好。

（二）扩展度试验

本方法用于骨料最大料径不大于 40mm，坍落度不小于 160mm 混凝土扩展度的测定。

1. 主要仪器设备

(1) 坍落度筒：坍落度筒为由 1.5mm 厚的钢板或其他金属制成的圆台形筒。底面和顶面应互相平行并与锥体的轴线垂直，在筒外 2/3 高度处安有两个手把，下端应焊脚踏板。筒的内部尺寸为：底部直径(200±2)mm，顶部直径(100±2)mm，高度(300±2)mm。

(2) 捣棒为直径 16mm，长 600mm 的钢棒，端部应磨圆。

(3) 钢尺：量程不应小于 1000mm，分度值不应大于 1mm。

(4) 底板：应采用平面尺寸不小于 1500mm×1500mm、厚度不小于 3mm 的钢板，其最大挠度不应大于 3mm。

(5) 小铲、直尺、拌板、镘刀等。

2. 试验步骤

(1) 湿润坍落度筒及其他用具，并把筒放在不吸水的刚性水平底板上，然后用脚踩住两边的脚踏板，使坍落度筒在装料时保持位置固定。

(2) 把按要求取得的混凝土试样用小铲分三层均匀地装入筒内，使捣实后每层高度为筒高的 1/3 左右。每层用捣棒插捣 25 次。插捣应沿螺旋方向由外向中心进行，各次插捣应在截面上均匀分布。插捣筒边混凝土时，捣棒可以稍稍倾斜。插捣底层时，捣棒应贯穿整个深度，插捣第二层和顶层时，捣棒应插透本层至下一层的表面。浇灌顶层时，混凝土应灌到高出筒口。插捣过程中，如混凝土沉落到低于筒口，则应随时添加。顶层插捣完后，刮去多余的混凝土并用抹刀抹平。

(3) 清除筒边底板上的混凝土后，垂直平稳地提起坍落度筒。坍落度筒的提离过程应在 3～7s 内完成。当混凝土拌合物不再扩散或扩散时间已达 50s 时，应使用钢尺测量混凝土拌合物展开扩展面的最大直径以及与最大直径呈垂直方向的直径。

(4) 当两直径之差小于 50mm 时，应取其算术平均值作为扩展度试验结果；当两直径之差不小于50mm时，应重新取样另行测定。

（5）发现粗骨料在中央堆集或边缘有浆体析出时，应记录说明。

（6）扩展度试验从开始装料到测得混凝土扩展度值的整个过程应连续进行，并应在4min内完成。

（7）混凝土拌合物扩展度值测量应精确至1mm，结果修约至5mm。

（三）维勃稠度法

本方法用于骨料最大料径不大于40mm，维勃稠度在5～30s之间的混凝土拌合物稠度测定。

1. 主要仪器设备

（1）维勃稠度仪　如附图4-2所示，由以下部分组成：

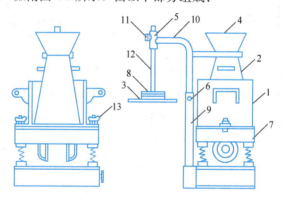

附图4-2　维勃稠度仪

1—容器；2—坍落度筒；3—透明圆盘；4—喂料斗；5—套筒；
6—定位螺钉；7—振动台；8—荷重；9—支柱；10—旋转架；
11—测杆螺钉；12—测杆；13—固定螺钉

振动台：台面长380mm，宽260mm。振动频率50±3Hz。装有空容器时台面的振幅应为0.5±0.1mm。

容器台：内径240±5mm，高200±2mm。

旋转架：与测杆及喂料斗相连。测杆下部安装有透明且水平的圆盘。透明圆盘直径为（230±2）mm，厚（10±2）mm。由测杆、圆盘及荷重组成的滑动部分总质量应为（2750±50）g。

坍落度筒及捣棒同坍落度试验，但筒没有脚踏板。

（2）秒表、小铲、拌板、馒刀等。

2. 测定步骤

（1）将维勃稠度仪放置在坚实水平的基面上，用湿布将容器、坍落度筒、喂料斗内壁及其他用具擦湿。就位后，测杆、喂料斗的轴线均应和容器的轴线重合。然后拧紧固定螺钉。

（2）将混凝土拌合物经喂料斗分三层装入坍落度筒。装料及捣插的方法同坍落度试验。

（3）将喂料斗转离，小心并垂直提起坍落度筒，此时应注意不使混凝土试体产生横向的扭动。

（4）将透明圆盘转到混凝土圆台体上方，放松测杆螺钉，降下圆盘，使它轻轻地接触到混凝土顶面。拧紧定位螺栓，并检查测杆螺钉是否完全松开。

（5）同时开启振动台和秒表，当透明圆盘的底面被水泥浆布满的瞬间立即停表计时并关闭振动台。

（6）由秒表读得的时间（s）即为该混凝土拌合物的维勃稠度值（读数精确至1s）。

（四）拌合物稠度的调整

在进行混凝土配合比试配时，若试拌得出的混凝土拌合物的坍落度或维勃稠度不能满足要求，或黏聚性和保水性不好时，应在保证水灰比不变的条件下相应调整用水量或砂率，直到符合要求为止。

三、立方体抗压强度

本试验采用立方体试件，以同一龄期者为一组，每组至少为三个同时制作并同样养护的混凝土试件。试件尺寸按骨料的最大颗粒直径规定，见附表4-2。

（一）主要仪器设备

（1）压力试验机　试验机的精度（示值的相对误差）应为±1％，其量程应能使试件的预期破坏荷载值不小于全量程的20％，也不大于全量程的80％。试验机应按计量仪表使用规定进行定期检查，以确保试验机工作的准确性。

（2）振动台　试验所用振动台的振动频率为50±3Hz，空载振幅约为0.5mm。

（3）试模　试模由铸铁或钢制成，应具有足够的刚度并拆装方便。试模内表面应机械加工，其不平度应为每100mm不超过0.05mm，组装后各相邻面的不垂直度应不超过±0.5°。

（4）捣棒、小铁铲、金属直尺、镘刀等。

（二）试件的制作

（1）每一组试件所用的拌合物根据不同要求应从同一盘搅拌或同一车运送的混凝土中取出，或在试验室用机械或人工单独拌制。用以检验现浇混凝土工程或预制构件质量的试件分组及取样原则，应按有关规定执行。

（2）试件制作前，应将试模擦拭干净并将试模的内表面涂以一薄层矿物油脂。

（3）坍落度不大于70mm的混凝土宜用振动台振实。将拌合物一次装入试模，并稍有富余，然后将试模放在振动台上。开动振动台振动至拌合物表面出现水泥浆时为止。记录振动时间。振动结束后用镘刀沿试模边缘将多余的拌合物刮去，并随即用镘刀将表面抹平。

坍落度大于70mm的混凝土，宜用人工捣实。混凝土拌合物分两层装入试模，每层厚度大致相等。插捣时按螺旋方向从边缘向中心均匀进行。插捣底层时，捣棒应达到试模底面，插捣上层时，捣棒应穿入下层深度约 20～30mm。插捣时捣棒保持垂直不得倾斜，并用抹刀沿试模内壁插入数次。以防止试件产生麻面。每层插捣次数见附表 4-1，一般每 100cm² 面积应不少于 12 次。然后刮除多余的混凝土，并用镘刀抹平。

立方体抗压强度试验　　　　　　　　　　　　　　　　　　　　　附表 4-1

试件尺寸（mm）	骨料最大粒径（mm）	每层插捣次数（次）	抗压强度换算系数
100×100×100	31.5	12	0.95
150×150×150	37.5	25	1
200×200×200	63.0	50	1.05

（三）试件的养护

（1）采用标准养护的试件成型后覆盖表面，以防止水分蒸发，并应在温度为（20±5）℃、相对湿度大于 50% 的室内静置 1～2d，试件静置期间应避免受到振动和冲击。静置完成后编号拆模。

（2）拆模后的试件应立即放在温度为（20±2）℃，相对湿度为 95% 以上的标准养护室中养护。在标准养护室内试件应放在支架上，彼此间隔为 10～20mm，试件表面应保持潮湿，并应避免用水直接冲淋试件。

无标准养护室时，混凝土试件可在温度为（20±2）℃的不流动氢氧化钙饱和溶液中养护。

（3）与构件同条件养护的试件成型后，应覆盖表面。试件的拆模时间可与实际构件的拆模时间相同。拆模后，试件仍需保持同条件养护。

（四）抗压强度试验

（1）试件自养护室取出后，应尽快进行试验。将试件表面擦拭干净并量出其尺寸（精确至 1mm），据以计算试件的受压面积 A（mm²）。

（2）将试件安放在下承压板上，试件的承压面应与成型时的顶面垂直。试件的中心应与试验机下压板中心对准。开动试验机，当上压板与试件接近时，调整球座，使接触均衡。

（3）加压时，应连续而均匀地加荷，加荷速度应为：当混凝土强度等级＜C30 时，取每秒钟 0.3～0.5MPa；当混凝土强度等级≥C30 且＜C60 时，取每秒钟 0.5～0.8MPa；当混凝土强度等级≥C60 时，取每秒钟 0.8～1.0MPa。当试件接近破坏而开始迅速变形时，停止调整试验机油门，直至试件破坏。记录破坏荷载 P（N）。

（五）试验结果计算

（1）混凝土立方体试件的抗压强度按下式计算（计算至 0.1MPa）：

$$f_{cc} = \frac{P}{A}$$

式中 f_{cc}——混凝土立方体试件抗压强度，MPa；

　　　P——破坏荷载，N；

　　　A——试件承压面积，mm^2。

（2）以三个试件测值的算术平均值作为该组试件的抗压强度值（精确至 0.1MPa）。如果三个测定值中的最小值或最大值中有一个与中间值的差异超过中间值的 15％时，则把最大及最小值一并舍除，取中间值作为该组试件的抗压强度值。如最大和最小值与中间值相差均超过 15％，则该组试件试验结果无效。

（3）混凝土的抗压强度是以 150mm×150mm×150mm 的立方体试件的抗压强度为标准。采用非标准试件测得的强度值均应乘以尺寸换算系数，对 200mm×200mm×200mm 试件可取为 1.05；对 100mm×100mm×100mm 试件可取为 0.95。

四、混凝土劈裂抗拉试验

混凝土的劈裂抗拉试验是在立方体试件的两个相对的表面素线上作用均匀分布的压力，使在荷载所作用的竖向平面内产生均匀分布的拉伸应力；当拉伸应力达到混凝土极限抗拉强度时，试件将被劈裂破坏，从而可以测出混凝土的劈裂抗拉强度。

（一）主要仪器设备

（1）垫层：应由普通胶合板或硬质纤维板制成。其尺寸为：宽 $b=20mm$；厚 $t=3\sim 4mm$、长 $L\geqslant$ 立方体试件的边长。垫层不得重复使用。

（2）垫条：在试验机的压板与垫层之间必须加放直径为 150mm 的钢制弧形垫条，其长度应与试件相同，其截面尺寸如附图 4-3（b）所示。

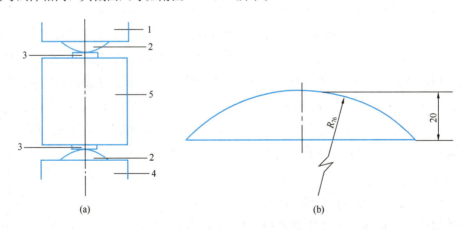

附图 4-3　混凝土劈裂抗拉试验装置图
（a）装置示意图；（b）垫条示意图
1，4—压力机上、下压板；2—垫条；3—垫层；5—试件

（二）测定步骤

（1）试件从养护室中取出后，应检查其尺寸及形状。试件取出后应及时进行试验，在试验前试件应保持与原养护地点相似的干湿状态。

（2）先将试件擦干净，在试件侧面中部划线定出劈裂面的位置，劈裂面应与试件成型时的顶面垂直。

（3）量出劈裂面的边长（精确至1mm），计算出劈裂面面积（A）。

（4）将试件放在压力机下压板的中心位置。在上下压板与试件之间加垫层和垫条，使垫条的接触母线与试件上的荷载作用线准确对齐（附图4-3a）。

（5）加荷时必须连续而均匀地进行，使荷载通过垫条均匀地传至试件上，加荷速度为：混凝土强度等级小于C30时，取每秒钟0.02～0.05MPa；强度等级≥C30且小于C60时，取每秒钟0.05～0.08MPa；当混凝土强度等级≥C60时，取每秒钟0.08～0.10MPa。

（6）采用手动控制压力机加荷时，在试件临近破坏开始急速变形时，停止调整试验机油门，继续加荷直至试件破坏，记录破坏荷载P（N）。

（三）试验结果计算

（1）混凝土劈裂抗拉强度按下式计算（计算至0.01MPa）：

$$f_{\text{ts}} = \frac{2P}{\pi A} = 0.637 \times \frac{P}{A}$$

式中　f_{ts}——混凝土劈裂抗拉强度，MPa；

　　　P——破坏荷载，N；

　　　A——试件劈裂面积，mm²。

（2）以三个试件测值的算术平均值作为该组试件的劈裂抗拉强度值（精确至0.01MPa）。如果三个测定值中的最小值或最大值中有一个与中间值的差异超过中间值的15％时，则把最大及最小值一并舍除，取中间值作为该组试件的抗压强度值。如最大和最小值与中间值相差均超过15％，则该组试件试验结果无效。

（3）采用边长为150mm的立方体试件作为标准试件，如采用边长为100mm的立方体非标准试件时，测得的强度应乘以尺寸换算系数0.85。当混凝土强度等级不小于C60时，应采用标准试件。

五、混凝土抗折（抗弯拉）强度试验

水泥混凝土抗折强度试件为直角棱柱体小梁，标准试件尺寸为150mm×150mm×550mm（或600mm），粗骨料粒径应不大于40mm；如确有必要，允许采用100mm×100mm×400mm试件。骨料粒径应不大于31.5mm。抗折试件应取同龄期者为一组，每组为同条件制作和养护的试件三块。

（一）主要仪器设备

(1) 试验机：50～300kN 抗折试验机或万能试验机；

(2) 抗折试验装置，如附图 4-4 所示。

（二）试验步骤

(1) 试验前先检查试件，如试件中部 1/3 长度内有蜂窝（大于 $\phi 7mm \times 2mm$），该试件应立即作废，否则应在记录中注明。

(2) 在试件中部量出其宽度和高度，精确至 1mm。

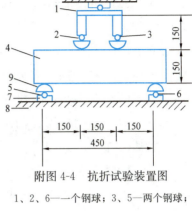

附图 4-4　抗折试验装置图

1、2、6—一个钢球；3、5—两个钢球；
4—试件；7—活动支座；8—机台；
9—活动船形垫块

(3) 调整两个可移动支座，使其与试验机下压头中心距为 225mm，并旋紧两支座。将试件妥放在支座上，试件成型时的侧面朝上，几何对中后，缓缓加一初荷载（约 1kN），而后以 0.5～0.7MPa/s 的加荷速度，均匀而连续地加荷（低强度等级时用较低速度）；当试件接近破坏而开始迅速变形，应停止调整试验机油门，直至试件破坏，记下最大荷载。

（三）试验结果计算

(1) 当断面发生在两个加荷点之间时，抗折强度（以"MPa"计）按下式计算：

$$f_\mathrm{f} = \frac{FL}{bh^2}$$

式中　F——极限荷载，N；

　　　L——支座间距离，$L=450$mm；

　　　b——试件宽度，mm；

　　　h——试件高度，mm。

(2) 以 3 个试件测值的算术平均值作为该组试件的抗折强度值（精确至 0.1MPa）。3 个测值中的最大值或最小值中如有一个与中间值的差值超过中间值的 15%，则把最大值或最小值一并舍除，取中间值为该组试件的抗折强度。如有两个测值与中间值的差均超过中间值的 15%，则该组试件的试验结果无效。

(3) 如断面位于加荷点外侧，则该试件之结果无效，取其余两个试件试验结果的算术平均值作为抗折强度；如有两个试件的结果无效，则该组试验作废。

(4) 采用 100mm×100mm×400mm 非标准试件时，在三分点加荷的试验方法同前，但所取得的抗折强度应乘以尺寸换算系数 0.85。

试验五　钢　筋　试　验

钢筋应成批验收，每批由同一牌号、同一炉罐号、同一规格的钢筋组成。每批重量通常不大于60t，超过60t的部分，每增加40t（或不足40t的余数），增加一个拉伸试验和一个弯曲试验试样。

每批钢筋应进行化学成分、拉伸、弯曲、尺寸、表面质量和重量偏差等项目的试验。钢筋拉伸、弯曲试样各需两个，可分别从每批钢筋任选两根截取。检验中，如有某一项试验结果不符合规定的要求，则从同一批钢筋中再任取双倍数量的试样进行该不合格项目的复检，复检结果（包括该项试验所要求的任一指标）即使只有一项指标不合格，则整批不予验收。

一、拉伸试验

（一）主要仪器设备

（1）试验机：为保证机器安全和试验准确，应选择合适量程。试验机的准确度为1级或优于1级。

（2）引伸计：准确度为1级或优于1级。

（3）游标卡尺：精确度为0.1mm。

（二）试件制作和准备

抗拉试验用钢筋试件不得进行车削加工，可以用两个或一系列等分小冲点或细划线标出原始标距（标记不应影响试样断裂），测量标距长度 L_0（精确至0.1mm），如附图5-1所示。计算钢筋强度用横截面面积采用附表5-1所列公称横截面面积。

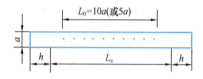

附图5-1　钢筋拉伸试件

a—试样原始直径；L_0—标距长度；

h—夹头长度；L_c—试样

平行长度[不小于L_0+a]

钢筋的公称横截面面积　　　　附表5-1

公称直径（mm）	公称横截面面积（mm²）	公称直径（mm）	公称横截面面积（mm²）
8	50.27	22	380.1
10	78.54	25	490.9
12	113.1	28	615.8
14	153.9	32	804.2
16	201.1	36	1018
18	254.5	40	1257
20	314.2	50	1964

（三）屈服点 R_{eL}、抗拉强度 R_m 及最大力总延伸率 A_{gt} 的测定

（1）采用油压试验机时，调整试验机测力度盘的指针，使其对准零点，并拨动副指针，使之与主指针重叠。采用电液伺服式试验机时，加载前将荷载读数清零。

（2）将试件固定在试验机夹头内，在试件的原始标距上安装引伸计，开动试验机进行拉伸。测屈服点时，屈服前的应力增加速率按附表5-2规定，并保持试验机控制器固定于这一速率位置上，直至该性能测出为止。屈服后或只需测定抗拉强度时，试验机活动夹头在荷载下的移动速度为不大于 $0.5L_c$/min。

屈服前的加荷速率　　　　　　　　　　　附表 5-2

金属材料的弹性模量（N/mm²）	应力速率（N/mm²·s⁻¹）	
	最小	最大
<150000	1	10
≥150000	3	30

（3）拉伸中，测力度盘的指针停止转动时的恒定荷载，或第一次回转时的最小荷载，即为所求的屈服点荷载 F_s（N）。按下式计算试件的屈服点：

$$R_{eL} = \frac{F_s}{A}$$

式中　R_{eL}——屈服点，MPa；

　　　F_s——屈服点荷载，N；

　　　A——试件的公称横截面面积，mm²。

R_{eL} 应计算至 10MPa。

（4）向试件连续施荷直至拉断，由测力度盘读出最大荷载 F_b（N）。按下式计算试件的抗拉强度：

$$R_m = \frac{F_b}{A}$$

式中　R_m——抗拉强度，MPa；

　　　F_b——最大荷载，N；

　　　A——试件的公称横截面面积，mm²。

R_m 计算精度的要求同 R_{eL}。

（5）由引伸计测得在最大荷载 F（N）下的钢筋总延伸 ΔL_m。按下式计算试件的最大力总延伸率（精确至 1%）：

$$A_{gt} = \frac{\Delta L_m}{L_e} \times 100$$

式中　A_{gt}——最大力总延伸率（%）；

　　　ΔL_m——钢筋标距内的总延伸，mm；

　　　L_e——引伸计标距，mm。

（四）断后伸长率测定

（1）将已拉断试件的两段在断裂处对齐，尽量使其轴线位于一条直线上。如拉断处由于各种原因形成缝隙，则此缝隙应计入试件拉断后的标距部分长度内。

（2）如拉断处到邻近标距端点的距离大于 $1/3L_0$ 时，可用卡尺直接量出已被拉长的标距长度 L_1（mm）。

（3）如拉断处到邻近的标距端点距离小于等于 $1/3L_0$ 时，可按下述移位法确定 L_1：

在长段上，从拉断处 O 取基本等于短段格数，得 B 点，接着取等于长段所余格数（偶数，附图 5-2a）之半，得 C 点；或者取所余格数（奇数，附图 5-2b）减 1 与加 1 之半，得 C 与 C_1 点。移位后的 L_1 分别为 $AO+OB+2BC$ 或者 $AO+OB+BC+BC_1$。

如用直接量测所求得的伸长率能达到技术条件的规定值，则可不采用移位法。

(4) 断后伸长率按下式计算（精确至 1%）：

$$A = \frac{L_1 - L_0}{L_0} \times 100\%$$

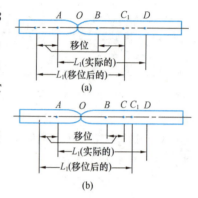

附图 5-2 用移位法测量断后标距 L_1

式中 A——断后伸长率；

L_0——原标距长度，mm；

L_1——试件拉断后直接量出或按移位法确定的标距部分的长度，mm（测量精确至 0.1mm）。

(5) 如试件在标距端点上或标距外断裂，则试验结果无效，应重做试验。

二、弯曲试验

（一）主要仪器设备

弯曲试验应在配备弯曲装置的压力机或万能试验机上进行。当采用支辊式弯曲试验装置时，支承辊应有足够硬度（支承辊间的距离可以调节），同时还应配备不同直径的弯心（弯心直径由有关标准规定）。

（二）试验步骤

(1) 钢筋冷弯试件不得进行车削加工，试样长度通常按下式确定：

$L \approx 0.5 \Pi (d+a) + 140 \text{mm}$（$d$ 为弯心直径、a 为试件原始直径、Π 取值为 3.1）

(2) 半导向弯曲

试样一端固定，绕弯心直径进行弯曲，如附图 5-3（a）所示。试样弯曲到规定的弯曲角度或出现裂纹、裂缝或断裂为止。

(3) 导向弯曲

1) 试样放置于两个支点上，将一定直径的弯心在试样两个支点中间施加压力，使试样弯曲到规定的角度（附图 5-3b）或出现裂纹、裂缝、裂断为止。

2) 试样在两个支点上按一定弯心直径

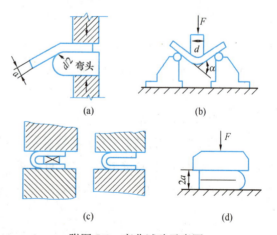

附图 5-3 弯曲试验示意图

弯曲至两臂平行时，可一次完成试验，亦可先弯曲到附图 5-3（b）所示的状态，然后放置在试验机平板之间继续施加压力，压至试样两臂平行。此时可以加与弯心直径相同尺寸的衬垫进行试验（附图 5-3c）。

当试样需要弯曲至两臂接触时，首先将试样弯曲到附图 5-3（b）所示的状态，然后放置在两平板间继续施加压力，直至两臂接触（附图 5-3d）。

3）试验应在平稳压力作用下，缓慢施加试验力。两支辊间距离为 $(d+3a)\pm0.5a$，并且在过程中不允许有变化。

4）试验应在 10～35℃或控制条件下（23±5）℃进行。

（三）结果评定

弯曲后，按有关标准规定检查试样弯曲外表面，进行结果评定。若无裂纹、裂缝或裂断，则评定试样合格。

试验六　沥　青　试　验

沥青试验的试样制备按如下方法进行：将沥青试样小心加热，轻轻搅拌以防局部过热，加热到使样品能够自由流动。加热时焦油沥青的加热温度不超过软化点的 50℃，石油沥青不超过软化点的 100℃。加热时间不得超过 30min，加热搅拌过程中避免试样中进入气泡。加热至能流动后，将沥青试样通过 0.6mm 滤筛过滤备用。

一、针入度试验

本方法适用于测定针入度小于 500 的固体和半固体沥青材料的针入度；对针入度大于 500 的沥青材料，需采用深度不小于 60mm、装样量不少于 125mL 的盛样皿。

沥青的针入度以标准针在一定的荷重、时间及温度条件下垂直穿入沥青试样的深度来表示，单位为 1/10mm。如未另行规定，标准针、针连杆与附加砝码的总重量为 (100 ± 0.05)g，温度为 (25 ± 0.1)℃，时间为 5s。特定试验可采用的其他条件如下：

温度（℃）	载荷（g）	时间（s）
0	200	60
4	200	60
46	50	5

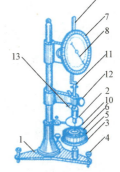

附图 6-1　针入度计
1—底座；2—小镜；
3—圆形平台；
4—测平螺钉；
5—保温盖；
6—试样；7—刻度盘；8—指针；9—活杆；
10—标准针；11—连杆；
12—按钮；13—砝码

（一）主要仪器设备

（1）针入度仪：如附图 6-1 所示。针连杆应能在无明显摩擦下垂直运动，并且能指示穿入深度准确至 0.1mm。针和针连杆组合件总重应为 (50 ± 0.05)g。针入度仪附带 (50 ± 0.05)g 和 (100 ± 0.05)g 砝码各一个，可以组成(100±0.05)g 和(200±0.05)g 的荷载以满足试验所需的荷载条件。仪器设备设有放置平底玻璃皿的平台，并有可调水平的机构，针连杆应与平台相垂直。仪器设有针连杆制动按钮，紧压按钮，针连杆可自由下落。针连杆易于卸下，以便定期检查其质量。

（2）标准针：应由硬化回火的不锈钢制成，每根针应附有国家计量部门的检验单。

（3）试样皿：金属或玻璃的圆柱形平底皿，尺寸如下：

针入度范围	直径（mm）	深度（mm）
小于 40	33～55	8～16
小于 200	55	35
200～350	55～75	45～70
350～500	55	70

（4）恒温水槽：容量不小于 10L，能保持温度在试验温度的±0.1℃范围内。

（5）温度计：液体玻璃温度计，刻度范围-8～50℃，分度为 0.1℃。

（6）平底玻璃皿（容量不小于 350mL，深度须没过最大的样品皿）、计时器（刻度为 0.1s）、加热设备、筛滤（筛孔为 0.6mm 的金属网）、盛样皿盖、溶剂等。

（二）试验准备

（1）按试验要求将恒温水槽调节到要求的温度，保持稳定。

（2）将试样加热倒入预先选好的试样皿中，试样深度应大于预计穿入深度 120%，并盖上试样皿，以防止落入灰尘。将盛有试样的试样皿在 15～30℃的室温下冷却 45min～1.5h（小试样皿）、1～1.5h（中等试样皿）、1.5～2h（大试样皿）。冷却后将试样皿和平底玻璃皿一起放入保持规定试验温度的恒温水槽中，水面应没过试样表面 10mm 以上，小试样皿恒温 45min～1h，中等试样皿恒温 1～1.5h，大试样皿恒温 1.5～2h。

（3）调节针入度仪水平，检查连杆和导轨，无明显摩擦。用合适的溶剂清洗标准针，用干净布擦干。紧固好针，放好规定质量的砝码。

（三）试验步骤

（1）将已恒温到试验温度的试样皿和平底玻璃皿取出，放置在针入度仪的平台上。慢慢放下针连杆，使针尖刚好与试样表面接触。必要时用放置在合适位置的光源反射来观察。拉下活杆，使其与针连杆顶端相接触，调节针入度仪刻度盘使指针为零。

（2）用手紧压按钮，同时启动秒表，使标准针自由下落穿入沥青试样，到规定时间（5s），停压按钮，使针停止移动。

（3）拉下活杆使其再与针连杆顶端接触，此时刻度盘指针的读数即为试样的针入度，精确至 0.5（0.1mm）。

(4) 同一试样重复测定至少 3 次，各试验点之间及试验点与试样皿边缘之间的距离都不得小于 10mm。每次测定前都应将试样和平底玻璃皿放入恒温水槽。每次测定都要用干净的针。当测定针入度大于 200 的沥青试样时，至少用 3 根针，每次测定后将针留在试样中，直至 3 次测定完成后，才能把针从试样中取出；当测定针入度小于 200 的沥青试样时，可将针取下用合适有机溶剂擦净后继续使用。

（四）试验结果

取 3 次测定针入度的平均值，取至整数，作为试验结果。3 次测定的针入度值相差不应大于下列数值：

针入度（0.1mm）	0～49	50～149	150～249	250～350	350～500
最大差（0.1mm）	2	4	6	8	20

当试验值不符此要求时，应重新进行试验。

二、延度试验

用规定的试件在一定温度下以一定速度拉伸至断裂时的长度，称为沥青的延度，单位为"cm"。非经特殊说明，试验温度为(25 ± 0.5)℃，拉伸速度为(5 ± 0.25)cm/min。

（一）主要仪器设备

(1) 延度仪：能将试件浸没于水中，按照(5 ± 0.25)cm/min 速度拉伸试件，仪器在开动时应无明显的振动。

(2) 试件模具：由两个端模和两个侧模组成，其形状及尺寸应符合附图 6-2 的要求。

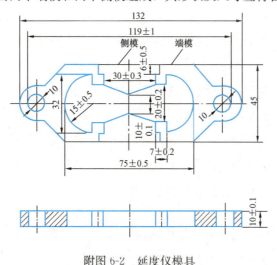

附图 6-2 延度仪模具

(3) 试模底板：玻璃板或磨光的钢板、不锈钢板。

(4) 恒温水槽：容量至少为 10L，能保持试验温度变化不大于 0.1℃，试件浸入水中深度不得小于 10cm，水浴中设置带孔搁架，搁架距底部不小于 5cm。

(5) 温度计：0～50℃，分度0.1℃和0.5℃各一支。

(6) 沙浴或其他加热炉具、滤筛（筛孔为0.6mm的金属网）、隔离剂（按重量计由2份甘油和1份滑石粉混合而成）、刮刀、酒精、食盐等。

（二）试验准备

(1) 将模具组装在支撑板上，将隔离剂拌合均匀，涂于磨光的金属板上和铜模侧模的内表面板上的模具要水平放好，以便模具的底部能够充发与板接触。

(2) 小心加热样品，充分搅拌以防止局部过热。将加热好的沥青试样倒入模具中，在倒样时使试样呈细流状，自模的一端至另一端往返倒入，使试样略高出模具，应注意勿使气泡混入。

(3) 试件在空气中冷却30～40min，然后放入规定温度的恒温水浴中，保持30min后取出，用热刀将高出模具的沥青刮去，使沥青面与模面齐平。将试件连同底板一起放入水浴中，并在试验温度下保持85～95min。

(4) 检查延度仪拉伸速度是否符合要求，移动滑板使指针对着标尺的零点。将延度仪注水，并保持温度稳定在规定温度±0.5℃范围内。

（三）试验步骤

(1) 将保温后的试件连同底板移入延度仪水槽中。然后将盛有试样的试模从底板上取下，将模具两端的孔分别套在延度仪的金属柱上，并取下侧模。水面距试件表面不小于25mm。

(2) 开动延度仪，并注意试件的拉伸情况。在试验过程中，水温应始终保持在试验温度范围内，且仪器不得有振动，水面不得有晃动，当水槽采用循环水时，应暂时中断循环，停止水流。

在试验中，如发现沥青细丝浮于水面或沉入槽底时，则应使用酒精或食盐调整水的密度至与试样的密度相近，并重新试验。

(3) 试样拉断时指针所指标尺上的读数，即为试样的延度，单位为"cm"。正常的试验应将试样拉成锥形，直至在断裂时实际横断面面积接近于零。如不能得到这种结果，则应在报告中注明。

（四）试验结果

同一试样，每次平行试验3个。若三个试件测定值在其平均值的5%内，取平行测定三个结果的平均值作为测定结果。若三个试件测定值不在其平均值的5%以内，但其中两个较高值在平均值的5%之内，则弃去最低测定值，取两个较高值的平均值作为测定结果，否则重新测定。

三、软化点测定

置于肩或锥状黄铜环中两块水平沥青圆片，在加热介质中以一定速度加热，每块沥青片上置有一只钢球。软化点为当试样软化到使两个放在沥青上的钢球下落25.4mm距离时的温度平均值,单位为"℃"。沥青是没有严格熔点的黏性物质,随着温度升高它们逐渐变软,黏度降低。因此软化点必须严格按照试验方法来测定,才能使结果重复。

(一)主要仪器设备

(1)沥青软化点测定仪器由以下几部分组成:①钢球[两只直径为9.51mm,质量为(3.50±0.05)g的钢制圆球]。②环(两只黄铜制的锥环或肩环,其形状及尺寸如附图6-3(a)所示)。③钢球定位器(两只钢球定位器用于使钢球定位于试样中央,其一般形状和尺寸如附图6-3(b)所示)。④金属支架(由两个主杆和三层平行金属板组成),形状尺寸如附图6-3(c)所示,其安装图如附图6-3(d)所示。环的底部距离下底板的上表面为25mm,下底板的下表面距离浴槽底部为(10±3)mm。⑤耐热玻璃烧杯:容量800~1000mL,直径不小于85mm,高不小于120mm。⑥水银温度计(测温范围30~180℃,分度值0.5℃)。

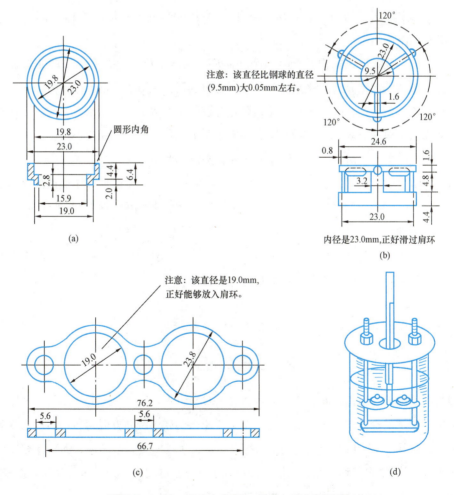

附图6-3 环、钢球定位器、支架、组合装置图

(a)环;(b)钢球定位器;(c)支架;(d)组合装置图

(2) 电炉及其他加热器、滤筛（筛孔为 0.6mm 的金属网）、刮刀、隔离剂（甘油 2 份、滑石粉 1 份，以重量计）、加热介质（甘油或新煮沸过的蒸馏水）。

（二）试验准备

(1) 将试样环置于涂有隔离剂的试样底板上，将制备好的沥青试样徐徐注入试样环内至略高出环面为止。若估计软化点在 120℃ 以上时，应将试样环和试样底板预热至 80～100℃（不用玻璃板）。

(2) 试样在室温下冷却 30min 后，用环夹夹着试样杯，并用热刮刀刮除环面上的试样与环面齐平。

（三）试验步骤

(1) 选择合适的加热介质。新煮沸过的蒸馏水适于软化点为 30～80℃ 的沥青，起始加热介质温度应为（5±1）℃。甘油适于软化点大于 80～157℃ 的沥青，起始加热介质的温度应为（30±1）℃。为了进行比较，所有软化点低于 80℃ 的沥青应在水浴中测定，而高于 80℃ 的在甘油浴中测定。

(2) 把仪器放在通风橱内并配置两个样品环、钢球定位器，并将温度计插入合适的位置，恒温水槽加入加热介质，并使各仪器处于适当位置。用镊子将钢球置于浴槽底部，使其同支架的其他部位达到相同的起始温度。如果有必要，将浴槽置于冰水中，或小心加热并维持适当的起始浴温达 15min，并使仪器处于适当位置，注意不要玷污浴液。

(3) 再次用镊子从浴槽底部将钢球夹住并置于定位器中。

(4) 从浴槽底部加热使温度以恒定的速率 5℃/min 上升。试验期间不能取加热速率的平均值，但在 3min 后，升温速度应达到（5±0.5）℃/min，若温度上升速率超过此限定范围，则此次试验失败。

(5) 当两个试环的球刚触及下支撑板时，分别记录温度计所显示的温度，软化点小于 80℃ 者精确至 0.5℃，软化点不小于 80℃ 者精确至 1℃。

（四）试验结果

取两个温度的平均值作为沥青的软化点，准确至 1℃。

试验七　沥青混合料试验

现行国家标准《沥青路面施工及验收规范》GB 50092 规定，热拌沥青混合料配合比设计应采用马歇尔试验设计方法。该法是首先应按配比设计拌制沥青混合料，然后制成规定尺寸的试件。试件经 12h 后，测定其物理指标（包括：表观密度、空隙率、沥青饱和度、矿料间隙率等），最后测定其稳定度、流值和残留稳定度。在必要时，还要进行动稳定度校核。

一、沥青混合料试件制作方法（击实法）

沥青混合料试件的制作方法可采用击实法、轮碾法、静压法。在此介绍的标准击实法适用于马歇尔试验，是按照设计的配合比，应用现场实际材料，在试验室内用小型拌合机，按规定的拌制温度制备成沥青混合料；然后将这种混合料在规定的成型温度下，用击实法制成直径为101.6mm、高为63.5mm的圆柱试件，供测定其物理常数和力学性质用。

（一）主要仪器设备

（1）标准击实仪：由击实锤、$\phi(98.5\pm0.5)$mm平圆形压实头及带手柄的导向棒组成。用机械将压实锤举起从(457.2 ± 1.5)mm高度沿导向棒自由落下击实，标准击实锤质量(4536 ± 9)g。

（2）标准击实台：用以固定试模。人工击实或机械击实必须有此标准击实台。自动击实仪是将标准击实锤及标准击实台安装一体，并用电力驱动使击实锤连续击实试件且可自动记数的设备，击实速度为(60 ± 5)次/min。

（3）试验室用沥青混合料拌合机：能保证和温度并充分拌合均匀，可控制拌合时间，容量不少于10L，如附图7-1所示。搅拌叶自转速度70～80r/min，公转速度40～50r/min。

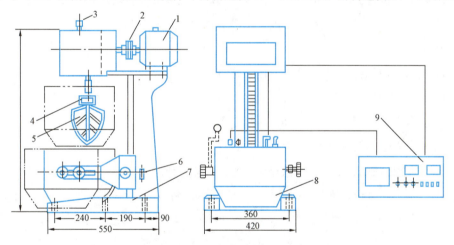

附图7-1 小型沥青混合料拌合机

1—电机；2—联轴器；3—变速箱；4—弹簧；5—搅拌叶片；6—升降手柄；
7—底座；8—加热拌合锅；9—温度时间控制仪

（4）脱模器 电动或手机，可无破损地推出圆柱体试件，备有要求尺寸的推出环。

（5）试模 每种至少3组，由高碳钢或工具钢制成，每组包括内径(101.6 ± 0.2)mm、高87mm的圆柱形金属筒、底座（直径约120.6mm）和套筒（内径101.6mm，高70mm）各1个。

（6）烘箱 大、中型各一台，装有温度调节器。

（7）天平或电子秤 用于称量矿料的感量不大于0.5g，用于称量沥青的感量不大于0.1g。

(8) 布洛克菲尔德黏度计。

(9) 插刀或大螺丝刀。

(10) 温度计　分度值为1℃。

(11) 其他　电炉或煤气炉、沥青熔化锅、拌合铲、试验筛、滤纸（或普通纸）、胶布、卡尺、秒表、粉笔、棉纱等。

(二) 准备工作

(1) 确定制作沥青混合料试件的拌合与压实温度。

用毛细管黏度计测定沥青的运动黏度，绘制黏温曲线。当使用石油沥青时，以运动黏度为$(170\pm20)\text{mm}^2/\text{s}$时的温度为拌合温度；以$(280\pm30)\text{mm}^2/\text{s}$时的温度为压实温度；亦可用赛氏黏度计测定赛波特黏度，以$(85\pm10)\text{s}$时的温度为拌合温度；以$(140\pm15)\text{s}$时的温度为压实温度。

当缺乏运动黏度测定条件时，试件的拌合与压实温度可按附表7-1选用，并根据沥青品种和标号作适当调整。针入度小、稠度大的沥青取高限，针入度大、稠度小的沥青取低限，一般取中值。

常温沥青混合料的拌合及压实在常温下进行。

(2) 将各种规格的矿料置(105 ± 5)℃的烘箱中烘干至恒重（一般不少于4～6h）。根据需要，可将粗细骨料过筛后，用水冲洗再烘干备用。

(3) 分别测定不同粒径粗、细集料及填料（矿粉）的表观密度，并测定沥青的密度。

(4) 将烘干分级的粗细集料，按每个试件设计级配成分要求称其质量，在一金属盘中混合均匀，矿粉单独加热，置烘箱中预热至沥青拌合温度以上约15℃（石油沥青通常为163℃；采用改性沥青通常为180℃）备用。一般按一组试件（每组4～6个）备料，但进行配合比设计时宜对每个试件分别备料。常温沥青混合料的矿料不应加热。

沥青混合料拌合及压实温度参考表　　　　　　　　　　附表7-1

沥青种类	拌合温度（℃）	压实温度（℃）	沥青种类	拌合温度（℃）	压实温度（℃）
石油沥青	140～160	120～150	改性沥青	160～175	140～170

(5) 将沥青试样用电热套或恒温烘箱熔化加热至规定的沥青混合料拌合温度备用。

(6) 用沾有少许黄油的棉纱擦净试模、套筒及击实座等置100℃左右烘箱中加热1h备用。

(三) 混合料拌制

(1) 将沥青混合料拌合机预热至拌合温度以上10℃左右备用，但不得超过175℃。

(2) 将每个试件预热的粗细集料置于拌合机中，用小铲适当混合，然后再加入需要数量的已加热至拌合温度的沥青，开动拌合机一边搅拌，一边将拌合叶片插入混合料中拌合1～

1.5min，然后暂停拌合，加入单独加热的矿粉，继续拌合至均匀为止，并使沥青混合料保持在要求的拌合温度范围内。标准的总拌合时间为 3min。

（四）试件成型

（1）将拌好的沥青混合料，均匀称取一个试件所需的用量（约 1200g）。当一次拌合几个试件时，宜将其倒入经预热的金属盘中，用小铲拌合均匀分成几份，分别取用，在试件制作过程中，为防止混合料温度下降，应连盘放在烘箱中保温。

（2）从烘箱取出预热的试模及套筒，用沾有少许黄油的棉纱擦拭套筒、底座及击实锤底面，将试模装在底座上（也可垫一张圆形的吸油性小的纸），按四分法从四个方向用小铲将混合料铲入试模中，用插刀沿周边插捣 15 次，中间 10 次。插捣后将沥青混合料表面整平成凸圆弧面。

（3）插入温度计，至混合料中心附近，检查混合料温度。

（4）待混合料温度符合要求的压实温度后，将试模连同底座一起放在击实台上固定（也可在装好的混合料上垫一张吸油性小的圆纸），再将装有击实锤及导向棒的压实头插入试模中，然后开启马达（或人工）将击实锤从 457mm 的高度自由落下击实规定的次数（50、75 次或 112 次）。

（5）试件击实一面后，取下套筒，将试模掉头，装上套筒，然后以同样的方式和次数击实另一面。

（6）试件击实结束后，如上下面垫有圆纸，应立即用镊子取掉，用卡尺量取试件离试模上口的高度并由此计算试件高度，如高度不符合要求时，试件应作废，并按下式调整试件的混合料数量，使高度符合(63.5±1.3)mm 的要求。

$$q = q_0 \cdot \frac{63.5}{h_0}$$

式中　q——调整后沥青混合料用量，g；

　　　q_0——制备试件的沥青混合料实际用量，g；

　　　h_0——制备试件的实际高度，mm。

（7）卸去套筒和底座，将装有试件的试模横向放置冷却至室温后（不少于 12h），置脱模机上脱出试件。将试件仔细置于干燥洁净的平面上。

二、沥青混合料物理指标测定

按击实法制成的沥青混合料圆柱体，经 12h 以后，用水中重法测定其表观密度。并按组成材料原始数据计算其空隙率、沥青体积百分率、矿料间隙率和沥青饱和度等物理指标。水中重法仅适用于几乎不吸水的密实的 Ⅰ 型沥青混凝土混合料。

（一）主要仪器设备

（1）浸水天平或电子秤：当最大称量在 3kg 以下时，感量不大于 0.1g，最大称量 3kg 以上时,感量不大于 0.5g,应有测量水中重的挂钩。

(2) 网篮。

(3) 溢流水箱:如附图 7-2 所示,使用洁净水,有水位溢流装置,保持试件和网篮浸入水中后的水位一定。

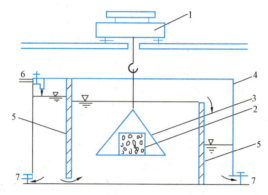

附图 7-2 溢流水箱及下挂法水中重称量方法示意图
1—浸水天平或电子秤;2—试件;3—网篮;4—溢流水箱;
5—水位挡板;6—注入口;7—放水阀门

(4) 试件悬吊装置:天平下方悬吊网篮及试件的装置,吊线应采用不吸水的细尼龙线绳,并有足够的长度。对轮碾成型机成型的板块状试件可用钢丝悬挂。

(5) 秒表、电扇或烘箱。

(二) 试验方法

(1) 选择适宜的浸水天平(或电子秤),最大称量应不小于试件质量的 1.25 倍,且不大于试件质量的 5 倍。

(2) 除去试件表面的浮粒,称取干燥试件在空气中的质量(m_a)(准确度根据选择的天平的感量决定)。

(3) 挂上网篮浸入溢流水箱的水中,调节水位,将天平调平或复零,把试件置于网篮中(注意不要使水晃动),浸水约 1min,称取水中质量(m_w)。

注:若天平读数持续变化,不能在数秒钟内达到稳定,说明试件吸水较严重,不适用于此法测定,应改用表干法或蜡封法测定。

(三) 计算物理常数

1. 表观密度

密实的沥青混合料试件的表观密度,按下式计算,取 3 位小数:

$$\rho_s = \frac{m_a}{m_a - m_w} \cdot \rho_w$$

式中 ρ_s——试件的表观密度,g/cm³;

m_a——干燥试件的空中质量，g；

m_w——试件的水中质量，g；

ρ_w——常温水的密度，$\approx 1\text{g/cm}^3$。

2. 理论密度

(1) 当试件沥青按油石比 P_a 计时，试件的理论密度按下式计算，取 3 位小数：

$$\rho_t = \frac{100 + P_a}{\dfrac{P_1}{\gamma_1} + \dfrac{P_2}{\gamma_2} + \cdots + \dfrac{P_n}{\gamma_n} + \dfrac{P_a}{\gamma_b}} \cdot \rho_w$$

(2) 当沥青按沥青含量 P_b 计时，试件的理论密度按下式计算，取 3 位小数：

$$\rho_t = \frac{100}{\dfrac{P'_1}{\gamma_1} + \dfrac{P'_2}{\gamma_2} + \cdots + \dfrac{P'_n}{\gamma_n} + \dfrac{P_a}{\gamma_b}} \cdot \rho_w$$

式中　　ρ_t——理论密度，g/cm^3；

$P_1 \cdots P_n$——各种矿料的配合比（矿料总和为 $\sum_{1}^{n} P_i = 100$）；

$P'_1 \cdots P'_n$——各种矿料的配合比（矿料与沥青之和为 $\sum_{1}^{n} P'_i + P_b = 100$）；

$\gamma_1 \cdots \gamma_n$——各种矿料与水的相对密度；

注：矿料与水的相对密度通常采用表观相对密度，对吸水率大于 1.5% 的粗骨料可采用相对密度与表干相对密度的平均值。

P_a——油石比（沥青与矿料的质量比），%；

P_b——沥青含量（沥青质量占沥青混合料总质量的百分率），%；

γ_b——沥青的相对密度（25/25℃）。

3. 空隙率

试件空隙率按下式计算，取 1 位小数：

$$V_V = (1 - \rho_s/\rho_t) \times 100$$

式中　V_V——试件的空隙率，%；

ρ_t——按实测的沥青混合料最大密度或按计算所得的理论密度，g/cm^3；

ρ_s——试件的表观密度，g/cm^3。

4. 沥青体积百分率

试件中沥青的体积百分率按下式计算，取 1 位小数：

$$V_A = \frac{P_b \cdot \rho_s}{\gamma_b \cdot \rho_w}$$

或

$$V_A = \frac{100 \cdot P_a \cdot \rho_s}{(100 + P_a) \cdot \gamma_b \cdot \rho_w}$$

式中 V_A——沥青混合料试件的沥青体积百分率,%。

5. 矿料间隙率

试件的矿料间隙率按下式计算，取 1 位小数：

$$V_{MA}=V_A+V_V$$

式中 V_{MA}——沥青混合料试件的矿料间隙率,%。

6. 沥青饱和度

试件沥青饱和度按下式计算，取 1 位小数：

$$V_{FA}=\frac{V_A}{V_A+V_V}\times 100$$

式中 V_{FA}——沥青混合料试件的沥青饱和度,%。

三、沥青混合料马歇尔稳定度试验

沥青混合料马歇尔稳定度试验是将沥青混合料制成直径 101.6mm、高 63.5mm 的圆柱形试体，在稳定度仪上测定其稳定度和流值，以这两项指标来表征其高温时的稳定性和抗变形能力。

根据沥青混合料的力学指标（稳定度和流值）和物理常数（密度、空隙率和沥青饱和度等），以及水稳性（残留稳定度）和抗车辙（动稳定度）检验，即可确定沥青混合料的配合组成。

（一）主要仪器设备

(1) 沥青混合料马歇尔试验仪：可采用具有自动测定荷载与垂直变形的传感器、位移计，能记录荷载-位移曲线并自动显示或打印试验结果的自动马歇尔试验仪。试验仪最大荷载不小于 25kN，测定精度 100N，加载速率能保持 (50 ± 5)mm/min，并附有测定荷载与试件变形的压力环（或传感器）、流值计（或位移计），钢球直径 16mm，上下压头曲度半径为 50.8mm。

(2) 恒温水槽：控温准确度为 1℃，深度不少于 150mm。

(3) 真空饱水容器：由真空泵和真空干燥器组成。

(4) 烘箱。

(5) 天平：感量不大于 0.1g。

(6) 温度计：分度值 1℃。

(7) 卡尺或试件高度测定器。

(8) 其他：棉纱、黄油。

（二）试验方法

1. 标准马歇尔试验方法

(1) 用卡尺（或试件高度测定器）测量试件直径和高度 [如试件高度不符合 (63.5±

1.3）mm 要求或两侧高度差大于 2mm 时，此试件应作废]，并按前述方法测定试件的物理指标。

（2）将恒温水槽调节至要求的试验温度，对黏稠石油沥青或烘箱养生过的乳化沥青混合料为（60±1)℃，对煤沥青混合料为（33.8±1)℃，对空气养生的乳化沥青或液体沥青混合料为（25±1)℃。将试件置于已达规定温度的恒温水槽中保温 30～40min。试件应垫起，离容器底部不小于 5cm。

（3）将马歇尔试验仪的上下压头放入水槽（或烘箱）中达到同样温度。将上下压头从水槽（或烘箱）中取出擦拭干净内面。为使上下压头滑动自如，可在下压头的导棒上涂少量黄油。再将试件取出置于下压头上，盖上上压头，然后装在加载设备上。在上压头的球座上放妥钢球，并对准荷载测试装置的压头。

（4）当采用自动马歇尔试验仪时，将自动马歇尔试验仪的压力传感器、位移传感器与计算机或 X-Y 记录仪正确连接，调整好适宜的放大比例。调整好计算机程序或将 X-Y 记录仪的记录笔对准原点。

当采用压力环和流值计时，将流值测定装置安装在导棒上，使导向套管轻轻地压住上压头，同时将流值计读数调零。调整压力环百分表，对零。

（5）启动加载设备，使试件承受荷载，加载速度为(50±5)mm/min。计算机或 X-Y 记录仪自动记录传感器压力和试件变形曲线并将数据自动存入计算机。当试验荷载达到最大值的瞬间，取下流值计，同时读取应力环中百分表读数和流值计的流值读数（从恒温水槽中取出试件至测出最大荷载值的时间，不应超过 30s）。

（6）计算：

1）由荷载测定装置读取的最大值即试样的稳定度。当用应力环百分表测定时，根据应力环表测定曲线，将应力环中百分表的读数换算为荷载值，即试件的稳定度（MS），以"kN"计，精确至 0.01kN。

2）由流值计或位移传感器测定装置读取的试件垂直变形，即为试件的流值（F_L），以"mm"计，精确至 0.1mm。

3）马歇尔模数试件的马歇尔模数按下式计算：

$$T = \frac{MS}{FL}$$

式中　T　　试件的马歇尔模数，kN/mm；

　　　MS——试件的稳定度，kN；

　　　FL——试件的流值，mm。

（7）试验结果

当一组测定值中某个数据与平均值大于标准差的 k 倍时，该测定值应予舍弃，并以其余测定值的平均值作为试验结果。当试验数目 n 为 3、4、5、6 个时，k 值分别为 1.15、1.46、1.67、1.82。

试验应报告马歇尔稳定度、流值、马歇尔模数，以及试件尺寸、试件的密度、空隙率、沥青用量、沥青体积百分率、沥青饱和度、矿料间隙率等各项物理指标。

2. 浸水马歇尔试验方法

(1) 浸水马歇尔试验方法是将沥青混合料试件，在规定温度，黏稠沥青混合料为 (60 ± 1)℃的恒温水槽中保温 48h，然后测定其稳定度。其余与标准马歇尔试验方法相同。

(2) 根据试件的浸水马歇尔稳定度和标准稳定度，可按下式求得试件浸水残留稳定度：

$$MS_0 = \frac{MS_1}{MS} \cdot 100$$

式中　MS_0——试件的浸水残留稳定度，%；

　　　MS_1——试件浸水 48h 后的稳定度，kN；

　　　MS——试件按标准试验方法的稳定度，kN。

3. 真空饱水马歇尔试验方法

(1) 真空饱水马歇尔试验方法是将沥青混合料试件，放入真空干燥器中，关闭进水胶管，开动真空泵，使干燥器的真空度达到 98.3kPa（730mmHg）以上，维持 15min，然后打开进水胶管，靠负压进入冷水流使试件全部浸入水中，浸水 15min 后恢复常压，取出试件再放入规定温度的恒温水槽中保温 48h，其余与标准马歇尔试验方法相同。

(2) 根据试件的真空饱水稳定度和标准稳定度，可按下式求得试件真空饱水残留稳定度：

$$MS_0' = \frac{MS_2}{MS} \cdot 100$$

式中　MS_0'——试件真空饱水残留稳定度，%；

　　　MS_2——试件真空饱水并浸水 48h 后的稳定度，kN；

　　　MS——试件按标准试验方法的稳定度，kN。

参 考 文 献

[1] Hewlett P C, Liska M. Lea's Chemistry of Cement and Concrete[M]. Fifth Edition. London：Elsevier Ltd.，2019.
[2] Neville，A. Properties of Concrete[M]. Fifth Edition. London：Pearson Education Limited.，2011.
[3] Metha P K, Monteiro. Concrete：Structure, Properties and Materials[M]. Fourth Edition. London：McGraw-Hill Professional Limited.，2013.
[4] 赵志缙，等. 新型混凝土及其施工工艺[M]. 2版. 北京：中国建筑工业出版社，2005.
[5] 吴科如，张雄. 土木工程材料[M]. 2版. 上海：同济大学出版社，2008.
[6] 李志国. 建筑材料[M]. 北京：中国建筑工业出版社，2022.
[7] 赵志缙，等. 混凝土泵送施工技术[M]. 北京：中国建筑工业出版社，1999.
[8] 邴文山. 水泥混凝土路面工程[M]. 北京：人民交通出版社，2005.
[9] 住房和城乡建设部标准定额司，工业和信息化部原材料司. 高性能混凝土应用技术指南[M]. 北京：中国建筑工业出版社，2015.
[10] 陈肇元，等. 高强混凝土及其应用[M]. 北京：清华大学出版社，1992.
[11] 钱觉时. 粉煤灰特性与粉煤灰混凝土[M]. 北京：科学出版社，2002.
[12] 刘其城，等. 混凝土外加剂[M]. 北京：化学工业出版社，2009.
[13] 中国钢结构协会. 建筑钢材手册[M]. 北京：人民交通出版社，2005.
[14] 徐有明. 木材学[M]. 2版. 北京：中国林业出版社，2019.
[15] 严家伋. 道路建筑材料[M]. 3版. 北京：人民交通出版社，2004.
[16] 吕伟民. 沥青混合料设计原理与方法[M]. 上海：同济大学出版社，2001.
[17] Derucher K N, et al. Materials for Civil and Highway：Engineering[M]. Fourth Edition. New Jersey：Prentice Hall，1998.
[18] 吴其晔，等. 高分子物理学[M]. 北京：高等教育出版社，2011.
[19] 魏无际，等. 高分子化学与物理基础[M]. 2版. 北京：化学工业出版社，2011.
[20] 贾润萍，徐小威. 建筑功能材料[M]. 上海：同济大学出版社，2023.
[21] 项桦太，等. 防水工程概论[M]. 北京：中国建筑工业出版社，2010.
[22] 杨闵敏，徐顾洲，李露. 建筑装饰材料[M]. 北京：北京希望电子出版社，2017.

高等学校土木工程专业指导委员会规划推荐教材（经典精品系列教材）

征订号	书　名	定价	作　者	备　注
V40063	土木工程施工（第四版）（赠送课件）	98.00	重庆大学　同济大学　哈尔滨工业大学	教育部普通高等教育精品教材
V36140	岩土工程测试与监测技术（第二版）	48.00	宰金珉　王旭东　徐洪钟	
V40077	建筑结构抗震设计（第五版）（赠送课件）	58.00	李国强　李杰　陈素文　等	
V38988	土木工程制图（第六版）（赠送课件）	68.00	卢传贤	
V38989	土木工程制图习题集（第六版）	28.00	卢传贤	
V41283	岩石力学（第五版）（赠送课件）	48.00	许明	
V32626	钢结构基本原理（第三版）（赠送课件）	49.00	沈祖炎　陈以一　陈扬骥　等	国家教材奖一等奖
V35922	房屋钢结构设计（第二版）（赠送课件）	98.00	沈祖炎　陈以一　童乐为　等	教育部普通高等教育精品教材
V42889	路基工程（第三版）（赠送课件）	66.00	刘建坤　曾巧玲　杨军	
V36809	建筑工程事故分析与处理（第四版）（赠送课件）	75.00	王元清　江见鲸　龚晓南　等	教育部普通高等教育精品教材
V35377	特种基础工程（第二版）（赠送课件）	38.00	谢新宇　俞建霖	
V37947	工程结构荷载与可靠度设计原理（第五版）（赠送课件）	48.00	李国强　黄宏伟　吴迅　等	
V37408	地下建筑结构（第三版）（赠送课件）	68.00	朱合华	教育部普通高等教育精品教材
V43565	房屋建筑学（第六版）（赠送课件）	59.00	同济大学　西安建筑科技大学　东南大学　等	教育部普通高等教育精品教材
V40020	流体力学（第四版）（赠送课件）	59.00	刘京　刘鹤年　陈文礼　等	
V30846	桥梁施工（第二版）（赠送课件）	37.00	卢文良　季文玉　许克宾	
V40955	工程结构抗震设计（第四版）（赠送课件）	48.00	李爱群　丁幼亮　高振世	
V35925	建筑结构试验（第五版）（赠送课件）	49.00	易伟建　张望喜	
V43634	地基处理（第三版）（赠送课件）	48.00	龚晓南　陶燕丽	国家教材二等奖
V29713	轨道工程（第二版）（赠送课件）	53.00	陈秀方　娄平	
V36796	爆破工程（第二版）（赠送课件）	48.00	东兆星	
V36913	岩土工程勘察（第二版）	54.00	王奎华	
V20764	钢-混凝土组合结构	33.00	聂建国　刘明　叶列平	
V36410	土力学（第五版）（赠送课件）	58.00	东南大学　浙江大学　湖南大学　等	
V33980	基础工程（第四版）（赠送课件）	58.00	华南理工大学　等	

高等学校土木工程专业指导委员会规划推荐教材（经典精品系列教材）

征订号	书 名	定价	作 者	备 注
V34853	混凝土结构（上册）——混凝土结构设计原理（第七版）（赠送课件）	58.00	东南大学 天津大学 同济大学	教育部普通高等教育精品教材
V34854	混凝土结构（中册）——混凝土结构与砌体结构设计（第七版）（赠送课件）	68.00	东南大学 同济大学 天津大学	教育部普通高等教育精品教材
V34855	混凝土结构（下册）——混凝土公路桥设计（第七版）（赠送课件）	68.00	东南大学 同济大学 天津大学	教育部普通高等教育精品教材
V25453	混凝土结构（上册）（第二版）（含光盘）	58.00	叶列平	
V23080	混凝土结构（下册）	48.00	叶列平	
V11404	混凝土结构及砌体结构（上）	42.00	滕智明 朱金铨	
V11439	混凝土结构及砌体结构（下）	39.00	罗福午 方鄂华 叶知满	
V41162	钢结构（上册）——钢结构基础（第五版）（赠送课件）	68.00	陈绍蕃 郝际平 顾强	
V41163	钢结构（下册）——房屋建筑钢结构设计（第五版）（赠送课件）	52.00	陈绍蕃 郝际平	
V22020	混凝土结构基本原理（第二版）	48.00	张誉	
V25093	混凝土及砌体结构（上册）（第二版）	45.00	哈尔滨工业大学 大连理工大学 北京建筑大学 等	
V26027	混凝土及砌体结构（下册）（第二版）	29.00	哈尔滨工业大学 大连理工大学 北京建筑大学 等	
V43770	土木工程材料（第三版）（赠送课件）	60.00	湖南大学 天津大学 同济大学	
V36126	土木工程概论（第二版）	36.00	沈祖炎	
V19590	土木工程概论（第二版）（赠送课件）	42.00	丁大钧 蒋永生	教育部普通高等教育精品教材
V30759	工程地质学（第三版）（赠送课件）	45.00	石振明 黄雨	
V20916	水文学	25.00	雒文生	
V36806	高层建筑结构设计（第三版）（赠送课件）	68.00	钱稼茹 赵作周 纪晓东 等	
V42251	桥梁工程（第四版）（赠送课件）	88.00	房贞政 陈宝春 上官萍 等	
V40268	砌体结构（第五版）（赠送课件）	48.00	东南大学 同济大学 郑州大学	教育部普通高等教育精品教材
V34812	土木工程信息化（赠送课件）	48.00	李晓军	

注：本套教材均被评为《"十二五"普通高等教育本科国家级规划教材》和《住房和城乡建设部"十四五"规划教材》。